高等教育系列教材

操作系统实用教程

侯海霞　李雪梅　蔡仲博　郭鲜凤　编著

机械工业出版社

本书分为两部分，上篇基础理论篇以操作系统对计算机系统资源的管理为线索，讲述操作系统的基本概念、基本原理、设计方法和实现技术，并以 Linux 操作系统为实例，剖析了 Linux 操作系统各个功能模块的实现机制，以加深读者对操作系统基本理论的理解。下篇实验指导篇围绕操作系统的用户接口、处理机管理、存储管理、文件管理和设备管理，在 Linux 系统环境下，设计选取 10 个实验，并给出了具体的课程设计题目和设计提示。

本书体系结构清晰，语言浅显易懂，案例经典实用。全书从理论到实验、再到读者自行开发，脉络清晰，内容由浅入深，方便读者学习使用。

本书既可作为高等学校计算机专业及相关专业的“操作系统”课程教材，也可作为从事计算机科学、工程和应用等方面工作的科技人员的参考用书。

本书配有电子教案，需要的教师可登录 www.cmpedu.com 免费注册，审核通过后下载，或联系编辑索取（微信：15910938545，电话：010-88379739）。

图书在版编目（CIP）数据

操作系统实用教程 / 侯海霞等编著. —北京：机械工业出版社，2016.3
（2023.9 重印）
高等教育系列教材
ISBN 978-7-111-52472-4

Ⅰ. ①操… Ⅱ. ①侯… Ⅲ. ①操作系统－高等学校－教材
Ⅳ. ①TP316

中国版本图书馆 CIP 数据核字（2016）第 024690 号

机械工业出版社（北京市百万庄大街 22 号　邮政编码 100037）
策划编辑：和庆娣　　责任编辑：和庆娣
责任校对：张艳霞　　责任印制：李　昂

北京捷迅佳彩印刷有限公司印刷

2023 年 9 月第 1 版 · 第 4 次印刷
184mm×260mm · 20.5 印张 · 507 千字
标准书号：ISBN 978-7-111-52472-4
定价：69.90 元

电话服务
客服电话：010-88361066
　　　　　010-88379833
　　　　　010-68326294

网络服务
机　工　官　网：www.cmpbook.com
机　工　官　博：weibo.com/cmp1952
金　　书　　网：www.golden-book.com
机工教育服务网：www.cmpedu.com

出版说明

百年大计，教育为本。习近平总书记在党的二十大报告中强调“教育、科技、人才是全面建设社会主义现代化国家的基础性、战略性支撑”，首次将教育、科技、人才一体安排部署，赋予教育新的战略地位、历史使命和发展格局。

当前，我国正处在加快转变经济发展方式、推动产业转型升级的关键时期。为经济转型升级提供高层次人才，是高等院校最重要的历史使命和战略任务之一。高等教育要培养基础性、学术型人才，但更重要的是加大力度培养多规格、多样化的应用型、复合型人才。

为顺应高等教育迅猛发展的趋势，配合高等院校的教学改革，满足高质量高校教材的迫切需求，机械工业出版社邀请了全国多所高等院校的专家、一线教师及教务部门，通过充分的调研和讨论，针对相关课程的特点，总结教学中的实践经验，组织出版了这套“高等教育系列教材”。

本套教材具有以下特点：

1）符合高等院校各专业人才的培养目标及课程体系的设置，注重培养学生的应用能力，加大案例篇幅或实训内容，强调知识、能力与素质的综合训练。

2）针对多数学生的学习特点，采用通俗易懂的方法讲解知识，逻辑性强、层次分明、叙述准确而精炼、图文并茂，使学生可以快速掌握，学以致用。

3）凝结一线骨干教师的课程改革和教学研究成果，融合先进的教学理念，在教学内容和方法上做出创新。

4）为了体现建设“立体化”精品教材的宗旨，本套教材为主干课程配备了电子教案、学习与上机指导、习题解答、源代码或源程序、教学大纲、课程设计和毕业设计指导等资源。

5）注重教材的实用性、通用性，适合各类高等院校、高等职业学校及相关院校的教学，也可作为各类培训班教材和自学用书。

欢迎教育界的专家和老师提出宝贵的意见和建议。衷心感谢广大教育工作者和读者的支持与帮助！

机械工业出版社

前　言

电子计算机的发明是人类历史上最伟大的发明之一，它使人类社会进入了信息时代。

软件技术是计算机技术的灵魂，而操作系统更是计算机系统的大脑。学好操作系统知识，首先要掌握软件和操作系统的基本原理和设计技巧，这些原理和技巧是计算机前辈智慧的结晶，在学好基本理论知识的基础上，多想多练，才能激发自己的想象力和创造力。

本书是“2014年山西省高等学校教学改革项目”重点项目的成果之一，本书的编者都是长期从事一线教学工作的具备丰富的教学经验和科研实践的教师。针对计算机学科发展迅速，内容更新快的特点，本书力求做到以下几点：

- 反映本领域基础性、普遍性的知识，保持内容的相对稳定性。
- 紧跟科技的发展，引入有代表性的技术和实例。
- 考虑受众群体，注重教学效果，内容的组织符合学生的认知规律。

本书分为两部分：上篇基础理论篇，共6章，第1章简要介绍操作系统的概念、发展历程、分类、主要特性和功能，第2～6章以操作系统对计算机系统资源的管理为线索，对操作系统的用户接口、处理机管理、存储管理、设备管理、文件及磁盘管理的策略和技术，做了全面、深入、准确的介绍，每章最后以Linux操作系统为实例，剖析了Linux操作系统各个功能模块的实现机制，以便让读者对操作系统有一个更实际的了解；下篇实验指导篇，从基础理论部分所讲的知识点出发，精选10个实验项目，这些实验有的短小精干、有的可拆分模块，方便学生做课堂实验，实验也是基于Linux系统的，从Linux的安装，到进程的创建、控制、互斥、同步、通信，再到存储管理、文件管理和驱动程序开发实验，都给出了参考源代码，所有源代码均在Red Hat Linux上调试通过，实验十给出了6个课程设计题目，这些题目既有基础理论部分讲到的算法，又有对前9个实验未提及的知识点的补充，学生可根据设计提示自选开发环境进行设计。

全书基础理论部分讲授学时可安排为40～48学时，其中基本理论为必讲内容，每章最后一节的Linux知识，可根据教学目标选讲；实验内容可安排16～24学时，课程设计安排4～8学时，2.5节的Linux编程基础可放入实验内容，让学生熟悉Linux编程环境，为以后实验奠定基础。教师也可根据自己的教学计划安排学时。

本书第1～3章由侯海霞编写，第4～6章由李雪梅编写，实验一～实验七、实验九、实验十由蔡仲博编写，实验八由郭鲜凤编写，全书由侯海霞统稿。

由于编者水平有限，加之时间仓促，书中难免有不足和疏漏之处，敬请读者批评指正。

编　者

目　　录

出版说明

前言

上篇　基础理论篇

下篇 实验指导篇

上篇　基础理论篇

第1章　计算机操作系统概述

随着信息化技术和网络技术的高速发展，越来越多的人在日常生活中已离不开计算机和智能手机，与此同时，诸如 Windows、Android、iOS 等也成为人们耳熟能详的软件词汇。究竟这些软件在使用计算机时有什么作用，没有类似功能软件的计算机能正常工作吗？带着这样的问题，让我们来研究“计算机操作系统”。

1.1　操作系统概念

一个完整的计算机系统有两部分组成：计算机硬件系统和计算机软件系统。硬件是构成计算机的设备实体，包括处理机（运算器和控制器）、存储器、输入设备和输出设备。软件是各类程序和文件的集合，软件包括系统软件和应用软件。

硬件是躯体，是计算机赖以工作的物质基础；软件是灵魂，没有软件，计算机就没有生命，根本无法工作。因此，计算机的硬件和软件是相互依存、相互配合的关系，二者缺一不可。计算机的硬件和软件以及应用之间是一种层次结构的关系，如图 1-1 所示。

操作系统（Operation System，OS）是位于硬件层之上，所有其他软件层之下的一个系统软件。这个系统软件由一些程序模块的集合组成，它们管理和控制计算机系统中的硬件及软件资源，合理的组织计算机工作流程，以便有效地利用这些资源为用户提供一个功能强大、使用方便的工作环境，从而在计算机和用户之间起到接口的作用。

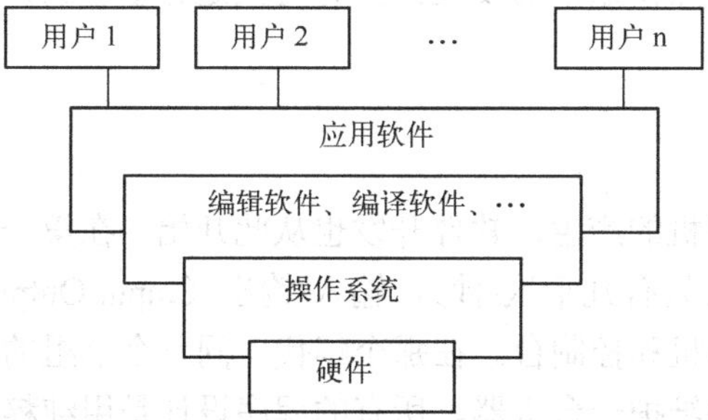

图 1-1　操作系统与硬件和应用软件之间的关系

一台计算机可配置一种或多种操作系统。

不同的人出发点不同，看待操作系统的角度也不同，不同的观点体现操作系统的不同侧面，进而体现出了操作系统在整个计算机系统中的作用。

1. 用户观点

对于一般用户来说，只需要计算机系统提供服务，并不需要了解计算机内部是如何工作的。用户希望计算机系统界面友好，无须了解很多硬件和软件细节，就能方便使用计算机，用户还希望计算机提供的服务安全可靠、高效。这些任务都是由计算机操作系统来完成的。操作系统就是用户和计算机之间的接口。

2. 系统管理人员的观点

从系统管理人员的观点来看，引入操作系统是为了合理组织计算机工作流程，管理和分配计算机系统硬件及软件资源。操作系统是计算机资源的管理者。

现代计算机系统包括处理器、存储器、时钟、磁盘、鼠标、网络接口、打印机以及其他设备。现代操作系统允许多道程序同时运行。假设一台计算机上运行的 3 个程序同时在同一台打印机上输出结果，如果没有 OS 的控制，那么开始的几行可能是程序 1 的输出，然后几行是程序 2 的输出，然后又是程序 3 的输出等，最终结果将是一团糟。操作系统可以把潜在的混乱有序化，那就是先将打印的输出结果送到磁盘上的缓冲区，在一个程序结束后，操作系统可以将暂存在磁盘上的文件送到打印机输出。同理，其他程序也一样，可以继续产生更多的输出结果，并暂存缓冲区，很明显，这些程序的输出还没有真正送到打印机。最后，在操作系统的控制下有序输出。另外，用户通常不仅共享硬件、还要共享软件（文件、数据库等）。

因此，操作系统的任务是在相互竞争的程序之间有序地控制对处理机、存储器以及其他输入/输出设备和软件资源的分配，是计算机资源的管理者。

3. 发展的观点

引入操作系统可为计算机系统的功能扩展提供平台。使计算机系统在追加新的服务和功能时更加容易，并且不影响系统原有的服务和功能。

1.2 操作系统的发展历程

操作系统与其所运行的计算机体系结构的联系非常密切。操作系统的发展是随着计算机硬件的发展而发展的。

本节按时间线索叙述操作系统的发展，但时间上是有重叠的，每个发展并不是等到先前一种发展完成后才开始。

1.2.1 穿孔卡片

由于冯·诺伊曼计算机的产生，软件开发也从此开始。在第一代计算机时期，计算机存储容量小，运算速度慢（只有几千次/秒），输入/输出（Input/Output，I/O）设备只有纸带输入机、卡片阅读机、打印机和控制台。在那个年代，同一个小组的人（通常是工程师们）设计、建造、编程、操作并维护一台机器。所有的程序设计是用纯粹的机器语言编写的。没有程序设计语言（甚至汇编语言也没有），操作系统也未出现。这个时代的计算机主要用来进行数字运算，计算机通过人工操作来工作。

用户使用计算机时，先手工编程，并将其穿成纸带（或卡片），装上输入机，然后经过人工操作把程序和数据输入计算机，接着通过控制台开关开启启动程序运行。待计算完毕，用户拿走打印结果，并卸下纸带（或卡片）。在这个过程中需要人工装纸带、人工控制程序运行、人工卸纸带等一系列“人工干预”活动，计算机才能工作。这种人工操作方式下有以下两方面的缺点。

1）用户独占全机。此时，计算机及其全部资源只能由上机用户独占。

2）CPU 等待人工操作。当用户进行装带（卡）、卸带（卡）等人工操作时，CPU 及内存资源是空闲的。

这种由一道程序独占机器的情况，在计算机运算速度较慢的时候是可以容忍的，因为此时计算机计算所需的时间相对较长，人工操作时间所占比例还不算很大。

1.2.2 晶体管和单道批处理系统

随着计算机硬件的发展，计算机进入第二代——晶体管时代。计算机的运行速度有了很大提高，从每秒几千次、几万次发展到每秒几十万次、上百万次。这时，手工操作的慢速度和计算机运算的高速度之间形成了一对矛盾，即所谓人-机矛盾。与此同时，随着 CPU 速度的提高，而 I/O 设备的速度提高缓慢，又使 CPU 与 I/O 设备之间速度不匹配的矛盾日益突出。要解决这些矛盾，最有效的办法就是摆脱人的手工操作，实现作业的自动过渡，这样就出现了批处理系统。

1. 脱机输入/输出技术

20 世纪 50 年代末出现了脱机输入/输出技术。该技术是指事先将装有用户程序和数据的纸带（或卡片）装入纸带输入机（或卡片机），在一台外围机的控制下，把纸带（卡片）上的数据（程序）输入到磁带上，当 CPU 需要这些程序和数据时，再从磁带上高速调入内存运行。类似的，当 CPU 需要输出时，可由 CPU 直接高速地把数据从内存送到磁带上，然后在另一台外围机的控制下，将磁带上的结果通过相应的输出设备输出。脱机输入/输出过程如图 1-2 所示。

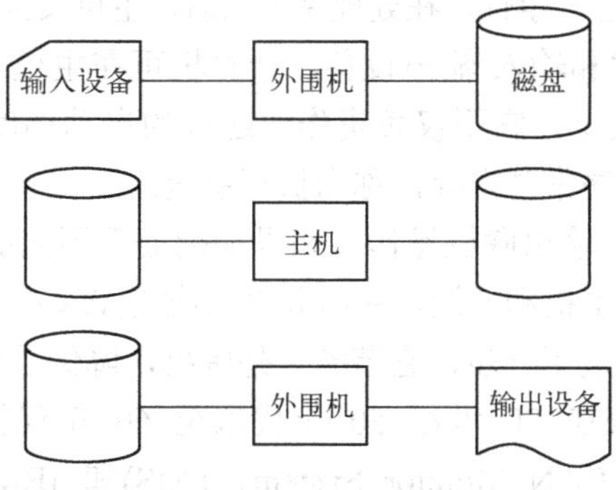

图 1-2 脱机输入/输出示意图

这里的外围机是一台相对便宜的计算机，它适用于读卡片，复制磁带和输出打印，但不适用于数值计算。完成真正计算的计算机较昂贵。

由于程序和数据的输入/输出都是在外围机的控制下（脱离主机的情况下）完成，所以称为脱机输入/输出方式；反之，在主机的直接控制下进行输入/输出的方式称为联机输入/输出方式。脱机输入/输出的主要优点如下。

1）减少了 CPU 的空闲时间。装带（卡）、卸带（卡）以及数据从低速 I/O 设备送到高速磁带（盘）上，都是在脱机情况下进行的，不占用主机时间，从而有效减少了 CPU 的空闲等待时间，缓和了人–机矛盾。

2）提高 I/O 速度。当 CPU 在运行中需要数据时，是直接从高速的磁带或磁盘上将数据调入内存的，不再是从低速 I/O 设备上输入，从而大大缓和了 CPU 和 I/O 设备速度不匹配的矛盾。

脱机输入/输出技术仍存在许多缺陷，如外围机与主机之间的磁带装卸仍需要人工完成，操作员需要监督机器的状态信息。由于系统没有任何保护自身的措施，因此当目标程序执行一条引起停机的非法指令时，或程序进入死循环时等需要操作员的干预。

2．单道批处理系统

把一批作业以脱机方式输入到磁带上，并在系统中配上监督程序（现代操作系统的前身），在它的控制下使这批作业能一个接一个地连续处理。首先，监督程序将磁带上的第一个作业装入内存，并把运行控制权交给作业。当该作业处理完成时，又把控制权交还给监督程序，再由监督程序把磁带（盘）上的第二个作业调入内存。计算机系统就自动地一个作业一个作业地进行处理，直至磁带（盘）上的所有作业全部完成，这样就形成了早期的批处理。由于系统对作业的处理都是成批进行的，且在内存中始终只保持一道作业，故称为单道批处理系统。

3．执行系统

20 世纪 60 年代初期，计算机硬件获得了两方面的发展：一是通道的引入，二是中断技术的出现。这两项重大成果导致了操作系统进入执行系统阶段。

通道是一种专用部件，它能控制一台或多台输入/输出设备工作，负责输入/输出设备与主存之间的信息传输。它一旦被启动就能独立于 CPU 运行，这样可使 CPU 和通道并行操作，而且 CPU 和多种输入/输出设备也能并行操作。中断是指当主机接到外部信号时，马上停止原来的工作，转去处理这一事件，在处理完了以后，主机又回到原来的工作点继续工作。

借助于通道、中断技术和输入/输出设备，计算机可在主机控制下完成批处理。这时，原来的监督程序的功能扩大了，它不仅负责作业运行的自动调度，而且还要提供输入/输出功能。这个发展了的监督程序常驻内存，称为执行系统。

执行系统的实现是输入/输出联机操作，和早期批处理不同的是：输入/输出操作是由在主机控制下的通道完成的。主机和通道、主机和输入/输出设备都可以并行工作。

执行系统比脱机处理前进了一步，它节省了外围机，降低了成本。

许多成功的批处理系统在 20 世纪 50 年代末至 60 年代初出现，典型的操作系统是 FORTRAN 监督系统(FORTRAN Monitor System，FMS)和 IBM7094 上的 IBM 操作系统 IBSYS。

思考：无通道技术、靠监督程序控制的联机操作和有通道技术、靠执行系统控制的联机操作有何不同？

1.2.3 集成电路芯片和多道程序系统

电子集成电路的出现，催生了第三代计算机的问世。计算机发展进入集成电路时期后，在计算机中形成了相当规模的软件子系统，高级语言种类进一步增加，操作系统日趋完善。其中最重要的是多道程序设计。

中断和通道技术出现后，输入/输出设备和中央处理机可以并行操作，初步解决了高速处理机和低速设备的矛盾，提高了计算机的工作效率。但不久发现，这种并行是有限度的，并不能完全消除中央处理机对外部传输的等待。若当前作业因等待磁带或其他 I/O 操作而暂停时，CPU 就只能简单地踏步直至该 I/O 完成。对于 CPU 操作密集的科学计算问题， I/O 操作较少，因此浪费的时间很少。然而，对于商业数据处理时，I/O 操作等待的时间通常占到 80%～90%。这种现象出现的原因是输入/输出处理与本道程序相关，所以必须采取某种措施减少昂贵的 CPU 空闲时间的浪费。

解决方案就是采用多道程序设计技术。该方案将内存分几部分，每一部分存放不同的作业，如图 1-3 所示。当一个作业等待 I/O 操作完成时，另一个作业可以使用 CPU。如果内存中可以同时存放足够多的作业，则 CPU 利用率可以接近 100%。在内存中同时驻留多个作业需要特殊的硬件来对其进行保护，以避免作业的信息被窃取或受到攻击。

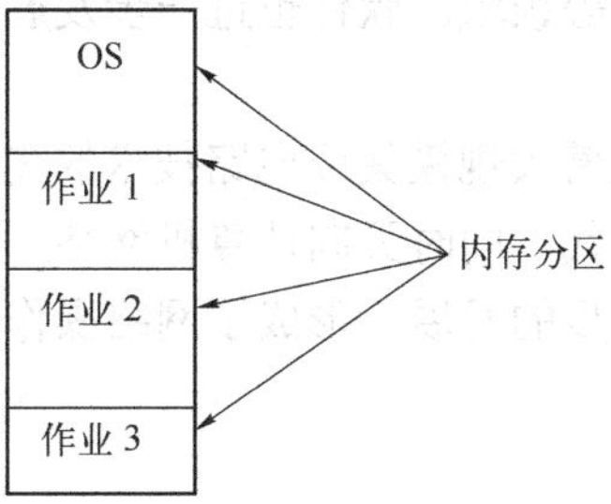

图 1-3　一个内存中有 3 个作业的多道程序系统

如图 1-4 描述了两道程序的工作过程。用户程序 A 首先在处理机上运行，当它需要输入新的程序而转入等待时，系统帮它启动输入工作，并让用户程序 B 开始计算，直到程序 B 请求打印输出时，再启动相应的外部设备进行工作。如果此时程序 A 的输入尚未结束，也无其他用户程序需要计算，则处理机处于空闲状态，直到程序 A 在输入结束后重新开始。如此进行，直到程序运行结束。

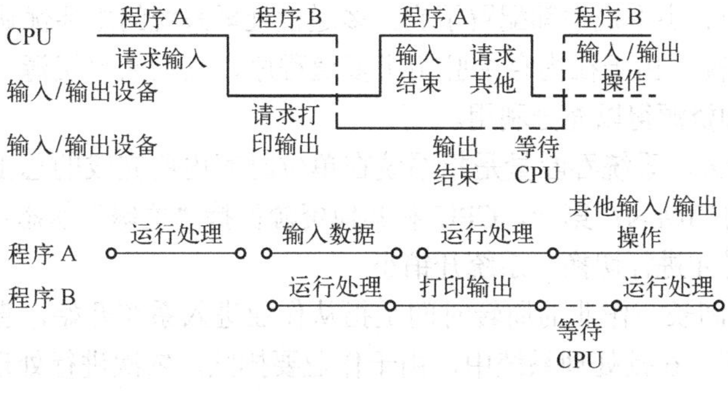

图 1-4　多道程序工作过程

在单处理机系统中，多道程序运行的特点如下。

1）多道。计算机内同时存放几道相互独立的程序。

2）宏观上并行。同时进入系统的几道程序都处于运行过程中，即它们先后开始了各自的运行，但都未运行完毕。

3）微观上串行。各道程序轮流使用 CPU，交替执行。

多道程序系统的出现标志着操作系统日渐趋于成熟。

📖 思考：在多道程序系统中，为了有效地利用系统资源，提高系统工作效率，需要解决的技术问题有哪些？

1）并行运行的程序要共享计算机系统的软硬件资源，既要竞争使用资源，需要相互协同工作。因此同步和互斥问题就成为操作系统设计中的重要问题。

2）随着多道程序的增加，出现了内存不够用的问题。因此出现了覆盖、对换和虚拟存储等内存管理技术。另外，因为多道程序存在于内存，内存保护问题也很重要。

1.2.4 个人计算机和现代操作系统

20 世纪 60 年代中期，计算机的性能和可靠性有了很大提高，计算机的应用越来越广泛，逐步应用于工业控制、军事等领域。软件也进一步发展，出现了分时操作系统、实时操作系统。

进入 20 世纪 80 年代，随着大规模集成电路技术的飞跃发展以及微处理机的出现和发展，一方面迎来了个人计算机时代，同时又向计算机网络、分布式处理、巨型计算机和智能化方向发展，操作系统有了进一步的发展，形成了网络操作系统、分布式操作系统、嵌入式操作系统等多种操作系统。

1.3 操作系统的分类

随着计算机技术和软件技术的长期发展，已形成了多种类型的操作系统，以满足不同的应用需求。根据操作系统所使用环境和处理方式的不同，操作系统可分为以下几种类型。

1.3.1 批处理操作系统

早在 20 世纪 60 年代就出现了多道批处理系统，但它至今都是操作系统的基本类型之一，在大多数大、中、小型机中都配置了它。多道批处理系统的主要优缺点如下。

1）资源利用率高。由于在内存中驻留了多道程序，它们共享资源，可保持资源处于忙碌状态，从而使各种资源得以充分利用。

2）系统吞吐量大。系统吞吐量是指系统在单位时间内所完成的总工作量。能提高系统吞吐量的主要原因可归结为：第一，CPU 和其他资源保持“忙碌”状态；第二，仅当作业完成时或运行不下去时才进行切换，系统开销小。

3）平均周转时间长。作业的周转时间是指从作业进入系统开始，直至其完成并退出系统为止所经历的时间。在批处理系统中，由于作业要排队，依次进行处理，因此作业的周转时间较长。

4）无交互能力。用户一旦把作业提交给系统后，直至作业完成，用户都不能与自己的作业进行交互，这对修改和调试程序是极不方便的。

值得一提的是，不要把多道程序系统（Multiprogramming）和多重处理系统

（Multiprocessing）相混淆。一般讲，多道程序系统实质是单 CPU 系统，即在一台计算机中只配有一个 CPU，程序执行时利用前文讲到的多道程序执行原理；而多重处理系统配置多个 CPU，因而能真正同时执行多道程序。当然，要想有效地使用多重处理系统，必须采用多道程序设计技术；反之不然，多道程序设计原则上不一定要求有多重处理系统的支持。多重处理系统比起单处理系统来说，虽增加了硬件设施，却换来了提高系统吞吐量、可靠性、计算能力和并行处理能力等好处。

1.3.2 分时操作系统

在多道系统中，若采用了分时技术，就是分时操作系统。它的工作方式是：一台主机连接若干个终端，每个终端有一个用户在使用。用户交互式地向系统提出命令请求，系统接受每个用户的命令，采用时间片轮转方式处理服务请求，并通过交互方式在终端上向用户显示结果。用户根据上步结果发出下道命令。分时操作系统将 CPU 的时间划分成若干个片段，称为时间片。操作系统以时间片为单位，轮流为每个终端用户服务。每个用户轮流使用一个时间片而使每个用户并不感到有其他的用户存在。

分时操作系统与批处理操作系统主要区别在于，所有用户都是通过使用显示器和键盘组成的联机终端与计算机交互。现今流行的操作系统中 Linux、Windows、OS/2 以及 UNIX 都采用了分时技术，其中 UNIX 和 Linux 可连接多个终端。

分时操作系统的特点如下。

1）多路性：众多联机用户可以同时使用一台计算机，所以也称同时性。从宏观上看，多个用户在同时工作，共享系统的资源；从微观上看，各终端程序是轮流地运行一个时间片。多路性提高了系统资源的整体利用率。

2）交互性：用户在终端上能随时通过键盘与计算机进行“会话”，从而获得系统的各种服务，并控制作业程序的运行。

3）独立性：每个用户在自己的终端上彼此独立操作，互不干扰，感觉不到其他用户的存在，就如同自己“独占”该系统似的。

4）及时性：用户程序轮流执行一个 CPU 的时间片，由于计算机的高速处理能力，能保证在较短和可容忍的时间内给予用户请求进行响应和完成处理。

在某些计算机系统中配置的操作系统结合了批处理能力和交互作用的分时能力。它以前台/后台方式提供服务，前台以分时方式为多个联机终端服务，当终端作业运行完毕时，系统就可以运行批量方式的作业。

1.3.3 实时操作系统

“实时”是指能及时响应随机发生的外部事件、并对事件做出快速处理的能力。而“外部事件”是指与计算机相连接的设备向计算机发出的各种服务请求。

实时操作系统是能对来自外部的请求和信号在限定的时间范围内做出及时响应的一种操作系统。实时系统对响应时间的要求比分时系统更高，一般要求响应时间为秒级、毫秒级甚至微秒级。

实时系统按其使用方式不同分为两类：实时控制系统和实时信息处理系统。

实时控制是指利用计算机对实时过程进行控制和提供环境监督。实时控制系统是把从传感器获得的输入数据进行分析处理后，激发一个活动信号，从而改变可控过程，以达到控制的目的。例如对轧钢系统中炉温的控制，就是通过传感器把炉温传给计算机控制程序，控制程序通过分析后再发出相应的控制信号以便对炉温进行调整，系统相应时间要满足温度要求。

实时信息处理系统是指利用计算机对实时数据进行处理的系统。这类应用大多属于实现服务性工作。比如：自动购票系统、火车票系统、情报检索系统等。

实时系统主要是为联机实时任务服务的，其特点如下。

1）高及时性：对外部事件信号的接收、分析处理、以及给出反馈信号进行控制，都必须在严格的时间限度内完成。

2）高可靠性：无论是实时控制系统还是实时信息处理系统，都必须有高可靠性。因为任何差错都可能带来巨大的经济损失，甚至是无法预料的灾难性后果。因此，在实时系统中，往往采取了多级容错措施来保障系统的安全性及数据的安全性。

3）交互会话功能较弱：实时系统没有分时系统那样强的交互会话功能，通常不允许用户通过实时终端设备去编写新的程序和修改已有的程序。实时终端设备通常只是作为执行装置或询问装置，是为特殊的实时任务设计的专用系统。

批处理系统、分时系统和实时系统是操作系统的 3 种基本类型，在此基础上又发展了具有多种类型操作特征的操作系统，称为通用操作系统，它可以同时兼有批处理、分时、实时处理和多重处理的功能。

1.3.4 网络操作系统

计算机网络是通过通信设施将物理上分散的具有自治功能的多个计算机系统互联起来，实现信息交换、资源共享、可互操作和协作处理的系统。

在网络范围内，用于管理网络通信和共享资源，协调各计算机上任务的运行，并向用户提供统一的、有效方便的网络接口的程序集合，称为网络操作系统。

网络操作系统的研制开发是在原来各自计算机操作系统的基础上进行的。按照网络体系结构的各个协议标准进行开发，包括网络管理、通信、资源共享、系统安全和多种网络应用服务等诸方面。

网络操作系统有如下 4 个基本功能。

1）网络通信：为通信双方建立和拆除通信通路，实施数据传输，对传输过程中的数据进行检查和校正。

2）资源管理：采用统一、有效的策略，协调诸用户对共享资源的使用，用户使用远地资源如同使用本地资源似的。

3）提供网络接口：向网络用户提供统一的网络使用接口，以使用户能方便地进行网络连接，使用共享资源，获得网络提供的各种服务。

4）提供网络服务：向用户提供多项网络服务，如电子邮件服务，它为各用户间发送与接收信息，提供快捷、便利的现代化通信手段；如远程登录服务，它使一台计算机能登录到另一台计算机上，使自己的计算机就像一台与远程计算机直接相连的终端一样进行工作，获取与共享所需要的各种信息；再如文件传输服务，它允许用户把自己的计算机连接到远程计算机上，查看那里有哪些文件，然后将所需文件从远程计算机复制到本地计算机，或将本地计算机中的文件复制到远程计算机中。

由于网络计算的出现和发展，现代操作系统的主要特征之一就是具有上网功能，因此，除了在 20 世纪 90 年代初期时，Novell 公司的 Netware 等系统被称为网络操作系统之外，一般不再特指某个操作系统为网络操作系统。

1.3.5 分布式操作系统

一组相互连接并能交换信息的计算机构成了一个网络。这些计算机之间可以相互通信，任何一台计算机上的用户可以共享此网络上其他计算机的资源。但是，计算机网络并不是一个一体化的系统，它没有标准的、统一的接口。网上各站点的计算机有各自的系统调用命令、数据格式等。若一台计算机上的用户希望使用网上另一台计算机的资源，他必须指明是哪个站点上的哪一台计算机，并以那台计算机上的命令、数据格式来请求才能实现共享。为完成一个共同的计算任务，分布在不同主机上的各合作进程的同步协作也难以实现。大量的实际应用要求一个完整的一体化的系统，而且又具有分布处理能力。

如果一个计算机网络系统，其处理和控制功能被分散在系统的各个计算机上，系统中的所有任务可动态地分配到各个计算机中，使它们并行执行，实现分布处理。这样的系统称为“分布式系统”，其上配置的操作系统，称为“分布式操作系统”。

在分布式系统中，操作系统是以全局方式来管理系统的。用户把自己的作业交付给系统后，分布式操作系统会根据需要，在系统中选择适合的若干计算机去并行地完成该任务；在完成任务过程中，分布式操作系统会随意调度使用网络中的各种资源；在完成任务后，分布式操作系统会自动把结果传送给用户。

在分布式操作系统管理下，用户只需提出需要什么，不必具体指出需要资源的位置。这是高水平的资源共享。

分布式操作系统的特点如下。

1）分布式系统的基础是网络：它和常规网络一样具有模块性、并行性、自治性和通用性等特点，但比常规网络又有进一步的发展。分布式系统由于更强调分布式计算和处理，因此对于多机合作和系统重构、以及容错能力有更高的要求，需要系统有短的响应时间、高吞吐量和高可靠性。

2）系统的透明性：分布式操作系统负责全系统的资源分配调度、任务划分、信息传输控制协调工作，并为用户提供一个统一的界面和标准的接口，用户通过这一界面实现所需要的操作和使用系统资源，至于操作具体由哪台计算机上执行或使用哪台计算机的资源，则是系统的任务，用户不用知道，即系统对用户是透明的。

3）并行性：一方面，系统内有多个实施处理的部件（比如计算机），可以进行真正的并行操作；另一方面，分布式操作系统的功能也被分解成多个任务，分配到系统的多个处理部件中同时执行。这样，提高了系统的吞吐量，缩短了响应时间。

4）可靠性和健壮性：分布式系统把工作分散到多台机器上，这样，单个部件的故障，只会影响到一台机器。另外，当系统中的设备出现故障时，可通过容错技术实现系统的重构，以保证系统的正常运行。

5）扩展性：分布式系统可方便地增加新的部件或新的功能模块。比如，公司业务增加到一定程度时，原先的计算机系统可能不能满足要求，可采用分布式系统，增加一些处理机就可以解决问题。

1.3.6 嵌入式操作系统

嵌入式系统是用来控制或者监视机器、装置、工厂等大规模设备的系统。嵌入式系统以应用为中心，以计算机技术为基础，软硬件可裁剪，功能、可靠性、成本、体积、功耗严格要求的专用计算机系统。嵌入式系统是一种专用的计算机系统，作为装置或设备的一部分。通常，嵌入式系统是控制程序存储在只读存储器（Read-Only Memory，ROM）中的嵌入式处理器控制板。事实上，所有带有数字接口的设备，如手表、微波炉、录像机、汽车等，都使用嵌入式系统，有些嵌入式系统还包含操作系统，但大多数嵌入式系统都是由单个程序实现整个控制逻辑。

用于嵌入式系统的操作系统称为嵌入式操作系统。嵌入式操作系统是嵌入式系统的软件核心。

嵌入式系统的特征如下。

（1）专用性

采用专用的嵌入式处理器。嵌入式处理器与通用型 PC 处理器的最大不同就是嵌入式处理器大多工作在为特定用户群设计的系统中，它通常都具有低功耗、体积小、集成度高等特点，能够把通用处理器中许多由板卡完成的任务集成在芯片内部，从而有利于嵌入式系统设计趋于小型化，移动能力大大增强，与网络的耦合也越来越紧密，同时有利于降低成本。

功能算法的专用性。嵌入式系统是面向具体算法和具体应用的，因此它总是被设计成为完成某一特定任务，一旦设计完成就不再改变。例如，移动心脏监视器或心肌震颤消除器等嵌入式系统就不能运行电子表格或文字处理软件。

系统对用户是透明的。用户在使用这种设备时只需按照预定的方式操作即可。既不需要用户进行编程，也不需要知道内部的设计细节，当然，用户也不能对其进行更改。

（2）小型化与有限资源

嵌入式系统往往结构紧凑、坚固可靠，计算资源（包括处理器的速度和资源、存储容量和速度等）有限。例如，较通用操作系统，嵌入式操作系统的内核很小；嵌入式系统的软件通常以固件形式固态化存储在 ROM、Flash 或 NVRAM 中，对该软件的升级是使用专用烧录机或仿真器重写这些程序。这是由嵌入式系统专用性、嵌入的空间约束以及适用环境所决定。

（3）系统软硬件设计的协同一体化

嵌入式系统的专用性决定了它的设计目标是单一的，硬件与软件的依赖性强，因而一般硬件和软件要进行协同设计，量体裁衣、去除冗余，力争在同样的硅片面积上实现更高的性能。

应用软件与操作系统的一体化设计。在通用计算机系统中，像操作系统等系统软件与应用软件之间的界限分明，应用软件是独立设计、独立运行的。但是，嵌入式系统中，操作系统与应用软件是一体的。

（4）软件开发需要交叉开发环境

由于受到嵌入式系统本身资源开销的限制，嵌入式系统的软件开发采用交叉开发环境。交叉开发环境由宿主机和目标机组成，宿主机作为开发平台，目标机作为执行机，宿主机可以是与目标机相同或不相同的机型。

嵌入式操作系统大多用于控制，因而具有实时特性，与一般操作系统相比具有比较明显的差异，具体如下。

1）可裁剪性。因为嵌入式操作系统的硬件配置和应用需求的差别较大，要求嵌入式操作系统必须具备比较好的适应性，即可裁剪性。在一些配置较高、功能要求较多的环境中，能够通过加载较多的模块来满足需求；而在配置较低、功能单一的环境中，系统必须能够通过裁剪方式把一些不需要的模块裁剪掉。

2）可移植性。在嵌入式开发中，存在多种多样的 CPU 和底层硬件环境，因此在设计时必须充分考虑，通过一种可移植方案来实现不同硬件平台上的移植。例如，可把硬件相关部分单独剥离出来，在一个相对独立的模块或源文件中实现，或者增加一个硬件抽象层来实现不同硬件的底层屏蔽。

3）可扩展性。是指可以很容易地在嵌入式操作系统上扩展新的功能。例如，随着 Internet 的快速发展，可以根据需要，在对嵌入式系统不做大量改动的情况下，增加 TCP/IP 功能和 HTTP 解析功能。这样要求在进行嵌入式系统设计时，应充分考虑功能之间的独立性，并为将来的扩展预留接口。

因为存在上述特征和差别，嵌入式操作系统一般采用微内核结构。微内核就是非常小巧的操作系统核心，其中只包含绝对必要的操作系统功能，其他功能（如与应用有关的设备驱动程序）则作为应用服务程序置于核心之上，并且在目态运行。当然也有采用单核结构的嵌入式操作系统，这种结构的速度快，但是适应性不及微内核结构。

尽管目前微内核尚无统一的规范，一般认为内核应当包括如下功能：处理器调度、基本内存管理、通信机制、电源管理。而虚拟存储管理、文件系统、设备驱动程序则处于核心之外，以目态形式运行。随着嵌入式系统的发展和成熟，有理由相信在不远的将来会形成相应的工业标准。

微内核结构的优点是可靠性高、可移植性好。然而它也有不可忽视的缺点，即系统效率低。应用程序关于文件和设备的操作一般需要经过操作系统转到另一个应用程序，然后再返回到原来的应用程序，其中设计两次进程切换。

嵌入式操作系统具有微小、实时、专业、可靠、易裁剪等优点。代表性的嵌入式操作系统有 WinCE（微软公司的 Vinus 计划）、PalmOS、μC Linux、Vx Works、国内的 Hopen（女娲计划）等。

嵌入式手持终端设备在越来越多的领域发挥着重要作用。手持终端是更小（尺寸小、资源少）的计算机，主要提供通信、娱乐等功能如 PAD、平板电脑、智能手机。目前，这类手持终端操作系统发展迅速，典型的操作系统有 iOS、Android、Windows Phone7、Symbian、Palm、Linux 等。

1.3.7 云操作系统

云操作系统又称云 OS、云计算操作系统、云计算中心操作系统，是以云计算、云存储技术作为支撑的操作系统，是云计算后台数据中心的整体管理运营系统（也有人认为云计算系统包括云终端操作系统，例如现在流行的各类手机操作系统，这与先行的单机操作系统区别不大，在此不做讨论）。它是指构架于服务器、存储、网络等基础硬件资源和单机操作系统、中间件、数据库等基础软件之上的、管理海量的基础硬件、软件资源的云平台综合管理系统。

云操作系统通常包含以下几个模块：大规模基础软硬件管理、虚拟计算管理、分布式文件系统、业务/资源调度管理、安全管理控制等几大模块。简单来讲，云 OS 有以下几个作用：一是治众如治寡，能管理和驱动海量服务器、存储等基础硬件，将一个数据中心的硬件资源逻辑上整合成一台服务器；二是为云应用软件提供统一、标准的接口；三是管理海量的计算任务以及资源调配。

云 OS 是实现云计算的关键一步，从前端看，云计算用户能够通过网络按需获取资源，并按使用量付费，如同打开水龙头用水一样，接入即用；从后台看，云计算能够实现对各类异构软硬件基础资源的兼容，更要实现资源的动态流转，如西电东送，西气东输等。将静态、固定的硬件资源进行调度，形成资源池，云计算的两大基本功能就是云计算中心操作系统实现的，但是操作系统的重要作用远不止于此。

云 OS 能够根据应用软件（如搜索网站的后台服务软件）的需求，调度多台计算机的运算资源进行分布计算，再将计算结果汇聚整合后返回给应用软件。相对于单台计算机的计算耗时，通过云 OS 能够节省大量的计算时间。

云 OS 还能够根据数据的特征，将不同特征的数据分别存储在不同的存储设备中，并对它们进行统一管理。当云 OS 根据应用软件的需求，调度多台计算机的运算资源进行分布计算时，每台计算机可以根据计算需要，从不同的存储设备中快速地获取自己所需的数据。

云 OS 与普通计算机中运行的操作系统相比，就好像高效协作的团队与个人一样。个人在接收用户的任务后，只能一步一步地逐个完成任务涉及的众多事项。而高效协作的团队则是由管理员在接收到用户提出的任务后，将任务拆分为多个小任务，再把每个小任务分派给团队的不同成员；所有参与此任务的团队成员，在完成分派给自己的小任务后，将处理结果反馈给团队管理员，再由管理员进行汇聚整合后，交付给用户。

1.4 现代操作系统的主要特性

现代计算机硬件已发展到多核、多 CPU 阶段，程序的执行是多道程序并发执行。在本书中，对操作系统的研究限制在“单处理器”情况下。

配置操作系统的目的是提高计算机系统的处理能力，充分发挥系统的资源利用率，方便用户使用计算机。以多道程序设计为基础的现代操作系统具有以下特性。

1.4.1 并发性

并行性和并发性是既相似又有区别的两个概念，并行性是指两个或多个事件在同一时刻发生；而并发性是指两个或多个事件在同一时间间隔内发生。在多道程序环境下，并发性是指在一段时间内，宏观上有多个程序在同时运行，但在单处理机系统中，每一时刻却仅能有一道程序执行，故微观上这些程序只能是分时地交替执行。倘若在计算机系统中有多个处理机，则这些可以并发执行的程序便可被分配到多个处理机上，实现并行执行，即利用每个处理机来处理一个可并发执行的程序，这样，多个程序便可同时执行。

应当指出，通常的程序是静态实体，它们是不能并发执行的。为使多个程序能并发执行，系统必须分别为每个程序建立进程。简单说来，进程是指在系统中能独立运行并作为资源的分配单位，它是由一组机器指令、数据和堆栈等组成的，是一个活动实体。多个进程之间可以并发执行和交换信息。一个进程在运行时需要一定的资源，如CPU、存储空间和I/O设备等。

事实上，进程和并发是现代 OS 中最重要的基本概念，也是 OS 运行的基础，将在本书第 3 章中做详细阐述。

1.4.2 共享性

在操作系统环境下，共享是指系统中的资源可供内存中多个并发执行的进程（线程）共同使用。由于资源属性的不同，进程对资源共享的方式也不同，目前主要有互斥共享方式和同时访问方式两种方式。

（1）互斥共享方式

系统中的某些资源，如打印机、磁带机，虽然它们可以提供给多个进程（线程）使用，但为使所打印或记录的结果不致造成混淆，应规定在一段时间内只允许一个进程（线程）访问该资源。为此，当一个进程 A 要访问某资源时，必须先提出请求，如果此时该资源空闲，系统便可将之分配给请求进程 A 使用，此后若再有其他进程也要访问该资源时（只要 A 未用完）则必须等待。 仅当 A 进程访问完并释放该资源后，才允许另一进程对该资源进行访问。我们把这种资源共享方式称为互斥式共享，而把在一段时间内只允许一个进程访问的资源称为临界资源或独占资源。计算机系统中的大多数物理设备，以及某些软件中所用的栈、变量和表格，都属于临界资源，它们要求被互斥地共享。

（2）同时访问方式

系统中还有另一类资源，允许在一段时间内由多个进程“同时”对它们进行访问。这里所谓的“同时”往往是宏观上的，而在微观上，这些进程可能是交替地对该资源进行访问。典型的可供多个进程“同时”访问的资源是磁盘设备，一些用重入码编写的文件，也可以被“同时”共享，即若干个用户同时访问该文件。

并发和共享是操作系统的两个最基本的特征，它们又是互为存在的条件。一方面，资源共享是以程序（进程）的并发执行为条件的，若系统不允许程序并发执行，自然不存在资源共享问题；另一方面，若系统不能对资源共享实施有效管理，协调好诸进程对共享资源的访问，也必然影响到程序并发执行的程度，甚至根本无法并发执行。

1.4.3 虚拟性

操作系统中的“虚拟”，是指通过某种技术把一个物理实体变为若干个逻辑上的对应物。物理实体（前者）是实的，即实际存在的；而后者是虚的，是用户感觉上的东西。相应地，用于实现虚拟的技术，称为虚拟技术。在 OS 中利用了多种虚拟技术，分别用来实现虚拟处理机、虚拟内存、虚拟外部设备和虚拟信道等。

在虚拟处理机技术中，是通过多道程序设计技术，让多道程序并发执行的方法，来分时使用一台处理机的。此时，虽然只有一台处理机，但它能同时为多个用户服务，使每个终端用户都认为是有一个 CPU 在专门为他服务。亦即，利用多道程序设计技术，把一台物理上的 CPU 虚拟为多台逻辑上的CPU，也称为虚拟处理机，我们把用户所感觉到的CPU 称为虚拟处理器。

类似地，可以通过虚拟存储器技术，将一台机器的物理存储器变为虚拟存储器，以便从逻辑上来扩充存储器的容量。此时，虽然物理内存的容量可能不大（如 32MB），但它可以运行比它大得多的用户程序（如 128MB）。这使用户所感觉到的内存容量比实际内存容量大得多，认为该机器的内存至少也有 128MB。当然这时用户所感觉到的内存容量是虚的。我们把用户所感觉到的存储器称为虚拟存储器。

通过虚拟设备技术，可以将一台物理 I/O 设备虚拟为多台逻辑上的 I/O 设备，并允许每个用户占用一台逻辑上的 I/O 设备，这样便可使原来仅允许在一段时间内由一个用户访问的设备（即临界资源），变为在一段时间内允许多个用户同时访问的共享设备。例如，原来的打印机属于临界资源，而通过虚拟设备技术，可以把它变为多台逻辑上的打印机，供多个用户“同时”打印。此外，也可以把一条物理信道虚拟为多条逻辑信道（虚信道）。在操作系统中，虚拟的实现主要是通过分时使用的方法。显然，如果 n 是某物理设备所对应的虚拟的逻辑设备数，则虚拟设备的平均速度必然是物理设备速度的 1/n。

1.4.4 异步性

在多道程序环境下，允许多个进程并发执行，但只有进程在获得所需的资源后方能执行。在单处理机环境下，由于系统中只有一个处理机，因而每次只允许一个进程执行，其余进程只能等待。正在执行的进程提出某种资源要求时，如打印请求，而此时打印机正在为其他某进程打印，由于打印机属于临界资源，因此正在执行的进程必须等待，且放弃处理机，直到打印机空闲，并再次把处理机分配给该进程时，该进程方能继续执行。可见，由于资源等因素的限制，使进程的执行通常都不是“一气呵成”，而是以“停停走走”的方式运行。

内存中的每个进程在何时能获得处理机运行，何时又因提出某种资源请求而暂停，以及进程以怎样的速度向前推进，每道程序总共需多少时间才能完成等，都是不可预知的。由于各用户程序性能的不同，比如，有的侧重于计算而较少需要 I/O；有的程序其计算少而 I/O 多，这样，很可能是先进入内存的作业后完成； 而后进入内存的作业先完成。或者说，进程是以人们不可预知的速度向前推进，此即进程的异步性。尽管如此，但只要运行环境相同，作业经多次运行，都会获得完全相同的结果。因此，异步运行方式是允许的，异步性是操作系统的一个重要特征。

1.5 操作系统的功能

现代操作系统 3 个重要的任务如下。

1）程序监控。操作系统是从监督程序发展起来的，它可监控硬件平台在做什么，监控系统资源的分配，监控其他多道程序的运行，但操作系统本身就是一个软件。

2）提供资源。操作系统要为在计算机平台上运行的所有程序提供满足需要的资源，资源的分配和调度是现代操作系统非常重要的一部分功能。

3）提供服务。操作系统可为应用提供服务。在服务的框架上为操作系统提供了许多外围的层次，但这些层次不作为操作系统的核心的主体部分。

操作系统作为一个特殊的系统软件，对运行在计算机上的多道程序进行“程序监控”，其目的是通过监测多道程序的运行情况和资源需求，合理地分配系统中的资源，即对多道程序“提供资源”，以保证多道程序有条不紊、高效地运行，并能最大限度地提高系统中各种资源的利用率和方便用户使用。

从资源管理的角度来看，操作系统的功能如下。

1.5.1 处理机管理

在多道程序或多用户的情况下，要组织多个作业同时运行，就要解决对处理机分配调度策略、分配实施和资源回收等问题。这就是处理机管理功能。正是由于操作系统对处理机管理策略的不同，其提供的作业处理方式也就不同，例如成批处理方式、分时处理方式和实时处理方式。从而呈现在用户面前的操作系统就成为具有不同性质功能的操作系统。

1.5.2 存储管理

存储管理的主要工作是对内部存储器进行分配、保护和扩充。

1）内存分配。合理分配内存，以保证系统及各用户程序的存储区互不冲突。

2）存储保护。保证一道程序在执行过程中不会有意或无意地破坏另一道程序，保证用户程序不会破坏系统程序。

3）内存扩充。当用户作业所需要的内存量超过计算机系统所提供的内存容量时，把内部存储器和外部存储器结合起来管理，为用户提供一个容量比实际内存大得多的虚拟存储器。

1.5.3 设备管理

设备管理的主要任务是完成用户提出的 I/O 请求，为用户分配 I/O 设备，提高 CPU 和 I/O 设备的利用率，提高 I/O 速度，以及方便用户使用 I/O 设备。设备管理要做到以下两点。

1）通道、控制器、输入/输出设备的分配和管理。设备管理的任务就是根据一定的分配策略，把通道、控制器和输入/输出设备分配给请求输入/输出操作的程序，并启动设备完成实际的输入/输出操作。为了尽可能发挥设备和主机的并行工作能力，常需要采用虚拟技术和缓冲技术。

2）设备独立性。输入/输出设备种类很多，使用方法各不相同。设备管理应为用户提供一个良好的界面，而不必去涉及具体的设备特性，以使用户能方便、灵活地使用这些设备。

1.5.4 文件管理

计算机系统总的来说由硬件和软件两部分组成。上述 3 种管理都是针对计算机硬件资源的管理，文件管理是针对系统的软件资源的管理。其主要任务是对用户文件和系统文件进行管理，以方便用户使用，并保证文件的安全性。为此，文件管理应具有对文件存储空间的管理、目录管理、文件的读/写管理以及文件的共享与保护等功能。

1.5.5 用户接口

前述的 4 项功能是操作系统对资源的管理。操作系统还为用户提供一个友好的用户接口。一般来说，该接口以命令或系统调用的形式呈现在用户面前，命令提供给用户在键盘终端上使用，系统调用提供给用户在编程时使用。现在，操作系统又向用户提供了图形接口，如 Windows 系统。

用户使用计算机工作，让计算机为用户提供服务，事实上是在计算机上运行事先编辑好的具有特定功能的应用程序。粗略地看，程序在执行时，首先需要用户通过操作系统提供的“用户接口”把程序输入计算机，即将执行的程序首先被调入内存，在恰当的时机占用资源

CPU 投入运行，在运行过程中或多或少地和 I/O 设备进行交互，最终通过输出设备输出运行结果，暂时不用的程序可放在磁盘保存。如此，计算机系统实现了为用户服务的功能。在多道程序运行时，多道程序协调有序地在有限的计算机资源上工作，完全离不开操作系统的控制和管理。

1.6 Linux 操作系统基础

Linux 是一个日益成熟的操作系统，由于其安全、高效、功能强大，目前已经被越来越多的了解和使用。Linux 系统最大的特色是源代码完全公开，在符合 GNU/GPL（通用公共许可证）的原则下，任何人都可以自由取得、发布甚至修改源代码。

1.6.1 Linux 的起源与发展

Linux 的源头要追溯到最古老的 UNIX。1969 年，贝尔实验室的 Ken Thompson 开始利用一台闲置的 PDP-7 计算机开发了一种多用户，多任务操作系统。很快，Dennis Richie 加入了这个项目，在他们共同努力下诞生了最早的 UNIX。早期 UNIX 是用汇编语言编写的，但其第三个版本是用 C 语言设计的。通过这次重新编写，UNIX 得以移植到更为强大的 DEC PDP-11/45 与 11/70 计算机上运行。UNIX 从实验室走出来并成了操作系统的主流，现在几乎每个主要的计算机厂商都有其自有版本的 UNIX（如图 1-5 所示）。

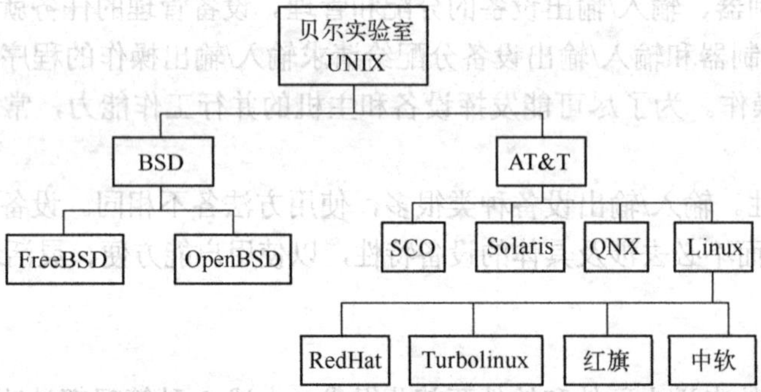

图 1-5 UNIX 的分支

Linux 操作系统，最早是由芬兰赫尔辛基大学学生 Linus Benddict Torvalds 开发。因为 UNIX 价格昂贵，Linus 希望能有一个能在自己的 PC 上工作的类 UNIX 系统，他依据自己熟悉的 UNIX 和 Minix，设计了系统核心 Linxu 0.01，但是他没有用任何的 MINIX 或者 UNIX 的代码，因此 Linux 操作系统是类 UNIX 却不是 UNIX。Linux 操作系统是自由软件和开放源代码发展中典型代表。Linus 把这个有 10000 行代码的核心放到了 FTP 网站上，供人免费下载和使用，并且希望人们一起完善 Linux。在 1991 年 10 月，他发布了第二个版本（0.02），并邀请各方高手加入 Linux 的开发工作，结果获得很大回应。1994 年，具有里程碑性质的 Linux1.0 版本诞生了，此时，Linux 已经是一个功能完善、稳定可靠的操作系统。目前功能完备的最新内核版本是 3.16 版，而且 Linux 的内核总是不断地更新和完善着。

Linux 的官方标志如图 1-6 所示。

图 1-6　Linux 的官方标志

1.6.2　Linux 系统的特点

Linux 自 1991 年诞生起，它的发展和应用异常迅猛，已经成为操作系统领域中一支重要的生力军。Linux 是一种免费的、开放源代码的、交互式、多任务、多用户、分时的、类 UNIX 的网络操作系统，它的功能强大而全面，与其他操作系统相比具有如下特点。

（1）自由开放的 Linux 源代码

从硬件的角度来说，Linux 可以运行在 Intel x86 系列、Sun Sparc、Digital Alpha、680x0、PowerPC、MIPS 等多种平台上。

从软件的角度来说，Linux 上的大部分程序是自由软件。这些软件是在自由软件基金会的 GNU 计划下开发的。Linux 从操作系统核心到大多数应用程序，都可以从互联网上自由下载，不存在版权问题。

（2）多用户多任务操作系统

Linux 不仅具有功能强大的图形界面，也有着类似于 DOS 的命令行操作界面，但与 DOS 又有着本质的不同，DOS 只是一个单用户单任务操作系统，简单地说运行在一台计算机上，DOS 操作系统同一时刻只允许一个用户运行一个程序，而 Linux 系统则允许多个不同用户（根据用户名区分）在本地或远程同时登录到系统上，分别运行不同的程序，当然也允许一个用户同时运行多个不同的程序，可以方便地在不同用户或不同程序之间切换。Microsoft 公司的操作系统是在 Windows NT 及以后的版本才实现多用户多任务。

（3）强大的图形操作界面

Linux 系统有着功能强大的图形操作界面，其外观和操作与 Microsoft Windows 系列非常类似，熟悉 Windows 操作的用户可以很快掌握其操作方法。但从技术上来看，Linux 操作系统的图形界面与 Microsoft Windows 系列有着本质的不同，它是从 UNIX 平台上 X Window 发展而来，称为 XFree86，这一技术的特点是图形系统分为服务器和客户端两部分，服务器运行在后台，对普通用户是不可见的，它可以同时为多个不同的图形客户端提供服务，可以支持不同风格的用户图形界面，比如在 Linux 系统中就可以支持 KDE、Gnome、FVMW 等不同的图形用户界面，可以在几种不同风格的图形界面之间来回切换，用户可以根据自己的喜好和应用软件的要求选择合适的操作界面，服务器/客户端结构的图形系统还可以更好地支持网络或终端用户以自己的图形界面登录到主机上，这一特点更适合于不同操作系统间的网络远程服务，充分体现了 Linux 系统的开放性。Windows 的图形界面（即它的窗口、桌面等界面）是与内核紧密结合在一起的，用户无法按自己意愿更改用其他开发商的图形界面系统。

（4）支持多种硬件平台的操作系统

从普通的 PC 到高端的超级并行计算机系统，都可以运行 Linux 系统。Linux 符合 IEEE POSIX 标准，特别注重可移植性，使 UNIX 下的许多应用程序可以很容易地移植到 Linux 平台上，相反也是这样。

（5）强大的网络功能

Linux 诞生于网络，发展于网络，具有强大的网络功能也是非常自然的。Linux 可以轻松支持 TCP/IP 协议，能与 Windows、UNIX、Novell、MacOS 等不同操作系统集成在同一网络中相互共享资源，还可以通过 Modem、ADSL、ISDN 或各种专线直接连接到 Internet 上。

Linux 不仅能够作为网络工作站使用，作为各类网络服务器更是得心应手，功能强大而且稳定性高，主要应用有：文件服务器、打印服务器、数据库服务器、Web 服务器、邮件服务器、FTP 服务器、新闻服务器、代理服务器、路由服务、集群服务、网关、安全认证服务、VPN 等。

（6）完整的开发平台

Linux 支持一系列的开发工具，几乎所有的主流程序设计语言都已移植到 Linux 上，并可免费得到，如 C、C++、PASCAL、Java、Perl、PHP、Fortran、ADA 等。

1.6.3 Linux 基本结构

Linux 系统一般有 4 部分组成：内核、Shell、文件系统和应用程序，如图 1-7 所示。内核、shell 和文件系统一起形成了基本的操作系统结构，它们使得用户可以运行程序、管理文件并使用系统。

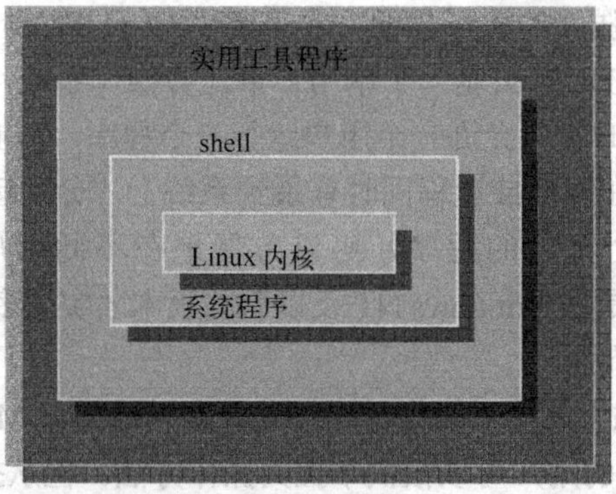

图 1-7 Linux 基本结构

1. Linux 内核

内核（Kernel）是操作系统的核心，具有很多最基本的功能，如虚拟内存、多任务、共享库、需求加载、可执行程序和 TCP/IP 网络功能，从而为核外的所有程序提供运行环境。Linux 内核是用 C 语言写成的，主要模块有：进程管理、定时器、中断管理、内存管理、模块管理、虚拟文件系统接口、文件系统、设备驱动程序、进程间通信、网络管理、系统启动等操作系统功能的实现。

2．Shell

Shell 俗称壳（用来与“核”区别），在操作系统最外面的一层，是系统的用户界面，为用户提供与内核进行交互操作的一种接口。它接收用户输入的命令并把它送入内核去执行，是一个命令解释器。目前常见的 Shell 有：

- Korn Shell（Ksh）：是对 Bourne Shell 的发展，在大部分内容上与 Bourne Shell 兼容。
- C Shell（csh）：是 SUN 公司 Shell 的 BSD 版本。
- Bourne Shell：是贝尔实验室开发的。
- Bourne Again Shell（bash）是 GNU 的 Bourne Again Shell，是 GNU 操作系统上默认的 Shell，大部分 Linux 的发行套件使用的都是这种 Shell。

3．Linux 文件系统

文件系统是文件存放在磁盘等存储设备上的组织方法，通常 Linux 文件系统使得每个系统用户有独立的文件目录和文件访问控制机制，保证了用户文件的安全。以字符流方式为文件基本结构，实现了对多种文件类型的支持，并将对设备的管理以文件管理方式实现，简化了设备的应用和维护。Linux 系统能支持多种目前流行的文件系统，如 EXT2、EXT3、FAT、FAT32、VFAT 和 ISO9660。

4．Linux 应用程序

Linux 操作系统为应用程序开发提供了大量的系统调用函数，方便了用户程序对系统资源的访问，使得 Linux 操作系统逐渐成为程序开发的主要平台。Linux 操作系统一般都有一套称为应用程序的程序集，它包括文本编辑器、编程语言、X Window、办公套件、Internet 工具和数据库等。

1.6.4 Linux 版本

Linux 版本通常有两种表现形式：一种是内核（Kernel）版本，另一种是发行（Distribution）版本。

1. 内核版本

内核版本的序号由 3 部分构成，其形式如图 1-8 所示。其中，major 为主版本号；minor 为次版本号；patchlevel 为末版本号，表示对当前版本的修订次数。例如，2.0.36 表示对核心 2.0 版本的第 36 次修订。根据约定，次版本号为奇数时为测试版，表示该版本加入新内容，但不一定稳定；次版本号为偶数时表示这是一个稳定版。对于一般用户来说，建议采用稳定的内核版本。

2. 发行版本

目前已经发布的 Linux 版本较多，下面简要介绍一些影响较大的版本。

（1）RedHat Linux

RedHat Linux 是目前世界上使用广泛的 Linux 系统，其特点如下。

- 较强的多媒体功能和完美的图形接口，安装和操作简单。

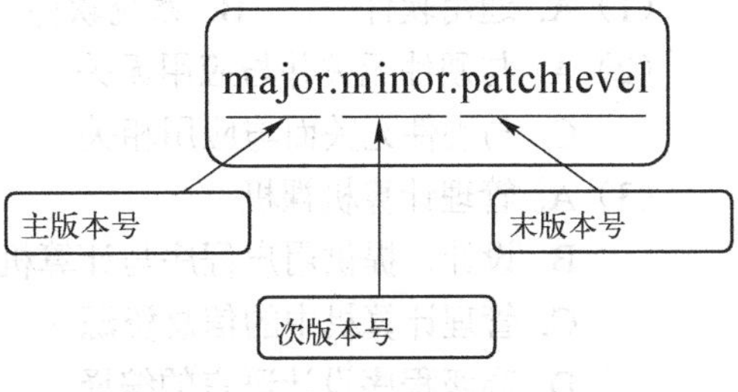

图 1-8　Linux 内核版本序号组成

- 网络通信功能非常安全，其采用的是 OpenSSL128 位加密技术。
- 最新内核提供了配置和管理系统功能、网络功能和防火墙的功能。
- 适合个人和企业服务器应用。

（2）Debian Linux

Debian Linux 首次公布于 1993 年，创始人为 Ian Murdock，其特点如下。

- 非常稳定，卓越的质量控制，超过 20 000 数量的软件；比任何其他的 Linux 发行支持更多的处理器架构。
- Debian 最具特色的是 APT-get/dpkg 包管理方式。
- 迄今为止最遵循 GNU 规范的 Linux 系统。

（3）Ubuntu Linux

Ubuntu Linux 是 Canonical 公司打造的开源 GNU/Linux 操作系统，其特点如下。

- 为网络应用和办公自动化提供了网络浏览器和通信工具。
- 仍进行电子文档编辑和文稿演示。
- 具有电子表格软件。

（4）OpenSUSE Linux

OpenSUSE Linux 是 Novell 公司发行的 Linux 系统，目的是构建一个全球 Linux 社区，提供更好的 Linux 版本，其特点如下。

- 具有丰富的图形用户界面，用户可根据自己的喜好选择。
- 具有虚拟化软件，可实现虚拟管理。
- 硬件兼容性好。

（5）红旗 Linux

红旗 Linux 是由中科红旗软件技术有限公司开发研制的，是目前影响力巨大的 Linux 国产发行版本，其特点如下。

- 很强的中文信息处理平台，支持 GB 18030 编码标准。
- 提供丰富的应用软件和中文界面。

思考与练习

一、选择题

1. 操作系统是一种（1），它负责为用户和用户程序完成所有（2）的工作，（3）不是操作系统关心的问题。

（1）A. 通用软件　　B. 系统软件　　C. 应用软件　　D. 软件包

（2）A. 与硬件无关并与应用无关　　B. 与硬件相关而与应用无关

C. 与硬件无关而与应用相关　　D. 与硬件相关并与应用相关

（3）A. 管理计算机裸机

B. 设计、提供用户程序与计算机硬件系统的接口

C. 管理计算机中的信息资源

D. 高级程序设计语言的编译

2. 在计算机系统中配置操作系统的主要目的是（1）。操作系统的主要功能是管理计算

机系统中的（2），其中包括（3）、（4），以及文件和设备。这里的（3）管理主要是对进程进行管理。

（1）A. 增强计算机系统的功能

B. 提高系统资源的利用率

C. 提高系统运行速度

D. 合理组织系统的工作流程，以提高系统吞吐量

（2）A. 程序和数据　B. 进程　C. 资源　D. 作用

E. 软件　F. 硬件

（3），（4）：A. 存储器　B. 虚拟存储器　C. 运算器　D. 处理机

E. 控制器

3. 操作系统有多种类型：允许多个用户以交互方式使用计算机的操作系统为（　　）；允许多个用户将若干个作业提交给计算机系统集中处理的操作系统称为（　　）；在（　　）的控制下，计算机系统能及时处理由过程反馈的数据，并做出响应；在 IBM-PC 上的系统成为（　　）。

A. 批处理系统　B. 分时操作系统　C. 实时操作系统

D. 微机操作系统　E. 多处理机操作系统

4. 分时系统的响应时间（及时性）主要是根据（　　）确定的，而实时系统的响应时间是由（　　）确定的。

A. 时间片大小　B. 用户数目　C. 计算机运行速度

D. 用户所能接受的等待时间　E. 控制对象所能接受的时延　F. 实时调度

二、问答题

1．操作系统具有哪些特性？它们之间有何关系？

2．试从交互性、及时性和可靠性三方面，比较分时系统和实时系统。

3．分布式系统为什么具有健壮性？

4．试说明操作系统与硬件、其他系统软件以及用户之间的关系。

5．为何引入多道程序设计？在多道程序系统中，内存中作业的道数是否越多越好？请说明原因。

6．从透明性和资源共享两个方面说明网络操作系统与分布式操作系统之间的差别。

7．为什么嵌入式操作系统通常采用微内核结构？微内核结构的内容和优缺点分别是什么？

第 2 章　操作系统用户接口

操作系统是用户和计算机之间的接口，即用户是通过操作系统来使用计算机的。用户接口是操作系统的重要组成部分。用户通过用户接口向计算机系统提交服务需求，计算机通过用户接口向用户提供用户所需要的服务。

2.1　用户接口简介

一般来说，计算机系统有两类用户。一类是使用和管理计算机应用程序的用户，也就是被服务者；另一类是程序开发人员。被服务者又可进一步分为普通用户和管理员用户。普通用户只是使用计算机的应用服务，以解决实际的应用问题，如事物处理、过程控制等；管理员用户则负责计算机和操作系统的正常和安全运行。程序开发人员需要利用操作系统提供的编程功能开发新的应用程序，完成用户所要求的服务。

操作系统为不同的用户提供不同的用户接口。总的来说，操作系统接口也可分为两大类，一类是为普通用户和管理员用户提供的操作命令接口，用户通过这个操作接口来组织自己的工作流程和控制程序的运行；另一类是为程序开发人员提供的系统功能调用，也就是程序一级的接口，任何一个用户程序在其运行过程中，可以使用操作系统提供的功能调用来请求操作系统的服务（如申请主存、使用各种外设、创建进程线程等）。

就普通用户而言，操作系统的用户接口形式与操作系统的类型和用户上机方式有关，主要表现在操作接口形式上的不同。用户上机方式分为联机操作和脱机操作两种方式。在联机操作方式下，用户和计算机可以交互会话；而脱机操作方式下，用户不能直接控制程序的运行。所以，批处理系统提供的作业界面称为作业控制语言，因为这类操作系统采用的是脱机处理方式；而分时系统或个人计算机提供的操作界面是键盘命令，因为这类操作系统采用的是联机处理方式。

在图形界面图形设备接口（Graphics Device Inferface，GDI）技术、面向对象技术的推动下，现代操作系统还提供图形化的用户界面和应用程序编程接口（Application Programming Interface，API），这是传统操作接口和系统功能服务界面在现代操作系统的体现，用户使用这样的界面会更直观、方便、有效。

操作系统为用户提供的接口形式如图 2-1 所示。

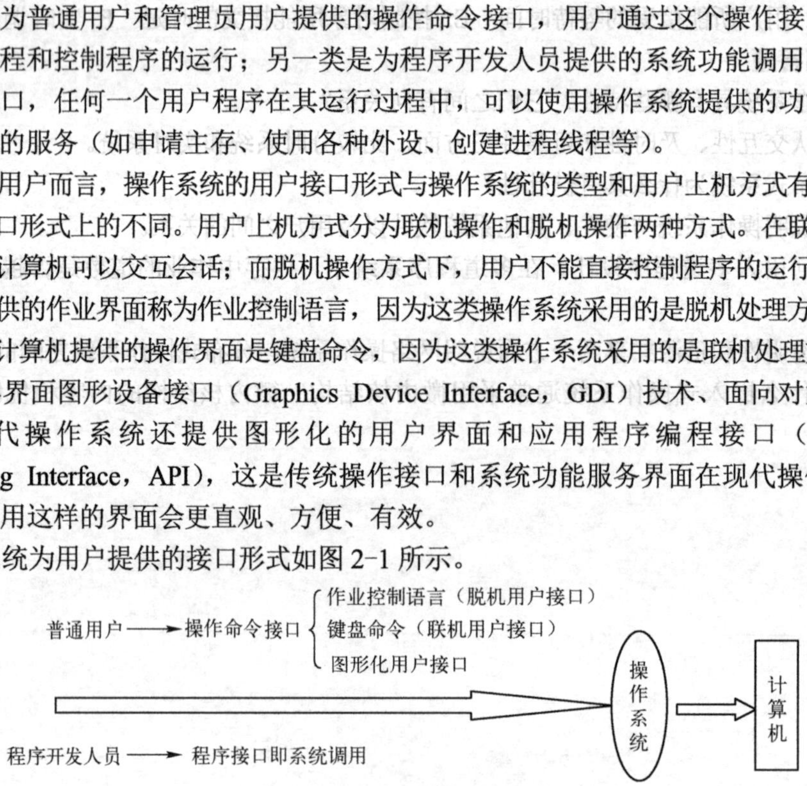

图 2-1　操作系统提供的接口

2.2 命令接口

具有交互方式的系统一般提供键盘命令和图形化用户界面；具有脱机操作方式的系统则提供对程序控制的控制语言。因为，前者的交互性允许用户能够人为地安排工作过程，并对系统发生的动作做出响应；而在批处理系统中，用户一旦提交了他所需要处理的程序，就无法控制其运行过程。因此，用户必须事先给出一系列明确的指令，指出处理的步骤，还需要对一些无法预测的若干事件进行周密的思考，指出当某一事件发生时应进行什么样的处理。

2.2.1 作业

当一个人给另外一个人分配一件事情时，首先要先考虑如下因素：通知他、干什么和干完什么。在计算机中，可以把事件归纳为 3 个步骤，即输入、处理和输出。从用户角度看，一件事可以把它当作是一项任务对待，当然，事情会有大有小，可多可少，其实现的程度可能会不同，手段也不同。从用户角度说，我们把用户要求计算机系统处理的一个问题称为一个作业，在一个作业处理过程中所相对独立的加工步骤就称为作业步。

作业由程序、数据和作业说明书 3 部分组成。一个作业可以包含多个程序和多个数据集，但必须至少包含一个程序，否则将不成为作业。作业中包含的程序和数据完成用户所要求的业务处理工作。作业说明书则体现用户的控制意图，由作业说明书在系统中生成一个称为作业控制块（Job Control Block，JCB）的表格。该表格登记该作业所要求的资源情况、预计执行时间和执行优先级等。从而，操作系统通过该表了解到作业要求，并分配资源和控制作业中程序和数据的编译、链接、装入和执行等。

从计算机系统角度来看，作业是用户在一次“算题”过程中要求计算机所要完成工作的集合，系统通过作业说明书，控制文件形式程序和数据进行各项处理，最后将执行的结果输出告诉用户。

操作系统的命令控制接口就是用来组织和控制作业运行的。使用操作命令进行作业控制的主要方式有两种：脱机方式和联机方式。

2.2.2 脱机用户接口

脱机用户接口是为批处理作业的用户提供的，故也称为批处理用户接口。该接口由一组作业控制语言（Job Control Language，JCL）组成。批处理作业的用户不能直接与自己的作业交互作用，只能委托系统代替用户对作业进行控制和干预。这里的 JCL 便是提供给批处理作业用户的、为实现所需功能而委托系统代为控制的一种语言。用户用 JCL 把需要对作业进行的控制和干预，事先写在作业说明书上，然后将作业连同作业说明书一起提供给系统。当系统调度到该作业运行时，又调用命令解释程序，对作业说明书上的命令，逐条地解释执行。如果作业在执行过程中出现异常现象，系统也将根据作业说明书上的指示进行干预。这样，作业一直在作业说明书的控制下运行，直至遇到作业结束语句时，系统才停止该作业的运行。

2.2.3 联机用户接口

联机用户接口是为联机用户提供的，它由一组键盘操作命令及命令解释程序组成。当用户在终端或控制台上每输入一条命令，系统便立即转入命令解释程序，对该命令加以解释并执行该命令。在完成指定功能后，控制又返回到终端或控制台上，等待用户输入下一条命令。这样，用户可通过先后输入不同命令的方式，来实现对作业的控制，直至作业完成。

在分时系统和具有交互作用的系统中，操作命令最通常和基本的形式为键盘命令。在这样的系统中，用户以联机方式上机。用户直接在控制台或终端设备上输入键盘命令，向系统提出要求，控制自己的程序有步骤地运行。

不同的系统提供的键盘命令的数量有差异，但功能上基本是相同的。一般终端与主机通信的过程可以分为注册、通信、注销3个步骤。

（1）注册

注册的目的有两个：一是系统验证用户有无使用该系统的权限；二是系统为用户设置必要的环境。尤其是在多用户操作系统中，注册是必须的。

在多用户系统中，系统为每个用户提供一个独立的环境。它要记住每一个用户的名字、注册时间，还要记住每个用户已经用了多少计算机时间，占用了多少文件，正在使用什么型号的终端等。在大多数单用户计算机系统中，不存在注册过程，因为实际地访问这个硬件就证实了用户拥有使用这个系统的权利。在批处理系统中，不存在外表上的注册过程，但为了记录和调度目的，每一个提交的作业都要加以标识。

（2）通信

当终端用户注册后，就可以通过丰富的键盘命令控制程序的运行，完成系统资源申请、从终端输入程序和数据等工作了。

属于通信这一步的键盘命令是比较丰富的，一般可以分为以下几类。

- 文件管理。控制终端用户的文件。例如，删除某个文件，将某个文件由显示器（或打印机）输出，改变文件的名字、使用权限等。
- 编辑修改。编辑新文件或修改已有的用户文件。例如，可进行删除、插入、修改等工作。
- 编译、连接装配和运行。控制应用程序的处理步骤。如调出编译或连接装配程序进行编译或装配工作，以及将生成的主存映像文件装入主存启动运行。
- 输入数据。从终端输入一批数据，并将这一批数据以文件形式放到辅存上。
- 操作方式转换。转换作业的控制方式，例如，从联机工作方式转为脱机工作方式。
- 申请资源。终端用户申请使用系统的资源。例如，申请使用某类外部设备若干台等。

（3）注销

当用户工作结束或暂不使用系统时，应输入注销命令。注销就是通知系统，用户将要退出系统。

2.2.4 Linux 的命令控制接口

Linux 的命令控制都是用图形化的窗口系统以及 Shell 程序进行的。

Linux 的图形化窗口系统是 X Window，如图 2-2 所示是 Red Hat Linux 9 的图形化用户界面。Linux 还可直接在字符界面登录终端使用命令，如图 2-3 所示。通常以 root 登录时，提示符以#结尾，以其他账户登录时，提示符以$结尾。一般来说，Linux 命令主要包括如下几类。

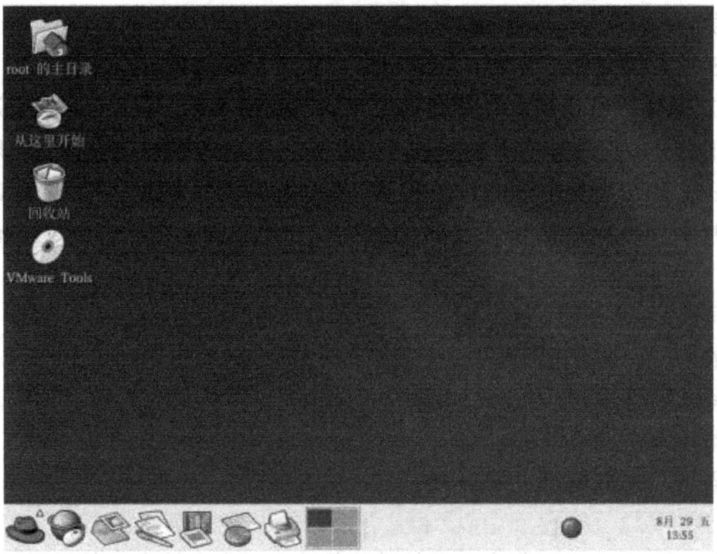

图 2-2　Red Hat Linux 9 的图形化用户界面

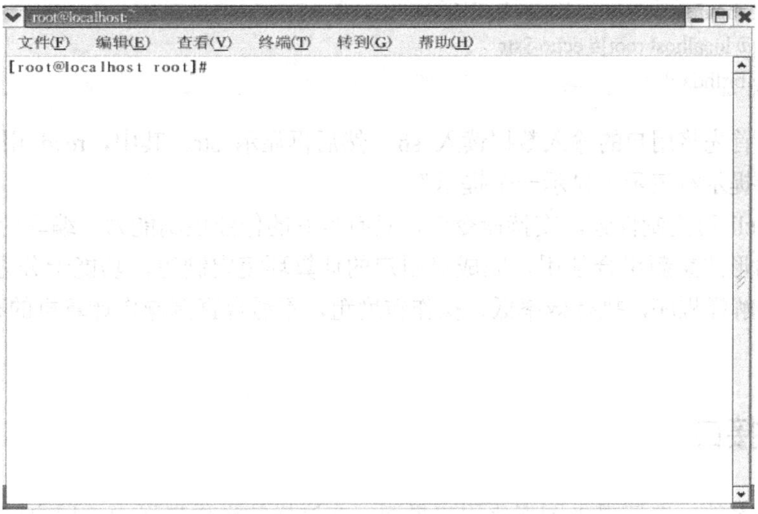

图 2-3　Linux 终端字符界面

- 启动、关机、登入、登出相关命令，例如 login、halt 等。
- 系统维护及管理命令，例如 data、tty 等。
- 文件操作及管理命令，例如 ls、find 等。
- 文件编辑命令，例如 cat、more 等。
- 压缩/解压缩命令，例如 ar、tar 等。
- 进程管理命令，例如 kill、at 等。
- 控制外部设备命令，例如 fsck、lpr 等。
- 用户管理命令，例如 useradd、who 等。
- 网络管理命令，例如 netstat、host 等。

● 程序开发命令，例如 gcc、gdb 等。

● MS-DOS 工具集命令，例如 mdir、mcd 等。

Linux 交互式操作，可使用命令或允许用户自己编写 Shell 程序的方式来进行。

Linux Shell 是一种交互型命令解释程序，也是一种命令级程序设计语言解释系统，它允许用户编制带形式参数的批命令文件，称为 Shell 脚本或 Shell 程序。在 Linux 中，可以像执行任何其他命令一样直接输入其名称来执行一个 Shell 程序。一个 Shell 程序由以下部分组成。

● 命令或其他 Shell 程序。

● 位置参数。

● 变量及特殊字符。

● 表达式比较。

● 控制流语句，例如 while、case 等。

● 函数。

如下程序是一个 Shell 交互脚本，它的功能是读入一个字符串，并显示出来。

```
[root @ localhost root]# read –p "Please input some words: " str
Please input some words: happy birthday!
[root @ localhost root]# echo $str
happy birthday!
```

上例中，首先将用户的输入数据读入 str，然后再显示 str。其中，read 用于从键盘获取变量，-p 后接提示符表示“显示一个提示”。

Linux Shell 可定制性强，支持命令广，具有良好的作业控制能力，编写的 Shell 命令又可通过脚本的形式重新组合使用，完成对用户的计算环境定制等，功能十分方便。但 Shell 脚本作为一种解释程序，执行效率低，操作粒度粗，不适合直接操作计算机的存储和 I/O 等设备。

2.3 图形接口

现代操作系统一般还提供图形化用户界面，在这样的操作界面中，用户可以方便地借助鼠标等标记性设备，选择所需要的命令，采用单击或拖曳的方式完成自己的操作意图。

现在十分受用户欢迎的图形化用户界面是菜单驱动方式、图符驱动方式和面向对象技术的集成。

（1）菜单驱动方式

菜单驱动方式是面向屏幕的交互方式，它将键盘命令以屏幕方式来体现。系统将所有的命令和系统提供的操作，用类似菜单的形式分类、分窗口地在屏幕上列出。用户可以根据菜单提示，像点菜一样选择某个命令或某种操作来通知系统去完成指定的工作。菜单系统的类型有多种，如下拉式菜单、上推式菜单和快捷菜单等。这些菜单都基于一种窗口模式。每一级菜单都是一个小小的窗口，在菜单中显示的是系统命令和控制功能。

（2）图符驱动方式

图符驱动方式也是一种面向屏幕的图形菜单选择方式。图符也称为图标，是一个很小的图形符号。它代表操作系统中的命令、系统服务、操作功能、各种资源。例如用小矩形代表文件，用小剪刀代表剪贴。所谓图形化的命令驱动方式就是当需要启动某个系统命令、操作功能或请求某个系统资源时，可以选择代表它的图符，并借助鼠标器一类的标记输入设备（也可以采用键盘），采用点击和拖拽功能，完成命令和操作的选择及执行。

图形化用户界面是良好的用户交互界面，它将菜单驱动方式、图符驱动方式、面向对象技术等集成在一起，形成一个图文并茂的视窗操作环境。

Windows 操作系统和 Linux 操作系统都为用户提供有图形化用户界面。

2.4 系统调用

系统调用是为用户程序在执行中访问系统资源而设置的，是用户程序取得操作系统服务的唯一途径。

2.4.1 处理机的两种工作状态

在多道程序设计环境下，多个程序共享系统资源。正是由于要实现对资源的“共享”，涉及资源管理的硬指令就不能随便使用。比如，如果每个进程都有权自己去启动外部设备进行输入/输出，那么必然会造成混乱。因此常把 CPU 指令系统中的指令划分为两类，一类是操作系统和用户都能使用的指令，称为“非特权指令”；一类是操作系统使用的指令，称为“特权指令”。例如，启动外部设备、设置时钟，以及设置中断屏蔽等指令均为特权指令。

为了确保只在操作系统范围内使用特权指令，计算机系统让 CPU 取两种工作状态：管态和目态（又称核心态和用户态）。规定当 CPU 处于管态时，可以执行包括特权指令在内的一切机器指令；当其处于目态时，只能执行非特权指令，禁止使用特权指令。如果在目态下发现取了一条特权指令，中央处理机就会拒绝执行，发出“非法操作”中断。于是，一方面转交操作系统去处理该事件，另一方面提示“程序中有非法指令”的信息，通知用户进行修改。

CPU 是处于管态还是目态，硬件会自动设置与识别。当 CPU 的控制权移到操作系统时，硬件就把 CPU 工作的方式设置成管态；当操作系统选择用户程序占用处理机时，CPU 的工作方式就会由管态转换成目态。

用户想在自己的程序中调用操作系统的子功能，就必须改变机器的状态。

2.4.2 系统调用的实现

1. 系统调用的定义

对于用户所需要的各种模块，在操作系统设计时，就确定和编制好能实现这些功能的例行子程序，它们属于操作系统的内核模块。用户要使用这些例行子程序，就要采用系统调用的方式。

操作系统的例行子程序不能采用用户子程序的方式调用，因为用户程序运行时处于用户态，而操作系统例行子程序的执行处于管态。用户程序请求操作系统服务时，会发生处理机状态的改变。此时，就必须用到一种特殊的调用方式：访管方式。为了实现这种调用，系统提供一条自愿进管指令（访管指令），当 CPU 执行到这条指令时就发生中断，称为自愿进管中断（访管中断），它表示正在运行的程序对操作系统提出某种要求，此时就可以改变机器的状态，即由目态转为管态。

为了使控制命令能跳到用户当前所需要的例行子程序中，就需要指令提供一个地址码，用这个地址码表示系统调用的功能号（它也是操作系统提供的例行子程序的编号），然后在访管指令中输入相应的号码，以完成用户当前所需要的服务。因此，一个带有一定功能号的访管指令就定义了一条系统调用命令。用户可以用带有不同功能号的访管指令来请求各种不同的功能。例如：

```
svc  0        显示一个字符
svc  1        打印一个字符串
 ⋮              ⋮
```

📖 访管指令的一般形式为：svc　n；其中，svc 表示机器访管指令的操作码记忆符，n 为地址码（功能号）。svc 是 supervisor call（访问管理程序）的缩写。

系统功能调用是用户在程序一级请求操作系统服务的一种手段，它的功能不由硬件来直接提供，而是由软件来实现的，也可说是由操作系统中的某段程序来实现的。

系统调用大致可分为如下几类。

1）设备管理。该类系统调用被用来请求和释放有关设备、以及启动设备操作等。

2）文件管理。对文件的读、写、创建和删除等。

3）进程控制。进程是一个在功能上独立的程序的一次执行过程。进程控制的有关系统调用包括进程创建、进程执行、进程撤销、执行等待和执行优先级控制等。

4）进程通信。该类系统调用被用在进程之间传递消息或信号。

5）存储管理。包括调查作业占据内存区的大小、获取作业占据内存区的始址等。

6）线程管理。包括线程的创建、调度、执行、撤销等。

2. 系统调用的实现过程

系统调用对用户屏蔽了操作系统的具体动作而只提供有关的功能。不同的系统提供不同的系统调用。一般，每个系统为用户提供几十到几百条系统调用。

在系统中为控制系统调用服务的处理机构称为陷阱（Trap）处理机构。与此相对应，把由于系统调用引起处理机中断的指令称为陷阱指令（或称访管指令）。

不同的计算机提供的系统功能调用的格式和功能号的解释都不同，但都具有以下共同的特点：①每个系统调用对应一个功能号，要调用操作系统的某一特定例程，必须在访管时给出对应的功能号，当程序执行到系统调用命令时，发生中断，系统由目态转为管态；②按功能号实现调用的过程大体相同，都是由软件通过对功能号的解释分别转入到对应的例行子程序；③在完成了用户所需要的服务功能后，退出中断，返回到用户程序的断点继续执行。

系统调用的实现过程如图 2-4 所示。

为了实现系统调用，操作系统设计者必须完成的工作如下。

1）编写调试好能实现各种功能的例行子程序，如 sub_0，sub_1，…，sub_i，…，sub_m。

2）编写并调试好访管中断处理程序，其功能是：做常规的现场保护后，取 i 值，然后寻找例行子程序入口地址。

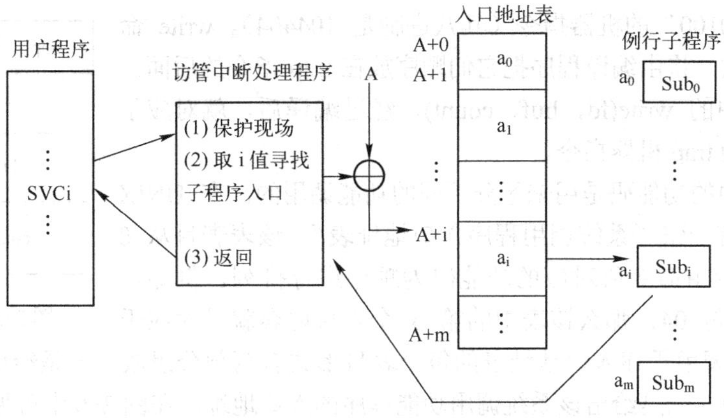

图 2-4　系统调用实现过程

3）构造例行子程序入口地址表。假定该表首址为 A，每个例行子程序的入口地址占一个字长，将各例行子程序的入口地址#sub_0，#sub_1，…，#sub_i，…，#sub_m（即 a_0，a_1，…，a_i，…，a_m）分别送入 A+0，A+1，…，A+i，…，A+m 单元中。

从形式上看，操作系统提供的系统调用与一般的过程调用（或称子程序调用）相似，但它们有着明显的区别。

1）一般的过程调用，调用者与被调用者都运行在相同的 CPU 状态，即都处于目态（用户程序调用用户程序）或都处于管态（系统程序调用系统程序）；但发生系统调用时，发出调用命令的调用者运行在目态，而被调用的对象则运行在管态。

2）一般的过程调用，是直接通过转移指令转向被调用的程序；但系统调用时，只能通过访管指令提供的统一的入口，由目态进入管态，然后转向相应的系统调用命令。

3）一般的过程调用，执行完后直接返回断点继续执行；但系统调用可能会招致进程状态的变化，从而引起系统重新分配处理机，因此系统调用处理结束后，不一定是返回调用者断点处继续执行。

2.4.3　系统调用实例

不同的程序设计语言提供的操作系统服务的调用方式不同，它们有显式调用和隐式调用之分。在汇编语言中是直接使用系统调用对操作系统提出各种请求，因为在这种情况下，系统调用具有汇编指令的特点。而在高级语言中一般是隐式的调用，经过语言编译程序处理后转换成直接调用形式。

例如，在 C 语言中，write（fd，buf，count）是 UNIX 型有关文件的一个系统调用命令。通过它，用户可以实现写操作。即把 buf 指向的内存缓冲区里的 count 个字节内容写到文件号为 fd 的磁盘文件上。因此，在 C 语言的源程序中，write 表示一个 UNIX 的系统调用命令，且是要求调用文件写功能的系统调用命令，括号里的 fd、buf 和 count 是由用户提供的，表示要求系统按何种条件去完成文件写操作的参数。

C 编译程序在编译 C 的源程序时，总是把系统调用命令翻译成能够引起软中断的访管指令 trap。该指令长 2 字节，第 1 字节为操作码，第 2 字节为系统调用命令的功能编码。trap 的十六进制操作码为 89，write 的功能码为 04。即 write 将被翻译成一条二进制为

"1000100100000100"的机器指令（其八进制是 104404）。write 命令括号中的参数，将由编译程序把它们顺序放在 trap 指令的后面。于是，源程序中的 write(fd，buf，count)，经过编译后，就对应于如图 2-5 所示的 trap 机器指令。

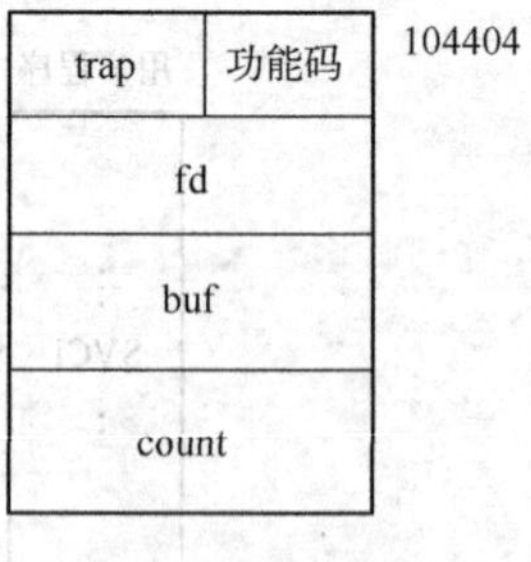

图 2-5　指令格式

trap 指令中的功能码是用来区分不同的功能调用的。在 UNIX 操作系统中，有一张"系统调用程序入口地址表"。该表表目从 0 开始，以系统调用命令所对应的功能码为顺序进行排列。例如，write 的功能码是 04，那么该表中的第 5 个表目内容就是对应于 write 的。系统调用程序入口地址表的每个表目形式有两部分组成，一是给出该系统调用所需要的参数个数，一是给出该系统调用功能程序的入口地址，在图 2-6 中可见。

现在，如图 2-6 可以清楚地描绘系统调用处理过程。C 语言编译程序把系统调用命令 write（fd，buf，count）翻译成一条 trap 指令 104404，简记为 trap 04。当处理机执行到 trap 04 这条指令时，就产生中断，硬件自动把处理机的工作方式由目态转变为管态。于是 CPU 去执行操作系统中的 trap 中断处理程序，该程序根据 trap 后面的功能码 04，从系统调用处理程序入口地址表中的第 5 个表目中，得到该系统调用应该有 3 个参数（它跟随在目标程序 trap 04 指令的后面）。另外从表目中也得到该系统调用处理程序的入口地址。于是，就可以携带 3 个参数去执行 write 的处理程序，从而完成用户提出的输入/输出操作请求。执行完毕，又把处理机恢复到目态，返回目标程序中 trap 指令的下一条指令（即断点）继续执行。

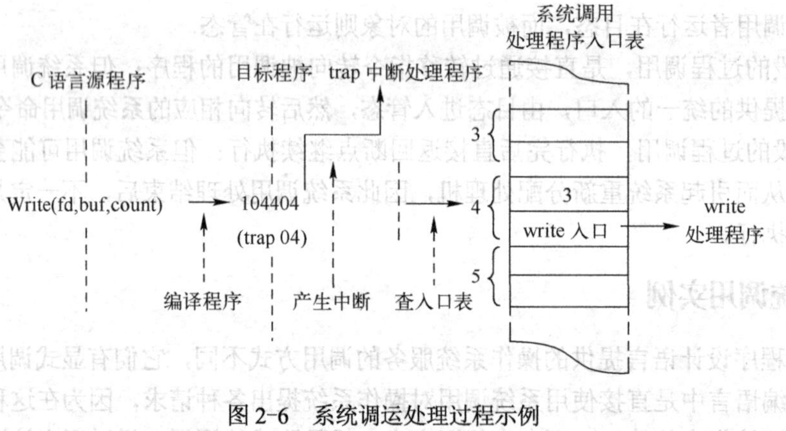

图 2-6　系统调运处理过程示例

2.4.4　Linux 系统调用

Linux 提供了丰富的系统调用。每个系统调用由两部分组成：核心函数和接口函数。核心函数提供实现系统调用功能的共享代码，作为操作系统的核心程序驻留在内存中；接口函数提供给应用程序 API 接口，它把系统调用号和入口参数地址传送给相应的核心函数。

编程人员可以使用不同的系统调用来实现自己所需要的功能。例如：下面是一个使用系统调用打开（open）、读（read）、写（write）、关闭（close）等完成文件复制的例子。

```
# include <fcnt1.h >
# include <sys/stat.h >
```

```
# define SIZE 1
void filecopy(char*Infile,char*Outfile)
{   char Buffer[SIZE];
    int In_fh,Out_fh,Count;
    if((In_fh=open(Infile,O_RDONLY))==-1)   /*以只读模式打开输入文件*/
        printf("Opening Infile");
    if(Out_fh=open(Outfile,(O_WROONLY| O_CREAT| O_TRUNC),(S_IRUSE| S_IWUSR))==-1)
/*以读写模式新建一个文件*/
        printf("Opening Outfile");
    while ((Count=read(In_fh,Buffer,sizeof(Buffer)))>0)    /*循环地向缓冲区读入输入文件内容*/
    if(write(Out_fh,Buffer,Count)!=Count)           /*将缓冲区读入的内容写到输入文件中*/
            printf("Writing data");
    if (Count==-1)
            printf("Reading data");
    close(IN_fh);                           /*关闭输入文件*/
    close(Out_fh);                          /*关闭输出文件*/
}
```

思考：系统调用与库函数之间有什么区别？

库函数由软件开发商提供，由编译链接工具链入用户程序，库函数的执行不会引起 CPU 状态的变化；而系统调用的代码属于 OS，系统调用代码执行时使 CPU 的状态由用户态变为核心态。有的库函数不涉及系统调用（如字符串操作函数 stracat），有的库函数会隐式地发出系统调用请求。

2.5 Linux 编程基础

Linux 的发行版本中包含很多文本编辑器和软件开发工具，Linux Shell 作为 Linux 下一种强大的管理工具，其本身也具有相当强的可编程性。本节将着先介绍 Linux Shell 的编程方法，然后介绍文本编辑器及编译工具的使用。

2.5.1 Linux 的 Shell

各种操作系统都有它自己的 Shell，以 DOS 为例，它的 Shell 就是 command.com 文件。如同 DOS 下有 NDOS，4DOS，DRDOS 等不同的命令解译程序可以取代标准的 command.com ，UNIX 下除了 Bourne Shell(/bin/sh) 外还有 C Shell(/bin/csh)、Korn Shell(/bin/ksh)、Bourne again Shell(/bin/bash)、Tenex C Shell(tcsh)等其他的 Shell。UNIX/Linux 将 Shell 独立于核心程序之外，使得它就如同一般的应用程序，可以在不影响操作系统本身的情况下进行修改、更新版本或是添加新的功能。

1. Shell 功能

在 Linux 操作系统中，Shell 是操作系统的外壳，具有的主要功能有。

1）接收来自键盘的命令。

2）检查命令的正确性。

3）命令错误则给出报错信息。

4）命令正确则使用相应的系统调用执行命令（产生进程）。

5）命令执行完毕，给出命令执行的结果。

2. Shell 的种类

Linux 操作系统主要提供 3 种 Shell：Bourne Shell、C Shell 、Korn Shell。

1）Bourne Shell (bsh)

Bourne Shell 是标准的 UNIX Shell，以前常被用来作为管理系统之用。大部分的系统管理命令文件，例如 rc start、stop 与 shutdown 都是 Bourne Shell 的命令档，且在单一使用者模式(Single User Mode)下以 root 登录时它常被系统管理员使用。Bourne Shell 是由 AT&T 发展的，以简洁、快速著名。 Bourne Shell 提示符号的默认值是 $。

2）C Shell (csh 或 tcsh：扩充了标准版的 csh)

C Shell 是柏克莱大学(Berkeley)所开发的，且加入了一些新特性，如命令列历程(History)、别名(Alias)、内建算术、档名完成(Filename Completion)、和工作控制(Job Control)。对于常在交谈模式下执行 Shell 的使用者而言，他们较喜爱使用 C Shell；但对于系统管理员而言，则较偏好以 Bourne Shell 作为命令档，因为 Bourne Shell 命令档比 C Shell 命令档来的简单及快速。C Shell 提示符号的默认值是 %。

3）Korn Shell (ksh 或 pdksh）

Korn Shell 是 Bourne Shell 的超集(Superset)，由 AT&T 的 David Korn 所开发。它增加了一些特色，比 C Shell 更为先进。Korn Shell 的特色包括了可编辑的历程、别名、函式、正规表达式万用字符(Regular Expression Wildcard)、内建算术、工作控制、共作处理(Coprocessing)和特殊的除错功能。Bourne Shell 几乎和 Korn Shell 完全向上兼容(upward compatible)，所以在 Bourne Shell 下开发的程序仍能在 Korn Shell 上执行。Korn Shell 提示符号的默认值也是 $。在 Linux 系统使用的 Korn Shell 叫作 pdksh，它是指 Public Domain Korn Shell。

3. Shell 启动和退出

用户在成功登录进入系统后，系统提供产生一个特定的 Shell 的拷贝（这是用户的第一个进程）负责解释执行用户的命令或 Shell 脚本。

通过在系统提示符后输入的命令或 Shell 脚本名，来执行特定的命令或 Shell 脚本，用户希望中止命令或脚本的执行，可以用按〈Ctrl+C〉键。结束工作希望退出系统，可以按〈Ctrl+D〉键或命令：logout、exit。

4. Shell 程序设计

（1）Shell 脚本

Shell 具有程序设计功能，如果在使用系统时需要用重复、复杂的命令完成某项工作，就可以利用 Shell 编程实现。我们把由 Shell 命令构成的可执行命令文件，称为 Shell 脚本。从广义上来看，任何从键盘上输入的 Shell 命令都是 Shell 脚本。它的特点如下。

- 确定步骤一次完成目标。
- 不用重复输入一系列命令。
- 简化自己和其他用户的操作。

建立 Shell 脚本文件和建立普通文件的方式一样，用 vi 编辑器来创建。特别需要注意的是，在运行脚本文件时，它的属性必须是可执行的才能运行，否则要先通过命令 chomd 将脚本文件的属性设置为可执行。

chmod 命令（把文件的权限改成可读、可执行），它的格式为：

```
$ chmod  +x   脚本文件名及其参数
```

【例 2-1】 将 hello 这个文件的权限设定为可执行，运行脚本。

```
$ chmod 755 hello  （或 chmod u+x hello）
$ hello
hello world !
```

如果脚本文件属性本身就是可执行，我们可以选择 3 种方式执行脚本文件。

1）直接输入脚本文件名，这种方式表示启动新的 Shell 执行该脚本。

【例 2-2】 执行 hello 脚本文件。

```
$ hello
hello world!
```

2）命令 sh +脚本文件名，这种方式表示启动新的 Shell 执行该脚本。

【例 2-3】 使用 sh 命令来执行 hello 文件。

```
$ sh hello    （或 bash hello）
hello world!
```

3）“.”+脚本文件名，这种方式表示在原 Shell 下执行该脚本。

【例 2-4】 使用“.”执行 hello 脚本文件。

```
$ . hello
hello world
```

由上述 3 种方式执行相同脚本文件可见，运行结果是相同的，用户可以根据自己的具体应用选择其中的一种方式。

（2）Shell 变量

同其他程序设计语言一样，在 Shell 脚本中用户也可以使用自定义变量、位置变量、环境变量、预定义的特殊变量。

1）用户自定义变量。

- 变量命名：以字母或下画线开头，包括字母、数字或下画线。
- 变量赋值：变量名=变量值（等号前后不可有空格）。

```
例：a=“beijing”
```

- 变量引用：在变量名之前加$，表示变量的值。

```
例： $echo $a （显示变量 a 的值)
   beijing
```

2）位置变量。出现在命令行上的位置确定的参数称为位置参数。格式为：

```
$  命令参数 1  参数 2  参数 3  …
```

【例 2-5】 当 Shell 解释一个命令时，它将变量与命令行中的每一项关联，关联的变量称为位置变量，它们是：0，1，2，…，9。这 10 个位置变量对应命令行上各项的位置，命令名（或 Shell 脚本名）是 0，命令的第一个参数是 1，依次类推。当命令行上的参数多于 9 个时，需要用 shift 命令移动位置变量，每执行一次 shift 命令，变量 0 不变，从 1 开始位置变量左移一位，比如 shift2 表示原来的$3，现在变成$1，原来的$4 现在变成$2 等，原来的$1 和$2 丢弃，$0 不移动。

首先使用 cat 命令显示脚本的内容，然后执行脚本。

```
        $cat shifttest
        echo $0 $1 $2 $3…$9
        shift
        echo $0 $1 $2 $3…$9
shift 2
        echo $0 $1 $2 $3…$9
        $shifttest 1 2 3 4 5 6 7 8 9
shifttest 1 2 3 4 5 6 7 8 9
shifttest 2 3 4 5 6 7 8 9
shifttest 4 5 6 7 8 9
```

3）环境变量。由系统统一命名的、一些决定系统运行环境的变量。部分环境变量的值由系统给定，部分环境变量的值可由用户给定。用 env 或 set 命令可以显示当前环境变量的名和它们的值，也可用 env 或 set 命令来设置变量。环境变量的名字是大写的字母。几个环境变量的意义：

- HOME　用户主目录的全路径名。不带参数的 cd 命令则默认进入 HOME 目录。$ cd 与$ cd $HOME 等价。
- PATH　shell 从中查找命令的目录列表。
  例：PATH=/bin:/usr/bin:/u/bin:$HOME/bin
- PWD　当前工作目录的路径。
- PS1　shell 主提示符，默认为$。
- PS2　shell 二级提示符，第二级命令提示符，在 shell 接受〈Enter〉后发现命令未完显示的，等待用户输入其余部分。一般为“>”。
- MAIL　系统信箱的路径。
- LOGNAME　注册名。
- SHELL　当前使用的 shell。
- TERM　终端类型。

4）预定义的特殊变量。这类变量具有特殊的含义，它们的值由 Shell 根据实际情况来设置，用户不能重新设置。几个特殊变量如下。

- $#　实际位置参数个数（不包括 Shell 脚本名）。
- $*　命令行中的所有位置参数的字符串。
- $!　上一个后台命令对应的进程号。

- $? 表示最后一条命令执行后的退出状态（返回值），为十进制数。一般命令的执行成功返回值为 0。
- $$ 当前进程的进程号。

【例 2-6】 查看脚本 sh.prg 文件然后执行。

```
$ cat sh_prg
echo $#
echo $*
echo $1 $2 $3
shift 2
echo $#
echo $*
echo $1 $2 $3
$ sh_prg A B C D
4
A B C D
A B C
2
C D
C D      (这时的$3 为空值)
```

（3）Shell 的输入/输出指令

在 Shell 中的输入指令用命令 read 实现，它的功能是从标准输入读入数据并将读入的数据赋值给变量。命令的格式为：

```
read  变量 1  变量 2 …（多个数据或变量时用空格分隔）
```

标准输出指令是 echo 命令，它的功能是向终端输出数据。命令的格式为：

```
echo  $name1  [$name2 …]
```

在选取输入的值时要注意以下 3 种情况：

- 若变量个数与数据个数相等，则对应赋值。
- 若变量个数大于输入数据个数，则没有输入数据的变量取空值。
- 若变量个数小于输入数据个数，则多余的数据赋给最后一个变量。

【例 2-7】 输入指令的使用。

```
$ cat getname
echo “ Enter your  First  Middle  Last name: ”
read  f  m  l
echo  $m  $l  $f
$ getname
Enter your First  Middle  Last  name:
Ou yang Zhen hua          //多余的数据赋给最后一个变量
yang Zhen hua Ou
```

```
$ getname
 Enter your First    Middle    Last    name:
 "Ou yang"Zhen hua          // 输入数据中含空格时要用引号括起来
 Zhen hua Ou yang
```

【例 2-8】 输出指令的使用。

```
    $read var1 var2 var3
a bb ccc
    $echo $var3
    ccc
    $read var1 var2 var3
    a bb
    $echo var1 var2
    a bb
    $echo var3
    $                            //没有输入数据的变量取空值
```

（4）Shell 的算术运算

Shell 提供了 5 种算术运算：加＋，减－，乘*，除/，余数％。特别注意，在使用运算符时前后要有空格，并且只提供整数运算。

Shell 变量不能直接作算术运算，例如：

```
$ x=10
    $ echo $x
    10
    $ x=$x + 1
    $ echo $x
      10+1
```

因此这里还需要一个 expr 语句进行处理，例如：

```
 $x=10
    $echo $x
    10
    $x='expr $x + 1'
    $echo $x
11
```

（5）控制结构

控制命令: if、case 、for 、while、until。

1）test 命令。

功能：测试表达式，test 命令是 Shell 编程中条件判断最常用的测试命令，它一般总是与 if、while、until 等语句一起使用。

```
格式：test   表达式或 [ 表达式 ]    ([后，]前要有空格)
```

关于文件属性的测试见表 2-1。

表 2-1　文件属性的测试

格　式	含　义
-r　文件名	如果此文件存在并且是可读的，则为真
-w　文件名	如果此文件存在并且是可写的，则为真
-x　文件名	如果此文件存在并且是可执行的，则为真
-s　文件名	如果此文件存在并且长度大于零，则为真
-d　文件名	如果此文件是一个目录，则为真
-f　文件名	如果此文件是一个普通文件，则为真

关于数值的测试见表 2-2。

表 2-2　数值的测试

格　式	含　义
n1 -eq n2	整数 n1 等于 n2，则为真
n1 -ne n2	整数 n1 不等于 n2，则为真
n1 -gt n2	整数 n1 大于 n2，则为真
n1 -lt n2	整数 n1 小于 n2，则为真
n1 -ge n2	整数 n1 大于等于 n2，则为真
n1 -le n2	整数 n1 小于等于 n2，则为真

测试命令可以由单个测试条件构成，也可以由多个测试条件构成，用逻辑操作符号连接起来，见表 2-3。

表 2-3　逻辑操作符

逻辑操作符	说　明
-a	二进制“与”操作符
-o	二进制“或”操作符
!	一元“非”操作符

【例 2-9】 3 种逻辑操作符构成测试命令的方法。

```
测试：10  <=  x  <=50
test  $x  -ge 10  -a  $x  -le  50
测试：变量 user 值为 zhou 或 chen
        test  $user  =  zhou  -o  $user  =  chen
测试：变量 file 可读普通文件
test  -r  $file  -a  -f  $file
测试：变量 file 不是一个目录
test  !  -d  $file
```

2）if 语句。语句格式：

```
if      命令表 1      （条件测试）
   then   命令表 2
   else    命令表 3
fi
```

【例 2-10】 一个简单的 if-then-fi 实例。

```
$ cat yesno
a=$1
if  [  $a  =  "YES"  -o  $a  =  "yes"  ]
then    echo   "Yes !!"
else
if [  $a  =  "NO"  -o  $a  =  "no" ]
then    echo   "NO !!"
else     echo   "error   argument !!"
fi
fi
$ yesno   hello
```

3）case 语句。语句格式：

```
 case   字符串   in
模式 1）命令表 1;;
模式 2）命令表 2;;
……
    *）命令表 n;;
  Esac
```

注意：模式中可以使用“|”，表示各模式之间是“或”的关系。如，P|p，意味着大写和小写的 p 都匹配。

【例 2-11】 case 语句实例以及“1”的使用方法。

```
$ cat casexamle
case   $1   in
   dir|path )    echo    " current path is `pwd` " ;;
   date|time )   echo    " today is `date` " ;;
* )              echo    " invalid   first augument " ;;
esac
$ casexample   path
Current path is /home/Bob
$ cat   yes_no1
 a=$1
case   $a   in
 Yes|Y|YES|y|yes)      echo    "Yes!!" ;;
 N|n|NO|no|No)          echo     "No!!" ;;
*)          echo      "error agument!!"
 Esac
```

4）for 语句。语句格式：

```
for 变量 in  值表或文件集
do
命令表
done
```

执行过程：

依次取值表中的字串赋给变量，然后执行命令表，直到取完所有的字串，结束循环，执行 done 后的命令。

【例 2-12】 计算 1～6 的平方值。

```
for  i  in  1  2  3  4  5  6
do
   s=`expr  $i  \*  $i`
   echo  " $i        $s"
done
```

【例 2-13】 复制所有扩展名为“txt”的文件到目录 textfile。

```
for  file  in  *.txt    //当前目录下
do
cp  $file  textfile
```

5）while 语句。语句格式：

```
while   命令表 1
  do
命令表 2
  done
```

执行过程：

首先执行命令表 1，若命令返回码为 0，则为真，进入循环体，执行命令表 2 一次，然后返回执行命令表 1，…，直到命令表 1 的返回码为非 0，循环结束。执行 done 后的语句。

【例 2-14】 计算 1～n 的平方值。

```
  i=1
     n=$1
while  test   "$i"   -le   $n
     do
        s=`expr  $i  \*  $i`
        echo  " $i        $s"
        i=`expr  $i  +  1`
     done
```

6）until 语句。语句格式：

```
until  命令表 1
    do
命令表 2
    done
```

执行过程：

首先执行命令表 1，若命令返回码为非 0，执行循环体命令表 2 一次，然后返回执行命令表 1，…，直到命令表 1 的返回码为 0，循环结束。执行 done 后的语句。

【例 2-15】 计算 1～6 的平方值。

```
i=1
        until   test   "$i"   -gt   6
        do
            s=`expr   $i   \*   $i`
            echo    " $i          $s"
            i=`expr    $i   +   1`
        done
```

7）break 和 continue 命令。

- break: 退出循环，转到 done 语句后。

```
格式：break [n]            //n 为退出循环重数
```

【例 2-16】 一个简单的例子：变为 3 时，循环将终止。

```
$cat ttt
for i   in   1 2 3 4 5
do
if [“$i”   -eq 3]
then
break
else
echo “$i”
fi
done
      $./ttt
        1
        2
```

- continue: 转到下一轮循环。语句格式：

```
continue [n]   //n 为从内向外第 n 个循环的下一重循环开始
```

【例 2-17】 将【例 2-16】中的 break 命令换成 continue 命令。

```
        $ cat extw
```

```
for i   in   1 2 3 4 5
do
if ["$i"   -eq 3]
then
continue
else
echo "$i"
fi
done
     $ extw
     1
     2
     4
     5
```

（6）函数

在 shell script 中可以定义函数，语句格式：

```
    function name( )
    {   command
command
                  ……
command ;   }
```

退出函数格式：

```
return [n]
```

【例 2-18】 用户自定义函数举例。

```
$ cat func
show( )
{ echo $a $b $c $d
echo $1 $2 $3 $4 ;}
    a=111
    b=222
    c=333
    d=444
echo"Function Design"
show a b c d
echo"Function End"
$ ./func
Function Design
111 222 333 444
a   b   c   d
  Function END
```

2.5.2 vi使用入门

vi 是 UNIX 中普遍的全屏幕文本编辑器，在各种操作系统中，编辑器都是必不可少的部件。UNIX 提供一系列的 ex 编辑器，包括 ex、edit 和 vi 。其中 ex、edit、ed 都是行编辑器，现在已经很少有人使用，UNIX 提供它们的原因是考虑到满足各种用户特别是某些终端用户的需要。

vi 编辑器，通常称之为 vi，是一种广泛存在于各种 UNIX 和 Linux 系统中的文本编辑程序。它的功能十分强大，在 Linux 上的地位就像 Edit 程序在 DOS 上一样。虽然命令繁多，不容易掌握，但它可以执行输出、删除、查找、替换、块操作等众多文本操作，而且用户可以根据自己的需要对其进行定制，这是其他编辑程序所没有的。vi 不是基于窗口的，所以，这个多用途编辑程序可以在任何类型的终端上编辑各式各样的文件。

1. 进入 vi

在系统提示字符（如$、#）下输入 vi<文件名称>，vi 可以自动载入所要编辑的文件或是开启一个新文件（如果该文件不存在或缺少文件名）。进入 vi 后屏幕左方会出现波浪符号，凡是列首有该符号就代表此列目前是空的。

vi 存在指令模式和输入模式两种模式。在指令模式下输入的按键将作为指令来处理，如输入 a，vi 即认为是在当前位置插入字符。而在输入模式下，vi 则把输入的按键作为插入的字符来处理。指令模式切换到输入模式只需输入相应的命令即可（如 a、A），而要从输入模式切换到指令模式，在输入模式下按〈Esc〉键即可。

2. 退出 vi

在指令模式下输入:q、:q!、:wq 或:x（注意冒号），就会退出 vi。其中，:wq 和:x 是存盘退出，而:q 是直接退出，如果文件已有新的变化，vi 会提示保存文件而:q 命令也会失效，这时可以用:w 命令保存文件后再用:q 退出，或用:wq 或:x 命令退出，如果不想保存改变后的文件，可以用:q!（强制退出）命令，将不保存文件而直接退出 vi。

3. vi 常用指令表

常用到的一些 vi 指令如下。

（1）基本编辑指令

基本编辑指令及含义如表 2-4 所示。

表 2-4 基本编辑指令及含义

指　令	含　义	指　令	含　义
A:	当前行的尾部追加内容	dd:	删除当前行
i:	游标前插入内容	x:	向后删除游标所在位置的字符
I:	游标后插入内容	X:	向前删除游标前面的字符
o:	在鼠标所在行的下面添加内容	u:	撤销最后的改变
O:	在鼠标所在行的上面添加内容	U:	还原当前行的内容

（2）光标移动指令

光标移动指令及含义如表 2-5 所示。

表 2-5　光标移动指令及含义

指　令	含　义	指　令	含　义
h:	光标左移一个字符	l:	光标右移一个字符
space:	光标右移一个字符	Backspace:	光标左移一个字符
k 或 Ctrl+p:	光标上移一行	j 或 Ctrl+n:	光标下移一行
Enter:	光标下移一行	w 或 W:	光标右移一个字至字首
b 或 B:	光标左移一个字至字首	e 或 E:	光标右移一个字至字尾
）:	光标移至句尾	（:	光标移至句首
}:	光标移至段落开头	{:	光标移至段落结尾
nG:	光标移至第 n 行首	n+:	光标下移 n 行
n-:	光标上移 n 行	n$:	光标移至第 n 行尾
H:	光标移至屏幕顶行	M:	光标移至屏幕中间行
L:	光标移至屏幕最后行	0:	（注意是数字零）光标移至当前行首
$:	光标移至当前行尾		

（3）文件操作指令

文件操作指令及含义如表 2-6 所示。

表 2-6　文件操作指令及含义

指　令	含　义	指　令	含　义
:w	写文件	:q!	强制退出编辑器
:w!	写文件，忽略警告信息	:w file	把文件的内容写到另一个文件
:w! file	覆盖文件，忽略警告信息	ZZ	退出编辑器，如果文件有改动，则保存再退出
:wq	写文件之后退出编辑	:x	退出编辑器，如果文件有改动，则保存再退出
:q	退出编辑器		

2.5.3　GCC 概述

1. GCC 简介

编译器套件（GUN Compiler Collection，GCC）是 Linux 平台下最常用的编译程序，它是 Linux 平台编译器的事实标准。除了编译程序之外，还含其他相关工具，所以它能把高级语言编写的源代码构建成计算机能够直接执行的二进制代码。同时，在 Linux 平台下的嵌入式开发领域，GCC 也是用得最普遍的一种编译器。GCC 之所以被广泛采用，是因为它能支持各种不同的目标体系结构。例如，它既支持基于宿主的开发（简单讲就是要为某平台编译程序，就在该平台上编译），也支持交叉编译（即在 A 平台上编译的程序是供平台 B 使用的）。目前，GCC 支持的体系结构有四十余种，常见的有 X86 系列、Arm、PowerPC 等。同时，GCC 还能运行在不同的操作系统上，如 Linux、Solaris、Windows 等。

在使用 GCC 编译程序时，编译过程可以被细分为预处理（Pre-Processing）、编译（Compiling）、汇编（Assembling）、链接（Linking）4 个阶段。

一般来说，GCC 工具包括汇编器 as、C 编译器 gcc、C++编译器 g++、链接器 ld 和二进制转换工具 objcopy、调试工具 gdb 等。在编译程序时，主要用 gcc 工具配合其他工具一同完成工作。注意，这里的 gcc 是小写的，是包含在大写的 GCC 套件中的一个工具。

GCC 能将 C、C++语言源程序、汇编语言源程序和目标程序编译、连接成可执行文件，如果没有给出可执行文件的名字，gcc 将生成一个名为 a.out 的文件。在 Linux 系统中，可执行文件没有统一的扩展名，系统从文件的属性来区分可执行文件和不可执行文件。而 gcc 则通过扩展名来区别输入文件的类别，gcc 所遵循的部分约定规则如表 2-7 所示。

表 2-7　gcc 所遵循的部分约定规则

扩 展 名	说　明
c	C 语言源代码文件
a	由目标文件构成的档案库文件
C/ cc/cxx	C++源代码文件
h	程序所包含的头文件
i	已经预处理过的 C 源代码文件
ii	已经预处理过的 C++源代码文件
m	Objective-C 源代码文件
o	编译后的目标文件
s	汇编语言源代码文件
S	经过预编译的汇编语言源代码文件

2. gcc 使用方法

使用 gcc 编译器时，必须给出一系列必要的调用参数和文件名称。gcc 编译器的调用参数大约有 100 多个，这里只介绍其中最基本、最常用的参数。gcc 最基本的用法是：

```
gcc [options] [filenames]
```

其中 options 就是编译器所需要的参数，filenames 给出相关的文件名称。[options]的值可以为下列值。

1）-c，只编译，不连接成为可执行文件，编译器只是由输入的源代码文件（*.c）生成目标文件（*.o），通常用于编译不包含主程序的子程序文件。

2）-o output_filename，确定输出文件的名称为 output_filename，同时这个名称不能与源文件同名。如果不给出这个选项，gcc 就给出预设的可执行文件 a.out。

3）-g，产生符号调试工具（GNU 的 gdb）所必要的符号，如要想对源代码进行调试，就必须加入这个选项。

4）-O，对程序进行优化编译、链接，采用这个选项，整个源代码会在编译、链接过程中进行优化处理，这样产生的可执行文件的执行效率可以提高，但是，编译、链接的速度就会降低。

5）-O2，比-O 更好的优化编译、链接，当然整个编译、链接过程会更慢。

6）-Idirname，将 dirname 所指出的目录加入到程序头文件目录列表中，是在预编译过程中使用的参数。C 程序中的头文件包含两种情况：

```
#include                     //A
#include "myinc.h"           //B
```

其中，A 类使用尖括号(<>)，B 类使用双引号(“ ”)。对于 A 类，预处理程序 cpp 在系统预设包含文件目录(如/usr/include)中搜寻相应的文件；而对于 B 类，cpp 在当前目录中搜寻头文件，这个选项的作用是告诉 cpp，如果在当前目录中没有找到需要的文件，就到指定的 dirname 目录中去寻找。在程序设计中，如果需要的这种包含文件分别分布在不同的目录中，就需要逐个使用-I 选项给出搜索路径。

7）-Ldirname，将 dirname 所指出的目录加入到程序函数档案库文件的目录列表中，是在链接过程中使用的参数。在预设状态下，链接程序 ld 在系统的预设路径中（如/usr/lib）寻找所需要的档案库文件，这个选项告诉链接程序，首先到-L 指定的目录中去寻找，然后到系统预设路径中寻找，如果函数库存放在多个目录下，就需要依次使用这个选项，给出相应的存放目录。

8）-lname，在链接时，加载名字为“libname.a”的函数库，该函数库位于系统预设的目录或者由-L 选项确定的目录下。例如，-lm 表示连接名为“libm.a”的数学函数库。

3. 编译一个简单的 C 程序

【例 2-19】 在 Linux 下编译一个简单的 C 程序 helloworld.c。

```
#include<stdio.h>
int main(void)
{
printf ("Hello world!"\n);
return 0;
}
```

编译和运行这段程序：

```
# gcc hello.c –o hello
# ./hello
```

输出：Hello world!

2.5.4 Makefile

对于习惯于在 Windows 下进行程序开发的用户来说，Makefile 是比较陌生的名词，因为大多数的 Windows 程序开发都是在集成开发环境（如 Visual C ++等）中进行的，而这些集成开发环境大多会根据开发者的设置自动生成 Makefile。但是在 Linux 下进行程序设计，并没有特别成熟的开发环境可供使用，所以 Makefile 一般也需要程序开发人员自己写。

在 Linux 开发环境中，make 是一个非常重要的编译命令。不管是进行项目开发还是安装应用软件，都经常要执行 make 或 make install 命令。利用 make 工具，可以将大型的开发项目分解成为多个更易于管理的模块，对于一个包括几百个源文件的应用程序，使用 make 和 Makefile 工具就可以简洁明快地理顺各个源文件之间复杂的关系。如果每个源文件都需要程序员使用 gcc 命令进行编译的话，那会大大影响开发进度。而 make 工具可自动完成编译工作，并且可以只对程序开发人员在上次编译后修改过的部分进行编译。因此，有效地利用 make 和 Makefile 工具可以大大提高项目开发的效率。

make 工具最主要也是最基本的功能就是通过 Makefile 文件来描述源程序之间的关系并自动维护编译工作。Makefile 文件需要按照某种语法进行编写，文件中需要说明如何编译各个源文件并连接生成可执行文件，还要求定义源文件之间的依赖关系。Makefile 文件写好后，每次改变了某些源文件，只要执行 make 命令即可：

```
# make
```

make 程序利用 Makefile 文件中的数据和每个文件的最后修改时间来确定哪个文件需要更新，对于需要更新的文件，make 程序执行 Makefile 数据中定义的命令来更新。

在 Linux 开发环境下，习惯使用第一个字母大写的文件名作为 Makefile 文件。如果要使用其他文件作为 Makefile，则利用类似下面的 make 命令选项指定 Makefile 文件：

```
# make–f Makefile.x86
```

一个工程中的源文件不计其数，其按类型、功能、模块分别放在若干个目录中，Makefile 定义了一系列的规则来指定，哪些文件需要先编译，哪些文件需要后编译，哪些文件需要重新编译，甚至于进行更复杂的功能操作，因为 Makefile 就像一个 Shell 脚本一样，其中也可以执行操作系统的命令。Makefile 文件主要含有一些列的规则，每条规则包含以下内容：

```
target ... : prerequisites ...
command
...
...
目标文件 : 先决条件

命令
```

目标文件：可以是 object file、可执行文件或者是一个标签。

先决条件：生成目标文件所需的目标或文件。

命令：要执行的命令。

这里要注意的是：命令这一行需要以〈Tab〉键开头，否则编译器是无法识别的。

Makefile 的执行是通过比较目标文件和先决条件这两部分文件的日期，如果先决条件文件日期比较新或者目标文件不存在，那么 Makefile 就会执行后续定义的命令。

【例 2-20】 一个简单的 Makefile 文件。

```
hello：main.o func1.o func2.o
        gcc main.o func1.o func2.o –o hello
main.o:main.c
        gcc–c main.c
func1.o:func1.c
```

```
        gcc–c func1.c
func2.o:func2.c
        gcc–c func2.c
.PHONY:clean
clean:
rm–f hello main.o func1.o func2.o
```

上面的 Makefile 文件中共定义了 4 个目标，即 hello、main.o、func1.o、func2.o。目标从每行的最左边开始写，后面跟一个冒号（:），如果有与这个目标有依赖性的其他目标或文件，把它们列在冒号后面，并以空格隔开。然后另起一行开始写实现这个目标的一组命令。在 Makefile 文件中，可使用续行号（\）将一个单独的命令行延续成几行，但要注意在续行号（\）后面不能跟任何字符。

另外要说的一个是下面这段代码：

```
clean:
rm –f hello main.o func1.o func2.o
```

clean 在这里不是一个文件，而是一个标签，冒号后没有内容，则说明 make 不会自动去找文件的依赖性，也就不会自动执行其后所定义的命令。

这里 clean 的作用是删除可执行文件和目标文件。如果想要执行这一命令，直接用 make clean 即可。如果要生成可执行文件，则执行 make。

一般情况下，调用 make 命令可输入：

```
#make target
```

其中 target 是 Makefile 文件中定义的目标之一，如果省略 target，则 make 将生成 Makefile 文件中定义的第一个目标。

思考与练习

1．什么是作业？作业由哪几部分组成？各部分有什么功能？

2．操作系统为用户提供哪些接口？它们的区别是什么？

3．什么是系统调用？系统调用与一般用户程序有什么区别？与库函数和实用程序又有什么区别？

4．简述系统调用的执行过程。

第3章　处理机管理

处理机是计算机系统中宝贵的资源。对处理机实施有效的管理，能充分提高整个计算机系统的工作效率。本章将重点讨论在处理机上运行的进程的管理问题，以及内存中的作业如何被选择占用处理机，即处理机的调度问题。

3.1　进程与线程

现代操作系统的重要特点是程序的并发执行。操作系统的重要任务之一是使用户充分、有效地利用系统资源。采用一个什么样的概念，来描述计算机程序的执行过程和作为资源分配的基本单位才能充分反映操作系统的执行并发、资源共享及用户随机的特点呢？这个概念就是进程。

3.1.1　进程的引入

要理解进程的概念，必须先了解单道程序和多道程序操作系统环境下程序执行的特点。

1．程序的顺序执行及特点

平常人们在用计算机来完成各种功能时，总是使用“程序”这一概念。程序是一个在时间上按严格次序前后相继的操作序列，它体现了程序开发人员要求计算机完成相应任务时应该采取的顺序步骤，是一个静态的概念。

程序的执行分为顺序执行和并发执行。

在引入“多道程序设计”概念之前，不严格区分“程序”和“程序的运行”。这是因为任何一个程序运行时，都是单独使用系统中的一切资源，如处理机（指它里面的指令计数器、累加器、各种寄存器等）、内存、外部设备以及软件等，没有竞争者与它争夺或共享，程序是顺序执行的。

程序的顺序执行具有如下特点。

（1）执行的顺序性

内存中每次只有一个程序，各个程序是按次序执行的，即完成一个，再进行下一个，绝对不可能在一个程序运行过程中，又夹杂进另一个程序。

（2）封闭性

在单道程序系统中，程序一旦开始执行，其计算结果不受外界因素的影响。因为由一个用户独占系统各种资源，当初始条件给定以后，资源的状态只能由程序本身确定，即只有本程序的操作才能改变它。

（3）结果的可再现性

程序执行的结果与它的执行速度无关（即与时间无关），而只与初始条件有关。只要输入的初始条件相同，则无论何时重复执行该程序都会得到相同的结果。

2．程序的并发执行及特点

在多道程序设计环境下，内存中允许有多个程序存在，它们轮流地使用 CPU。比如，原来内存中的程序运行输入/输出时，CPU 就只能空转，以等待输入/输出的完成。现在，当程序 A 运行输入/输出操作时，就可以把 CPU 分配给内存中另一个可运行的程序 B 去使用。这样，CPU 在运行程序 B，外部程序在为程序 A 服务。这时，程序顺序执行的 3 个特点就荡然无存了。

在多道程序设计环境下，系统具有如下特点。

（1）执行的并发性

从宏观上看，多个程序都在运行着，而从微观上看，每个时刻 CPU 只能为一个程序服务，运行着的程序都是“走走停停”。总之，在多道程序设计环境下，各个程序的执行不再可能完全依照自己的执行次序执行了。

程序的并发执行可总结为：一组在逻辑上互相独立的程序或程序段在执行过程中，其执行时间在客观上互相重叠，即一个程序段的执行尚未结束，另一个程序段的执行已经开始的执行方式。

并发执行是为了增强计算机系统的处理能力和提高资源利用率所采取的一种同时操作技术。

程序的并发执行可进一步分为两种。

1）多道程序系统的程序执行环境变化所引起的多道程序的并发执行。由于资源的有限性，多道程序的并发执行总是伴随着资源的共享与竞争。从而制约各道程序的执行速度。而无法做到在微观上，也就是在指令级上的同时执行。因此，尽管多道程序的并发执行在宏观上是同时进行的，但在微观上仍是顺序执行的。

2）在某道程序的几个程序段（或几个程序）中，包含着一部分可以同时执行或颠倒顺序执行的代码。例如，语句

```
read (a);
read (b);
```

它们既可以同时执行，也可颠倒次序执行。对于这样的语句，同时执行不会改变顺序程序所具有的逻辑性质。因此，可以采用并发执行来充分利用系统资源以提高计算机的处理能力。

（2）“封闭性”被打破

内存中不再只由一个程序占用，而是分配给若干个程序使用。多道程序共享内存，并发交替占用处理机运行，程序运行不再具有“封闭性”。

（3）“结果的可再现性”被打破

在多道程序设计环境中，各个程序的执行不再具有可能完全依照自己的执行次序执行了，程序运行结果不再具有可再现性。

【例 3-1】 设程序 A 和程序 B 是两个并发执行的循环程序，它们共享一个公用变量 N。程序 A 每执行一次循环都对变量 N 做加 1 操作，程序 B 每隔一定时间打印共享变量 N 中的值，然后将 N 重新设置为“0”。程序描述如下所述，其中 cobegin 和 coend 是并行语句，表

示它们之间的程序是可以并发执行的。

```
main()
{
  int n=0;
  cobegin
      程序 A;
      程序 B;
  coend
}
程序 A                                程序 B
{ …                                   { …
  N++                                   printf("N is %d \n",N);
  …                                       N=0;
  …                                     …
}                                     }
```

程序 A 和程序 B 在完成各自的功能时，包括对共享变量 N 的操作，为了简单起见，在程序描述中只给出了对变量 N 的操作语句。

由于程序 A 和程序 B 的执行都以各自的速度向前推进，故程序 A 的 N++操作既可在程序 B 的 printf 操作和 N=0 操作之前，也可在其后或中间。因此，程序的执行有可能出现 3 种不同情况。假设两个程序开始某个循环之前，N 的值为 a，则本次循环中可能出现的 3 种不同情况及其对应的变量值如下：

1）…；N++；printf(N)；N=0；…。打印的 N 值为 a+1，循环结束后的 N 值为 0。

2）…；printf(N)；N=0；N++；…。打印的 N 值为 a，循环结束后的 N 值为 1。

3）…；printf(N)；N++； N=0；…。打印的 N 值为 a，循环结束后的 N 值为 0。

上例说明，程序在并发执行时，由于失去了封闭性，其计算结果与并发程序间的执行速度有关，从而使程序的执行失去了可再现性。

程序并发执行时，若共享了公共变量，给定相同的初始条件，若不加以控制，也可能得到不同的结果，称此为与时间有关的错误。

3．进程的引入

由于程序在顺序执行时具有顺序性、封闭性和可再现性，使程序和其执行过程之间具有一一对应关系，因此程序这个静态概念完全可以用来代替程序执行过程这个动态概念。但是，程序的并发执行破坏了程序顺序执行的特点，并产生了一些新的特点，使程序这个静态概念不足以描述程序的执行过程。因此，需要引入一个新的概念来描述程序的并发执行过程，这个新的概念就是“进程”。

3.1.2 进程的概念

进程这一术语是 20 世纪 60 年代初期，首先在麻省理工学院的 Multics 系统和 IBM 公司的 TSS/360 系统中引用的。人们对进程下过许多的定义。

- 进程是可以并行执行的计算部分（S.E.Madnick，J.T.Donovan）。
- 进程是一个独立的可以调度的活动（E.Cohen，D.Jofferson）。
- 进程是一抽象实体，当它执行某个任务时，将要分配和释放各种资源（P.Denning）。

● 行为的规则称为程序，程序在处理机上执行时的活动称为进程（E.W.Dijkstra）。

以上进程的定义，尽管各有侧重，但在本质上是相同的；即主要注重进程是一个动态的执行过程这一概念。

1．进程的定义

1978 年，在庐山召开的国内操作系统讨论会上给出的进程定义如下：进程是具有一定独立功能的程序关于一个数据集合的一次运行活动。

进程是程序的运行过程，是系统进行资源分配和调度的一个独立单位。

进程和程序是两个既有联系又有区别的概念，它们的区别和关系可简述如下。

- 进程是程序的一次执行，属于动态概念；而程序仅是指令的有序集合，属于静态概念。
- 进程有一个生命周期，它的存在是暂时的，它动态地被创建，被调度执行后消亡；而程序的存在则是永久的。
- 进程具有并行特征，而程序没有。由进程的定义可知，进程具有并行特征的两个方面，即独立性和异步性。也就是说，在不考虑资源共享的情况下，各进程的执行是独立的，执行速度是异步的。显然，由于程序不反映执行过程，所以不具有并行特征。
- 一个进程可执行一个或几个程序，一个程序可产生多个进程。

2．进程的状态及状态转换

进程在其生存期内可能处于以下 3 种基本状态之一。

1）就绪态（Ready）：一个进程已经具备运行条件，但由于无 CPU 暂时不能运行的状态。当调度给其 CPU 时，立即可以运行。处于就绪态的进程位于“就绪队列”中。

2）运行态（Running）：进程占用了包括 CPU 在内的全部资源，并在 CPU 上运行。

3）等待态（Blocked）：阻塞态、挂起态、封锁态、冻结态、睡眠态。指进程因等待某种事件的发生而暂时不能运行的状态（即使 CPU 空闲，该进程也不可运行）。处于等待态的进程位于等待队列中。

进程 3 个基本状态之间是可以相互转换的。具体来说，当一个就绪进程获得处理机时，其状态由就绪态变为运行态；当一个运行进程被剥夺处理机资源时，如用完分给它的时间片，或者出现高优先级别的其他进程，其状态由运行态变为就绪态；当一个运行进程因某事件受阻时，如所申请资源被占用、启动数据传输未完成，其状态由运行态变为等待态；当所等待的事件发生时，如得到被申请资源、数据传输完成，其状态由等待状态变为就绪态。进程基本状态转换关系如图 3-1 所示。

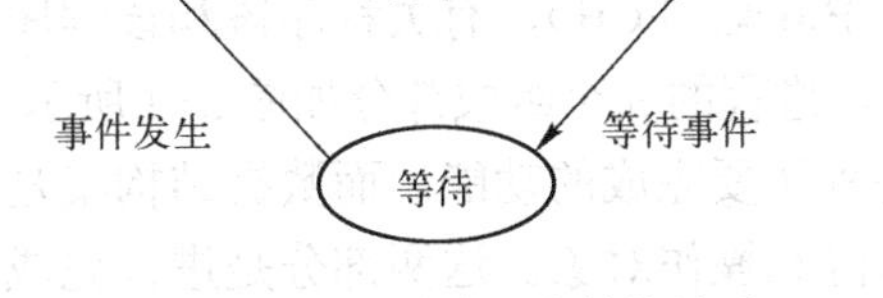

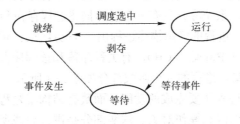

图 3-1　进程基本状态转换关系

就绪、执行、等待是进程最基本的 3 种状态，对于一个具体的系统来说，为了实现某种设计目标，进程状态的数量可能多于 3 个。例如：

创建状态：一个进程正在初创时期，操作系统还没有把它列入可执行的进程队列中。

终止状态：一个进程或正常结束，或因某种原因被强制结束。这时，系统正在为其进行善后处理。

挂起状态：把一个进程从内存转到外存。

📖 知识扩展：挂起状态？

一个进程被阻塞，整个进程仍然驻留在内存。这时，可以将 CPU 进行分配去运行其他的进程。由于 CPU 的处理速度很快，比如要比 I/O 快很多，就有可能出现这样的情形：内存中现有的进程都在等待 I/O 的完成，CPU 只能空闲运转。

让某些进程占用着内存长时间地等待，让 CPU 空闲运转，无疑是对系统资源的一种浪费。若这时内存有空余空间，那么从内存调出阻塞的进程，腾出一定的空间，再从磁盘调入可运行进程，就能达到提高 CPU 利用率的目的。为了能使用这种外存与内存的交换技术，增设“就绪/挂起”和“等待/挂起”状态。

就绪/挂起状态：进程在外存。只要被激活，进程就可以进入内存，如果获得 CPU，就可以投入运行。

等待/挂起状态：进程在外存等待事件的发生。只要被激活，进程就可以调入到内存里去等待事件的发生。有挂起状态的进程状态模型如图 3-2 所示。

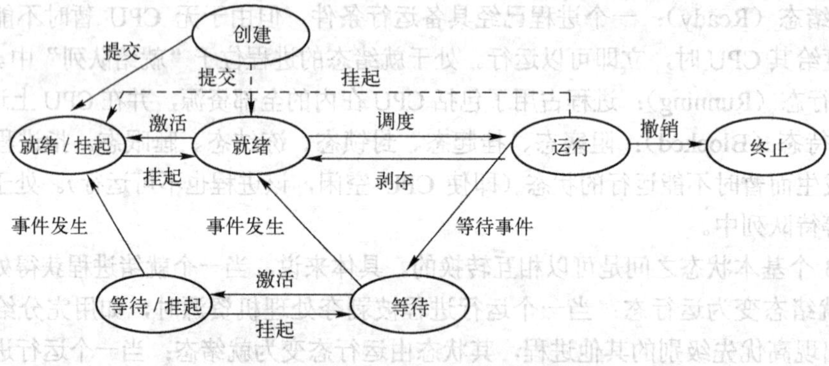

图 3-2　有挂起状态的进程状态模型

3. 进程控制块

从概念的角度看，进程是程序的活动过程。那么，从管理的角度看，系统又如何描述和识别进程的活动呢？为此，系统应该具有一个能够描述进程存在和能够反映进程变化的物理实体，即进程的静态描述。进程的静态描述进程由 3 部分组成：进程控制块（Program Cortrol Block，PCB），有关程序段和该程序段对其进行操作的数据结构集。进程的 3 个组成部分如图 3-3 所示。

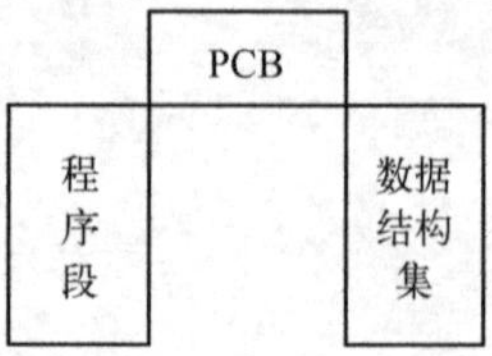

图 3-3　进程的结构

进程的程序部分描述进程所要完成的功能。而数据结构集是程序在执行时必不可少的工作区和操作对象。这两部分是进程完成所需功能的物质基础。由于进程的这两部分内容与控制进程的执行及完成进程功能直接有关，因而，在大部分多道操作系统中，这两部分内容放在外存中，直到该进程执行时再调入内存。

PCB 作为进程实体的一个组成部分，它包含了有关进程的描述信息、控制信息以及资源信息，是系统对进程实施管理的唯一依据和系统能够感知到进程存在的唯一标识。在几乎所有的多道操作系统中，一个进程的 PCB 结构都是全部或部分常驻内存的。

进程控制块和进程之间存在一一对应关系，在创建一个进程时，应首先创建其 PCB，然后才能根据 PCB 中信息对进程实施有效的管理和控制。当一个进程完成其功能之后，系统则释放 PCB，进程也随之消亡。

一般来说，根据操作系统的要求不同，进程的 PCB 所包含的内容会多少有所不同。其基本内容由描述信息、控制信息、资源管理信息、CPU 现场信息 4 部分组成，如图 3-4 所示。

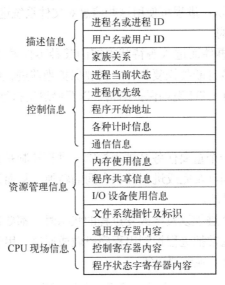

描述信息	进程名或进程 ID
	用户名或用户 ID
	家族关系
控制信息	进程当前状态
	进程优先级
	程序开始地址
	各种计时信息
	通信信息
资源管理信息	内存使用信息
	程序共享信息
	I/O 设备使用信息
	文件系统指针及标识
CPU 现场信息	通用寄存器内容
	控制寄存器内容
	程序状态字寄存器内容

图 3-4　进程块的基本组成

（1）描述信息

描述信息代表了进程的身份，是系统内部区分不同进程的依据。

1）进程名或进程 ID：每个进程都有唯一的进程名或进程 ID，用来标识该进程。

2）用户名或用户 ID。标识创建该进程的用户，有利于资源共享和保护。

3）家族关系。记录创建该进程的进程（即父进程），以及该进程所创建的子进程。通常，父进程可以创建多个子进程，但子进程只能有一个父进程。

（2）控制信息

控制信息能随时反映进程的情况。

1）进程当前状态：说明进程当前处于何种状态。

2）进程优先级：是选取进程占有处理机的重要依据。与进程优先级有关的 PCB 表项还有占用 CPU 时间、进程优先级偏移、占据内存时间等。

3）程序开始地址：规定该进程的程序以此地址开始执行。

4）各种计时信息：给出进程占有和利用资源的有关情况。

5）通信信息：通信信息用来说明该进程在执行过程中与别的进程所发生的信息交换

情况。

（3）资源管理信息

PCB 中包含最多的信息是资源管理信息，具体包括存储器的信息、使用输入/输出设备的信息、有关文件系统的信息等。

1）内存使用信息：包括占用内存大小及其管理用数据结构指针，例如后述内存管理中所用到的进程页表指针等。

2）程序共享信息：共享程序段大小及起始地址。

3）I/O 设备使用信息：包括输入/输出设备的设备号，所要传送的数据长度、缓冲区地址、缓冲区长度及所用设备的有关数据结构指针等。这些信息在进程申请释放设备进行数据传输中使用。

4）文件系统指针及标识：进程可使用这些信息对文件系统进行操作。

（4）CPU 现场保护信息

当前进程因等待某个事件而进入等待状态或因某种事件发生被中止在处理机上的执行时，为了以后该进程能在被打断处恢复执行，需要保护当前进程的 CPU 现场（或称进程上下文）。PCB 中设有专门的 CPU 现场保护结构，以存储退出执行时的进程现场数据。

3.1.3 进程控制

进程和处理机管理的一个重要任务是进程控制。进程控制是系统使用一些具有特定功能的程序段来创建、撤销进程以及完成进程各状态间的转换，从而达到多进程高效率并发执行和协调、实现资源共享的目的。

系统在创建、撤销一个进程以及要改变进程的状态时，都要调用相应的程序段来完成这些功能。在操作系统中，通常把进程控制用程序段做成原语。用于进程控制的原语有：创建原语、撤销原语、阻塞原语、唤醒原语等。

📖 知识扩展：原语

原语，是指在执行过程中不可中断的、实现某种独立功能的、可被其他程序调用的程序。

原语可分为两类：一类是机器指令级原语，其特点是执行期间不允许中断，在操作系统中，它是一个不可分割的基本单位；另一类是功能级原语，其特点是作为原语的程序段不允许并发执行。这两类原语都在系统态下执行，且都是为了完成某个系统管理所需要的功能和被高层软件所调用。

进程的执行状态可分为用户执行状态和系统执行状态。用户执行状态，又称用户态，进程的用户程序段执行时，该程序处于用户态。用户态时不可直接访问受保护的 OS 代码。系统执行状态，又称系统态或核心态，进程的系统程序执行时，该进程处于系统态。核心态时可以执行 OS 代码，可以访问全部进程空间。把用户程序和系统程序分开，以利于程序的保护和共享。

1．进程创建原语

进程创建是实现进程从无到有的过程。调用进程创建原语者有可能是系统程序模块（即系统创建方式）；也有可能是某个用户进程（即为新建进程的父进程）。

由系统统一创建的进程之间的关系是平等的，它们之间一般不存在资源继承关系。而在父进程创建的进程之间则存在隶属关系，且互相构成树型结构的家族关系。属于某个家族的一个进程可以继承其父进程所拥有的资源。另外，无论是哪一种方式创建进程，在系统生成时，都必须由操作系统创建一部分承担系统资源分配和管理工作的系统进程。

无论是系统创建方式还是父进程创建方式，都必须调用创建原语来实现。创建原语扫描系统的 PCB 链表，在找到一定 PCB 链表之后，填入调用者提供的有关参数，最后形成代表进程的 PCB 结构。这些参数包括：进程名、进程优先级、进程正文段起始地址、资源清单等，其实现过程如图 3-5 所示。

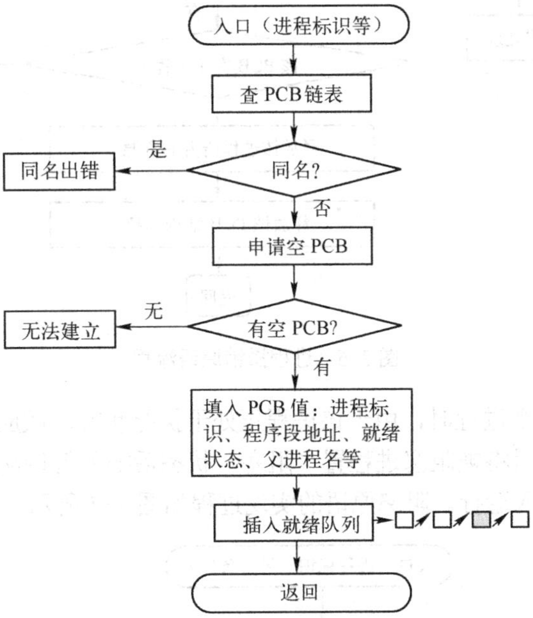

图 3-5 进程创建原语流程

注意，进程的创建并不影响调用者的状态，而新建的进程总是进入就绪队列的。这是因为被创建进程的父进程并没有安排运行的资格，新建的进程是否能进入运行状态，完全取决于系统所采用的进程调度策略。

2．进程撤销原语

进程撤销是进程消亡的过程，以下几种情况都将导致进程被撤销。

1）该进程已完成所要求的功能而正常终止。

2）由于某种错误导致该进程非正常终止。

3）祖先进程要求撤销某个子进程。

无论哪一种情况导致进程被撤销，进程必须释放它占用的各种资源和 PCB 本身，以利于资源回收利用。当然，一个进程所占用的某些资源在使用结束时可能早已释放。另外，当一个父进程撤销某个子进程时，需审查该子进程是否还有自己的子孙进程，若有，还需撤销其子孙进程的 PCB 结构并释放它们所占有的资源。撤销原语的实现过程如图 3-6 所示。

3．进程阻塞原语

在进程运行过程中，如果期待的某种条件（如键盘输入数据、写盘、其他进程发来的数据等）没有发生，则该进程就由自己调用阻塞原语而进入等待状态。

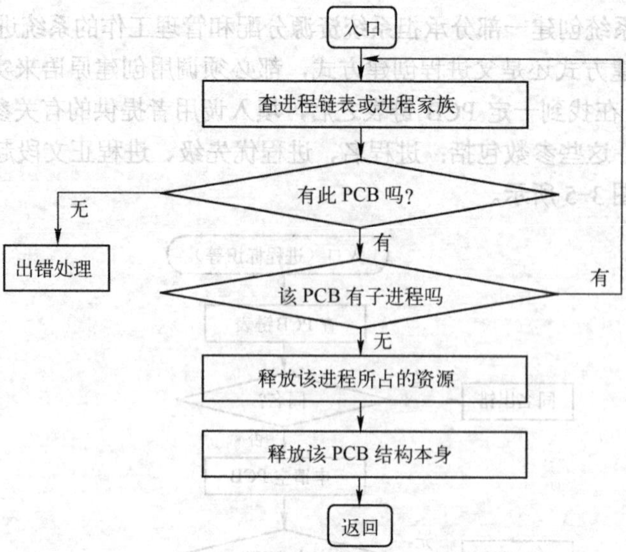

图 3-6　进程撤销原语流程

阻塞原语在阻塞一个进程时，由于该进程正处于执行状态，故应先中断处理机和保存该进程的 CPU 现场。然后将被阻塞进程置“阻塞”状态后插入等待队列中，再转进程调度程序选择新的就绪进程投入运行。阻塞原语的实现过程如图 3-7 所示。

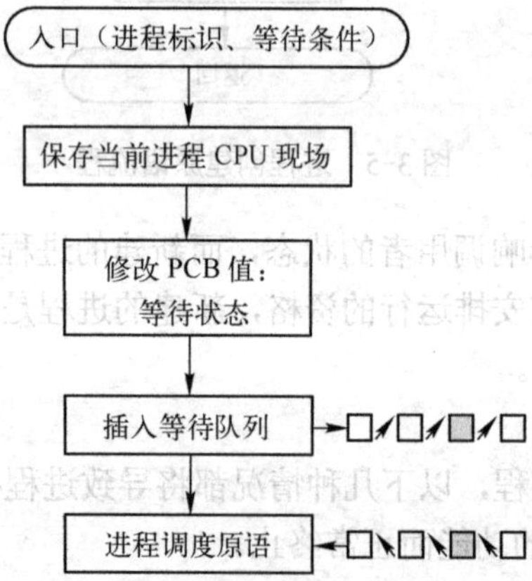

图 3-7　进程阻塞原语流程

4. 进程唤醒原语

如果在进程的运行过程中，释放了某种资源者使某种条件具备，这意味着等待该资源或条件而被阻塞进入等待队列的进程将被唤醒，即重新回到就绪状态。显然，一个处于等待状态的进程不可能自己唤醒自己（因为它在运行)，唤醒原语可以被系统进程调用，也可以被事件发生进程调用。

当由系统进程唤醒等待进程时，系统进程统一控制事件的发生并将“事件发生”这一消息通知等待进程。从而使得该进程因等待事件已发生而进入就绪队列。由事件发生进程唤醒时，事件发生进程和被唤醒进程之间是合作关系。因此，唤醒原语既可被系统进程调用，也可被事件发生进程调用。

调用唤醒原语的进程称为唤醒进程。唤醒原语首先将被唤醒进程从相应的等待队列中取出，将被唤醒进程置为就绪状态之后，送入就绪队列。在把被唤醒进程送入就绪队列之后，唤醒原语既可以返回原调用程序，也可以转向进程调度，以便让调度程序有机会选择一个合适的进程执行。如图 3-8 所示。

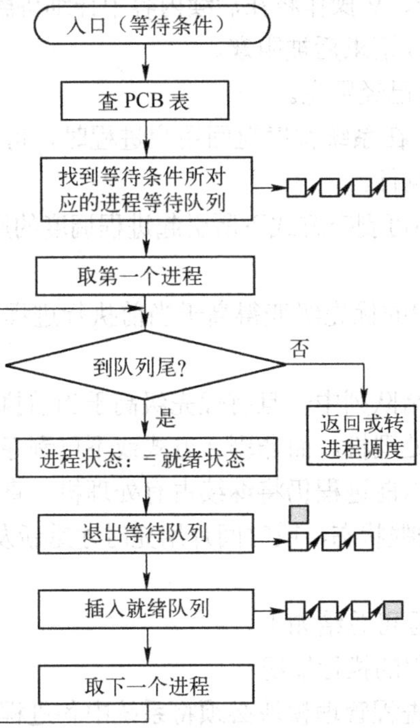

图 3-8　进程唤醒原语流程

5. 进程调度原语

当一个进程运行完分配给它的 CPU 时间片，或者因为申请某一种条件得不到满足时，就需要放弃 CPU。这时，操作系统就要从就绪队列中选择一个新的进程来占有 CPU 而运行，这就是进程调度原语要做的工作。

进程调度原语从就绪队列的头指针开始，按照某种调度算法（在后续内容中予以详细介绍）选出一个进程，将该进程 PCB 结构中的状态改为运行状态，然后使其退出就绪队列，恢复该进程的现场参数，该进程就占有了 CPU 时间而进入了运行状态。

3.1.4 进程调度

无论是在批处理系统还是分时系统中，用户进程数一般都多于处理机数，这将导致用户进程互相争夺处理机。另外，系统进程也同样需要使用处理机。这就要求进程调度程序按一定的策略，动态地把处理机分配给处于就绪队列中的某一个进程，以使之执行。

1. 进程调度的时机

每个进程调度的原因都会引起一次调度，即时机。进程调度发生在什么时机呢？这与引起进程调度的原因以及进程调度的方式有关。

引起进程调度的原因有以下几类。

1）正在执行的进程执行完毕。这时，如果不选择新的就绪进程执行，将浪费处理机资源。

2）执行中进程自己调用阻塞原语将自己阻塞起来进入睡眠等待状态。

3）执行中进程调用了 P 原语操作，从而因资源不足而被阻塞；或调用了 V 原语操作激活了等待资源的进程队列（P、V 操作将在后续内容中详细讲解）。

4）执行中进程提出 I / O 请求后被阻塞。

5）在分时系统中时间片已经用完。

6）在执行完系统调用，在系统程序返回用户进程时，可认为系统进程执行完毕，从而可调度选择一新的用户进程执行。

以上都是在 CPU 执行不可剥夺方式下所引起进程调度的原因。在 CPU 执行方式是可剥夺时，还有：

7）就绪队列中的某进程的优先级变得高于当前执行进程的优先级，从而也将引发进程调度。

所谓可剥夺方式，即就绪队列中一旦有优先级高于当前执行进程优先级的进程存在时，便立即发生进程调度，转让处理机。而非剥夺方式或不可剥夺方式即使在就绪队列存在有优先级高于当前执行进程时，当前进程仍将继续占有处理机，直到该进程自己因调用原语操作或等待 I / O 而进入阻塞、睡眠状态，或时间片用完时才重新发生调度让出处理机。

2. 进程调度的实现

进程调度的具体实现过程可总结如下。

（1）记录系统中所有进程的执行情况

作为进程调度的准备，进程管理模块必须将系统中各进程的执行情况和状态特征记录在各进程的 PCB 表中。进程在活动期间其状态是可以改变的，相应地，该进程的 PCB 就在运行指针、各种等待队列和就绪队列之间转换。进程进入就绪队列的排序原则体现了调度思想。进程调度模块通过 PCB 变化来掌握系统中所有进程的执行情况和状态特征，并在适当的时机从就绪队列中选择出一个进程占据处理机。

（2）选择占有处理机的进程

按照一定的策略选择一个处于就绪状态的进程，使其获得处理机执行。根据不同的系统设计目的，有各种各样的选择策略，例如系统开销较少的静态优先数调度法、适合于分时系统的轮转法和多级反馈轮转法等。这些选择策略决定了调度算法的性能。

（3）进程间的切换

进程间的切换是指将 CPU 的执行从一个进程切换到另一个进程。也有人将进程间的切换称为“进程间的上下文切换”。操作系统是通过进程 PCB 中的现场保护区来实现进程间的切换的。

如图 3-9 所示，CPU 先执行左边的进程 P0。若运行到点 x 处时，进程 P0 的执行被打断。为充分利用 CPU，须将 CPU 分配给其他的进程使用，即进行进程间的切换。让 CPU 从执行一个进程转而去执行另一个进程，为此进入操作系统。若现在是要运行进程 P1，就先把当前 CPU 的运行现场保护到进程 P0 的 PCB 中，然后用进程 P1 的 PCB 里的现场保现场信息对 CPU 进行加载（即恢复进程 P1 的运行现场）。这样，CPU 就开始运行右边的进程 P1

了。到点 y 时，若进程 P1 的运行被打断，于是又进入操作系统去做进程间的切换。若现在是要运行进程 P0，那么先把当前 CPU 的运行现场保护到进程 P1 的 PCB 中，然后用进程 P0 的 PCB 里的现场信息对 CPU 进行加载。这样，CPU 就开始从点 x 往下运行左边的进程 P0 了。

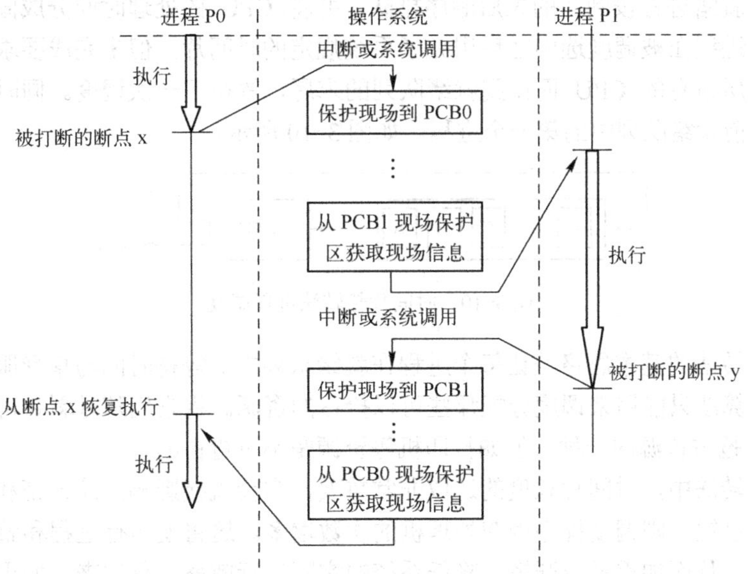

图 3-9　进程间的切换示意图

3. 进程调度算法

调度算法既要体现多个就绪进程之间的公平性、进程的优先程度；又要考虑到用户对系统响应时间的要求；还要有利于系统资源的均衡和高效率使用，尽可能地提高系统的吞吐量。当然，这些设计原则有些是相互矛盾的，在一个实际系统中不可能使每项原则都很好地体现。例如，要提高系统资源利用率就无法保障很短的响应时间，要提高系统的吞吐量就难保证对每个就绪进程都公平。因此，实际系统中往往还要根据操作系统的设计和使用目标来确定选择策略。

常用的进程调度算法有先来先服务法、时间片轮转法、多级反馈轮转法和优先级法等。

（1）先来先服务法

就绪进程按提交顺序或变为就绪状态的先后排成队列，并按照先来先服务（First Come First Serve，FCFS）的方式进行调度处理。每个进程都按照它们在队列中等待时间长短来决定它们是否优先享受服务，进程一旦占有处理机，就一直用下去，直至结束或因等待某事件而让出处理机。

从处理的角度来看，该算法易于实现，且在一般意义下是公平的。不过对于那些执行时间较短的进程来说，如果它们在某些执行时间很长的进程之后到达，则它们将等待很长时间，就显得不公平了。

【例 3-2】 就绪队列中依次有 3 个进程 A、B、C，A 进程需要运行 24ms，B 和 C 各需运行 3ms。按照 FCFS 的顺序，进程 A 先占用处理机，然后是 B，最后是 C。按照这种调度顺序，它们的平均等待时间是（0+24+27）/3=17ms。假定调度顺序换成 B、C、A，那它们的平均等待时间是：（0+3+6）/3=3ms。

在实际操作系统中，很少单独使用 FCFS 算法，该算法总是和其他一些算法配合起来使用。例如基于优先级的调度算法就是对具有同样优先级的作业或进程采用的 FCFS 方式。

（2）时间片轮转法（round robin）

将所有的就绪进程按到达的先后顺序排队，并将 CPU 的处理时间分成固定大小的时间片。如果一个进程在被调度选中之后用完了系统规定的时间片，但未完成要求的任务，则它自行释放自己所占有的 CPU 而排到就绪队列的末尾，等待下一次调度。同时，进程调度程序又去调度当前就绪队列中的第一个进程。如图 3-10 所示。

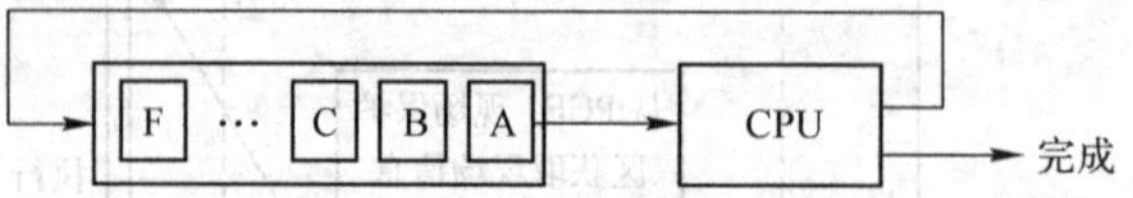

图 3-10　时间片轮转法进程调度

时间片轮转法的基本思路是让每个进程在就绪队列中的等待时间与享受服务的时间成正比。显然，该算法只能用来调度分配那些可以抢占的资源。将它们随时剥夺再分配给别的进程。CPU 是可抢占资源的一种。但如打印机等资源是不可抢占的。

时间片轮转法中，时间片长度的选取非常重要，它会直接影响系统开销和响应时间。如果时间片长度过短，则调度程序剥夺处理机的次数增多。这将使运行进程和就绪进程切换次数也大大增加，从而加重系统开销，降低系统的实际运行效率。反过来，如果时间片长度选择过长，比方说一个时间片能保证就绪队列中所需执行时间最长的进程能执行完毕，则轮转法变成了先来先服务法。

如何合理地选择 CPU 时间片长度呢？在实际的操作系统中，具体确定 CPU 时间片长度值主要应考虑以下几个因素。

1）系统的设计目标。系统的设计目标决定了系统中运行的进程类型。用于工程运算的计算机系统往往需要较长的时间片，因为这类进程主要是占用 CPU 时间进行运算，而只有少量的输入/输出工作，这样可以降低进程之间频繁切换所致的系统开销。用于输入/输出工作的系统需要较短的时间片，因为这类进程一般只需要在一个时间片范围内完成少量的输入/输出所需要的准备和善后工作。用于普通多用户联机操作的系统，其 CPU 时间片的长度主要取决于用户响应时间。

2）系统性能。计算机系统本身的性能也对时间片大小的确定产生影响。时钟频率越快，单位时间内能够执行的指令数就越多，其时间片也就可以较短；CPU 指令周期越长，程序的执行速度就越慢，时间片就需要较长。但长的时间片又有可能影响用户响应时间，这就需要进行折中取值。但不管怎么说，系统性能越好，时间片大小的确定范围就越大。

轮转过程中，时间片可以是固定长度的，也可以是可变长度的。

时间片长度的选择是根据系统对响应时间的要求 R 和就绪队列中所允许的最大进程数 Nmax 确定的。它可表示为：

$$q=R/Nmax$$

在 q 为常数的情况下，即为固定时间片轮转法，其特征是就绪队列里的所有进程都以相等的速度向前推进。如果就绪队列中的进程数发生远小于 Nmax 的变化，则响应时间 R 看上去会大大减小。但是，就系统开销来说，由于 q 值固定，从而进程切换的时机不变，系统开销也不变。通常，系统开销也是处理机执行时间的一部分。CPU 的整个执行时间等于各进程执行时间加上系统开销。

在进程执行时间大幅度减少的情况下，如果系统开销也随之减少的话，系统的响应时间有可能更好一点。例如，在一个用户进程的情况下，如果 q 值增大到足够该进程执行完毕的话，则进程调度所引起的系统开销就没有了。因此，产生了可变时间片轮转的策略，每当一轮调度开始时，系统便根据就绪队列中已有进程数目计算一次 q 值，作为新一轮调度的时间片。这种方法得到的时间片随就绪队列中的进程数变化。

【例 3-3】 有一个分时系统，允许 10 个终端用户同时工作，时间片设定为 100ms。若对用户的每一个请求，CPU 将耗费 200ms 的时间进行处理。试问终端用户提出两次请求的时间间隔最少是多少？

解：因为时间片长度是 100ms，有 10 个终端用户同时工作，所以轮流一次需要花费 100ms×10=1s。这就是说，在 1s 内，一个用户可以获得 100ms 的 CPU 时间。又因为终端用户的每一次请求需要耗费 200ms 的时间进行处理，于是终端用户需获 2 个时间片才能等待系统将其请求处理完毕。每 1s 终端用户获得一次时间片，所以终端用户提出两次请求的时间间隔最少是 2s。

（3）优先数法

对于用户而言，时间片轮转法是一种绝对公平的算法，但对于系统而言，这种算法还没有考虑到系统资源的利用率以及不同用户级别的差别。优先级调度算法为进程设置不同的优先级，就绪队列按进程优先级的不同而排列，每次总是从就绪队列中选取优先级最高的进程运行（在相同优先级的进程中通常是按 FCFS 的原则选取）。显然，优先级进程调度算法的核心是如何确定进程的优先级。

1）静态优先级。静态优先级是在进程创建时确定其优先级，一旦开始执行其优先级就不能改变。进程的静态优先级确定原则如下。

- 根据进程的性质、类型和对资源的要求来决定优先级。总体来说，系统进程通常享有比用户进程更高的优先级；对于用户进程，又以分为 I/O 繁忙的进程、CPU 繁忙的进程、I/O 和 CPU 均衡的进程等类型，一般给予 I/O 繁忙的进程较高的优先级，充分发挥 CPU 和外部设备之间的并行能力；根据资源需求，给予使用资源如 CPU 时间短或主存容量少的进程较高的先级低，可以提高系统吞吐率；对于系统进程，也可按功能划分为调度进程、I/O 进程、中断处理进程和存储管理进程等而赋予不同的优先级。
- 根据进程执行任务的重要性和用户请求。如，系统中处理紧急情况的报警进程的重要性不言而喻，一旦有紧急事件发生，让它立即占有处理机投入运行；根据用户请求，给予他的进程较高的优先级，做“加急”处理。

2）动态优先级。基于静态优先级的调度算法实现简单，系统开销小，但由于静态优先级一旦确定之后，直到进程执行结束为止始终保持不变，从而系统效率较低，调度性能不高。现在的操作系统中，如果使用优先级调度的话，则大多采用动态优先级的调度策略。

进程的动态优先级一般根据以下原则确定。

- 根据进程占有 CPU 时间的长短来决定。一个进程已经占有 CPU 的时间愈长，则在被阻塞之后再次获得调度的优先级就越低，反之，其获得调度的可能性就会越大。

- 根据就绪进程等待 CPU 的时间长短来决定。一个就绪进程在就绪队列中等待的时间越长，则它获得调度选中的优先级就越高。

【例 3-4】一个动态优先级的例子。早期 UNIX 操作系统里，为动态改变一个进程的优先级，采取了设置和系统计算并用的方法。设置用于一个进程变为阻塞时，系统会根据不同的阻塞原因，赋予阻塞进程不同的优先级。这个优先级将在进程被唤醒后发挥作用。计算进程优先级的公式是：

$$p\_pri=\min\{127,(p\_cpu/16+PUSER+p\_nice)\}$$

其含义是在 127 和(p_cpu/16+PUSER+p_nice，两个数之间取最小值。其中 PUSER 是一个常数；p_nice 是用户为自己的进程设定的优先级，反映该用户进程工作任务的轻重缓急程度；p_cpu 是进程使用处理机的时间。

这里最关键的是 p_cpu。系统通过时钟中断来记录每个进程使用处理机的情况。时钟中断处理程序每 20ms 做一次，每做一次就将运行进程 p_cpu 加 1。到 1s 时，依次检查系统中所有进程的 p_cpu。如果这个进程的 p_cpu<10，表明该进程在这 1s 内占用处理机的时间没到 200ms，于是就把 p_cpu 修改为 0；如果这个进程的 p_cpu>10，表明该进程在这 1s 内占用处理机的时间超过了 200ms，于是就在它原有 p_cpu 的基础上减 10。图 3-11 给出了 p_cpu 的变化对进程优先级的影响，也就影响了进程被调度到的可能性。

如图，如果一个进程逐渐地占用了较多的处理机时间，那么它 PCB 里的 p_cpu 值就逐渐加大，呈上升的趋势（图 3-11 中①）。由于 p_cpu 增加，根据公式计算出来的优先级也呈上升的趋势（图 3-11 中②）。进程优先级的上升，意味着它获得处理机的优先级下降（图 3-11 中③），也就是被调动到的可能性减少（图 3-11 中④）。由于调度到的可能性减少了，使用处理机的机会就少了，于是 p_cpu 值下降（图 3-11 中⑤）。p_cpu 值下降，意味着由公式计算出来的进程优先数也呈下降的趋势（图 3-11 中⑥）。一个进程优先数减少，表示它的优先级上升（图 3-11 中⑦），也就是这个进程获得处理机的机会增多（图 3-11 中⑧）。可见，通过这样的处理，UNIX 让每个进程都有较为合理的机会获得处理机的服务。

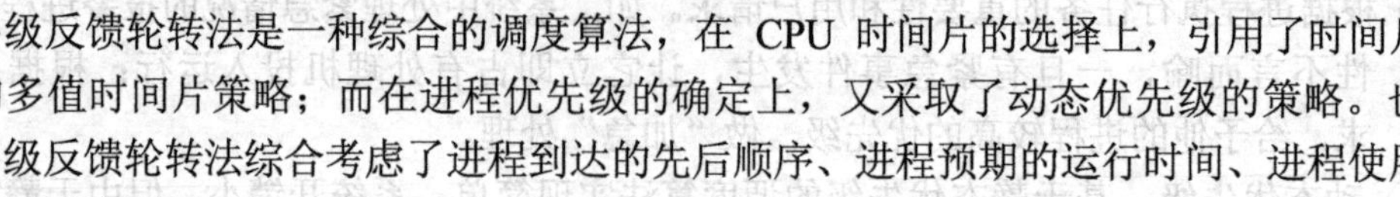

图 3-11 UNIX 动态优先级算法

（4）多级反馈轮转法(Round Robin with Multiple Feedback)

多级反馈轮转法是一种综合的调度算法，在 CPU 时间片的选择上，引用了时间片轮转法中的多值时间片策略；而在进程优先级的确定上，又采取了动态优先级的策略。也就是说，多级反馈轮转法综合考虑了进程到达的先后顺序、进程预期的运行时间、进程使用的资源种类等诸多因素。

1）多级反馈队列。多级反馈轮转算法的核心是就绪进程的组织采用了多级反馈队列。多级反馈队列是将就绪进程按不同的时间片长度（即进程的不同类型）和不同的优先级排成多个队列，如图 3-12 所示。而且一个进程在其生存期内，将随着运行情况而不断地改变其优先级和能分配到的时间片长度，即调整该进程所处的队列。

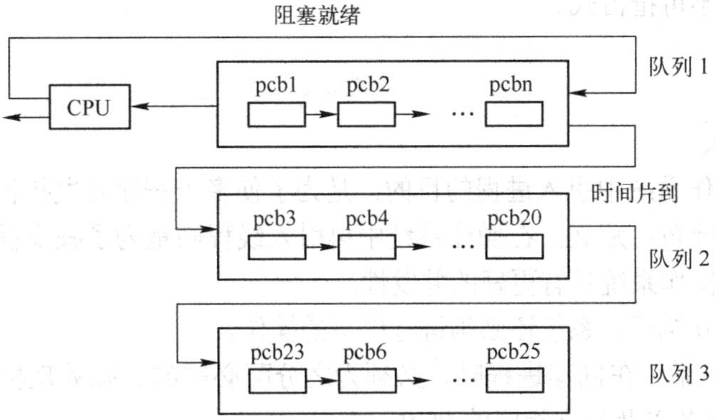

图 3-12　多级反馈轮转法

2）调度算法。多级反馈轮转法每次总是选择优先级最高的队列，如果该队列为空，则指针移到下一个优先级队列，直到找到不为空的队列，再选择这个队列中的第一个进程运行，其运行的时间片由该队列首部指定。那么，什么时候、采取怎样的策略来调整一个进程所处的队列及其位置呢？其原则是： 对于一个新创建的进程，直接进入最高优先级就绪队列的尾部； 如果正在运行的进程用完给定的时间片而放弃 CPU，但进程未完成，那么在该进程退出运行前，将它在运行前所处队列的基础上，下降一个优先级后再进入所对应优先级就绪队列的末尾；如果进程在运行过程中由于 I/O 中断或所需资源的不满足而阻塞进入等待队列，则不改变该进程的优先级，在该进程被唤时仍按它中断前的优先级插入到相应优先级就绪队列的末尾。

3）算法特点。可以看出，多级反馈轮转法有如下特点。

- 较快的响应速度和短作业优先。因为新创建的进程总是进入优先级最高的队列，所以能在较短的时间内被调度到而运行。而且如果作业所需要的运行时间很短，那么在较高优先级队列中被几次调度运行即可完成。
- 输入/输出进程优先。 因为这类进程在运行时需要的 CPU 时间极短，往往是因 I/O 中断而进入等待队列，而当 I/O 结束被唤醒返回就绪队列时，其优先级不会降低。
- 运算型进程有较长的时间片。由于运算型进程需要较长的 CPU 运行时间，虽然每次运行后都会下移一个优先级队列，但一旦运行起来却拥有较长的时间片，直到最后获得最长的时间片。
- 采用了动态优先级，使那些较多占用珍贵资源 CPU 的进程优先级不断降低；采用了可变时间片，以适应不同进程对时间的要求，使运算型进程能获得较长的时间片。

总之，多级反馈轮转算法不仅体现了进程间的公平性、进程的优先程度，又兼顾了用户对响应时间的要求，还考虑到了系统资源的均衡和高效率使用，提高了系统的吞吐能力。

从介绍的几种调度算法可以看出，把处理机分配给进程后，还有一个允许它占用多长时间的问题，具体有两种处理方法：一种是不可抢占式，即只能由占用处理机的进程自己自愿放弃处理机。比如进程运行结束，自动放弃处理机；或进程因某种原因阻塞而自愿放弃处理机。另一种是抢占式，即系统中出现某种条件时就立即从运行进程手中抢夺过处理机，重新进行分配。先来先服务法属于不可抢占式，时间片轮转法属于抢占式，优先数法既可设计成抢占式也可设计成不可抢占式。

3.1.5 线程

1. 线程的引入

如果说，在操作系统中引入进程的目的，是为了使多个程序并发执行，以改善资源利用率及提高系统的吞吐量；那么，在操作系统中再引入线程则是为了减少程序并发执行时所付出的时空开销，使操作系统具有更好的并发性。

为使程序能并发执行，系统还必须进行以下的操作。

1）创建进程。系统在创建进程时，必须为之分配必需的、除处理机以外的所有资源。如内存空间、I/O 设备以及建立相应的 PCB。

2）撤销进程。系统在撤销进程时，又必须先对这些资源进行回收操作，然后再撤销 PCB。

3）进程切换。在对进程进行切换时，由于要保留当前进程的 CPU 环境和设置新选中进程的 CPU 环境，为此需花费不少处理机时间。

简言之，由于进程是一个资源拥有者，因而在进程的创建、撤销和切换中，系统必须为之付出较大的时空开销。也正因为如此，在系统中所设置的进程数目不宜过多，进程切换的频率也不宜太高，但这也就限制了并发程度的进一步提高。

如何能使多个程序更好地并发执行，同时又尽量减少系统的开销，已成为近年来设计操作系统时所追求的重要目标。于是，操作系统的研究人员想到，可否将进程的属性分开，由操作系统分别进行处理。即把处理机调度和其他资源的分配针对不同的活动实体进行，以使之轻装运行；而对拥有资源的基本单位，又不频繁地对之进行切换。正是在这种思想的指导下，产生了线程概念。

2. 线程的定义

在引入线程的操作系统中，线程是进程中的一个实体，是被系统独立调度和分配的基本单位。线程自己基本上不拥有系统资源，只拥有一些在运行中必不可少的资源（如程序计数器、一组寄存器和栈等），但它可与同属一个进程的其他线程共享进程所拥有的全部资源。一个线程可以创建和撤销另一个线程；同一进程中的多个线程之间可以并发执行。由于线程之间的相互制约，致使线程在运行中也呈现出间断性。相应地，线程也同样有就绪、阻塞和执行 3 种基本状态，有的系统中线程还有终止状态。

线程控制块（Thread Control Block，TCB）是标志线程存在的数据结构，包含对线程管理需要的全部信息。不过线程控制块中的内容较少，因为有关资源分配等信息已经记录在所属进程的进程控制块中。

如图 3-13 为多进程结构。如果这两个进程具有一定的逻辑联系，比如二者是执行相同代码的服务程序，或者二者为协同进程，则可以用多线程结构实现，如图 3-14 所示。

3. 线程与进程的比较

线程具有传统进程具有的许多特征，故又称为轻型进程（Light-Weight Process）或进程元；而把传统的进程称为重型进程（Heavy-Weight Process），它相当于只有一个线程的任务。在引入了线程的操作系统中，通常一个进程都有若干个线程，且至少需要有一个线程。

下面从调度、并发性、系统开销、拥有资源等方面，来比较线程与进程。

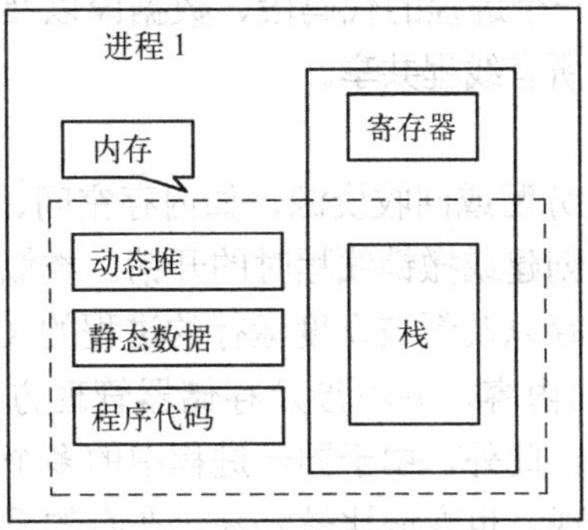

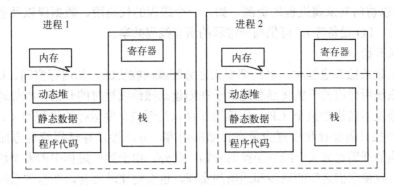

图 3-13　多进程结构

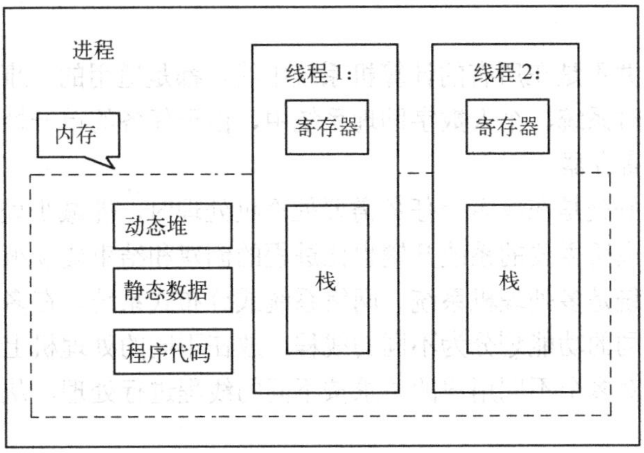

图 3-14　多线程结构

（1）调度

在传统的操作系统中，拥有资源的基本单位、独立调度和分配的基本单位都是进程。而在引入线程的操作系统中，则把线程作为调度和分配的基本单位，而把进程作为拥有资源的基本单位，使传统进程的两个属性分开，显著地提高了系统的并发程度。在同一进程中，线程的切换不会引起进程的切换，在由一个进程中的线程切换到另一个进程中的线程时，将会引起进程的切换。

（2）并发性

在引入线程的操作系统中，不仅进程之间可以并发执行，而且在一个进程中的多个线程之间，亦可并发执行，因而使操作系统具有更好的并发性，从而能更有效地使用系统资源和提高系统吞吐量。例如，在一个未引入线程的单 CPU 操作系统中，若仅设置一个文件服务进程，当它由于某种原因而被阻塞时，便没有其他的文件服务进程来提供服务。在引入了线程的操作系统中，可以在一个文件服务进程中，设置多个服务线程，当第一个线程等待时，文件服务进程中的第二个线程可以继续运行；当第二个线程阻塞时，第三个线程可以继续执行，从而显著地提高了文件服务的质量以及系统吞吐量。

（3）拥有资源

不论是传统的操作系统，还是设有线程的操作系统，进程都是拥有资源的一个独立单位，它可以拥有自己的资源。一般来说，线程自己不拥有系统资源（只有一些必不可少的资源），但它可以访问其隶属进程的资源。如，一个进程的代码段、数据段以及系统资源（如已打开的文件、I/O 设备等），可供同一进程的所有线程共享。

（4）系统开销

由于在创建或撤销进程时，系统都要为之分配或回收资源，如内存空间、I/O 设备等。因此，操作系统所付出的开销将显著地大于在创建或撤销线程时的开销。类似地，在进行进程切换时，涉及当前进程整个 CPU 环境的保存以及新被调度运行的进程的 CPU 环境的设置。而线程切换只需保存和设置少量寄存器的内容，并不涉及存储器管理方面的操作。可见，进程切换的开销也远大于线程切换的开销。此外，由于同一进程中的多个线程具有相同的地址空间，致使它们之间的同步和通信的实现，也变得比较容易。在有的系统中，线程的切换、同步和通信都无须操作系统内核的干预。

4．线程的应用

在实际应用中，并不是在所有的计算机系统中线程都是适用的。事实上在那些很少进行进程调度和切换的实时系统、个人数字助理系统中，由于任务的单一性，设置线程相反会占用更多的内存空间和寄存器。

使用线程的最大好处是在有多个任务需要处理机处理时，能减少处理机的切换时间；而且，线程的创建和结束所需要的系统开销也比进程的创建和结束要少很多。由此，可以推出最适合使用线程的系统是多处理机系统、网络系统或分布式系统。在多处理机系统中，同一用户程序可以根据不同的功能划分为不同的线程，放在不同的处理机上执行。在网络或分布式系统中，服务器可对多个不同用户的请求按不同的线程进行处理，从而提高系统的处理速度和效率。

用户程序可以按功能划分为不同的小段时，单处理机系统也可因使用线程而简化程序的结构和提高执行效率。几种典型的应用如下。

1）服务器中的文件管理或通信控制。在局域网的文件服务器中，对文件的访问要求可被服务器进程派生出的线程处理。由于服务器同时可能接受许多个文件访问要求，则系统可以同时生成多个线程来处理。如果计算机系统是多处理机的，这些线程还可以被安排到不同的处理机上执行。

2）前后台处理。前后台处理，即把一个计算量较大的程序或实时性要求不高的程序安排在处理机空闲时执行。对于同一个进程中的上述程序来说，线程可被用来减少处理机切换时间和提高执行速度。例如，在表处理进程中，一个线程可被用来显示菜单和读取用户输入，而另一个线程则可用来执行用户命令和修改表格。由于用户输入命令和命令执行分别由不同的线程在前后台执行，从而提高了操作系统的效率。

3）异步处理。程序中的两部分如果在执行上没有顺序规定，则这两部分程序可用线程执行。

4）某些单处理机系统中的用户程序。例如，Word 文字处理程序，该程序在运行时一方面需要接收用户输入的信息，另一方面需要对文本进行词法检查，同时需要定时修改结果保存到临时文件中以防意外事件发生。可见，这个应用程序涉及 3 个相对独立的控制流，这 3 个控制流共享内存缓冲区中的文本信息。以单进程或多进程模式都难以恰当地描述和处理这一问题，而同一进程中的 3 个线程是最恰当的模型。

另外，线程方式还可用于数据的批处理以及网络系统中的信息发送与接收和其他相关处理等。

3.2 进程间的制约关系

并发执行的多个进程，看起来好像是异步前进的，彼此之间都可以互不相关的速度向前推进，而实际上每一个进程在运行过程中并非相互隔绝。一方面它们相互协作以达到运行用户作业所预期的目的，另一方面它们又相互竞争使用系统中的有限资源。所以它们总是存在着某种直接或间接的制约关系。

3.2.1 进程互斥和同步的概念

1. 临界资源

在计算机中有许多资源一次只能允许一个进程使用，如果有多个进程同时使用这类资源，则会引起激烈的竞争，即互斥。因此必须保护这些资源，避免两个或多个进程同时访问这类资源，例如打印机、磁带机等硬件设备和变量、队列等数据结构。我们把那些某段时间内只允许一个进程使用的资源称为临界资源。

2. 临界区

一组进程共享某一临界资源，这组进程中的每一个进程对应的程序中都包含了一个访问该临界资源的程序段。在每个进程中，访问该临界资源的程序称为临界区或临界段。

【例 3-5】 如下程序段是为两个终端用户服务的图书借阅系统，变量 x 代表图书的剩余数量。

```
终端 1（进程 p1）：                    终端 2（进程 p2）：
    ……                                    ……
do{                                   do{
        等待借书者；                           等待借书者；
        If( x>=1){                            If( x>=1){
                __________①                           __________②
          x:=x-1;                               x:=x-1;
                __________③                           __________④
借书                                   借书
        }else                                 }else
        无书                                   无书
}while(1);                            }while(1);
    ……                                    ……

        程序段 1                              程序段 2
```

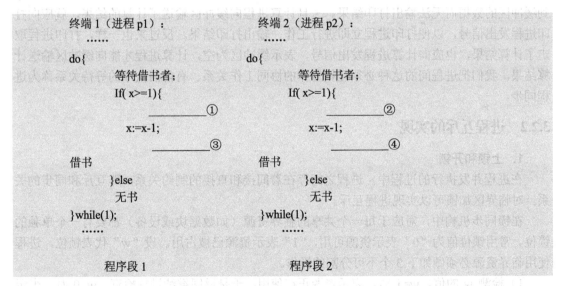

假设当前只剩一本书，即 x=1。有读者在终端 1 上借书，进程 p1 执行。当程序执行到①处时被中断，终端 2 上有读者借书，进程 2 执行。当程序执行到②处时被中断，此时 p1 和 p2 都判断有书，此后二者并发执行，分别将 x 减 1，将一本书借给两位读者，即发生了错误。

分析可知，进程 p1 执行程序段 1 时会访问变量 x，进程 p2 执行程序段 2 时也会访问变量 x，x 为进程 p1 和 p2 的共享变量。为了不发生错误，对于变量 x 在一段时间内只允许 p1 或 p2 一个进程使用，即当进程 p1 进入程序段 1 执行时，不允许 p2 进入程序段 2 执行。

由前面的定义可知，这里共享变量 x 即为临界资源，程序段 1 和程序段 2 即为关于临界资源 x 的临界区。

3. 互斥

为保证与一个临界资源（共享变量）交往的多个进程各自运行的正确性，其中一个进程正在对该临界资源（共享变量）进行操作时，绝不允许其他进程同时对它进行操作。进程间的这种对公有资源的竞争而引起的间接制约关系称为“互斥”。也就是说，不允许两个以上的共享该资源的并发进程同时进入临界区。

引起资源不可同时共享的原因，一是资源的物理特性决定的，如打印机等；二是某些资源如果同时被几个进程使用，则一个进程的动作可能会干扰其他进程的动作，共享资源如数据、队列、缓冲区、表格和变量等。

4. 同步

除了对公有资源的竞争而引起的间接制约之外，并发进程间还存在着一种直接制约关系。当两个进程配合起来完成同一个计算任务时，常常出现这种情况，即当一个进程执行到某一步时，必须等待另一个进程发来的信息（例如必要的数据，或某个事件已发生）才能继续运行下去。有时，还需要两个进程相互交换信息后才能共同执行下去。

例如，有一个单缓冲区为两个相互合作的进程所共享，计算进程对数据进行计算，而打印进程输出计算的结果。计算进程未完成计算则不能向缓冲区传送数据，此时打印进程未得到缓冲区的数据而无法输出打印结果。一旦计算进程向缓冲区输送了计算的结果，就应向打印进程发出信号，以便打印进程立即进行工作，输出打印结果。反过来也一样，打印进程取走了计算结果，也应向计算进程发出信号，表示缓冲区为空，计算进程才能向缓冲区输送计算结果，我们把进程间的这种必须互相合作的协同工作关系、有前后次序的等待关系称为进程同步。

3.2.2 进程互斥的实现

1. 上锁和开锁

在进程并发执行的过程中，进程之间存在着间接和直接的制约关系，即互斥和同步的关系。对临界区加锁可以实现进程互斥。

在锁同步机构中，对应于每一个共享的临界资源（如数据块或设备）都要有一个单独的锁位。常用锁位值为“0”表示资源可用，“1”表示资源已被占用。设“w”代表锁位，进程使用临界资源必须做如下 3 个不可分割的操作。

1）检测 w 的值。w=1 时，表示资源正在使用，于是返回继续进行检查；w=0 时，表示资源可以使用，则置 w 为 1（关锁）。

2）进入临界区，访问资源。

3）临界资源使用完毕，将置 w 为 0（开锁）。

系统提供在一个锁位 w 上的两个原语操作 lock(w)和 unlock（w)。其算法描述如下。

【算法 3-1】 上锁原语。

```
    算法  lock
输入：锁变量 w
输出：无
{  test:   if (w= = 1)
           goto  test;               /* 测试锁位的值*/
           else   w=1;               / *上锁* /
}
```

【算法 3-2】 开锁原语。

```
算法  unlock
输入：锁变量 w
输出：无
{      w=0;                   / *开锁* /
}
```

值得注意的是，在检查 w 的值和置 w 为 1（关锁）这两步之间（test-and-set），w 值不能被其他进程所改变。

如图 3-15 为两个使用同一临界资源的并发程序的执行过程。

2．信号量和 P/V 操作

（1）信号量

尽管用加锁的方法可以实现进程之间的互斥，但这种方法有其自身的缺陷：一是效率低、浪费处理机资源。因为循环测试锁定位将损耗较多的 CPU 计算时间。如果一组并发进程的进程数较多，且由于每个进程在申请进入临界区时都得对锁定位进行测试，这种开销是很大的；二是使用加锁法实现进程间互斥时，还将导致在某些情况下出现不公平现象。如果一个进程在退出临界区并执行了开锁原语后紧跟着执行 goto 语句又要进入临界区，该进程可能会长久占用处理机。

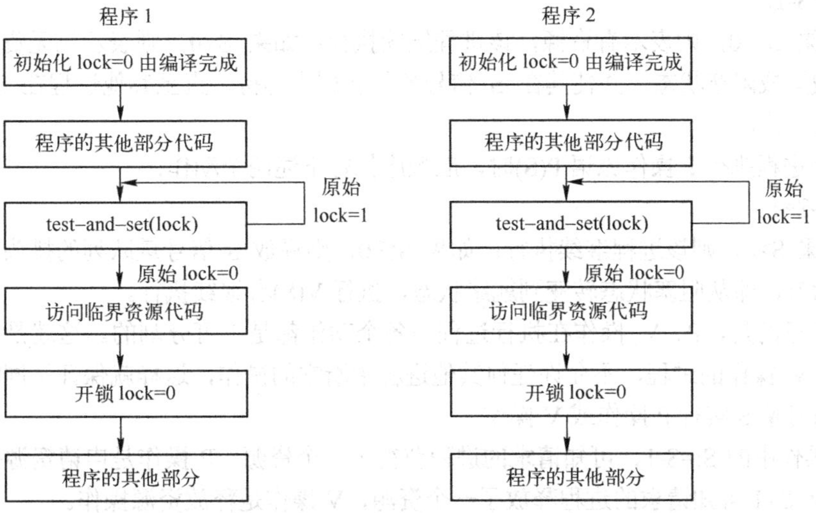

图 3-15 使用同一临界资源的并发程序的执行过程

显然，在用加锁法解决进程互斥的问题时，一个进程能否进入临界区是依靠进程自己调用 lock 过程去测试相应的锁定位。每个进程能否进入临界区是依靠自己的测试判断。这样没有获得执行机会的进程当然无法判断，从而出现不公平现象。而获得了测试机会的进程又因需要测试而损失一定的 CPU 时间。

这正如某些学生想使用公共教室一样，每个学生必须首先申请获得使用该教室的权利，然后到教室看看该教室是不是被锁上了，教室门被锁则教室不可用，门开则教室可用。如果该教室被锁上了，他只好下次再来观察，看该教室的门是否已被打开。这种反复将持续到他进教室后为止。从这个例子中，可以得到解决“加锁法”所带来的问题的方法。一种最直观的办法是，设置一名教室管理员。从而，如果有学生申请使用教室而未能如愿时，教室管理员进行登记，并等到教室门一打开则通知该学生进入。这样，既减少了学生多次来去教室检查门是否被打开的时间，又减少了学生自发检查造成的不公平现象。在操作系统中，这个管理员就是信号量。信号量管理相应临界区的公有资源，它代表可用资源实体。

信号量的概念和下面所述的 P、V 原语是荷兰科学家 E.W.Dijkstra 提出来的。

信号灯是交通管理中的一种常用设备，交通管理人员利用信号灯颜色的变化来实现交通管理。在操作系统中，信号量正是从交通管理中引用过来的一个实体。信号量 S 是一整数。S≥0 时，代表可供并发进程使用的资源实体数，S<0 时， S 的绝对值表示正在等待使用临界区的进程数。

建立一个信号量必须经过说明所建信号量所代表的意义，赋初值，以及建立相应的数据结构以便指向那些等待使用该临界区的进程。

显然，进程互斥执行时，可供并发进程使用的资源实体只有 1 个，所以用于实现互斥机制的信号量的初值设置为 1。

（2）P、V 原语

信号量的数值仅能由 P、V 原语操作改变（P 和 V 分别是荷兰语 Passeren 和 Verhoog 的头一个字母，相当于英文的 Pass 和 Increment)。

当一个进程执行 P 操作原语 P(S)时，应顺序执行下述两个动作：

1）S:=S-1。

2）如果 S≥0，则表示有资源，该进程继续执行；如果 S<0，则表示已无资源，执行原语的进程被置成阻塞状态，并使其在 S 信号量的队列中等待，直至其他进程在 S 上执行 V 操作释放它为止。

当一个进程执行 P 操作原语 P(S)时，应顺序执行下述两个动作：

1）S:=S+1。

2）如果 S>0，则该进程继续执行；如果 S≤0，则释放 S 信号量队列的排头等待者并清除其阻塞状态，即从阻塞状态转变到就绪状态，执行 V(S)者继续执行。

应该注意的是，P、V 操作在执行过程中各个动作都是不可分割的。这就是说，一个正在执行 P、V 操作的进程，不允许任何其他进程中断它的操作，这样就保证了同时只能有一个进程对信号量 S 实行 P 操作或 V 操作。

由 P 操作中的 S:=S-1、可知请求的进程获得了一个资源，P 操作是申请资源操作。由 V 操作中的 S:=S+1 可知请求的进程释放了一个资源，V 操作是释放资源操作。

P 操作和 V 操作的算法描述如【算法 3-3】和【算法 3-4】。

【算法 3-3】 P 操作。

```
算法 P
输入：变量 S
输出：无
{  S--;
if(S<0)
        {  保留调用进程 CPU 现场；
           将该进程的 PCB 插入 S 的等待队列；
           置该进程为等待状态；
           转进程调度；
        }
}
```

【算法 3-4】 V 操作。

```
算法 V
输入：变量 S
输出：无
{  S++;
if(S<=0)
        {  移出 S 等待队列首元素；
           将该进程的 PCB 插入就绪队列；
           置该进程为就绪状态；
        }
}
```

3．用 P、V 原语实现进程互斥

利用 P、V 原语和信号量，可以方便地解决并发进程的互斥问题，而且不会产生使用加锁法解决互斥问题时所出现的问题。

用信号量实现两并发进程 PA，PB 互斥的方法如下。

1）设 sem 为互斥信号量，赋初值为 1，表示初始时该信号量代表的临界资源未被占用。

2）将进入临界区的操作置于 P(sem)和 V(sem)之间，即可实现进程互斥。

这里设相对于信号量 sem 的临界区是 CS，其算法描述如【算法 3-5】。

【算法 3-5】 进程互斥。

```
main()
  {   int sem=1;              /* 互斥信号灯 */
      cobegin                 /*并行语句括号 cobegin 和 coend 之间的 Pa，Pb 可以并
          pa();               发执行，这是由 Dijkstra 首先提出来的*/
          pb();
      coend
  }
  pa()                                    pb()
  {                                        {
```

```
        ⋮                                   ⋮
    p(sem);                             p(sem);
    cs_a;                               cs_b;
    v(sem);                             v(sem);
        ⋮                                   ⋮
}                                   }
```

上述方法能正确实现进程互斥。当一个进程想要进入临界区时，它必须先执行 P 原语操作以将信号量 sem 减 1。在一个进程完成对临界区的操作之后，它必须执行 V 原语操作以释放它所占用的临界区。由于信号量初始值为 1，所以，任一进程在执行 P 原语操作之后将 sem 的值变为 0，表示该进程可以进入临界区。在该进程未执行 V 原语操作之前如有另一进程想进入临界区的话，它也应先执行 P 原语操作，从而使 sem 的值变为-1，因此，第二个进程将被阻塞。直到第一个进程执行 V 原语操作之后，sem 的值变为 0，从而可唤醒第二个进程进入就绪队列，经调度后再进入临界区。在第二个进程执行完 V 原语操作之后，如果没有其他进程申请进入临界区的话，则 sem 又恢复到初始值。

这里的互斥信号量 sem 有 3 值，分别是 sem=1，表示没有进程进入临界区；sem=0，表示有一个进程进入临界区；sem=-1，表示有一个进程进入临界区，另一个进程等待进入。

由上例可以看出，在用信号量机制和 P、V 操作解决互斥问题时，当有一个进程占用临界资源，其他进程必须等待，只有当占用临界资源的进程释放了资源并唤醒等待进程，被唤醒的等待进程才有机会占用临界资源，进入临界区。所以，互斥是同步的特例。

3.2.3 进程同步的实现

可以使用信号量和 P、V 原语操作实现进程间的同步。其方法分为 3 步。

1）为各并发进程设置私用信号量（把各进程之间发送的消息作为信号量看待，这里的信号量只与制约进程及被制约进程有关而不是与整组并发进程有关，称该信号量为私用信号量。相对应，互斥时使用的信号量是公用信号量。一个进程 Pi 的私用信号量 Semi 是从制约进程发送来的进程 Pi 的执行条件所需要的消息）。

2）为私用信号量赋初值。

3）最后利用 P、V 原语和私用信号量规定各进程的执行顺序。

在实际应用中，需要解决的同步问题特别多，按照特点可将同步问题分为两类：一类是保证一组合作进程按逻辑需要所确定的执行次序；另一类是保证共享缓冲区（或共享数据）的合作进程的同步。下面分别讨论这两类问题的解决方法。

1. 合作进程的执行次序

若干进程为了完成一个共同任务而并发执行。这些并发进程之间的关系是十分复杂的，有的操作可以没有时间上的先后次序，即不论谁先做，最后的计算结果都是正确的。但有的操作有先后次序，它们必须遵循一定的同步规则，才能保证并发执行的最后结果是正确的。

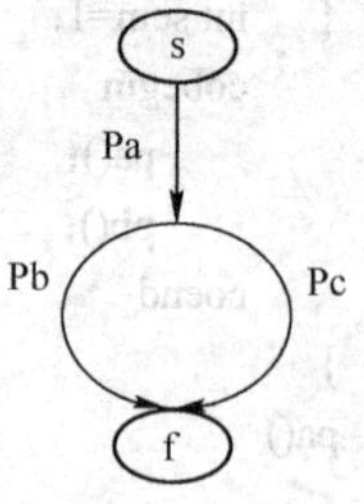

图 3-16　三个并发进程的进程流图

如图 3-16 描述了进程 Pa，Pb 和 Pc 的执行轨迹，图中 s 表示一组任务的启动，f 表示任务完成。这 3 个进程的同步关系是：任务启动后 Pa 先执行，当它结束后，Pb 和 Pc 可以开始执行，当 Pb 和 Pc 都执行完毕，任务结束。为了确保这一执行顺序，设两个同步信号量 Sb、Sc，分别表示进程 Pb 和 Pc 能否开始执行，其初值赋为 0。

这 3 个进程的同步描述见【算法 3-6】。

【算法 3-6】 进程同步。

```
main()
{   int  sb=0;                          /*表示 pb 进程能否开始执行   */
    int  sc=0;                          /*表示 pc 进程能否开始执行   */
    cobegin
        pa();
        pb();
        pc();
    coend
}
pa()                                pb()                                pc()
{     ⋮                             {   p(sb);                          {   p(sc);
    v(sb);                                ⋮                                 ⋮
    v(sc);                                ⋮                                 ⋮
}                                   }                                   }
```

📖 补充程序的并发执行可用如下语句描述。

cogegin

S1; S2; … ; Sn ;

coend

并行语句括号 cobegin 和 coend 之间的 S1，S2， …，Sn 可以并发执行，Si 表示一个具有独立功能的程序段，这是由 Dijkstra 首先提出来的。

2. 共享缓冲区的合作进程的同步

多进程的另一类同步问题是共享缓冲区的同步。通过【例 3-6】可说明这类问题的同步规则及信号量用法。

【例 3-6】 设进程 Pa 和 Pb 通过缓冲区队列传递数据。Pa 为发送进程，Pb 为接收进程。Pa 发送数据时调用发送过程 deposit(data)，Pb 接收数据时调用过程 remove(data)。且数据的发送和接收过程满足如下条件：

- 在 Pa 至少送一块数据入一个缓冲区之前，Pb 不可能从缓冲区中取出数据（假定数据块长等于缓冲区长度）。
- Pa 往缓冲队列发送数据时，至少有一个缓冲区是空的。
- 由 Pa 发送的数据块在缓冲队列中按先进先出（FIFO）方式排列。

描述发送过程 deposit(data)和接收过程 remove(data)。

解： 由题意可知，进程 Pa 调用的过程 deposit(data)和进程 Pb 调用的过程 remove(data)必须同步执行，因为过程 deposit(data)的执行结果是过程 remove(data)的执行条件，而当缓冲队列全部装满数据时，remove(data)的执行结果又是 deposit(data)的执行条件，满足同步定义。从而，按以下 3 步描述过程 deposit(data)和 remove(data)。

1）设 Bufempty 为进程 Pa 的私用信号量，Buffull 为进程 Pb 的私用信号量。

2）令 Bufempty 的初始值为 n（n 为缓冲队列的缓冲区个数），Buffull 的初始值为 0。

3）实现过程如下：

```
main()
    {   int  Bufempty=n;                      / *空缓冲区个数为 n* /
        int  Buffull =0;                      / *装有数据的缓冲区个数为 0* /
        cobegin
            deposit(data);
            remove(data);
        coend
    }
    deposit(data)                              remove(data)
    {   {while(发送数据未完成)                  {   { while(接收数据未完成)
          P(Bufempty);                               P（Buffull）;
          按 FIFO 方式选择一个空缓冲区;               选择一个装满数据缓冲区;
          把数据放入缓冲区;                           取数据;
          V（Buffull）;                              V（Bufempty）;
        }                                          }
    }                                          }
```

📖 思考：在该题中需要考虑互斥吗？为什么？如果每次只允许一个进程对缓冲区队列进行操作时怎么办？

3.2.4 用 P、V 原语解决经典的同步/互斥问题

1．生产者-消费者问题

生产者-消费者问题是对多个合作进程之间关系的一种抽象。例如，对于输入进程和计算进程之间的关系，输入进程是生产者，而计算进程是消费者；对于计算进程和输出进程，计算进程是生产者，输出进程是消费者。再如，计算机系统中，每个进程都申请使用和释放各种不同类型的资源，这些资源既可以是外设、内存及缓冲区等硬件资源，也可以是临界区、数据等软件资源。把系统中使用某一类资源的进程称为该资源的消费者，而把释放同类资源的进程称为该资源的生产者。因此，生产者-消费者问题具有重要的实用价值。

生产者-消费者问题的结构如图 3-17 所示。该图中，P1，P2，…，Pm 是一群生产者进程，C1，C2，…，Ck 是一群消费者进程，它们共享一个长度为 n（n>0)的有界缓冲区。

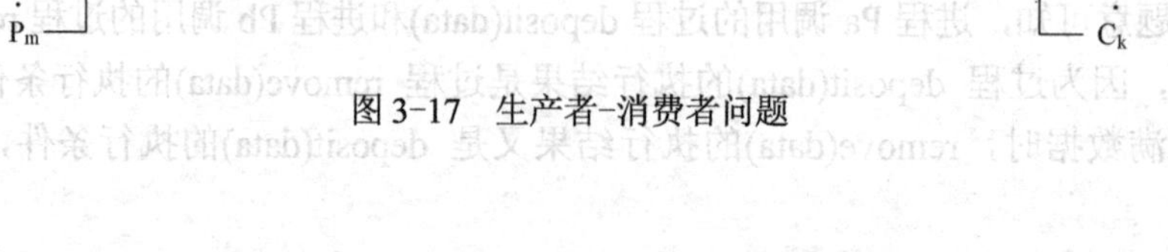

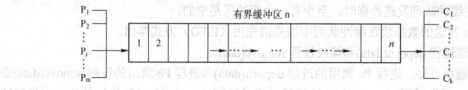

图 3-17　生产者-消费者问题

设生产者进程和消费者进程是互相等效的，它们具有同步关系：只有当缓冲区未满时，才允许生产者进程往缓冲区中放入产品；类似地，只有当缓冲区未空时，才允许消费者进程从缓冲区中取走产品。另外，由于有界缓冲区是临界资源，因此，各生产者进程和各消费者进程之间必须互斥执行。

为解决生产者-消费者问题，应该设置两个同步信号量：一个表示有界缓冲区中的空单元数，用 empty 表示，其初值为有界缓冲区的大小 n；另一个表示有界缓冲区中非空单元数，用 full 表示，其初值为 0。设公用信号量 mutex 保证生产者进程和消费者进程之间的互斥，表示可用有界缓冲区的个数，初值为 1。

生产者-消费者问题的算法描述如【算法 3-7】。

【算法 3-7】 生产者-消费者问题。

```
main()
{   int   full=0;                /*满缓冲区的数目*/
    int   empty=n;               /*空缓冲区的数目*/
    int   mutex=1;               /*对有界缓冲区进行操作的互斥信号量*/
    cobegin
            producer1 ();   producer2 ();  … producerm ();
            consumer1 ();   consumer2 ();  … consumerk ();
        coend
}
produceri()
{ while(生产未完成)
   {
      ⋮
      生产一个产品;
      p(empty);
      p(mutex);
      送一个产品到有界缓冲
      v(mutex);
      v(full);
   }
}

consumerj()
{  while(还要继续消费)
   { p(full);
     p(mutex);
     从有界缓冲区中取产品;
     v(mutex);
     v(empty);
     消费一个产品;
        ⋮
    }
}
```

2．读者-写者问题

读者-写者问题也是一个经典的同步问题。它是对多个并发进程共享数据对象的一种抽象。

一个数据对象（比如一个文件或记录）若被多个并发进程所共享，且其中一些进程只要求读该数据对象的内容，而另一些进程则要求修改它，对此，可把那些只想读的进程称之为“读者”，而把要求修改的进程称为“写者”。显然，允许多个读者同时读一个共享对象，但绝不允许一个写者和其他读者或多个写者同时访问一个共享对象，也禁止多个写者访问一个共享对象，否则会产生混乱。可见，读者-写者问题实际上是一个保证一个写者进程必须与其他写进程或读进程互斥访问同一共享对象的同步问题。

利用信号量和 P、V 原语解决读者-写者问题，需要设置一个整形变量和两个互斥信号量。各信号量的设置如下：

整形变量 read_count：一个计数器，用来记录当前正在读此共享数据对象的读者进程个数，初值为 0。

计数器互斥信号量 r_mutex：用于实现所有读者进程对计数器 read-count 访问的互斥，供所有读者进程使用，初值为 1。

数据对象互斥信号量 w_mutex：用于实现一个写者与其他读者或写者对共享数据对象的互斥访问，由第一个进入和最后一个离开共享数据对象的读者以及所有写者共同使用，初值为 1。

读者-写者问题的算法描述如下【算法 3-8】。

【算法 3-8】 读者-写者问题。

```
main()
{       int  read_count=0;
        int  r_mutex=1;
        int  w_mutex=1;
        cobegin
                reader();  writer ();
        coend
}
reader()
{  while(1)
   {        ⋮
     P(r_mutex);                              /*计数器访问的互斥*/
     read_count=read_count+1;                 /*判断是否为第一个读者，是则互斥写者*/
     If (read_count==1) Then P(w_mutex);
     V(r_mutex);
            ⋮
     read;
            ⋮
     P(r-mutex);
     read_count=read_count-1;
     If (read_count==0) Then V(w_mutex);  /*最后一个读者离开则取消对写者的互斥*/
     V(r_mutex);
   }
}
Writer()
{ while(1)
   {  P(w_mutex);
     Write;
     V(w_mutex);
   }
}
```

3. 哲学家进餐问题

哲学家进餐问题是另一种典型的同步问题，是由 Dijkstra 提出并解决的。该问题的描述是：有 5 位哲学家，共享一张放有 5 把椅子的桌子，每人分得一把椅子，他们的生活方式是交替地进行思考和进餐。但是，桌子上总共只有 5 支筷子，在每人两边分开各放一支。哲学家们在肚子饥饿的时候才试图分两次从两边拾起筷子就餐。条件如下：

- 只有拿到两支筷子时，哲学家才能吃饭。
- 如果筷子已在他人手上，则该哲学家必须等到他人吃完之后才能拿到筷子。
- 任一哲学家在自己未拿到两支筷子吃饭之前，决不会放下自己手中的筷子。

针对哲学家就餐，请解决如下两个问题：

- 试描述一个保证不会出现两个邻座同时要求吃饭的通信算法。
- 描述一个既没有两邻座同时吃饭，又没有人饿死(永远拿不到筷子)的算法。

在什么情况下，5 位哲学家全部吃不上饭？

假定食物足够，筷子就成了哲学家进餐需要竞争的临界资源，并且每根筷子都是一个临界资源，都需要一个互斥信号量来描述，为此，可设置信号量 c[0]-c[4]，初始值均为 1，分别表示 i 号筷子被拿（i=0，1，2，3，4），开始时 5 根筷子均可被申请使用。这样，第 i 个哲学家要吃饭，可描述如下：

```
struct semaphone c[5]={1,1,1,1,1};
void philosopheri(void)
{   while(1)
    {   think;
        P(c[i]);
        P(c[i+1]%5);
        eat;
        V(c[i+1] %5);
        V(c[i]);
    }
}
```

虽然上述过程能保证两邻座不同时吃饭，但会出现 5 位哲学家一人拿一支筷子，谁也吃不上饭的死锁情况。解决这种死锁现象的方法有以下几种。

1）至多只允许 4 位哲学家同时拿起自己左边的筷子，以保证至少有一位哲学家可以进餐。当该哲学家用餐完毕放下筷子后，就可以使更多的哲学家进餐。

2）让奇数号的哲学家先取右手边的筷子，让偶数号的哲学家先取左手边的筷子。这样，总会有一个哲学家能获得两根筷子而进餐。

3）仅当哲学家左、右两根筷子均可用时，才允许他拿起筷子进餐，即左右两个筷子一起申请，而不是分两次申请，以预防死锁的发生。

如果按照第一种方法，需要增设一个互斥信号量，如 count，初值是 4。每个想拿起左边筷子的哲学家必须先对 count 执行一个 P 操作，这就限制了同时拿到左边筷子的人数。其程序描述如下：

```
struct semaphone c[5]={1,1,1,1,1};
int count=4;
cogegin
```

```
void philosopheri(void)                    / *i=0,1,2,3,4* /
int i;
  { while(1)
    {   think;
        P(count);
        P(c[i]);
        P(c[i+1] %5);
        eat;
        V(c[i+1] %5);
        V(c[i]);
        V(count);
    }
  }
coend
```

第二种方法的程序描述如下：

```
struct semaphone c[5]={1,1,1,1,1};
cobegin
void philosopheri(void)                    / *i=0,1,2,3,4* /
int i;
 {          if i% 2= =0
         {  P(c[i]);
            P(c[i+1] % 5);
            eat;
            V(c[i]);
            V(c[i+1] %5);
         }
        else
          {  P(c[i+1] % 5);
             P(c[i]);
             eat;
             V(c[i+1] %5);
             V(c[i]);
          }
 }
 coend
```

第三种不会发生死锁的哲学家就餐算法请读者自己思考。

3.2.5 结构化的同步/互斥机制——管程

1. 管程概述

前面介绍的信号量及 P、V 操作属于分散式同步机制，由于对临界区的执行分散在各进程中，这样不便于系统对临界资源的控制和管理，也很难发现和纠正分散在用户程序中的对同步原语的错误使用等问题。为此，应把分散的各同类临界区集中起来。并为每个可共享资源设立一个专门的管程来统一管理各进程对该资源的访问。这样既便于系统管理共享资源，又能保证互斥访问。

Hansen 在并发 PASCAL 语言中首先引入了管程，将它作为语言中的一个并发数据结构类型。

管程主要由两部分组成。

1）局部于该管程的共享数据，这些数据表示了相应资源的状态。

2）局部于该管程的若干过程，每个过程完成关于上述数据的某种规定操作。

局部于管程内的数据结构只能被管程内的过程所访问，反之，局部于管程内的过程只能访问该管程内的数据结构。因此管程就如同一堵围墙把关于某个共享资源的抽象数据结构以及对这些数据施行特定操作的若干过程围了起来。任一进程要访问某个共享资源，就必须通过相应的管程才能进入。为了实现对临界资源的互斥访问，管程每次只允许一个进程进入其中（即访问管程内的某个过程），这是由编译系统保证的。例如，对并发 PASCAL 编译程序在编译源程序时，对每一个形如

```
monitor-name. procedure/function-entry-name
```

的调用语句，都将自动保证其按如下方式执行:

```
P(mutex);
执行相应的过程或函数
V(mutex);
```

其中，mutex 是关于相应管程的互斥信号量，初值为 1。

管程的一般形式如下：

```
monitor  monitor_name;
    共享变量说明
    define  本管程内所定义、本管程外可调用的过程（函数）名表;
    use 本管程外所定义、本管程内可调用的过程（函数）名表;
    procedure 过程名（形参表）;
    过程局部变量说明;
            begin
                语句序列;
            end;
    ……
    function 函数名（形参表）：值类型;
    函数局部变量说明;
            begin
                语句序列;
            end;
    ……
    begin
        共享变量初始化语句序列;
    end
```

因为管程是互斥进入的，所以当一个进程试图进入一个已经被占用的管程时，它应当在管程入口处等待。因而在管程入口处应当有一个进程等待队列，称为入口等待队列。

当一进程进入管程执行管程的某个过程时，如果因某原因而被阻塞，应立即退出该管程，否则就会阻挡其他进程进入该管程，而它自己又不能往下执行，这就有可能造成死锁。为此，引入了条件（Condition）变量及其操作的概念。每个独立的条件变量是和进程需要等待的某种原因（或说条件）相联系的，定义一个条件变量时，系统就建立一个相应的等待队列。

条件变量有两种操作：wait(x)和 signal(x)，其中 x 为条件变量。wait 把调用者进程挂在与 x 相应的等待队列上，signal 唤醒相应等待队列上的一个进程。

在管程内部，由于执行唤醒操作，可能出现多个等待队列，因而在管程内部需要有一个进程等待队列，这个等待队列被称为紧急等待队列，它的优先级应当高于入口等待队列优先级。一个管程中的进程等待或离开管程时，如果紧急等待队列非空，则唤醒该队列头部的进程；如果紧急等待队列为空，则释放管程的互斥权，即准许入口等待队列的一个进程进入该管程。

包含各种队列的管程如图 3-18 所示。

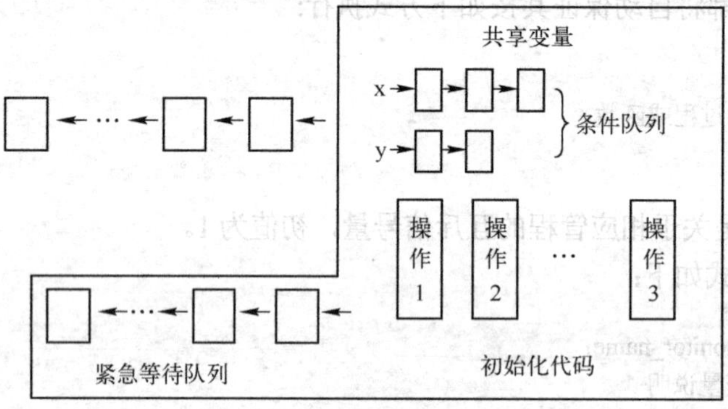

图 3-18　包含各种队列的管程

2. 管程的应用

前面曾给出了利用信号量及其 P、V 操作实现的生产者-消费者问题，这里再以生产者-消费者共享环形缓冲池为例，给出环形缓冲池的管程结构。

```
monitor ringbuffer;
var rbuffer：array [0.. n-1] of item;
      k ，nextempty，nextfull：integer;
      empty，full：condition;
procedure entry put (var product：item);
   begin
      if k=n then wait(empty);
      rbuffer[nextempty]:=product;
      k:=k+1;
      nextempty:=（nextempty+1) mod（n）;
      signal(full);
   end;
procedure entry get(var goods：item);
```

```
begin
  if k =0 then wait(full);
  goods: =rbuffer[nextfull];
  k:=k-1;
  nextfull:=(nextfull+1) mod (n) ;
  signal(empty);
end;
begin
 k := 0;
 nextempty:=0; nextfull:=0;
end
```

管程 ringbuffer 包含两个局部过程：过程 put 负责执行将数据写入某个缓冲块的操作，过程 get 负责执行从某个缓冲块读取数据的操作。empty 和 full 被定义为条件变量，对应缓冲池满和缓冲池空条件等待队列。任一进程都必须通过调用管程 ringbuffer 来使用环形缓冲池，生产者进程调用其中的 put 过程，消费者进程调用 get 过程。

在利用管程解决生产者-消费者问题时，其中的生产者-消费者可描述为：

```
producer: begin
  repeat
    produce an item ;
    ringbuffer.put(item);
  until false;
     end
consumer: begin
  repeat
    ringbuffer.get(item);
    consume the item;
  until false;
  end
```

3.3 进程通信

进程通信意味着在进程之间交换信息。根据进程间交换的信息量，可将进程通信分为低级通信方式和高级通信方式两种。低级通信方式，即进程之间交换的仅是控制信息，而不是大批量数据，例如，进程的互斥和同步。高级通信方式，即进程之间进行大批量数据的传送。本节所讨论的进程通信主要是指进程的高级通信方式。

3.3.1 进程的通信方式

进程通信主要有两种方式：共享内存方式和消息传递方式。

1．共享内存

采用这种方式时，相互通信的进程之间要有公共内存，一组进程向该公共内存中写，另一组进程从该公共内存中读，如此实现了进程之间的信息传递。这种通信模式需要解决以下两个问题。

1）为相互通信的进程之间提供公共内存。具体实现将在第 4 章中详细介绍。需要注意的是，相互通信的进程之间的公共内存是由操作系统分配和管理的，而公共内存的使用以及借助于公共内存实现信息在进程之间的传递则是由相互通信的进程自己完成的。

2）为访问公共内存提供必要的同步机制。公共内存等价于共享变量，相互通信的进程之间需要使用同步机制来保证对共享变量的操作不发生与时间有关的错误。

2．消息传递

不论是单机系统、多机系统，还是计算机网络，消息传递机制都是用得最广泛的一种进程间通信的机制。在消息传递系统中，进程间的数据交换，是以格式化的消息（Message）为单位的；在计算机网络中，把消息称为报文。程序开发人员直接利用系统提供的一组通信命令（原语）进行通信。操作系统隐藏了通信的实现细节，大大简化了通信程序编制的复杂性，而获得广泛的应用。消息传递系统的通信方式属于高级通信方式。又因其实现方式的不同而进一步分成直接通信方式和间接通信方式两种。

直接通信方式也称消息缓冲方式。是指发送进程和接收进程在传递消息时都必须显示地给出对方的进程 ID 的通信方式，即发送进程可以直接将消息发送给指定的接收进程，接收进程也可以直接接收指定进程发来的消息。

间接通信方式是指发送进程和接收进程需要通过某种中间实体进行信息交换的通信方式。这种中间实体通常被称为信箱，因此这种通信也称为信箱通信。在这种通信方式中，发送进程将消息发送到指定信箱中，接收进程从该信箱中获取消息。间接通信方式被广泛应用于计算机网络中，即常用的电子邮件系统。

3.3.2 消息缓冲机制

消息缓冲机制是消息传递通信机制中一种典型的直接通信方式。它首先由美国学者 Hansen 于 1973 年提出，并在 RC4000 系统中得以实现，后来被广泛应用于本地进程间的通信。其管理机制是通过系统所提供的两条通信原语实现的。

1．消息缓冲通信的数据结构

（1）消息缓冲区

消息缓冲区是消息缓冲通信机制中进程之间进行信息交换的基本单位，也是消息缓冲通信中最重要的一种数据结构。它可描述如下：

```
typedef struct message_buffer
    {   char sender[ ];                        /*发送者进程标识符*/
        int size;                              /*消息长度*/
        char text[ ];                          /*消息正文*/
        struct message_buffer *next;           /*指向下一个消息缓冲区的指针*/
    }
```

（2）PCB 中有关通信的数据项

在消息缓冲通信机制中，由于接收进程可能会收到多个进程发来的消息，所以将所有的消息缓冲区链成一个队列。在设置消息缓冲队列的同时，还应增加用于对消息队列进行操作和实现同步的信号量，并将它们置入进程的 PCB 中。在 PCB 中增加的数据项可描述如下：

● 消息队列队首指针 mq：指向消息队列中的第 1 个消息缓冲区。

● 消息队列互斥信号量 mutex：消息队列是临界资源，所有发送者和接收者进程对它的访问都必须互斥。

● 消息队列资源信号量 sm：一个同步信号量，其值为消息队列中消息缓冲区的数目。每当发送进程往消息队列挂上一个消息时，就对它执行一次 V 操作；而当一个接收进程从消息队列取走一个消息时，就对它执行一次 P 操作。加上 P、V 操作的阻塞、唤醒功能，即可保证发送和接收的同步。

2．发送原语

发送原语 send（receiver，a）是发送进程调用的原语，其中 receiver 是接收进程名，a 是发送进程的发送区。发送进程在利用发送原语发送消息之前，应先在自己的内存空间，设置一发送区 a，发送区包含以下 3 项内容。

● 发送进程名 sender。

● 消息长度 size：要发送进程的字节数。

● 消息正文 text：要发送消息的内容。

发送原语的发送过程如图 3-19 所示，进程 A 在自己的内存空间设置发送区 a，把待发送的消息正文、发送进程 ID、消息长度等信息填入其中，然后调用发送原语，把消息发送给目标（接收）进程。发送原语首先根据发送区 a 中所设置的消息长度 a.size 来申请一缓冲区 i，接着，把发送区 a 中的信息复制到缓冲区 i 中。为了能将 i 挂在接收进程的消息队列 mq 上，应先获得接收进程的内部标识符 j，然后将 i 挂在 j.mq 上。由于该队列属于临界资源，故在执行 insert 操作的前后，都要执行 P(j.mutex)和 V(j.mutex)操作，以实现对消息缓冲队列的互斥访问。

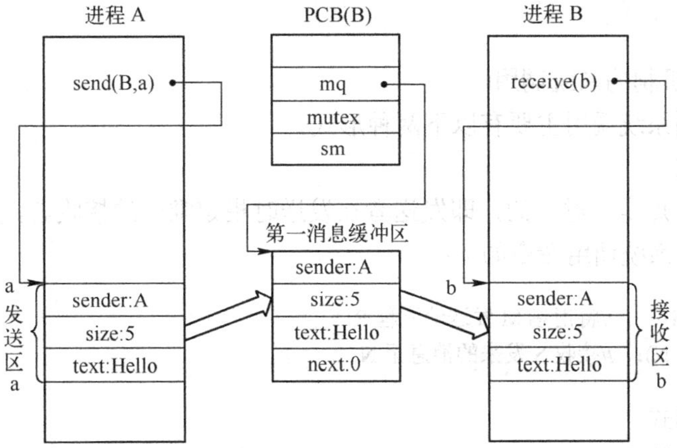

图 3-19　消息缓冲通信

发送原语可描述如下：

```
void   send(receiver, a)
{   getbuf(a.size,i);                  /*根据 a.size 申请缓冲区 i*/
    i.sender: =a.sender;              /*将发送区 a 中的信息复制到消息缓冲区之中*/
    i.size: =a.size;
```

```
        i.text:=a.text;
        i.next:=0;
        getid(receiver,j);                    /*获得接收进程内部标识符 j*/
        P(j.mutex);
        insert(j.mq, i);                      /*将消息缓冲区插入消息队列*/
        V(j.mutex);
        V(j.sm);                              /*消息个数加 1，可能会唤醒接收者*/
    }
```

3．接收原语

接收原语 receive(b)是接收进程所调用的原语，其中 b 是接收进程在自己的数据区开辟的一个接收区地址。接收原语的工作过程如图 3-19 所示。接收进程在利用接收原语接收消息之前，需要先在自己的内存空间建立一个接收区 b，然后调用接收原语，从自己的接收队列中取下第一个缓冲区，并将它复制到接收区 b 中，然后释放该消息缓冲区。接收原语可描述如下：

```
void receive(b)
{   P(j.sm);                          /*查看自己消息队列中有无消息*/
    P(j.mutex);
    remove(j.mq, i);                  /*取消息队列中第一个消息缓冲区 i*/
    V(j.mutex);
    b.sender:=i.sender;               /*将消息缓冲区 i 中的信息复制到接收区 b */
    b.size:=i.size;
    b.text:= i.text;
    putbuf(i);                        /*释放消息缓冲区 i*/
}
```

4．消息缓冲机制的系统调用

消息缓冲机制系统调用主要有以下两种形式。

（1）对称形式

对称形式的特点是一对一的，即发送者在发送时指定唯一的接收者，接收者在接收时指定唯一的发送者。系统调用命令如下：

```
send(R，M):      //将消息 M 发送给进程 R
receive(S，N):   //接收 S 发来的消息至 N
```

（2）非对称形式

非对称形式的特点是一对多的，即发送者在发送时指定唯一的接收者，接收者在接收时不指定唯一的发送者。 系统调用命令如下：

```
send(R，M):            //将消息 M 发送给进程 R
receive(pid，N):       //接收消息至 N，返回时设 pid 为发送进程 ID
```

非对称形式的应用范围较广。实际上，它就是顾客-服务员模式，正式的写法是客户-服务器模式。发送进程相当于顾客，接收进程相当于服务员，一位服务员可以为多位顾客服务。由于服务员在某一时刻不知道哪位顾客需要服务，因而在接收服务请求时并不指定顾客的名字，哪一位顾客先到，就先为哪一位服务。

无论对称形式还是非对称形式，在实现时都存在这样一个问题，即信息是如何由发送进程空间传送到接收进程空间的。这有两条途径，即有缓冲和无缓冲途径。

1）采用有缓冲途径时，在操作系统空间中保存着一组缓冲区，发送进程在执行 send 系统调用命令时，产生自愿性中断进入操作系统，操作系统将为发送进程分配一个缓冲区，并将所发送的消息内容由发送进程空间复制到缓冲区中，然后将载有消息的缓冲区连接到接收进程的消息链中。如此完成了消息的发送，发送进程返回到用户态，继续执行其下面的程序。 在以后的某一时刻，当接收进程执行到 receive 系统调用命令时，也产生自愿性中断进入操作系统，操作系统将载有消息的缓冲区由消息链中取出，并将消息内容复制到接收进程空间中，然后收回该空间缓冲区。如此完成了消息的接收，接收进程返回到用户态，继续执行下面的程序。

显然，因为消息在发送者和接收者之间传输过程中经过一次缓冲，所以提高了系统的并发性。这是由于发送者一旦将消息传送到缓冲区，就可以返回继续执行下面的程序，无须等待接收者真正执行接收这条消息的系统调用命令。

2）如果操作系统没有提供消息缓冲区，将由发送进程空间直接传送到接收进程空间，这个传送也是操作系统完成的。

当发送进程执行到 send 系统调用命令时，如果接收进程尚未执行 receive 系统调用命令，则发送进程将等待；反之，当接收进程执行到 receive 系统调用命令时，如果发送进程尚未执行 send 系统调用命令，则接收进程将等待。当发送进程执行到 send 系统调用命令且接收进程执行到 receive 系统调用命令时，信息传输才真正开始，此时消息以字为单位由发送进程空间传送到接收进程空间中，由操作系统完成复制，传输时可使用寄存器。

显然，与有缓冲途径相比，无缓冲途径的优点是节省空间，因为操作系统不需要提供缓冲区。其缺点是并发性差，因为发送进程必须等到接收进程执行 receive 命令并将信息由发送进程空间复制到接收进程空间之后才能返回，以继续向前推进。

作为直接通信的一个简单例子，下面考虑生产者-消费者问题。当生产者进程产生一个消息后，可用 send 原语将消息发送给消费者进程，而消费者进程可以用 receive 原语接收生产者给的消息。若消息还没有生产出来，消费者进程必须等待，直到生产者进程将消息发送过来。生产者-消费者的通信过程分别描述如下：

```
cobegin
        void produceri(void)
        {     item nextp;
              while(TRUE)
              {     …
                    生产一个消息 nextp;
                    …
                     send(consumerj, nextp);
              }
        }
        void consumerj(void)
```

```
        {  item nextc;
           while(TRUE)
           {  receive(produceri, nextc);
              …
              消费消息 nextc;
           }
        }
coend
```

3.3.3 信箱通信

1. 信箱介绍

信箱通信就是由发送进程申请建立一个与接收进程链接的信箱。发送进程把消息送往信箱，接收进程从信箱中取出消息，从而完成进程间信息交换。设置信箱的最大好处就是发送进程和接收进程之间没有处理时间上的限制。信箱由信箱头和信箱体组成。其中信箱头描述信箱名称、信箱大小、信箱方向以及拥有该信箱的进程名等。信箱体主要用来存放消息。

信箱可由操作系统创建，也可由用户进程创建，创建者是信箱的拥有者。据此，可把信箱分为以下 3 类。

（1）私用信箱

用户进程可为自己建立一个新信箱，并作为该进程的一部分。信箱的拥有者有权从信箱中读取消息，其他用户则只能将自己构成的消息发送到该信箱中。这种私用信箱可采用单向通信链路的信箱来实现。当拥有该信箱的进程结束时，信箱也随之消失。

（2）公用信箱

它由操作系统创建，并提供给系统中的所有核准进程使用。核准进程既可把消息发送到该信箱中，也可从信箱中读取发送给自己的消息。显然，公用信箱应采用双向通信链路的信箱来实现。通常，公用信箱在系统运行期间始终存在。

（3）共享信箱

它由某进程创建，在创建时或创建后，指明它是可共享的，同时须指出共享进程（用户）的 ID。信箱的拥有者和共享者，都有权从信箱中取走发送给自己的消息。

2. 信箱通信的实现

下面仅以属于操作系统空间的信箱为例来说明信箱通信的实现。信箱通信是通过系统为信箱提供若干条原语实现的，这些原语包括用于信箱创建和撤销的原语以及用于消息发送和接收的原语。

（1）信箱的创建和撤销

进程可利用信箱创建原语来建立一个新信箱。创建者进程应给出信箱名字、信箱属性（公用、私用或共享）；对于共享信箱，还应给出共享者的名字。当进程不再需要读信箱时，可用信箱撤销原语将之撤销。

```
create (mailbox)：创建一个信箱
delete (mailbox)：撤销一个信箱
```

（2）消息的发送和接收

当进程之间要利用信箱进行通信时，必须使用共享信箱，并利用系统提供的下述通信原语进行通信。

```
send(mailbox, message)：将一个消息 message 发送到指定信箱 mailbox
receive(mailbox, message)：从指定信箱 mailbox 中接收一个消息 message
```

当用户进程需要使用信箱进行通信时，执行 create 命令进入操作系统，由操作系统执行相应的程序段，完成信箱的创建功能。创建信箱的进程是信箱的拥有者，它可以调用 receive 命令从信箱接收信件。其他进程为信箱的使用者，它们可以调用 send 命令向信箱发送信件。当不再需要信箱时，信箱的所有者执行 delete 命令将其撤销。

3.4 死锁

在哲学家进餐问题中，可以看到，死锁是一种无休止的僵持状态。计算机系统产生死锁的直接原因是多个并发进程对有限资源的竞争。

3.4.1 死锁的概念

1．死锁的定义

所谓死锁，是指各并发进程彼此互相等待对方所拥有的资源，且这些并发进程在得到对方的资源之前不会释放自己所拥有的资源。从而造成大家都想得到资源而又都得不到资源，各并发进程不能继续向前推进的状态。图 3-20 是两个进程发生死锁时的资源分配图。

一般地，可以把死锁描述为：有并发进程 P1，P2，…，Pn，它们共享资源 R1，R2，…，Rm（n>0，m>0，n≥m）。其中，每个 Pi（1≤i≤n）拥有资源 Rj（1≤j≤m），直到不再有剩余资源。同时，各 Pi 又在不释放 Rj 的前提下要求得到 Rk（k≠j，1≤k≤m），从而造成资源的互相占有和互相等待。在没有外力驱动的情况下，该组并发进程停止往前推进，陷入永久等待状态。

2．资源分配图

进程的死锁问题可以用有向图更加准确地描述，这种有向图称为系统资源分配图。在图中，圆圈表示进程，方框表示资源类。由于一个类中可能含有多个资源实例，方框中的圆点表示资源实例，如图 3-20 所示。请注意，申请边只指向方框，表明申请时不指定资源实例；而分配边则由方框中的某一圆点引出，表明此资源实例已被占用。

在资源分配图中，如果没有环路，则系统中没有死锁；如果图中存在环路，则系统中可能存在死锁。

如果每类资源类中只有唯一的资源实例，则环路的存在即意味着死锁的存在，如图 3-20 所示。如果每个资源类中包含若干个资源实例，则环路并不一定意味着死锁的存在。

如图 3-21 中有一个环路：P1→R2→P3→R1→P1，然而并不存在死锁。因为 P2 可能会释放资源类 R1 中的一个资源实例，该资源实例可以分配给进程 P3，从而使环路断开。

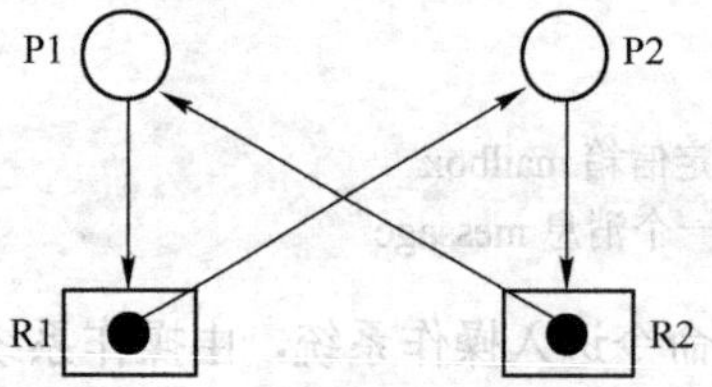

图 3-20　死锁的资源分配图

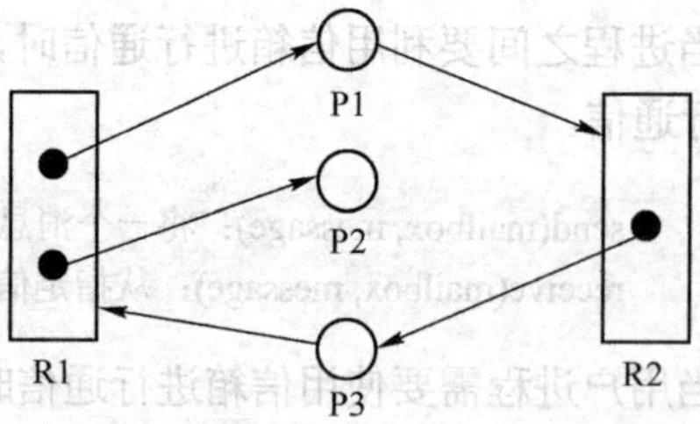

图 3-21　有环路但无死锁的资源分配图

3. 死锁的类型

死锁大多是由进程竞争资源而引起的，不过，进程通信以及其他原因也可能导致进程死锁。

（1）竞争资源引起的死锁

这种类型的死锁是由于进程竞争使用系统中有限的资源而引起的。这种类型的死锁是本节要讨论的核心。

（2）进程通信引起的死锁

假设一个基于消息的系统中，进程 P1 等待进程 P2 发来的消息，进程 P2 等待进程 P3 发来的消息，进程 P3 等待进程 P1 发来的消息，如此 3 个进程均无法继续向前推进，亦即发生死锁。

（3）其他原因引起的死锁

除前面介绍的死锁类型外，尚有其他类型的死锁。例如，假设有一扇门，此门比较小，一次只能通过一个人。又设有两位先生 M1 和 M2，他们都要通过这扇门。显然，门相当于一个独占型资源。如果 M1 和 M2 竞争地使用这一资源，则他们都能通过。但是如果他们都很谦让，在门口处 M1 对 M2 说"您先过"，M2 对 M1 说"您先过"，则二者均无法通过，造成僵持。如果程序设计的不合理，也可能发生类似的现象，在广义上也称为死锁。

3.4.2　死锁产生的必要条件

死锁是由于进程竞争资源引起的，发生死锁的 4 个必要条件如下。

1）互斥条件。并发进程要求和占有的资源是不能同时被两个以上进程使用或操作的，进程对它所需要的资源进行排他性控制。

2）不可剥夺条件。进程所获得的资源在未使用完毕之前，不能被其他进程强行剥夺，而只能由获得该资源的进程自己释放。

3）部分分配。进程每次申请它所需要的一部分资源，在等待新资源的同时继续占用已分配到的资源。

4）循环等待。存在一种进程循环链，链中每一个进程已获得的资源同时被下一个进程请求。

显然，只要使上述 4 个必要条件中的某一个不满足，则死锁就可以排除。

3.4.3　死锁的预防

由于死锁状态的出现会给系统带来严重的后果，所以如何解决死锁问题引起了人们的普遍关注。如果在系统设计初期选择一些限制条件来破坏产生死锁的 4 个必要条件中的一个或几个条件，那么就破坏了产生死锁的条件，从而预防死锁的发生。

1. 破坏互斥条件

系统中互斥条件的产生，是由于资源本身的“独享”特征引起的。例如一台打印机不能同时被多个进程共享，否则多个进程的打印结果交织在一起，就会出现混乱，因此，对于打印机等独享资源，就必须维护“互斥条件”。设备管理中提及的 SPOOL 技术就是一种破坏互斥条件的方法。采用 SPOOL 技术，会使原来独享的设备具有了共享的性能，从而破坏了它的“互斥条件”。但 SPOOL 技术不是对所有的独享资源适用，因此，在死锁预防中，主要是破坏其他几个条件，而不涉及“互斥条件”。

2. 破坏部分分配条件

为了确保占用并等待条件不会在系统内出现，必须保证：当一个进程申请某个资源时，不能占用其他资源。使用以下两种方法实现这个目标。

1）预分配资源策略。即在一个进程开始执行之前，系统要求进程一次性申请它所需要的全部资源。如果系统当前不能满足进程的全部资源请求，则不分配资源，此进程暂不投入运行。如果系统当前能够满足进程的全部资源请求，则一次性地将所申请的资源全部分配给申请进程，因而进程在运行期间不会发生新的资源申请，不会发生进程占有资源又申请资源的现象。

2）“空手”申请资源策略。即只允许每个进程在不占用资源时才可以申请资源。一个进程可以申请一些资源并使用它们，但是，在申请其他更多资源之前，必须先释放当前已有的资源。

上述两种方法是有区别的，为了说明两种方法之间的差别，假设一个进程：该进程把数据从磁带机复制到磁盘文件，然后对磁盘文件进行排序，再将结果通过打印机打印出来。

如果采用预分配资源策略，则该进程一开始要申请磁带机、磁盘文件和打印机。这样，在该进程的整个执行过程中，它将一直占用打印机，尽管它到最后才用打印机。

如果采用“空手”申请资源策略，则允许进程最初只申请磁带机和磁盘文件，它把数据从磁带机复制到磁盘文件，然后释放磁带机和磁盘文件；进程接着进行，该进程必须再次申请磁盘文件和打印机，在执行完相关操作并将结果在打印机上打印后，就释放两个资源，该进程中止。

采用以上方法预防死锁，方法比较简单，易于实现，但存在一些缺点。

1）在许多情况下，一个进程执行之前不可能知道它所需要的全部资源，这是因为进程的执行是动态的、不可预知的。

2）资源利用率低。由于条件结构的存在，进程运行时如果选择某一分支，可能需要某一种资源。如果选择另一条分支，则可能需要另一种资源，而进程在运行前无法预期它将选择哪一条分支，只好同时申请两种资源，这样申请到的资源在运行期间可能并未用到。另外，有些资源可能进程在运行结束前只使用一小段时间，但却需要长时间占用。

3）可能发生“饥饿”。如果一个进程需要多个资源，可能会永久等待，因为它所需要的资源中至少一个已分配其他进程，这样该进程一直得不到所需的资源而处于“饥饿”状态。

3. 破坏不剥夺条件

破坏该条件的方法是从已占用资源的进程手中强抢资源。该方法通常应用于其状态可以保存和恢复的资源，如 CPU 寄存器和主存空间资源，而不能用于打印机或磁带机之类的资源。这种预防死锁的方法实现起来非常复杂，而且适用的资源有限，对于可以方便抢占的资源，为了保护和恢复被抢占时刻的资源状态，要花费许多开销，所以这种预防死锁的方法也很少用到。

4．破坏循环等待条件

采用有序分配策略。即把资源分类按顺序排列，使进程在申请、保持资源时不形成环路。如有 m 种资源，则列出 R1<R2<…<Rm。若进程 Pi 占用了资源 Ri，则它只能申请比 Ri 级别更高的资源 Rj（Ri <Rj），释放资源时必须是 Rj 先于 Ri 被释放，从而避免环路的产生。

也就是说，当进程不占有任何资源时，它可以申请某一资源类（如 Ri）中的任何资源实例。此后，它可以申请另一个资源类（如 Rj）中的若干个资源实例的充分必要条件是 Ri<Rj。如果进程需要同一资源类中的若干个资源实例，则它必须在一个申请命令中同时发出请求。

因此，在任何时刻，总有一个进程占有较高序号的资源，该进程继续申请的资源必然是空闲的，故该进程可一直向前推进。换言之，系统中总有进程可能运行完毕，这个进程执行结束后会释放它所占用的全部资源，这将唤醒等待资源的进程或满足其他申请者，系统不会发生死锁。

这种方法的缺点是限制了进程对资源的请求，而且对资源的分类编序也会占用一定的系统开销。为了保证按编号申请的次序，暂不需要的资源也可能需要提前申请，增加了进程对资源的占用时间，当然这比预先分配策略还是要好。

3.4.4 死锁的避免

在死锁的预防中，对进程有关资源的活动按某种协议加以限制，如果所有进程都遵循此协议，即可保证不发生死锁，这是静态的不让死锁发生的策略；死锁的避免，是对进程有关资源的申请命令加以实时检测，拒绝不安全的资源请求命令，以保证死锁不会发生，是一种动态的不让死锁发生的策略。

1．系统的安全状态和安全进程序列

为了介绍死锁避免的方法，先引入“安全”的概念。

如果系统中所有的进程能够按照某一种次序依次执行完毕，就说系统处于安全状态，这个进程执行次序就是进程安全序列。安全状态的形式化定义如下：

一个进程序列<p1，p2，...，pn>，如果该序列中每一个进程 pi（1≤i≤n），它需要的资源数量不超过系统当前剩余资源数量与所有进程 pj（j<i）当前占有资源数量之和，这个进程序列被称为安全进程序列。系统中所有进程存在一个安全进程序列，就说系统处于安全状态。

显然，安全状态是没有死锁的状态。

2．银行家算法

银行家算法是一种典型的死锁避免算法。银行家把一定数量的资金供多个用户周转使用，为保证资金安全，银行家规定：当顾客对资金的最大申请量不超过银行家拥有的现金时就可以接纳一个新顾客；顾客可以分期借款，但借款的总数不能超过最大申请量；银行家对顾客的借款可以推迟支付，但必须使顾客总能在有限的时间里得到全部借款；当顾客得到全部资金后，也必须在有限时间内归还所有的资金。

操作系统中，当一个新进程进入系统时，它必须声明其最大资源需求量，即其对每个资源类各需要多少资源实例。当进程发出资源申请命令而且系统能够满足该请求时，系统将判断：如果分配所申请的资源，系统的状态是否安全。如果安全则分配资源，否则不分配资源。

为了实现银行家算法，需要定义如下数据结构（设 n 为系统中的进程总数，m 为资源类的总数）：

int Available[m]：长度为 m 的一维向量，记录当前各类资源中可用资源实例的数量。如果 Available[j]= =k，则资源类 r_j 当前有 k 个资源实例。初始时 Available 的值为系统资源总量。

int Claim[n,m]：n×m 的二维矩阵，记录每个进程所需各类资源的资源实例最大量。如果 Claim[i,j] = =k，则进程 p_i 最多需要资源类 r_j 中的 k 个资源实例。

int Allocation[n,m]：n×m 的二维矩阵，记录每个进程已占有各资源类中的资源实例数量。如果 Allocation[i,j] = =k，则进程 p_i 已占有资源类 r_j 中的 k 个资源实例。初始时 Allocation[i,j] = =0。

int Need[n,m]：n×m 的二维矩阵，记录每个进程尚需要各资源类中的资源实例数量。如果 Need [i,j] = =k，则进程 p_i 尚需要资源类 r_j 中的 k 个资源实例。初始时 Need= Claim。

int Request[n,m]：记录某个进程当前申请各资源类中的资源实例数量。如果 Request [i,j] = =k，则进程 p_i 申请资源类 r_j 中的 k 个资源实例。

int Work[m]：长度为 m 的一维向量，记录可用资源。初始条件下，Work= Available。

int Finish[n]：一个存放布尔值的一维向量，长度为 n，记录进程是否可以执行完。初始时 Finish ［i］ = =false；当有足够资源分配给进程时， 再令 Finish ［i］ = =true。

为了表达简洁，把矩阵 Allocation、Request 和 Need 的行看作向量，并且分别表示为 Allocation ［i］、Request ［i］ 和 Need ［i］。

实施银行家算法时，先进行资源分配再进行安全性检测。

【算法 3-8】 资源分配算法。

1）如果 Request ［i］ ≤Need ［i］，便转向步骤 2）；否则认为出错，因为它所需要的资源数已超过它所宣布的最大值。

2）如果 Request ［i］ ≤Available，便转向步骤 3）；否则，表示尚无足够资源，Pi 须等待。

3）系统试探着把资源分配给进程 Pi，并修改下面数据结构中的数值：

```
Available =Available - Request ［i］；
Allocation ［i］ =Allocation ［i］ + Request ［i］；
Need ［i］ =Need ［i］ - Request ［i］；
```

4）系统执行安全性算法，检查此次资源分配后，系统是否处于安全状态。若安全，则正式将资源分配给进程 Pi，以完成本次分配；否则，将本次的试探分配作废，恢复原来的资源分配状态，让进程 Pi 等待。

安全性检测算法用来判断某个进程提出的资源请求满足后，系统当前的状态是否安全，即在此时刻能否在系统中找出一个安全序列，使每个进程都能顺利完成。

【算法 3-9】 安全性检测算法。

1）Work= Available；Finish= =false。

2）从进程集合中找到一个能满足下述条件的进程：

Finish［i］=false；Need［i］≤Work；若找到，执行步骤 3)，否则，执行步骤 4)。

3）进程 Pi 获得资源后，可顺利执行，直至完成，并释放出分配给它的资源，故应执行：

```
Work =Work +Allocation［i］；
Finish［i］=true；
```

转步骤 2）继续。

4）如果所有进程的 Finish［i］=true 都满足，则表示系统处于安全状态；否则，系统处于不安全状态。

【例 3-7】 假定系统中有 5 个进程 {P_0，P_1，P_2，P_3，P_4} 和 3 类资源 {A，B，C}，各种资源的数量分别为 10、5、7，在 T_0 时刻的资源分配情况如下：

	Claim			Allocation			Need			Avaliable		
	A	B	C	A	B	C	A	B	C	A	B	C
P_0	7	5	3	0	1	0	7	4	3	3	3	2
P_1	3	2	2	2	0	0	1	2	2			
P_2	9	0	2	3	0	2	6	0	0			
P_3	2	2	2	2	1	1	0	1	1			
P_4	4	3	3	0	0	2	4	3	1			

1）判断 T_0 时刻是否处于安全状态。

T_0 时刻执行安全性算法，可以找到一个安全进程序列< P_1，P_3，P_4，P_2，P_0>，所以，系统 T_0 时刻处于安全状态。

2）现 P_1 提出资源申请，Request1＝(1，0，2)，是否实施资源分配？

系统按银行家算法进行检查：

① Request1(1，0，2)≤Need1(1，2，2)

② Request1(1，0，2)≤Available(3，3，2)

③ 系统先假定可为 P_1 分配资源，并修改 Available，Allocation1 和 Need1 向量，由此形成的资源状态如下：

	Claim			Allocation			Need			Avaliable		
	A	B	C	A	B	C	A	B	C	A	B	C
P_0	7	5	3	0	1	0	7	4	3	2	3	0
P_1	3	2	2	3	0	2	0	2	0			
P_2	9	0	2	3	0	2	6	0	0			
P_3	2	2	2	2	1	1	0	1	1			
P_4	4	3	3	0	0	2	4	3	1			

④ 再利用安全性算法检查此时系统是否安全。

经检查，可以找到一个安全进程序列< P_1，P_3，P_4，P_2，P_0>，系统处于安全状态，所以对 P_1 可以实施资源分配。

3）在新状态下，P_4 提出资源申请，Request4＝(3，3，0)，是否实施资源分配？

系统按银行家算法进行检查：

① Request4(3，3，0)≤Need4(4，3，1)

② Request4(3，3，0)≥Available(2，3，0)

进程 P_4 提出的资源申请数超出了系统可用资源数，所以不能实施资源分配。

4）若在新状态下，P_0 提出资源申请，Request0＝(0，2，0)，是否实施资源分配？

通过银行家算法检测可以看出，虽然 P_0 的申请未超过系统当前可用资源数，但对 P_0 实施资源分配将导致系统处于不安全状态，即找不到一个安全进程序列让所有进程执行完毕，所以不实施分配。

注意，安全状态是没有死锁的状态，为了保证不发生死锁，在银行家算法中，当一次资源分配将导致系统处于不安全状态时，拒绝该次资源分配。但不安全状态不一定是死锁状态。图 3-22 给出了安全状态、不安全状态、死锁状态之间的关系。

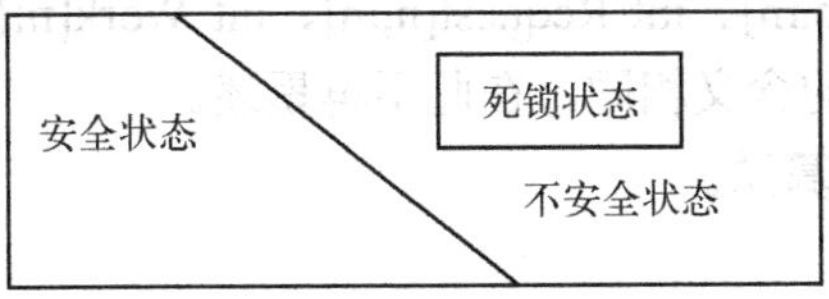

图 3-22　安全状态、不安全状态、死锁状态之间的关系

【例 3-8】 假定系统中有两个进程 P_1 和 P_2，两类资源 {A，B}，每种资源都只有一个资源实例。已知进程 P_1 对资源的需求序列为 P_1：A，B，$\overline{A}$，$\overline{B}$；P_2 对资源的需求序列为的 P_2：B，$\overline{B}$，B，A，$\overline{B}$，$\overline{A}$。假定某时刻系统状态如下：

	Claim		Allocation		Need		Avaliable	
	A	B	A	B	A	B	A	B
P_1	1	1	1	0	0	1	0	1
P_2	1	1	0	0	1	1		

即此时 P_1 的请求 A 被系统接受。其后系统接收到的命令有两种可能，一是 P_1 的请求 B，二是 P_2 的请求 B。假定为 P_2 的请求 B，则系统按银行家算法进行检查：

① Request2(0，1)≤Need2(1，1)

② Request2(0，1) ≤Available(0，1)

③ 系统先假定可为 P_2 分配资源，并修改 Available，Allocation2 和 Need2 向量，由此形成的资源状态如下：

	Claim		Allocation		Need		Avaliable	
	A	B	A	B	A	B	A	B
P_1	1	1	1	0	0	1	0	0
P_2	1	1	0	1	1	0		

④ 运行安全性检测算法可以发现此时系统处于不安全状态，因而取消分配。

事实上，如果真正实施资源分配，系统并不会进入死锁状态。因为分配资源后按照

$P_2(\overline{B})$，$P_1(B)$，$P_1(\overline{A})$，$P_1(\overline{B})$，$P_2(B)$，$P_2(A)$，$P_2(\overline{B})$，$P_2(\overline{A})$的次序，两个进程可以执行完毕。

这是一个 P_1 和 P_2 两个进程交叉执行的次序，而不是一个顺序执行的次序，银行家算法不能判断。这个例子验证了前面给出的论断：不安全状态不一定是死锁状态。

可以看出，与死锁的预防策略相比，死锁避免策略提高了资源的利用率，但增加了系统的开销。

3.4.5 死锁的检测和解除

虽然死锁的预防和死锁的避免策略可以使系统不发生死锁，但系统会以降低资源利用率和增加系统开销为代价。因此，在许多操作系统中不采取预防和避免死锁的措施，在分配资源时不加限制，只要系统有剩余资源，总把资源分配给申请者。当然，这样可能会发生死锁。为此，要有相应的死锁检测方法和死锁恢复手段。

1. 死锁检测算法

假设系统中有 n 个并发进程，有 m 类资源，死锁检测算法中用到的数据结构有：int Available[m]、int Allocation[n,m]、int Request[n,m]、int Work[m]和 int Finish[n]，其含义和银行家算法中用到的数据结构的含义相同，在此不再累述。

【算法 3-10】 死锁检测算法。

1）Work= Available；

对于所有 i=1，2，...，n。如果 Allocation[i]≠0，则 Finish[i]=flase，否则 Finish[i] =true。

2）在系统第 1 个进程到第 n 个进程中，逐个寻找满足 Finish[i]=flase，且 Request[i]≤Work 的进程 Pi，若找到了一个 Pi 则继续执行步骤（3），否则执行步骤（4）。

3）找到一个 Pi 后，说明 Pi 可得到所要求的全部资源，所以顺利完成，此时 Pi 要释放出所有的系统资源，执行如下操作：

```
Work=Work+ Allocation[i]
Finish[i]=true
```

4）若存在某些 i(1≤i≤n)，Finish[i]=flase，则系统处于死锁状态，且进程 Pi 参与了死锁。

【例 3-9】 假设有一个系统，有 5 个进程 P_1、P_2、P_3、P_4、P_5，有 3 种资源 A、B、C，每种资源的个数分别为 7，2，6，假定在 T_0 时刻，资源分配状态如下所示：

	Allocation			Rquest			Avaliable		
	A	B	C	A	B	C	A	B	C
P_1	0	1	0	0	0	0	0	0	0
P_2	2	0	0	2	0	2			
P_3	3	0	3	0	0	0			
P_4	2	1	1	1	0	0			
P_5	0	0	2	0	0	2			

执行死锁检测算法，可以找到一个序列<P_1，P_3，P_4，P_2，P_5>，对于所有的 i 都有 Finish[i]=true，系统在 T_0 时刻不处于死锁状态。

现在设进程 P_3 又请求 1 种 C 资源，则系统资源分配情况如下表所示：

	Allocation			Rquest			Avaliable		
	A	B	C	A	B	C	A	B	C
P_1	0	1	0	0	0	0	0	0	0
P_2	2	0	0	2	0	2			
P_3	3	0	3	0	0	1			
P_4	2	1	1	1	0	0			
P_5	0	0	2	0	0	2			

执行死锁检测算法，虽然可以回收进程 P_1 所占用的资源，但是此时可用资源不足以满足其他进程的需求，进程 P_2，P_3，P_4，P_5 会一起发生死锁，因此系统处于死锁状态。

2. 死锁检测的时机

由于死锁检测算法需要进行很多操作，会增加系统开销，影响系统执行效率，所以何时调用死锁检测算法成为系统设计的关键。这取决于两个因素：一是死锁发生的频率；二是当死锁发生时，有多少进程受影响。

如果死锁经常发生，那么就应该经常调用死锁检测算法。通常在如下时刻进行死锁检测：

1）每当有资源请求时就进行检测。这样会及时发现死锁，但这样会占用大量 CPU 时间。

2）定时检测。为了减少死锁检测所带来的系统开销，可以采取每隔一段时间进行一次死锁检测的策略。

3）资源利用率降低时检测。因为当死锁涉及较多进程时，系统中没有多少进程可以运行，CPU 就会经常空闲，当 CPU 利用率降到某一界限（如 40%）时开始进行死锁检测。

3. 死锁的解除

当死锁已经发生并且被检测到时，应当将其解除使系统从死锁状态中恢复过来，通常可采用以下措施以消除死锁。

（1）系统重新启动

是最简单、最常用的死锁解除方法。不过它的代价很大，因为在此之前系统所有进程已经完成的计算工作都将付之东流。

（2）终止进程

终止参与死锁的进程并收回它们所占的资源。这又有两种策略：一是一次性终止全部死锁进程，这种处理方法简单，但其代价高，有些进程计算了很长时间，被终止后，前期所做的全部工作都作废；二是一次终止一个进程直至取消死锁循环为止，这种方法的开销相当大，这是因为每终止一个进程，都必须调用死锁检测算法来确定进程是否仍处于死锁状态。

（3）剥夺资源

剥夺死锁进程所占的全部或部分资源。又可进一步分为逐步剥夺和一次性剥夺策略。

（4）进程回退

就是让参与死锁的进程回退到以前没有发生死锁的某点处，并由此点开始继续执行，希望进程交叉执行时不再发生死锁。该方法带来的开销是惊人的，因为要实现“回退”，必须“记住”以前某一点处的现场，而且该现场应当随进程的推进而动态变化，这需要花费大量的时间和空间。除此之外，一个回退的进程应当挽回它在回退点和死锁点之间所造成的影响，如修改某一文件或给其他进程发消息，这些在实现时甚至是难以做到的。

事实上，对于死锁问题，最好的办法是“视而不见”。这也是目前实际系统采用最多的一种策略。当死锁真正发生且影响系统正常运行时，采取手动干预——重新启动。UNIX 和 Windows 等系统都采用这种做法。原因是考虑到了死锁发生的频度和可能造成的后果，如果死锁平均每 5 年发生一次，而硬件故障、程序漏洞所造成的系统瘫痪频度远高于 5 年一次，避免死锁所付出的代价是毫无意义的。

3.5 处理机调度

处理机是计算机系统中一个十分重要的资源。在早期的计算机系统中，对它的管理是十分简单的。随着多道程序设计技术和各种不同类型的操作系统的出现，各种不同的处理机管理方法得到启用。不同的处理机管理方法将为用户提供不同性能的操作系统。例如，在多道批处理系统中，为了提高处理机的效率和增加作业吞吐率，当调度一批作业组织多道运行时，要尽可能使作业搭配合理，以充分利用系统中的各种资源；在分时系统中，由于用户使用交互式会话的工作方式，系统必须要有较快的响应时间，使得每个用户都感到如同只有自己一个人在使用这台计算机，因此，在调度作业执行时要首先考虑每个用户作业得到处理机的均等性；在实时系统中，首先考虑的是处理机的响应时间。由此可以看到，根据操作系统的要求不同，处理机管理的策略是不同的。

3.5.1 调度的层次和分类

在多道程序系统中，经常出现有多个作业或进程同时竞争处理机的现象，处理机调度的主要目的就是选出作业或进程并为之分配处理机。

1. 调度的层次

一个作业从提交给计算机系统到执行结束退出系统，一般都要经历提交、后备、运行和完成 4 个状态。

- 提交状态：一个作业在其处于从输入设备进入外部存储设备的过程。处于提交状态的作业，因其信息尚未全部进入系统，所以不能被调度程序选取。
- 后备状态：也称为收容状态。输入管理系统不断地将作业输入到外存中对应部分（或称输入井，即专门用来存放待处理作业信息的一组外存分区）。若一个作业的全部信息已全部被输入进输入井，那么，在它还未被调度去执行之前，该作业处于后备状态。
- 运行状态：作业调度程序从后备作业中选取若干个作业到内存投入运行。它为被选中作业建立进程并分配必要的资源，这时，这些被选中的作业处于执行状态。从宏观上看，这些作业正处在执行过程中，但从微观上看，在某一时刻，由于处理机总数少于并发执行的进程数，因此，不是所有被选中作业都占有处理机，其中的大部分处于等待资源或就绪状态中。究竟哪个作业的哪个进程能获得处理机而真正在执行，要依靠进程调度来决定。

- 完成状态：作业运行完毕，但它所占用的资源尚未全部被系统回收时，该作业处于完成状态。在这种状态下，系统需做诸如打印结果、回收资源等类的善后处理工作。

通常一个作业从进入系统并驻留在外存的后备队列上开始，直至该作业运行完毕，基本上都要经历高、中、低 3 级调度。如图 3-23 所示。

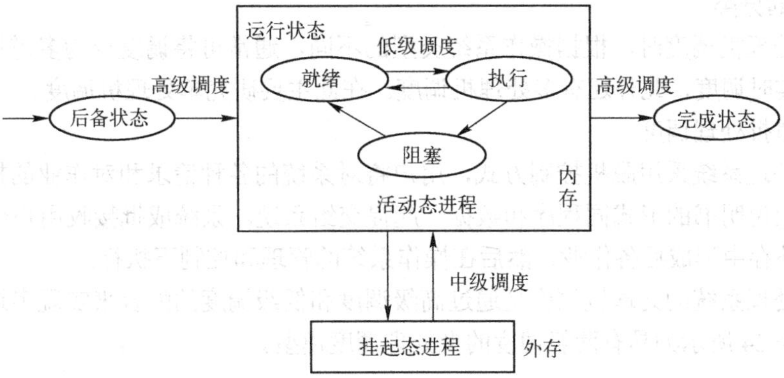

图 3-23　调度的层次

（1）高级调度

高级调度是指作业调度，又称为宏观调度。其主要任务是按一定的原则对外存输入井上的大量后备作业进行选择，给选出的作业分配内存、输入/输出设备等必要的资源，并建立相应的进程，以使该作业的进程获得竞争处理机的权利。另外，当该作业执行完毕时，还负责回收系统资源。

通常在以下 3 种情况下操作系统会启动“作业调度程序”选择作业进入内存。

1）一个作业运行结束。当一个作业运行结束时，内存中的进程数量减少。为了不降低处理机的利用率，操作系统需要保存内存中有足量的进程。因此，需要进行调度，从外存上选择一个后备作业投入运行。

2）有新作业提交。有新作业提交时，若内存中的并发进程数尚未使系统达到饱和状态，为了进一步提高处理机的利用率，系统可立即调度新作业，使其进入内存开始执行。

3）处理机利用率较低。当系统内存中的进程多数为 I/O 型时，处理机比较空闲。为了使系统各资源使用较平衡，系统可将部分等待 I/O 的进程挂起，调度外存上的计算型（需要 CPU 运行时间长的）作业投入运行。

（2）低级调度

低级调度是指进程调度，又称为微观调度。是操作系统中最基本的一级调度，主要用来分配处理机，其调度对象是系统内存中的进程。随着现代操作系统引入了多线程技术，调度对象又增加了线程。

低级调度与高级调度的区别：低级调度是真正让某个处于就绪状态的进程获得处理机执行；而高级调度只是将处于后备状态的作业装入内存，进入运行状态，使其具有竞争处理机的机会，是一个宏观的概念，将来真正使用处理机执行的还是该作业的相应进程。

（3）中级调度

是指交换调度，是位于高级调度和低级调度之间的一级调度。

引入中级调度的主要目的，是为了提高内存利用率和系统吞吐量。其主要任务是按照给定的原则和策略，将处于外存交换区中的就绪状态或就绪等待状态的进程调入内存，或把处于内存就绪状态或内存等待状态的进程交换到外存交换区。交换调度主要涉及内存管理与扩充，因此本书把它归入内存管理部分。

2. 调度的分类

在研究处理机调度时，根据操作系统类型的不同，通常可将调度分为多道批处理调度、分时调度和实时调度，此外还有多处理机调度。在此主要研究单处理机调度。

（1）多道批处理调度

多道批处理系统采用脱机控制方式，用户将对系统的各种请求和对作业的控制要求集中描述，以作业说明书的形式同程序和数据一起提交给系统。系统成批接收用户作业输入，将它们存放在外存中形成后备作业，然后在操作系统的管理和控制下执行。

多道批处理系统的处理机调度是通过高级调度和低级调度的配合来实现多道作业的同时执行，如图 3-24 所示为具有两级调度的批处理调度模型。

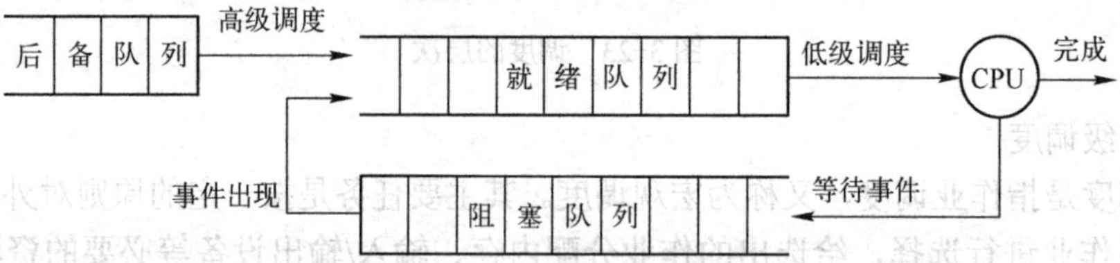

图 3-24　批处理调度模型

通过高级调度，处于后备状态的某个作业在系统资源满足的前提下被选中，从而进入内存转为运行状态。只有处于运行状态的作业才能够真正构成进程，获得运行和计算的机会。为充分利用处理机，往往可以选择多个作业装入内存，这样会同时有多个用户进程，这些进程在低级调度的控制下竞争处理机执行。

（2）分时调度

在分时系统中，为了缩短响应时间，通过键盘输入的命令或数据等均直接进入内存，因而无须配置高级调度，只设置低级调度即可。操作系统为命令建立相应的就绪状态进程，并将其排在内存中就绪队列的末尾等待调度。如图 3-25 所示为仅有低级调度的分时调度模型。

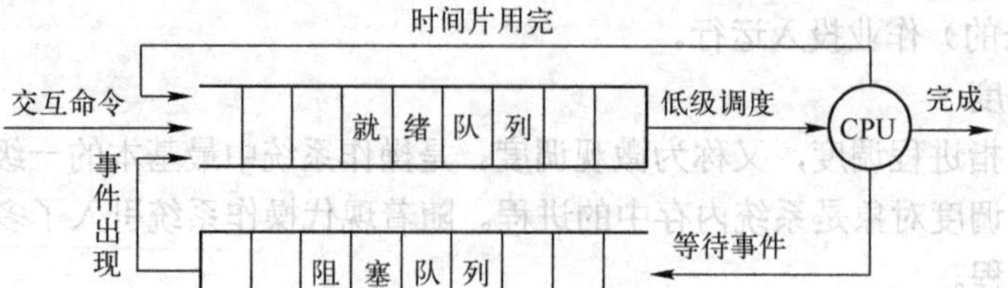

图 3-25　分时调度模型

（3）实时调度

实时系统主要用于一些对响应时间要求更为严格的特殊领域。与分时系统类似，实时系统中主要涉及低级调度，其调度方式根据实时任务的不同有较大的灵活性。

（4）完整的三级调度

在上述 3 种调度类型中，仅考虑了处理机的分配，而在具有挂起状态的系统中，需要引入中级调度。具有中级调度功能的完整三级调度模型如图 3-26 所示。

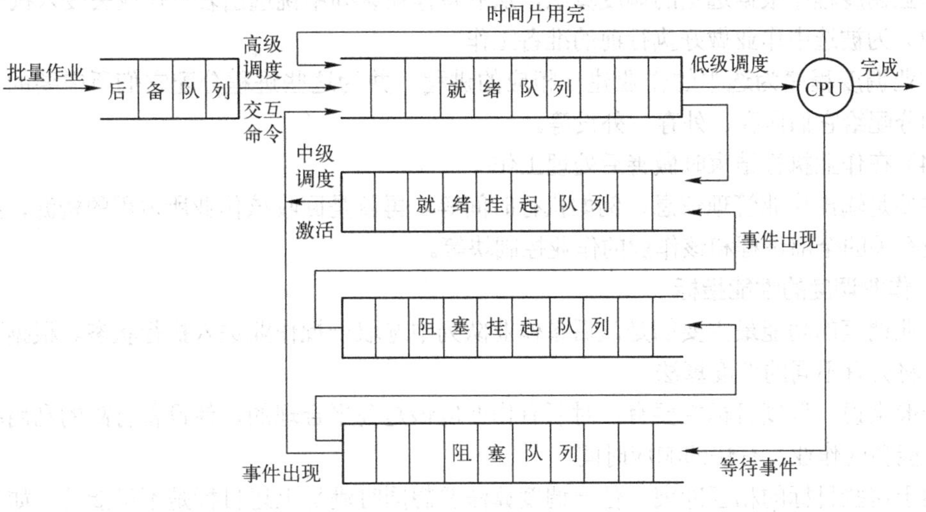

图 3-26　三级调度模型

3.5.2　作业调度的功能和性能指标

进程调度在前面已做过介绍，本节主要讨论高级调度——作业调度。作业调度主要是完成作业从后备状态到执行状态的转变，以及从执行状态到完成状态的转变。

1. 作业调度的功能

（1）记录系统中各作业的状况

作业调度程序要能挑选一个作业投入执行，并且在执行中对其进行管理，它就必须掌握作业在各个状态，包括执行阶段的有关情况。通常，系统为每个作业建立一个作业控制块记录这些有关信息。系统通过 JCB 而感知作业的存在。系统在作业进入后备状态时为该作业建立它的 JCB，从而使得该作业可被作业调度程序感知。当该作业执行完毕进入完成状态之后，系统又撤销其 JCB 而释放有关资源并撤销该作业。

对于不同的批处理系统，其 JCB 的内容也有所不同。图 3-27 给出了 JCB 的主要内容。它包括作业名、作业类型、资源要求、当前状态、资源使用情况以及该作业的优先级等。

作业名
作业类型
资源要求
资源使用情况
优先级（数）
当前状态
其他

图 3-27　作业控制块

其中，作业名由用户提供并由系统将其转换为系统可识别的作业标识符。作业类型指该作业属于计算型（要求 CPU 时间多）还是管理型（要求输入 / 输出量大），或图形设计型（要求高速图形显示）等。而资源要求则包括：该作业估计执行时间、要求最迟完成时间、要求的内存量和外存量、要求的外设类型及台数以及要求的软件支持工具库函数等。资源要求均由用户提供。资源使用情况包括：作业进入系统时间、开始执行时间、已执行时间、内存地址、外设台数等。优先级则被用来决定该作业的调度次序。优先级既可以由用户给定，也可以由系统动态计算产生。状态是指该作业当前所处的状态。显然，只有当作业处于后备状态时，该作业才可以被调度。

（2）从后备队列中挑选出一部分作业投入执行

作业调度程序根据选定的调度算法，从后备作业队列中挑选出若干作业去投入执行。

（3）为被选中作业做好执行前的准备工作

作业调度程序为选中的作业建立相应的进程，并为这些进程分配它们所需要的系统资源，如分配给它们内存、外存、外设等。

（4）在作业执行结束时做善后处理工作

主要是输出作业管理信息，例如执行时间等。再就是回收该作业所占用的资源，撤销与该作业有关的全部进程和该作业的作业控制块等。

2. 作业调度的性能指标

作业调度的功能最主要的是从后备作业队列中选取一批作业进入执行状态。根据不同的目标，将会有不同的调度算法。

一般来说，调度目标主要有：对所有作业应该是公平合理的，使设备有高的利用率，执行尽可能多的作业，有快的响应时间。

由于这些目标的相互冲突，任一调度算法要想同时满足上述目标是不可能的。如果考虑的因素过多，调度算法就会变得非常复杂。其结果是系统开销增加，资源利用率下降。因此，大多数操作系统都根据用户需要，采用兼顾某些目标的简单调度算法。

那么，怎样来衡量一个作业调度算法是否满足系统设计的要求呢？对于批处理系统，由于主要用于计算，即希望吞吐量大，对于作业的周转时间要求较高。因此，作业的平均周转时间或平均带权周转时间，被作为衡量调度算法优劣的标准。但是，对于分时系统和实时系统来说，外加平均响应时间被作为衡量调度策略优劣的标准。

（1）吞吐量

单位时间内所处理计算任务的数量。

（2）响应时间

从任务就绪到开始处理所用的时间。

（3）周转时间

作业 i 的周转时间 T_i 为

$$T_i = T_{if} - T_{is}$$

其中 T_{if} 为作业 i 的完成时间，T_{is} 为作业的提交时间。

一个作业的周转时间说明了该作业在系统内停留的时间，包含两部分：等待时间和执行时间，即：

$$T_i = T_{iw} + T_{ir}$$

这里，T_{iw} 主要指作业 i 由后备状态到执行状态的等待时间，它不包括作业进入执行状态后的等待时间。T_{ir} 为作业执行时间。

（4）平均周转时间

对于被测定作业流所含有的 n（n≥1）个作业来说，其平均周转时间为：

$$\overline{T}=\frac{1}{n}\sum_{i=1}^{n}T_i$$

（5）带权周转时间

作业的周转时间包含了两个部分，即等待时间和执行时间。为了更进一步反映调度性能，使用带权周转时间的概念。带权周转时间是作业周转时间与作业执行时间的比：

$$W=\frac{T_i}{T_{ir}}=1+\frac{T_{iw}}{T_{ir}}$$

由于 T_i 为等待时间和执行时间之和，故带权周转时间总是不小于 1 的。

（6）平均带权周转时间

对于被测定作业流所含有的几个作业来说，其平均带权周转时间为：

$$\overline{W}=\frac{1}{n}\sum_{i=1}^{n}W_i=\frac{1}{n}\sum_{i=1}^{n}\frac{T_i}{T_{ir}}$$

通常，用平均周转时间来衡量对同一作业流执行不同作业调度算法时所呈现的调度性能；用平均带权周转时间衡量对不同作业流执行同一调度算法时所呈现的调度性能。

对于分时系统，除了要保证系统吞吐量大、资源利用率高之外，还应保证有用户能够容忍的响应时间。因此，在分时系统中，仅仅用周转时间或带权周转时间来衡量调度性能是不够的。

3.5.3 作业调度算法

1. 先来先服务调度算法（FCFS）

该算法按作业进入作业后备队列的先后顺序来进行挑选，先来的作业优先被选中。

该算法表面上看很公平：算法易懂、简单，作业在系统中等待的时间越长，被调度的可能性就越大。但由于未考虑各个作业的运行特点和占用资源的不同，以至作业在单位时间内的吞吐量不高，系统利用率低。例如，将一个执行时间较短的作业放在一个执行时间较长的作业后面执行，那么系统将会让它等待很长时间，从而导致系统资源利用率和运行速度下降。

【例 3-10】 有 4 个作业（见表 3-1），它们进入后备作业队列的到达时间如表 3-1 所示。采用先来先服务的作业调度算法，求每个作业的周转时间以及它们的平均周转时间、平均带权周转时间（忽略系统调用时间）。

表 3-1　作业进入系统的时刻和估计运行时间

作　业	进入系统时刻	估计运行时间/min
1	8：00	120
2	8：50	50
3	9：00	10
4	9：50	20

解：按先来先服务的调度算法，调度顺序是 1、2、3、4。求得每个作业的完成时间和周转时间如表 3-2 所示。

表 3-2　采用 FCFS 算法时各作业的运行情况

作业	进入系统时刻	运行时间/min	开始运行时刻	运行完成时刻	周转时间/min	带权周转时间/min
1	8：00	120	8：00	10：00	120	1
2	8：50	50	10：00	10：50	120	2.4
3	9：00	10	10：50	11：00	120	12
4	9：50	20	11：00	11：20	90	4.5

4 个作业的平均周转时间和平均带权周转时间为

$$\overline{T} = (120+120+120+90)/4 = 112.5\,\text{min}$$

$$\overline{W} = (1+2.4+12+4.5)/4 = 4.975$$

若系统是多道环境，则在作业调度时就可以根据内存大小按提交顺序选择多个作业进入内存运行，同时还需考虑进程调度以使内存中多个作业对应的进程依次占用处理机执行。

【例 3-11】 在多道程序设计系统中，有 5 个作业（见表 3-3）。设系统采用 FCFS 的作业调度算法和进程调度算法，内存中可供 5 个作业使用的空间为 100KB，在需要时按顺序进行分配，作业进入内存后，不能在内存中移动。试求每个作业的周转时间和它们的平均周转时间（忽略系统调用时间，都没有输入/输出请求）。

表 3-3　作业进入系统的时刻和需求

作　业	进入系统时刻	估计运行时间/min	所需内存量/ KB
1	10：01	7	15
2	10：03	5	70
3	10：05	4	50
4	10：06	4	20
5	10：07	2	10

解： 由于是多道程序设计系统，按照先来先服务的调度算法，作业 1 在 10:01 时被装入内存，并立即投入运行。作业 2 在 10:03 时被装入内存，因为采用的是 FCFS 的进程调度算法，所以作业 2 进程只能等作业 1 进程运行完毕后才能投入运行。这时，内存还剩余 15KB。随后到达后备队列的作业 3、作业 4 ，由于没有足够的存储量供分配，因此暂时还无法把它们装入内存运行。当作业 5 在 10:07 到达时，由于它只需要 10KB 的存储量，因此可以装入内存等待调度运行，如图 3-28a 示。这时内存还剩下 5KB 的空闲区没有使用。在作业 1 运行完毕撤离系统时，归还它所占用的 15KB 内存空间，但题目规定不允许作业在内存移动，因而一头一尾的两个分散空闲区无法合并成为 20KB 的一个区域分配给作业 4，如图 3-28b 所示。只有到时刻 10:13 作业 2 运行完毕，腾空所占用的 70KB 存储区，并与前面相连的 15KB 空闲区合并成 85KB 的空闲区，作业 3 和作业 4 才得以进入内存，如图 3-28c 所示。

注意：按照 FCFS 的作业调度算法，应该先调度作业 3 进入内存，然后再调度作业 4 进入内存。但由于作业 5 先于它们进入内存，按照 FCFS 的进程调度算法，这时的调度顺序应该是 5、3、4。各作业的周转时间见表 3-4。

表 3-4　作业运行情况及周转时间

作业	进入系统时刻	所需 CPU 时间/min	装入内存时间	开始运行时间	完成时间	周转时间/min
1	10：01	7	10：01	10：01	10：08	7
2	10：03	5	10：03	10：08	10：13	10
3	10：05	4	10：13	10：15	10：19	14
4	10：06	4	10：13	10：19	10：23	17
5	10：07	2	10：07	10：13	10：15	8

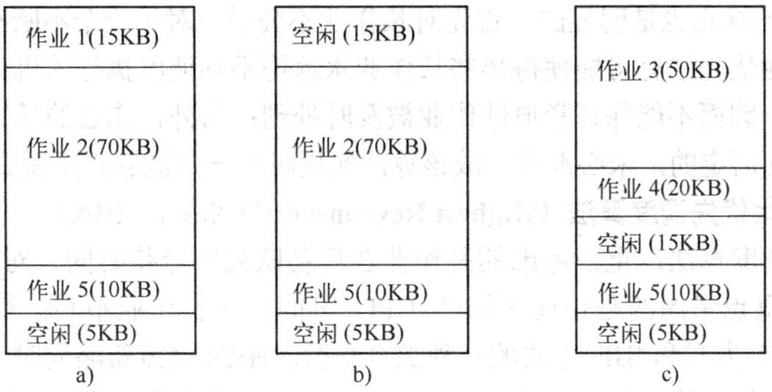

图 3-28 【例 3-11】的图示

a) 10:07 时内存情况　b) 10:08 时内存情况　c) 10:13 时内存情况

系统的平均作业周转时间为（7+10+14+17+8）/5=11.2。

2. 短作业优先调度算法（Shortest Job First，SJF）

在批处理为主的系统中，FCFS 算法虽然简单，系统开销小，但会造成长作业长久等待的不公平现象，短作业优先法就是选择那些估计需要执行时间最短的作业投入执行，为它们创建进程和分配资源。

【例 3-12】 对于【例 3-10】中的题目，改用 SJF 算法重新调度。调度过程为 8：00 时刻，系统后备作业队列中只有作业 1，故直接被调度进入内存开始运行，直至 10：00 作业 1 完成。此时，作业 2、3、4 均已依次进入系统后备作业队列，按照作业运行时间的长短，优先选择作业 3 运行，直至 10:10 完成，之后依次类推，可得到全部作业的运行情况、周转时间和带权周转时间。见表 3-5。

表 3-5　采用 SJF 算法时各作业的运行情况

作业	进入系统时刻	运行时间/min	开始运行时刻	运行完成时刻	周转时间/min	带权周转时间
1	8：00	120	8：00	10：00	120	1
2	8：50	50	10：30	11：20	150	3
3	9：00	10	10：00	10：10	70	7
4	9：50	20	10：10	10：30	40	2

4 个作业的平均周转时间和平均带权周转时间为

$$\overline{T} = (120 + 150 + 70 + 40) / 4 = 95\,\text{min}$$

$$\overline{W} = (1 + 3 + 7 + 2) / 4 = 3.25$$

从上述结果可以看出，采用短作业优先的调度算法，不论是平均周转时间还是平均带权周转时间都比 FCFS 算法有明显改善，因此有效降低了作业的平均等待时间，保证了系统的最大吞吐量。

如果所有作业“同时”到达后备作业队列，那么采取 SJF 的作业调度算法总会获得最小的平均周转时间。作业周转时间等于等待时间加上运行时间，无论实行什么作业调度算法，一个作业的运行时间总是不变的，变的因素是等待时间，若让短作业优先，就会减少长作业的等待时间，从而使整个作业流程的等待时间下降，于是平均周转时间也就下降。

但 SJF 算法的缺点也是明显的：首先对长作业不公平，对于一个不断有作业进入的批处理系来说，短作业优先法有可能使得那些长作业永远得不到调度执行的机会；其次，未考虑作业的紧迫程度，因而不能保证紧迫性作业被及时处理；另外，作业的长短是根据用户所提供的估计运行时间而定的，未必准确，故该算法实现时不一定能够真正做到最短优先。

3. 最高响应比优先调度算法（Highest Responseratio Next，HRN）

FCFS 作业调度算法，重点考虑的是作业在后备队列的等待时间，对短作业不利；SJF 作业调度算法，重点考虑的是作业所需的 CPU 时间，对长作业不利；最高响应比优先法（HRN）是对 FCFS 方式和 SJF 方式的一种综合平衡。HRN 调度策略同时考虑每个作业的等待时间长短和估计需要的执行时间长短，从中选出响应比最高的作业投入执行。

响应比 R 定义如下：

$$R_i = \frac{T_{iw} + T_{ir}}{T_{ir}} = 1 + \frac{T_{iw}}{T_{ir}}$$

其中 T_{ir} 为该作业估计需要的执行时间，T_{iw} 为作业在后备状态队列中的等待时间。

每当要进行作业调度时，系统计算每个作业的响应比，选择其中 R 最大者投入执行。这样，即使是长作业，随着它等待时间的增加，T_{iw}/T_{ir} 也就随着增加，也就有机会获得调度执行。这种算法是介于 FCFS 和 SJF 之间的一种折中算法。由于长作业也有机会投入运行，在同一时间内处理的作业数显然要少于 SJF 法，从而采用 HRN 方式时其吞吐量将小于采用 SJF 法时的吞吐量。另外，由于每次调度前要计算响应比，系统开销也要相应增加。

【例 3-13】 对于【例 3-10】中的题目，改用 HRN 作业调度算法重新调度。调度过程为 8:00 时刻，系统后备作业队列中只有作业 1，故直接被调度进入内存开始运行，直至 10:00 作业 1 完成。之后每次调度时计算各作业的响应比作为调度的依据。10:00 时刻，计算各作业的响应比如下：

$$R_2=(70+50)/50=2.4$$

$$R_3=(60+10)/10=7$$

$$R_4=(10+20)/20=1.5$$

显然，作业 3 的响应比最高，优先选择作业 3 运行，10:10 运行结束；10:10 时刻，各作业的响应比为：

$$R_2=(80+50)/50=2.6$$

$$R_4=(20+20)/20=2$$

因此，调度作业 2 运行。11:00 时刻，作业 2 运行结束，只剩下作业 4 未执行，无须计算，直接调度运行。

全部作业的运行情况、周转时间和带权周转时间见表 3-6。

表 3-6 采用 HNR 算法时各作业的运行情况

作业	进入系统时刻	运行时间/min	开始运行时刻	运行完成时刻	周转时间/min	带权周转时间/min
1	8：00	120	8：00	10：00	120	1
2	8：50	50	10：10	11：00	130	2.6
3	9：00	10	10：00	10：10	70	7
4	9：50	20	11：00	11：20	90	4.5

4 个作业的平均周转时间和平均带权周转时间为

$$\overline{T} = (120+130+70+90)/4 = 102.5\,\text{min}$$

$$\overline{W} = (1+2.6+7+4.5)/4 = 3.775$$

4. 优先级法

根据作业控制块 JCB 中存放的优先数，优先数高的作业优先被调用。

作业调度中的静态优先级大多按以下原则确定。

1）由用户自己根据作业的紧急程度输入一个适当的优先级。为防止各用户都将自己的作业冠以高优先级，系统应对高优先级用户收取较高的费用。

2）由系统或操作员根据作业类型指定优先级。作业类型一般由用户约定或由操作员指定。例如：可将作业分为：I / O 繁忙的作业，CPU 繁忙的作业，I / O 与 CPU 均衡的作业，一般作业等。

系统或操作员可以给每类作业指定不同的优先级。

3）系统根据作业要求资源情况确定优先级。例如根据估计所需处理机时间、内存量大小、I/O 设备类型及数量等，确定作业的优先级。

3.6 Linux 系统的处理机管理

Linux 是一个多用户、多任务的操作系统。在这样的系统中，各种计算机资源（如文件、内存、CPU 等）的分配和管理都以进程为单位。为了协调多个进程对这些共享资源的访问，操作系统要跟踪所有进程的活动，以及它们对系统资源的使用情况，从而实施对进程和资源的动态管理。

3.6.1 Linux 系统进程与线程

Linux 每个进程与其他进程都是彼此独立的，都有自己的权限和职责。

1. Linux 系统中的进程

进程是程序在处理机上的一次执行过程。Linux 系统中进程的概念也是如此，进程是处于执行期的程序，它是分配系统资源和调度的实体。

在 LINUX 系统中：一个进程是对一个程序的执行；一个进程的存在意味着存在一个“task_struct”结构，它包含着相应的进程控制信息；一个进程可以生成或者消灭其子进程；一个进程是获得和释放系统资源的基本单位。

第 2 点反映了进程的静态特性。

一个进程的静态描述是由 3 部分组成的，即进程状态控制块，进程的程序文本（正文）段以及进程的数据段。

2. Linux 系统中的线程

线程是进程活动的对象。每个线程都有一个独立的程序计数器、堆栈和一组寄存器。Linux 系统将线程看作是一种特殊的进程。线程被视为一个与其他进程共享某些资源的进程。

3.6.2 Linux 系统的进程控制块

Linux 内核利用一个数据结构（task_struct）标志一个进程的存在，表示每个进程的数据结构指针形成了一个 task 数组（Linux 中，任务和进程是两个相同的术语），这种指针数组有时也称为指针向量。这个数组的大小默认为 512，表明在 Linux 系统中能够同时运行的进程最多可有 512。当建立新进程的时候，Linux 为新的进程分配一个 task_struct 结构，然后将其指针保存在 task 数组中。

task_struct 结构的组成主要可分为如下几个部分。

1）进程运行状态信息。该 Linux 进程的运行、等待、停止以及僵死状态。

2）用户标识信息。执行该进程的用户的信息。

3）标识号。pid 用以唯一地标识一个进程，进程还有一个 id 用以标识它在进程数组中的索引。每个进程还有组号、会话号，这些标识用以判断一个进程是否有足够的优先权来访问外设等。

4）调度信息。调度策略、优先级等。

5）信号处理信息。信号挂起标志，信号阻塞掩码，信号处理例程等。

6）进程内部状态标志。调试跟踪标识，创建方法标识，用户 id 改变标识，最后一次系统调用时的错误码等。这些标志一般与具体 CPU 有关。

7）进程链信息。Linux 中有一个 task 数组，其长度为允许进程的最大个数，一般为 512。

```
struct task_struct * task[NR_TASKS] = {&init_task, };
```

对于每一个进程，有两个指针用以形成一个全体进程的循环双向链表（进程 0 为根），还有两个指针用以形成一个可运行进程的循环双向链表。还有一些指针用以指向父进程、子进程、兄弟进程等。

8）等待队列。用于 wait()函数等待子进程的返回。

9）时间与定时器。保存进程的建立时间，以及在其生命周期中所花费的 CPU 时间。应用程序还可以建立定时器，在定时器到期时，根据不同定时器类型发送相应的信号。

10）打开的文件以及文件系统信息。系统需要跟踪进程所打开的文件，以便在适当的时候关闭文件以及判断对文件操作的正确性。子进程从父进程处继承了父进程打开的所有文件的标识符。另外，进程还有指向 VFS（虚拟文件系统）索引节点的指针，分别是进程的主目录以及当前目录。

11）内存管理信息。进程分别运行在各自的地址空间中，需要将虚实地址一一映射对应起来。

12）进程间通信信息。信号量等。

13）上下文信息 tss（task state segment）。在进程的运行过程中，随着系统状态的改变，将影响进程的执行。当调度程序选择了一个新进程运行时，旧进程从运行状态切换为暂停状态，它的运行环境如寄存器、堆栈等，必须保存在上下文中，以便下次恢复运行时使用。

3.6.3 Linux的进程状态及状态变迁

Linux 进程共有如下 5 种状态。

1）TASK_RUNNING：正在运行或者在就绪队列中等待运行的进程状态。也就是前文提到的运行态和就绪态进程的综合。一个进程处于 RUNNING 状态，并不代表他一定在被执行。由于在多任务系统中，各个就绪进程需要并发执行，所以在某个特定时刻，这些处于RUNNING 状态的进程之中，只有一个能得到处理器，而其他进程必须在一个就绪队列中等待。即使是在多处理器的系统中，Linux 也只能同时让一个处理器执行任务。

2）TASK_UNINTERRUPTIBLE：不可中断阻塞状态。处于这种状态的进程在等待队列中，当资源有效时，可由操作系统进行唤醒，否则，将一直处于等待状态。

3）TASK_INTERRUPTIBLE：可中断阻塞状态。与不可中断阻塞状态一样，处于这种状态的进程在等待队列中，当资源有效时，可以有操作系统进行唤醒。与不可中断阻塞状态有所区别的是，处于此状态中的进程亦可被其他进程的信号唤醒。

4）TASK_STOPPED：挂起状态。进程被暂停，需要通过其它进程的信号才能被唤醒。导致这种状态的原因有两种。其一是受到相关信号（SIGSTOP，SIGSTP，SIGTTIN 或 SIGTTOU）的反应。其二是受到父进程 ptrace 调用的控制，而暂时将处理器交给控制进程。

5）TASK_ZOMBIE：僵尸状态。表示进程结束但尚未消亡的一种状态。此时进程已经结束运行并释放掉大部分资源，但尚未释放进程控制块。

Linux 系统的进程状态变迁如图 3-29 所示。

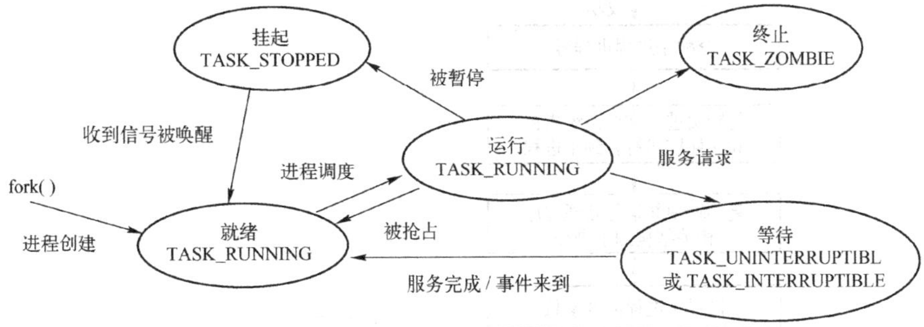

图 3-29　Linux 系统进程状态变迁图

3.6.4 Linux的进程控制

该节主要讨论用户进程的创建、执行和自我终止问题，与此相对应，Linux 系统提供有相应的系统调用 fork()，exec()和 exit()，以便在用户级上实现上述功能。

1．进程的创建

fork 的功能是创建一个子进程。调用 fork 的进程称为父进程。

系统调用 fork 的语法格式是：

```
pid=fork ();
```

从系统调用 fork 返回时，父进程和子进程除了返回值 pid 与 task_struct 结构中某些特性参数不同之外，其他完全相同。CPU 在父进程中时，pid 值为所创建子进程的进程号，若在子进程中时，pid 的值为零。

下面介绍一下 fork 的功能与实现过程。

1）为子进程分配一个 task_struct 结构，将父进程的结构复制到其中，并重新修改那些与父进程不同的数据结构。

2）为子进程赋一个唯一的进程标识号 pid。

3）将父进程的地址空间的逻辑副本复制到子进程。这里的逻辑副本指的是写时复制（Copy on Write）机制。因为大多数情况下，子进程在创建以后会调用 exec 系统执行一个新程序，从而丢弃原有的地址空间，这样原来做的地址空间复制是一个极大地浪费。Linux 通过写时复制机制使子进程暂时共享父进程的有关数据结构，只有在子进程作修改的时候才会为其单独复制出一个副本，这样就减少了不必要的复制工作。

4）复制父进程相关联的有关文件系统的数据结构和用户文件描述符表。

5）复制软中断信号有关数据结构。

6）设置子进程状态为 TASK_RUNNING，并加入就绪队列。

7）对父进程返回子进程的进程标识号，对子进程返回零。

fork 算法的流程图如图 3-30 所示。

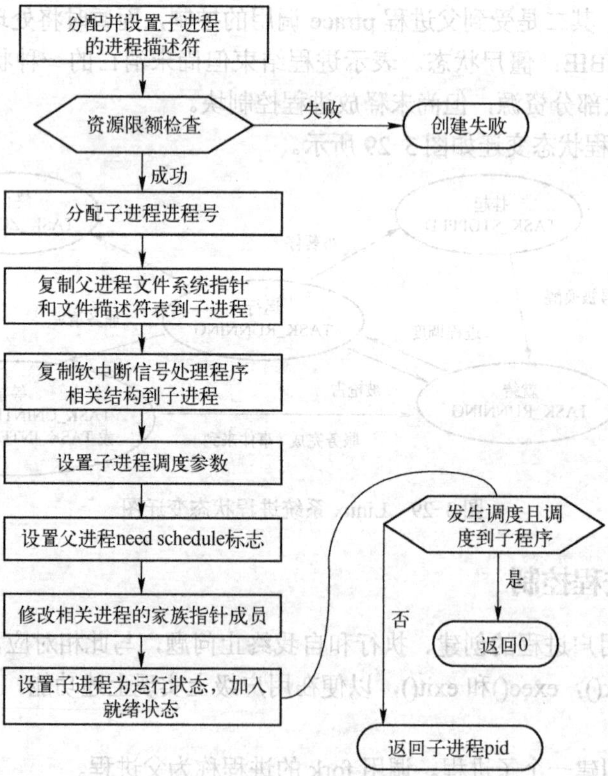

图 3-30　fork 算法的流程图

2．执行一个文件的调用

当父进程使用 fork 创建了子进程后，子进程继承了父进程的正文段和数据段，从而限制了子进程可以执行的程序规模。那么，子进程用什么办法来执行那些不属于父进程正文段和数据段的呢？这就是利用系统调用 exec()或 execе()。系统调用 exec 引出另一个程序，它用一个可执行文件的副本覆盖调用进程的正文段和数据段，并以调用进程提供的参数转去执行这个新的正文段程序。

系统调用 exec()包含 6 种不同的调用格式，但它们都完成同一工作，即把文件系统中的可执行文件调入并覆盖调用进程的正文段和数据段之后执行。有关 exec 的各种系统调用的区别主要在参数处理方法上。这些系统调用使用不同的输入参数、环境变量和路径变量。这里，系统调用 execvp()和 execlp()在程序中经常用到，其调用格式是：

```
execvp (filename， argp);
execlp (filename， arg0 ， arg1， ...， (char(*)0);
```

其中，filename 是要执行的文件名指针，argp 是输入参数序列的指针， 0 是参数序列的结束标志。

【例 3-14】 用 execlp 调用实现一个 Shell 的基本处理过程。

利用 fork()和 exec()可实现一个 Shell 的基本功能。用户输入命令后，按以下步骤执行用户命令。

1）利用 fork()，创建子进程。

2）利用 exec()，启动命令程序。

3）利用 wait()，父进程和子进程同步。

程序代码如下：

```
#include 〈stdio.h〉
main ()
{  char   command［32］;
   char   * prompt = " $ ";
   while (printf ("%s" , prompt) ,gets (command) != NULL)
     {  if (fork ()= = 0)
        execlp (command , command , (char (*)0) ;
        else
        wait (0) ;
     }
}
```

3. 进程终止

Linux 系统提供 exit()系统调用以终止某一个进程。其主要功能由 do_exec()函数完成。

由 do_exec()函数的主要功能如下。

1）将 task_struct 中的 flags 字段设置为 PF_EXECING 标志，以表示该进程正在被删除。

2）分别调用 exit_mm()、exit_sem()、exit_files()、exit_fs()、exit_namespace()和 exit_thread()函数从进程描述符中分离出与分页、信号量、文件系统、打开文件描述符、命名

空间相关的数据结构。若无别的进程共享这些数据结构，则彻底释放它们。

3）将进程描述符的 exit_code()字段设置为进程的终止代码，该终止代码可供父进程随时检索。

4）调用 exit_notify()向父进程发信号，更新父进程和子进程的亲属关系，并将进程状态设置为 TASK_ZOMBIE。

5）最后，调用 schedule()进程调度程序，调另一个进程运行。

进程终止后，此进程处于僵死状态，但系统还保留了它的进程描述符。只有父进程发出了与被终止进程相关的 wait()系统调用后，子进程的 task_struct 结构才能释放。

wait()系统调用在最后调用 release_task()。release_task()函数调用 put_task_struct()，以释放进程内核和 thread_info()结果所占用的页并释放 task_struct 所占的空间。至此，task_struct 结构和进程所占的所有资源就全部释放了。

4. 进程等待

Linux 设置了 TASK_INTERRUPTIBLE 和 TASK_UNINTERRUPTIBLE 两种进程等待状态。它们的区别是，处于 TASK_INTERRUPTIBLE 状态的进程如果接收到一个信号会被提前唤醒并响应该信号，而处于 TASK_UNINTERRUPTIBLE 状态的进程会忽略信号。

Linux 系统设置了进程等待队列，等待队列的实质是由等待某一事件发生的进程组成的进程链表，Linux 内核用 wake_queue_head_t 表示等待队列。

（1）进程等待

进程等待的主要步骤如下。

1）调用 declare_waitqueue()创建一个等待队列的元素。

2）调用 add_wait_queue()将该元素加入到等待队列。

3）进程的状态设置为 TASK_INTERRUPTIBLE 状态或 TASK_UNINTERRUPTIBLE 状态。

4）转进程调度程序 schedule()。

（2）进程唤醒

由于进程等待状态有 TASK_INTERRUPTIBLE 状态和 TASK_UNINTERRUPTIBLE 状态两种，所以当信号到来或发生所等待的事件时都会唤醒进程。

进程唤醒的主要步骤。

1）当进程状态设置为 TASK_INTERRUPTIBLE，则由信号唤醒进程，这是所谓的伪唤醒（不是直接由所等待的事件唤醒），因此需要检查并处理信号。

2）若检查条件为真（所等待的事件发生），转 4)；若条件不为真，转进程调度 schdule()。

3）当进程被唤醒时（因事件发生），检查条件是否为真，若为真转 4)；否则转进程调度 schdule()。

4）当条件满足时，进程状态设置为 TASK_RUNNING，并调用 remove_wait_queue()将该进程移出等待队列。

5）调用 rry_to_wait_up()，该函数将进程状态设置为 TASK_RUNNING，再调用 activake_task()将此进程加入到可执行队列。若被唤醒进程的优先级比当前正在运行的进程的优先级高，设置 need_resched 标志。

3.6.5 Linux 的进程调度

Linux 的进程调度由核心的调度过程 schedule()实现。Linux 中没有三级调度中的高级调度和中级调度。

1．调度原理

Linux 系统的进程调度对实时进程和普通进程采用不同的调度算法。对普通进程采用的是基于时间片的动态优先数调度法。即系统给进程分配一个时间片，当时间片结束时，动态计算该进程的优先级，若优先级高于当前就绪态进程时，系统设置调度标识，在核心态转换到用户态前由 schdule()过程调用优先级高的进程执行，并把被抢走的进程保存到就绪队列中。Linux 的进程调度按时间片计算优先级，并按优先级的高低来调度进程抢占处理机。因此 Linux 的调度是基于时间片加优先级的。

Linux 中发生进程调度的时机有两个：一是进程自动放弃处理机时主动转入调度过程，例如，当进程因申请系统资源而未得到满足，从而调用 sleep()放弃处理机，或者是进程为了与其他进程同步而调用 wait()放弃了处理机，或由于执行了 exit()调用，终止了当前进程；二是由核心态转入用户态时，系统设置了高优先级就绪进程的强迫调度标准 need_resched，如果该标志为 1，则运行调度过程。从核心态向用户态转换的机会很多，例如从中断处理、陷阱处理和系统调用等返回。

2．调度策略和优先数的计算

Linux 把进程分为普通进程和实时进程。实时进程的优先级比普通进程高，Linux 总是优先调度实时进程，以便满足实时进程对响应时间的要求。

Linux 使用 3 种调度策略：动态优先数调度、先来先服务调度和轮转法调度。其中动态优先数调度策略适用于普通进程，后两种调度策略用于实时进程。

实时进程将得到优先调用，实时进程根据实时优先级决定调度权值。分时进程（普通进程）则通过 nice 和 counter 值决定权值，nice 越小，counter 越大，被调度的概率越大，也就是曾经使用了 CPU 最少的进程将会得到优先调度。

进程可以通过 sched_setscheduler()系统调用选择适合自己的调度策略。如果选择了两种实时调度中的任何一种，该进程就转变为一个实时进程。进程的调度策略保存在进程描述符中，并且被子进程继承，所以实时进程的子进程仍然是一个实时进程。

（1）先来先服务调度策略

优先调度最早进入就绪队列的进程。进程被调度将一直执行，直到其运行结束或阻塞或具有更高优先级的进程进入就绪队列。如果正在运行的进程被抢占，它将继续处于其优先级队列的首部；如果阻塞的话，再次成为就绪进程时，将进入其所处的优先级队列的尾部。

（2）轮转法调度策略

基本和先来先服务相同，不同的是进程只执行一个时间片，时间片一到，该进程就被加入到它所处的优先级队列的尾部。

（3）动态优先数调度策略

从内存就绪队列中选取优先数最大的进程运行。Linux 核心通过 goodness()函数计算进程的优先级数。计算式为：

$$weight=counter+priority-nice$$

其中，priority 是一个常数，固定值为 20。counter 是进程可用的时间片的动态优先级，根据每个任务的 nice 值确定在 CPU 上的执行时间 counter。nice 是系统允许用户设置的一个进程优先数偏移值，Linux 中，nice 值默认为 0，但进程可以通过系统调用 nice()设置成 −20～19 的数，但只有超级用户可以通过 nice 系统调用提高进程的运行优先级，而普通用户只能降低进程的优先级。

进程创建时父进程的 counter 值被平分为两部分，一半被保留给父进程，另一半则由子进程获得。由此可见 fork 出子进程后，父进程拥有的时间片并不会增加，这样避免了用户通过 fork 子进程耗尽 CPU 资源。在时间中断中，当前的 counter 被减少，这样就逐渐降低了正在运行中的进程的优先级，使处于就绪队列中的低优先级进程得到运行机会。

如果所有运行队列中的时间片都用完了，则调度程序会重新计算所有进程的可用时间片的优先级，计算公式是：

$$counter=counter/2+nice$$

这样处于等待或睡眠状态的进程会周期性地得到提升优先级的机会。

3.6.6 Linux 的进程通信

Linux 中的进程通信分为 3 部分：低级通信、管道通信和进程间通信 IPC（interprocess communacation，IPC）。同时支持计算机间通信（网络通信）用的 TCP/IP 协议。

1．Linux 的低级通信

Linux 的低级通信主要用来传递进程间的控制信号。主要是文件锁和软中断信号机制。

1）软中断信号的目的是通知对方发生了异步事件。软中断是对硬件中断的一种模拟，发送软中断就是向接收进程的 proc 结构中的相应项发送表 3-7 中的一个信号。接收进程在收到软中断信号后，将按照事先的规定去执行一个软中断处理程序。但是，软中断处理程序不像硬中断处理程序那样，收到中断信号后立即被启动，它必须等到接收进程执行时才能生效。一个进程自己也可以向自己发送软中断信号，以便在某些意外的情况下，进程能转入规定好的处理程序。例如，大部分陷阱都是由当前进程自己向自己发送一个软中断信号而立即转入相应处理的。

表 3-7 Linux 软中断信号

软中断号	符号名	功能	软中断号	符号名	功能
1	SIGHUP	用户终端连接结束	17	SIGCHLD	子进程消亡
2	SIGINT	键盘输入〈DELETE〉键	18	SIGCONT	继续进程的执行
3	SIGQUIT	键盘输入〈QUIT〉键	19	SIGSTOP	停止进程的执行
4	SIGILL	非法指令	20	SIGTSTP	键盘输入〈SUSP〉键
5	SIGTRAP	断点或跟踪指令	21	SIGTTIN	后台进程读控制终端
6	SIGABRT	程序 ABORT	22	SIGTTOU	后代进程写控制终端
7	SIGBUS	非法地址	23	SIGURC	socket 收到紧急数据
8	SIGFPE	浮点溢出	24	SIGXCPU	超过 CPU 资源限制
9	SIGKILL	要求终止该进程	25	SIGXFSZ	超过文件资源限制
10	SIGUSR1	用户定义	26	SIGVTALRM	虚拟时钟定时信号
11	SIGSEGV	段违例	27	SIGPROF	虚拟时钟定时信号 2
12	SIGUSR2	用户定义	28	SIGWINCH	窗口大小改变
13	SIGPLPE	PLPE 只有写者无读者	29	SIGIO	IO 就绪
14	SIGALRM	时钟定时信号	30	SIGPWR	电源失效
15	SIGTERM	软件终止信号	31	SIGSYS	系统调用错
16	SIGSTKFLT	协处理器的堆栈异常			

2）文件锁库函数可以用于互斥，其格式是：

```
lockf (fd, function , size)
```

其中，fd 是被锁定文件标识，function 是控制值。size 表示自 fd 文件的 size 个相连字节之后开始锁定程序段。如果 size 等于零，则表示从调用 lockf 后开始锁定。

用于同步的系统调用是 wait()或 sleep(n)。其中，wait()用于父子进程之间的同步，而 sleep 则使得当前进程睡眠 n 秒后自动唤醒自己。

系统调用 kill(pid,sig) 和 signal(sig,func)被用来传递和接收软中断信号。一个用户进程可调用 kill(pid,sig) 向另一个标识号为 pid 的用户进程发送软中断信号 sig。

标识号为 pid 的进程通过 signal(sig,func)捕捉到信号 sig 之后，执行预先约定的动作 func，从而达到这两个进程的通信目的。一个经常用到的例子是 signal(SIGINT,SIG-IGN)，表示当前进程不做任何指定的工作而忽略键盘中断信号的影响。

2．进程间通信

IPC 是 UNIX System V 的一个核心程序包，它负责完成 System V 进程之间的大量数据传送工作。Linux 完整继承了 System V 进程间通信 IPC。

IPC 软件包分 3 个组成部分：

- 消息（Message）：用于进程之间传递分类的格式化数据。
- 共享存储器（Shared Memory）：方式可使得不同进程通过共享彼此的虚拟空间而达到互相对共享区操作和数据通信的目的。
- 信号量（Semaphore）：机制用于通信进程之间同步控制。信号量通常和共享存储器方式一起使用。

下面，简单地介绍 3 种通信机制的系统调用。

（1）消息机制

消息机制提供 4 个系统调用。它们是：

msgqid ＝ msgget (key, msgflg)，生成一个新的表项并返回描述字。

msgctl (msgqid, cmd, buf)，用来设置和返回与 msgqid 相关联的参数选择项，以及用来删除消息描述符的选择项。

msgsnd (msgqid, msgp, msgsz, msgflg)，发送一个消息。

msgrcv (msgqid, msgp, msgsz, msgtyp, msgflg)，接收一个消息。

（2）共享存储区机制

进程能够通过共享虚拟地址空间的若干部分，然后对存储在共享存储区中的数据进行读和写来直接地彼此通信。操纵共享存储区的系统调用类似于消息机制，共有 4 个系统调用。

1）建立新的共享区或返回一个已存在的共享存储区描述字的 shmget(key,size,flag) 。其中，key 是用户指定的共享区号，size 是共享存储区的长度，而 flag 则与 msgget 中的 msgflg 含义相同。

2）将物理共享区附接到进程虚拟地址空间的调用 shmat(shmid,addr,flag)。其中，shmid 是 shmget 返回的共享区描述字，而 addr 是将共享区附接到其上的用户虚拟地址，当 addr 等于零时，系统自动选择适当地址进行附接（默认）。flag 规定对此区是否是只读的，以及核心是否应对用户规定的地址作舍入操作。shmat 返回系统附接该共享区后的虚拟地址。

3）进程从其虚拟地址空间断接一个共享存储区的系统调用 shmdt(addr)。其中，addr 是 shmat 返回的虚拟地址。

4）查询及设置一个共享存储区状态和有关参数的系统调用 shmctl(shmid,cmd,buf)。其中，shmid 是共享存储区的描述字，cmd 规定操作类型，而 buf 则是用户数据结构的地址，这个用户数据结构中含有该共享存储区的状态信息。

（3）信号量机制

信号量机制是基于前面所述的 P、V 原语原理的。System V 中一个信号量由以下几部分组成：

- 信号量的值，一个整数。
- 最后一个操纵信号量的进程的进程 ID。
- 等待着信号量值增加的进程数。
- 等待着信号量值等于零的进程数。

信号量机制提供下列系统调用对信号量进行创建、控制、以及 P、V 操作。

1）用于产生一个信号量数组以及得以存取它们的系统调用 semget(semkey,count,flag)。其中，semkey 和 flag 类似于建立消息和共享存储区时的这些参数。semkey 是用户指定的关键字，count 规定信号量数组的长度，flag 为操作标识。semget 用来创建信号量数组或查找已创建信号量数组的描述字。例如：

semid = semget (SEMKEY，2，0777 | IPC-CREAT) ;

创建一个关键字为 SEMKEY 的含有两个元素的信号量数组。

2）用于 P、V 操作的系统调用 semop (semid, oplist, count) 。其中，semid 是 semget 返回的描述字，oplist 是用户提供的操作数组的指针，count 是该数组的大小。semop 返回在该组操作中最后被操作的信号量在操作完成前的值。

用户定义的操作数组中的每个元素包含 3 个内容，它们是信号量序号、操作内容（对信号量进行 P 操作或 V 操作的值）、标识。一个数组可同时包含对 n（n＞1）个信号量的操作。

semop 根据操作数组所规定的操作内容改变信号量的值。如果操作内容为正数（V 操作），则它将该信号量增加该操作内容的值，并唤醒所有等待此信号量值增加的进程。如果操作内容为零，则 semop 检查信号量的值，若为零，semop 执行对同一操作数组中其他信号量的操作；如果操作内容是负数且绝对值小于等于信号量值，则 semop 从信号量值中减去操作内容；否则，调用 sleep 让该进程睡眠在等待信号量值增加的事件上。

3）对信号量进行控制操作的系统调用 semctl(semid, number, cmd,arg)。其中，semid 是 semget 返回的信号量的描述字，number 是对应于 semid 的信号量数组的序号，cmd 是控制操作命令，arg 是控制操作参数，是一个 union 结构：

```
union  semun  {
                int       val ;
                struct semid-ds *buf ;
                unsigned short *array ;
                }  arg ;
```

系统根据 cmd 的值解释 arg，并完成对信号量的删除、设置或读信号量的值等操作。

这 3 种 IPC 的通信机制使用消息和共享存储区方式使多个进程使用同一介质（消息队列或共享存储区）进行通信。这优于管道等通信方式。但是，由于各系统调用中使用的关键字的语义很难扩展到一个网络上（不同的机器上同一关键字可以描述不同的对象），因此，IPC 仍是属于单一机器环境下的通信机构。

思考与练习

一、选择题

1．分时系统通常采用（　　）策略为用户服务。

A．先来先服务　　B．短作业优先　　C．高优先权　　D．时间片轮转

2．某系统中有 3 个并发进程，都需要 4 个同类资源。试问该系统不会产生死锁的最少资源数应该是（　　）。

A．9　　B．10　　C．11　　D．12

3．若 P、V 操作的信号量 S 初值为 3，当前值为–2，则表示有（　　）等待进程。

A．1 个　　B．2 个　　C．3 个　　D．4 个

4．如下的进程状态变化，不可能发生的是（　　）。

A．运行→就绪　　B．运行→等待　　C．等待→就绪　　D．等待→运行

5．操作系统通过（　　）对进程进行管理。

A．JCB　　B．CHCT　　C．PCB　　D．DCT

6．死锁的预防是根据（　　）采取措施实现的。

A．配置足够的系统资源　　B．使进程的推进顺序合理

C．破坏死锁的 4 个必要条件之一　　D．防止系统进入不安全状态

7．当 CPU 执行操作系统代码时，称处理机处于（　　）。

A．执行态　　B．目态　　C．管态　　D．就绪态

8．在单处理机系统中实现并发技术后，（　　）。

A．各进程在某一个时刻并行运行，CPU 与外设间并行工作

B．各进程在某一个时间段内并行运行，CPU 与外设串行工作

C．各进程在某一个时间段内并行运行，CPU 与外设并行工作

D．各进程在某一个时刻并行运行，CPU 与外设间串行工作

9．单处理机系统中，可并行的是（　　）。

Ⅰ.进程与线程　　Ⅱ.处理机与设备　　Ⅲ. 处理机与通道　　Ⅳ.设备与设备

A．Ⅰ、Ⅱ和Ⅲ　　B．Ⅰ、Ⅱ和Ⅳ

C．Ⅰ、Ⅲ和Ⅳ　　D．Ⅱ、Ⅲ和Ⅳ

10．下列进程调度算法中，综合考虑进程等待时间和执行时间的是（　　）。

A．时间片轮转调度方法　　B．短进程优先调度方法

C．先来先服务调度方法　　D．高响应比优先调度方法

11．4.某计算机系统中有 8 台打印机，由 K 个进程竞争使用，每个进程最多需要 3 台打印机。该系统可能会发生死锁的 K 的最小值是（　　）。

A. 2　　　　　　B. 3　　　　　　C. 4　　　　　　D. 5

12. 临界区是（　　）。

A. 一个缓冲区　　　　　　　　B. 一段共享数据区

C. 一段程序　　　　　　　　　D. 一个互斥资源

二、问答题

1. 程序在顺序执行时具有哪些特性？程序在并发执行时具有哪些特性？

2. 什么是进程？进程与程序的主要区别是什么？

3. 什么是进程控制块，它有什么作用？

4. 进程一般具有哪3个主要状态？举例说明状态转换的原因。

5. 如图3-31是一个进程状态变迁图，试问：

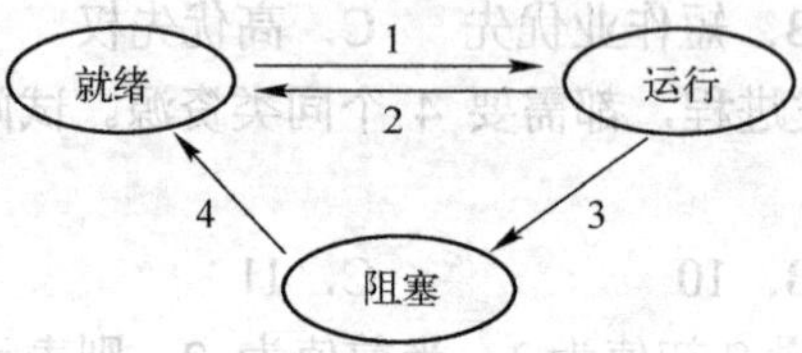

图3-31　进程状态变迁图

1）是什么事件引起每种状态的变迁？

2）在什么条件下，一个进程的变迁3能够立即引起另一个进程的变迁1？

3）在什么情况下将发生后面的因果变迁：2→1；3→2；4→1。

6. 对于时间片轮转进程调度算法、不可抢占处理器的优先数调度算法、可抢占处理器的优先调度算法，分别画出进程状态转换图。

7. 试分析作业、进程、线程三者之间的关系。

8. 在分时系统中，进程调度是否只能采用时间片轮转调度算法？为什么？

9. 什么是原语操作？什么是进程控制原语？

10. 什么是与时间有关的错误？试举例说明。

11. 什么是临界资源和临界区？

12. 什么是进程的互斥？什么是进程的同步？同步和互斥这两个概念有什么区别和联系？

13. 设s1和s2为两个信号量变量，下列8组P、V操作哪些可以并行执行？哪些不能并行执行？为什么？

1）(P(s1)，P(s2)　　　　　　　　2）P(s1)，V(s2)

3）V(s1)，P(s2)　　　　　　　　4）V(s1)，V(s2)

5）P(s1)，P(s1)　　　　　　　　6）P(s2)，V(s2)

7）V(s1)，P(s1)　　　　　　　　8）V(s2)，V(s2)

14. 设有进程A，B，C分别调用过程get，copy和put对缓冲区S和T进行操作。其中get负责把数据块输入缓冲区S，copy负责从缓冲区S中提取数据块并复制到缓冲区T中，put负责从缓冲区T中取出信息打印（见图3-32）。描述get，copy及put的操作过程。

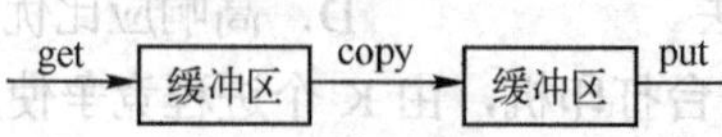

图3-32　三进程对缓冲区操作图

15．设有一个可以装入 A、B 两种物品的仓库，其容量无限大，但是要求仓库中 A、B 两种物品的数量满足下述不等式：

$$-m \leq A物品数量 - B物品数量 \leq n$$

其中，m 和 n 为正整数。试用信号量和 P、V 操作描述 A、B 两种物品的入库过程。

16．阅览室共 100 个座位。用一张表来管理它，每个表目记录座号以及读者姓名。读者进入时要先在表上登记，退出时要注销登记。试用信号量及其 P、V 操作来描述各读者“进入”和“注销”工作之间的同步关系，画出其工作流程。

17．公共汽车上有司机和前、后门的两个售票员，其活动分别如下。

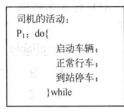

```
司机的活动：
P1：do{
        启动车辆；
        正常行车；
        到站停车；
    }while
```

```
前门售票员的活动：
P1：do{
        关前门；
        正常行车；
        开前门；
    }while
```

```
后门售票员的活动：
P1：do{
        关后门；
        正常行车；
        开后门；
    }while
```

图 3-33　司机-售票员活动

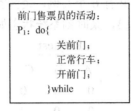

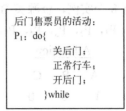

为安全起见，要求：前、后门关闭后方能启动车辆，到站停车后方能开前、后门、试用信号量、P、V 操作实现司机、售票员之间的合作。

18．设系统中有 5 台类型相同的打印机，依次编号为 1～5。又设系统中有 n 个使用打印机的进程，使用前申请，使用后释放。每个进程有一个进程标识，用于区别不同的进程。每个进程还有一个优先数，不同进程的优先数各异。当有多个进程同时申请打印机时，按照进程优先数由高到低的次序实施分配。试用信号量和 P、V 操作实现对打印机资源的管理，即要求编写如下函数和过程。

1）函数 require(pid,pri)：申请一台打印机。参数 pid 为进程标识，其值为 1～n 之间的一个整数；pri 为进程优先数，其值为正整数。函数返回值为所申请到的打印机的编号，其值为 1～5 的一个整数。

2）过程 return(prnt)：释放一台打印机。参数 prnt 为所释放打印机的编号，其值为 1～5 的一个整数。

19．试说明在生产者-消费者问题中，将两个 P 操作的次序颠倒后会不会发生死锁？为什么？若将两个 V 操作次序颠倒会出现类似的问题吗？

20．在银行家算法中，出现如下资源分配情况：

	Allocation				Need				Avaliable			
	A	B	C	D	A	B	C	D	A	B	C	D
P_0	0	0	3	2	0	0	1	2	1	6	2	3
P_1	1	0	0	0	1	7	5	0				
P_2	1	3	5	4	2	3	5	6				
P_3	0	3	3	2	0	6	5	2				
P_4	0	0	1	4	0	6	5	6				

试问：

1）当前状态是否安全？

2）如果进程 P_2 提出请求 Request[2]=(1，2，2，2)，系统是否能将资源分配给它？试说明原因。

21．什么是死锁？死锁产生的必要条件是什么？

22．解除死锁的方法有哪些？

23．什么是系统安全状态？

24．某系统采取死锁检测手段以发现死锁，设系统中的资源类集合为{A，B，C}，资源类 A 中共有 8 个实例，资源类 B 中共有 6 个实例，资源类 C 中共有 5 个实例。又设系统中进程集合为{ P_1，P_2，P_3，P_4，P_5，P_6 }，某时刻系统状态如下。

	Allocation			Request			Avaliable		
	A	B	C	A	B	C	A	B	C
P_1	1	0	0	0	0	0	2	2	1
P_2	3	2	1	0	0	0			
P_3	0	1	2	2	0	2			
P_4	0	0	0	0	0	0			
P_5	2	1	0	0	3	1			
P_6	0	0	1	0	0	0			

1）在上述状态下，系统依次接收如下请求：Request[1]=(1，0，0)，Request[2]=(2，1，0)，Request[4]=(0，0，2)。给出系统状态变化的情况，并说明没有死锁。

2）在由 1）所确定的状态下，系统接收如下请求：Request[1]=(0，3，1)，说明此时已发生死锁，并找出参与死锁的进程。

25．进程是否会因为竞争处理器资源而发生死锁？为什么？

26．进程是否会因为竞争处理机资源而发生死锁？为什么？

27．试用管程实现读者-写者问题。

28．有 3 个作业如表 3-8 所示，分别采用先来先服务和短作业优先作业调度算法，计算它们的平均周转时间各是什么？你是否还可以给出一种更好的调度算法，使其平均周转时间优于这两种调度算法？

表 3-8　3 个作业信息

作　业	到 达 时 间	所需 CPU 时间/min
1	0.0	8
2	0.4	4
3	1.0	1

29．假设有 4 个作业，他们的提交时间及执行时间由表 3-9 给出。

计算在单道程序环境下，采用先来先服务调度算法和最短作业优先调度算法时的平均周转时间和平均带权周转时间，并指出它们的调度顺序。

表 3-9　4 个作业提交信息

作 业 号	提 交 时 刻	执行时间/h
1	10:00	2
2	10:20	1
3	10:40	0.5
4	10:50	0.3

30．设有按 P1、P2、P3、P4 次序到达的 4 个进程，估计 CPU 使用时间如表 3-10 所示，采用先到先服务算法和短作业优先算法，并计算各自的平均等待时间。

表 3-10　4 个进程的估计 CPU 使用时间

进　程	所需 CPU 时间/ms
P1	20
P2	8
P3	5
P4	18

31．设有 4 个作业 J_1、J_2、J_3、J_4，其提交时间与运行时间如表 3-11 所示。试采用先到先服务、最短作业优先、最高响应比优先调度算法，分别求出各作业的周转时间、带权周转时间，以及所有作业的平均周转时间、平均带权周转时间。

表 3-11　4 个作业提交信息

作 业 名	提 交 时 刻	运行时间/h
J1	10:00	2
J2	10:20	1
J3	10:50	0.5
J4	11:10	0.8

第4章 主存管理

主存作为计算机系统中的重要资源，有着不可替代的作用。可被 CPU 直接利用，即可被 CPU 直接访问。既然主存有如此重要的地位，能否合理地使用它，会在很大程度上影响整个计算机系统的性能。

计算机系统中的存储器可以分为两种：内存储器（主存储器）和辅助存储器。一个进程在计算机上运行，操作系统必须为其分配主存空间，使其部分或全部驻留在主存中。因为 CPU 仅从主存中读取程序指令执行，不能直接读取辅助存储器上的程序。但是，主存比辅存昂贵，是一种宝贵而有限的资源，计算机技术的发展尤其是多道程序和分时技术的出现，要求操作系统的存储管理机构必须解决以下问题。

- 内存分配。多个进程同时在系统中运行，都要占用主存，那么主存控件如何进行合理的分配，决定了主存是否能得到充分利用。
- 存储保护。多个进程在系统中运行必须保证它们之间不能互相冲突、互相干扰和互相破坏。
- 地址变换。程序是在连续区域中，还是划分成若干块放在不同区域中？是事先划分，还是动态划分？各种存储分配方案是与软件和硬件的地址变换技术及其机制紧密相关的。
- 存储共享。多个进程可能共同使用同一系统软件。
- 存储扩充。即所谓的虚拟存储管理技术。

各种操作系统之间最明显的区别之一就在于它们所采用的存储管理方案不一样。目前，基本上可概括成两大类：连续分配管理和离散分配管理。其中连续分配管理又称为分区管理，离散分配管理分为虚拟页式管理、虚拟段式管理和虚拟段页式管理。下面逐一讨论各个方案的基本思想和实现技术。

4.1 存储管理概述

在计算机的发展历程中，不管是单道程序系统，还是多道程序系统，内存利用始终是一个重要环节。在计算机工作时，程序处理的典型过程是这样的，首先 CPU 通过程序计数器中的值从内存中取得相应的指令，指令被译码后根据要求可能会从存储器中再取得操作数。对操作数处理完成后，操作结果又会存储到存储器中。在这个过程中，操作系统需要保证程序执行中按照适当的顺序从正确的存储器单元中存取指令或者数据，也就是说有效管理存储器的存储空间，根据地址实现上述任务。

大容量的内存是我们一直追求和努力的目标，我们看到 CPU 由 8086 到 286、386、486，直到目前的酷睿 I7，内存标准配置也由 512KB 到 1GB、2GB、4GB，直到现在的 8GB

或者更高。但不管如何，内存管理的主要任务仍然是合理地建立用户程序与内存空间的对应关系，为各道程序分配内存空间，运行完成后再予以回收，而且始终要保证系统程序和各用户程序安全。简单地说，内存管理包括地址映射、内存分配和内存保护功能。虽然现在内存的容量在不断加大，但价格却不断下降，有资料表明，10 年前的内存价格相当于现在的 500 倍。但是用户程序的规模也在成百上千倍地增长，对内存容量的要求似乎没有上限，所以就要求内存管理能够提供内存扩充功能，即利用单位价格更为便宜的外存来模拟为内存，让用户透明使用。这就是内存管理的虚拟功能。

4.1.1 基本概念

从主存的角度考虑，主存管理应从以下两方面介绍：主存分区分配方式和主存内程序地址的组织方式。

1. 主存分区分配方式

在现代操作系统中，主存区域以分块的方式实现共享。大致有两种分法：一是在系统运行之前就将主存空间划分为大小相等的若干个区域，这些大小相等的区域称为块，以块为单位进行存取，根据用户的实际需要决定分配的块数，即称之为静态等长分区的分配。这种主存分区分配方式经常用于页式存储管理和段页式存储管理方式中。二是在系统运行的过程中将主存空间划分为大小不等的区域，根据用户作业的实际大小决定分片区域的大小，即称之为动态异常分区的分配。这种主存分区分配方式在一定程度上解决了第一种方法遗留的内部碎片的问题，但是随之又带来另外一个问题——外部碎片。它经常应用于段式存储管理方式中。

2. 主存内程序地址的组织方式

主存储器内部的地址空间是从零开始顺序编号，直到主存的上界为止，即是一维的（或称线性的）存储空间。要想让应用程序在主存中出入正常，就必须让其地址空间符合主存的一维地址空间，即地址重定位。

地址重定位分为两种：一是静态重定位，即程序进入内存之前把其地址转换为主存地址，即物理地址，进入之后不能改变地址。这种重定位方式使得主存在管理进程时，要求进程必须一次性全部进入内存，即实现了主存的连续分区管理。二是动态重定位，即程序以打包的方式进入内存，待程序开始执行时地址才发生改变，且只改变执行指令的那条程序的地址。这种重定位方式使得主存管理真正意义上实现了虚拟存储。

（1）地址重定位

在操作系统中，把用户程序指令中的相对地址变为所在主存绝对地址空间中的绝对地址的过程，称为“地址重定位”。

主存的作用是存储程序和数据，它由一组顺序编号的存储单元组成，编号为存储单元的地址。显然，主存空间是一维线性空间。一个单元的单元地址具有唯一性，而存储在里面的内容是可以改变的。在操作系统中，单元地址被称之为主存的“绝对地址”或“物理地址”，主存地址的集合称为“主存空间”或“物理地址空间”。

在多道程序设计环境下，用户无法事先约定各自占用内存的哪个区域，也不知道自己的程序会放在内存的什么位置，但程序地址如果不反映其真实的存储位置，就不可能得到正确的执行。

主存空间相较于辅存空间比较小，而 CPU 在读取数据，处理数据的时候是和主存进行直接通信的，鉴于上述两点，主存空间里的内容在不断更新，而程序地址空间是有一维线性结构和二维段式结构这两种组织方式，要想让用户程序在内存中来去自如，这就要求用户程序的相对地址和主存的绝对地址一一对应。

根据对指令中地址实行定位时间的不同，可以有两种不同的地址定位方式：静态地址重定位方式和动态地址重定位方式。

（2）静态地址重定位

在多道程序设计环境下，用户事先无法、也不愿意知道自己的程序会被装入到内存的什么位置，他们只是向系统提供相对于“0”编址的程序。因此，系统必须有一个“重定位装入程序”，它的功能有 3 个：

- 根据当前内存的使用情况，为欲装入的二进制目标程序分配所需的存储区。
- 根据所分配的存储区，对程序中的指令地址进行重新计算和修改。
- 将重定位后的二进制目标程序装入到指定的存储区中。

采用这种重定位方式，用户向装入程序提供相对于“0”编址的二进制目标程序，无须关注程序具体的装入位置。通过重定位装入程序的加工，目标程序就进入到了分配给它的物理地址空间，程序指令中的地址也都被修改为正确反映该空间的情形。由于这种地址重定位是在程序执行前完成的，因此常被称为是地址的“静态重定位”或“静态地址绑定”。

地址的静态重定位有如下特点。

- 静态重定位由软件（重定位装入程序）实现，无须硬件提供支持。
- 静态重定位是在程序运行之前完成地址重定位工作的。
- 地址重定位的工作是在程序装入时被一次集中完成的。
- 物理地址空间中的目标程序与原逻辑地址空间中的目标程序面目已不相同，前者是后者进行地址调整后的结果。
- 实施静态重定位后，位于物理地址空间里的用户程序不能在内存中移动，除非重新进行地址定位。
- 适用于多道程序设计环境。

举例说明，假定用户程序 A 的相对地址空间为 0～3KB（0～3071），在该程序中地址为 3000 的地方，有一条调用子程序（其入口地址为 100）的指令：“call 100”，如图 4-1a 所示。

很明显，用户程序指令中出现的都是相对地址，即都是相对于“0”的地址。若当前操作系统在内存储器占用 0～20KB 的存储区。这时，如果把程序 A 装入到内存储器中 20KB 往下的存储区域中，那么，它这时占据的是内存储器中 20～23KB 的区域。这个区域就是它的绝对地址空间。现在它还不能正确运行，因为在执行到位于绝对地址 23480（20KB+3000）处的“call 100”指令时，它会到绝对地址 100 处去调用所需的子程序，但这个地址却在操作系统里面，如图 4-1b 所示。之所以出错是因为 call 后面所跟随的子程序入口地址现在应该是 20580，而不应该保持原来的 100。这表明，当把一个程序装入内存后，如果不将其指令中的地址进行调整，以反映当前所在的存储位置，那么执行时势必会引起混乱。

在图 4-1c 中，由于是把程序 A 装入到（20KB～23KB）绝对地址空间里，因此 call 指令中相对地址 100 所对应的绝对地址是 20KB+100=20580。如果把程序 A 装入到（22KB～25KB）的绝对地址空间中，那么 call 指令中相对地址 100 所对应的绝对地址就应该是

22KB+100=22628 了。如图 4-1d 所示。

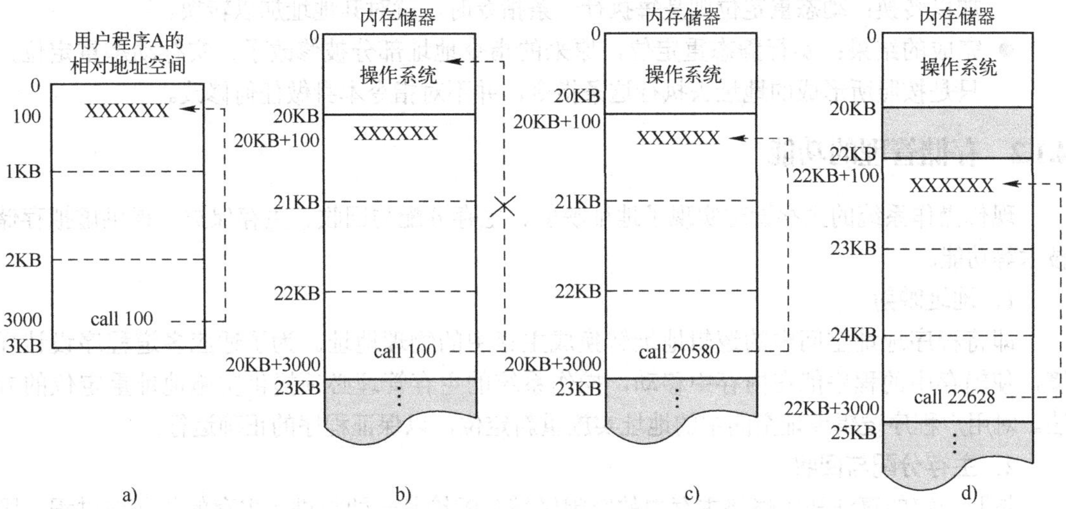

图 4-1　地址重定位示意图

（3）动态地址重定位

对用户程序实行地址的静态重定位后，定位后的程序就被“钉死”在了它的物理地址空间中，不能做任何移动。因为它在内存中一动，其指令中的地址就不再真实地反映所在位置了。但在实施存储管理时，为了能够将分散的小空间存储块合并成一个大的存储块，却经常需要移动内存中的程序。因此，就产生了将地址定位的时间推迟到程序执行时再进行的、所谓的地址“动态重定位”方式。

在对程序实行动态重定位时，需要硬件的支持。硬件中要有一个地址转换机构，它由地址转换线路和一个“定位寄存器”（也称“基址寄存器”）组成。这时，用户程序被不做任何修改地装入到分配给它的内存空间中。当调度到程序运行时，就把它所在物理空间的起始地址加载到定位寄存器中。CPU 每执行一条指令，就把指令中的相对地址与定位寄存器中的值相“加”，得到绝对地址。然后按照合格绝对地址去执行指令，访问所需要的存储位置。

还是拿程序 A 举例描述，当假定按照当前内存储器的分配情况，把它原封不动地装入到 22KB～25KB 的分区里面。可以看到，在其绝对地址空间里，位于 22KB+3000 单元处的指令仍然是“call 100”，未对它做任何的修改。如果现在调度到该作业运行，操作系统就把它所占用的分区的起始地址 22KB 装入到定位寄存器中，当执行到位于单元 22KB+3000 中的指令“call 100”时，硬件的地址变换线路就把该指令中的地址 100 取出来，与定位寄存器中的 22KB 相加，形成绝对地址 22628（=22KB+100）。按照这个地址去执行 call 指令。于是，程序就正确转移到 22628 的子程序处去执行了。

现在将地址的静态重定位和动态重定位作下列综合性的比较。

- 地址转换时刻：静态重定位是在程序运行之前完成地址转换的；动态重定位却是将地址转换的时刻推迟到指令执行时进行。
- 谁来完成任务：静态重定位是由软件完成地址转换工作的；动态重定位则由一套硬件提供的地址转换机构来完成。

- 完成的形式：静态重定位是在装入时一次性集中地把程序指令中所有要转换的地址加以转换；动态重定位则是每执行一条指令时，就对其地址加以转换。
- 完成的结果：实行静态重定位，原来的指令地址部分被修改了；实行动态重定位，只是按照所形成的地址去执行这条指令，并不对指令本身做任何修改。

4.1.2 存储管理的功能

现代操作系统的主存管理实现了地址映射、主存分配与回收、主存保护、提供虚拟存储技术等功能。

1. 地址映射

即将程序地址空间中的逻辑地址转换成主存中的物理地址。为了适应多道程序设计环境，使辅存中的程序能在内存中移动，操作系统的主存管理必须提供实施地址重定位的方法。对用户程序逻辑地址空间中的地址实施重新定位，以保证程序的正确运行。

2. 主存分配与回收

按照一定的算法和策略将主存中的空闲区域分配给某一即将进入主存的作业或进程，同时在运行完成后立即回收其所占有的主存空间，以便提高主存空间的使用效率。

3. 主存保护

使得进入主存的各个作业或进程能有条不紊地运行，互不干扰。既保护用户进程的程序不得侵犯操作系统，同时也要确保各个用户程序之间不能互相干扰。主存保护包括以下内容。

（1）防止地址越界

每个进程都具有相对独立的进程空间，它一般是主存或者外存储器中的若干个区域。如果进程在运行时所产生的地址在其地址空间之外，则发生了地址越界。地址越界既可能侵犯其他进程空间也可能侵犯操作系统空间，这不仅影响其他进程的正常执行也可能导致整个系统瘫痪。因此，对进程所产生的地址必须加以检查，以防止越界的发生。

（2）防止操作越权

对于允许多个进程共享的存储区域来说，每个进程都有自己的访问权限。如果一个进程对共享区域的访问违反了权限规定，则称为操作越权。显然，一个进程的越权操作会影响其他进程。因而，对于共享区域的访问必须加以检查，以防止越权的发生。

4. 提供虚拟存储技术

实际上是通过一定的技术手段达到存储的扩充，给用户造成有一个非常大的主存空间的虚幻感觉，保证了用户的无限需求，使用户在不考虑主存容量和结构限制的情况下，能正常运行比实际容量大的用户程序。

4.1.3 主存的虚拟存储中用到的几种技术

1. 对换技术

“对换技术”的中心思想是：磁盘上设置开辟一个足够大的区域，为对换区。当主存中的进程要扩大主存空间，而当前的主存空间又不能满足时，则可把主存中的某些进程暂换到对换区中，在适当的时候又可以把它们换进主存。因而，对换区可作为主存的逻辑扩充，用对换技术解决进程之间的主存竞争。对换技术的实现如图 4-2 所示。

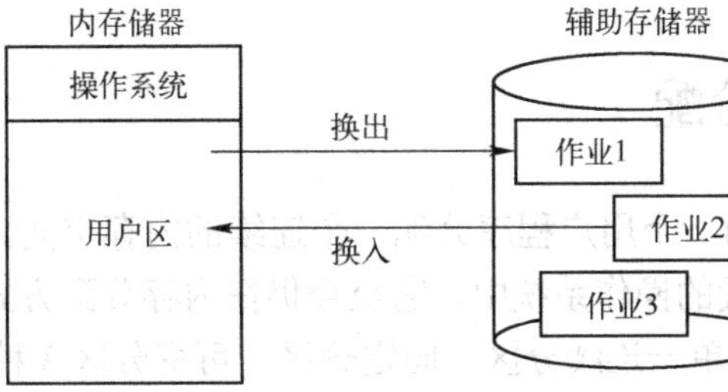

图 4-2　对换技术的实现

2. 覆盖技术

"覆盖技术"的中心思想是：把程序划分为若干个功能上相对独立的程序段，按照其自身的逻辑结构使那些不会同时运行的程序段共享同一块内存区域。程序段先保存在磁盘上，当有关程序的前一部分执行结束后，把后续程序段调入内存，覆盖前面的程序段。举例说，有一个用户作业程序的调用结构如图 4-3a 所示。主程序 MAIN 需要存储量 10KB。运行中，它要调用程序 A 或 B，它们各需要存储量 50KB 和 30KB。程序 A 在运行中要调用程序 C，它需要的存储量是 30KB。程序 B 在运行中要调用程序 D 或程序 E，它们各需要存储量 20KB 或 40KB。通过连接装配的处理，该作业将形成一个需要存储量 180KB 的相对地址空间，如图 4-3b 所示。这表明，只有系统分配给它 180KB 的绝对地址空间时，它才能够全部装入并运行。

其实不难看出，该程序的子程序 A 和 B 不可能同时调用，即 MAIN 调用程序 A，就肯定不会调用程序 B，反之亦然。同样地，子程序 C、D 和 E 也不可能同时出现，所以，除了主程序必须占用主存中的 10KB 外，A 和 B 可以共用一个存储量为 50KB 的存储区，C、D 和 E 可以共用一个存储量为 40KB 的存储区，如图 4-3c 所示。也就是说，只要分给该程序 100KB 的存储量，它就能够运行，由于 A 和 B 共用一个 50KB 的存储区，C、D 和 E 共用一个 40KB 的存储区，我们就称 50KB 的存储区和 40KB 的存储区为覆盖区。因此，所谓"覆盖"是早期为程序设计人员提供的一种扩充内存的技术。

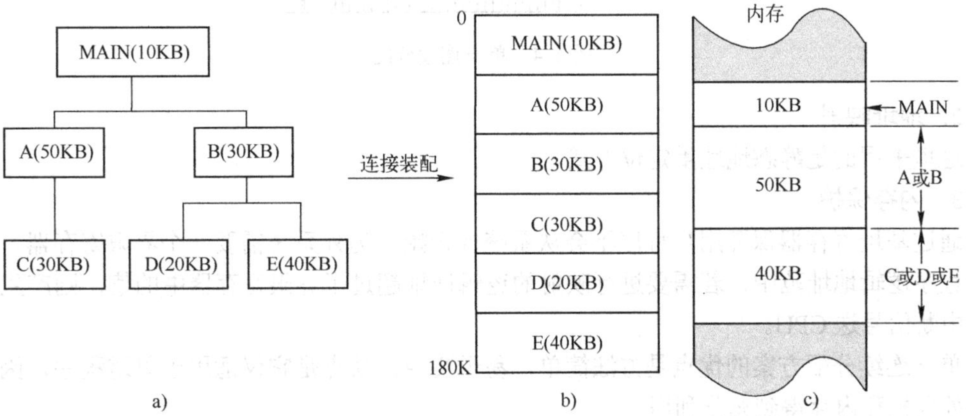

图 4-3　覆盖技术的实现

a) 作业程序的调用结构　b) 形成相对地址空间　c) 共用存储区

4.2 存储器的连续分配

连续分配方式，是指为一个用户程序分配一个连续的内存空间。这种分配方式曾被广泛应用于 20 世纪 60～70 年代的操作系统中，它至今仍在内存分配方式中占有一席之地。在此把连续分配方式进一步分为单一连续分区、固定分区、可变分区 3 种存储管理方式。

4.2.1 单一连续分区存储管理

单一连续分区存储管理是最简单的一种存储管理方式，但只能用于单用户、单任务的操作系统中。采用这种存储管理方式时，可把内存分为系统区和用户区两部分，系统区仅提供给操作系统使用，通常是放在内存的低址部分；用户区是指除系统区以外的全部内存空间，提供给用户使用。

单一连续分区存储管理的实现方案如下。

1. 内存分配

整个内存划分为系统区和用户区。系统区是操作系统专用区，不允许用户程序直接访问，一般在内存低地址部分，剩余的其他内存区域为用户区。一般用户程序独占用户区，如图 4-4 所示。

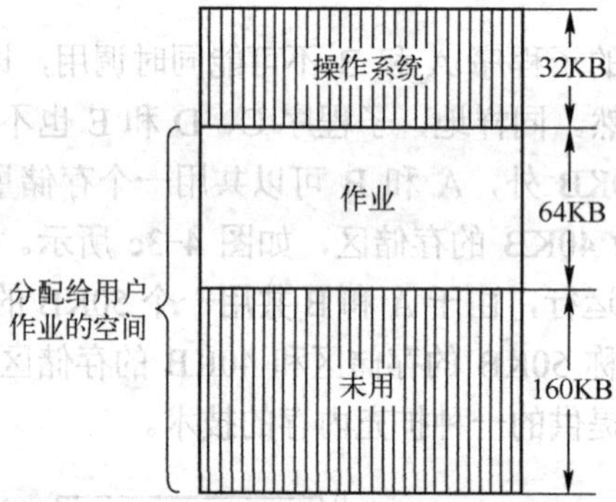

图 4-4 单一连续分配

2. 地址映射

这里采用的是静态地址重定位方式。

3. 内存保护

通过基址寄存器保证用户程序不会从系统区开始；另外系统需要一个界限寄存器，里边存储程序逻辑地址范围，若需要进行映射的逻辑地址超过了界限寄存器中的值，则产生一个越界中断信号送 CPU。

单一连续分配方案的优点是方法简单，易于实现；缺点是它仅适用于单道程序，因而不能使处理机和内存得到充分利用。

随着多道程序设计的出现和发展，存储管理技术也得到极大的发展。多道程序存在于一个存储器中，如何实现分配、保护、访问变得越来越复杂。于是分区式存储管理应运而生，逐步形成了固定式分区分配、可变分区分配和动态重定位分区分配等不同策略。

4.2.2 固定分区存储管理

固定式分区分配的“固定”主要体现在系统的分区数目固定和分区的大小固定两个方面。固定分区存储管理方案的实现方案如下。

1．内存分配与回收

根据不同的内存容量划分策略有两类情况：一类是内存等分为多个大小一样的分区，这种方法主要适用于一些控制多个同类对象的环境，各对象由一道存在于一个分区的进程控制，但是对于程序规模差异较大的多道环境不太适合，比如大于分区大小的进程无法装入，而且小进程也会占用一个分区，造成内存碎片（即无法被利用的空闲存储空间）太大。另一类是将内存划分为少量大分区，适量的中等分区和多个小分区，这样可以有效地改善前一种方法的缺陷。

在表 4-1 分区说明表中，查找状态为空闲（可以用“0”表示空闲，“1”表示占用）且大小满足要求的分区予以分配，然后修改分区说明表中的对应项。

当该进程结束后，再将分区说明表中对应项的“状态”修改为“0”，就表示对它所占用的分区予以回收，而回收后的分区又可以作为空闲分区分配给其他的申请进程。

表 4-1　分区说明表

分　区　号	分区大小	分区始址	状　　态
1	20	5	1
2	40	25	1
3	50	65	1
⋮	⋮	⋮	⋮

一般地，固定分区存储管理总是把内存用户区划分成几个大小不等的连续分区。由于分区尺寸在划分后保持不变，因此系统可以为每一个分区设置一个后备作业队列，形成多队列的管理方式，如图 4-5a 所示。在这种组织方式下，一个作业到达时，总是进入到“能容纳该作业的最小分区”的那个后备作业队列中去排队。比如图 4-5a 中，作业 A、B、C 排在第 1 分区的队列上，说明它们对内存的需求都不超过 8KB；作业 D 排在第 2 分区的队列上，表明它对内存的需求为 8～32KB；作业 E 和 F 排在第 4 分区的队列上，表明它们对内存的需求为 64～132KB。

把到达的作业根据上述原则排成若干个后备队列时，可能会产生有的分区队列忙碌、有的分区队列闲置的情形。比如图 4-5a 中，作业 A、B、C 都在等待着进入第 1 分区。按照原则，它们不能进入目前空闲的第 3 分区，虽然第 3 分区的大小完全能够容纳下它们。

作为一种改进，可以采用多个分区只设置一个后备作业队列的办法，如图 4-5b 所示。当某个分区空闲时，统一都到这一个队列里去挑选作业，装入运行。

2．地址映射

固定分区存储管理可以采用静态地址重定位方式，也可以使用动态地址重定位方式。如果采用的是动态重定位方式，则

物理地址=分区起始地址+逻辑地址

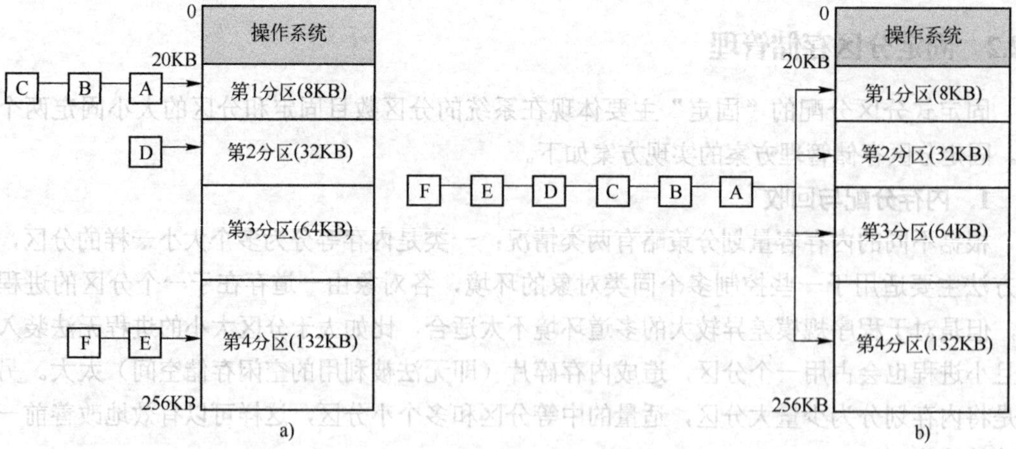

图 4-5　固定分区内存分配

3．内存保护

在固定分区存储管理中，不仅要防止用户程序对操作系统形成的侵扰，也要防止用户程序与用户程序之间形成的侵扰。因此必须在 CPU 中设置一对专用的寄存器，用于存储保护，如图 4-6 所示。

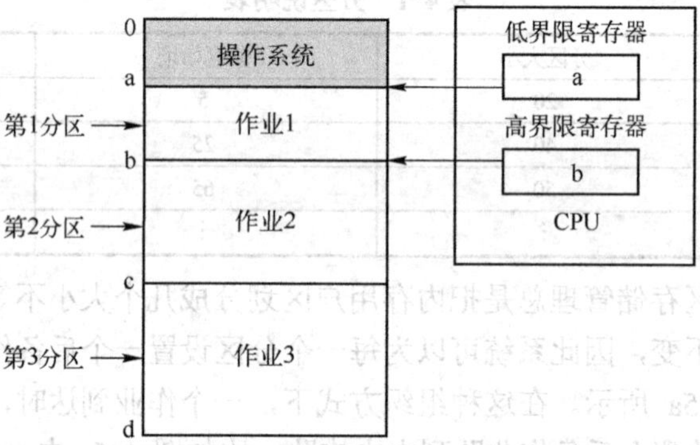

图 4-6　固定分区管理的存储保护

在图 4-6 中，两个专用寄存器分别为“低界限寄存器”和“高界限寄存器”。当进程调度程序调度某个作业进程运行时，就把该作业所在分区的低边界地址装入低界限寄存器，把高边界地址装入高界限寄存器。比如现在调度到分区 1 里的作业 1 运行，于是就把第 1 分区的低地址 a 装入到低界限寄存器中，把第 1 分区的高地址 b 装入到高界限寄存器中。作业 1 运行时，硬件会自动检测指令中的地址，如果超出 a 或 b，那么就产生出错中断，从而限定作业 1 只在自己的区域里运行。

分区起始地址保证了各道程序不会由其他程序所在分区开始，另外逻辑地址与所给分区大小相比较，保证不会超过该分区而进入其他分区。

固定式分区分配的缺点是内存空间的利用率低，因为基本上每个分区都会有碎片存在，尤其是某些大分区中只是存放一道小进程时，如图 4-6 所示。例如，图 4-7 所示，5 道进程大小总和为 250KB，但是所占 5 个分区总容量却达到 1000KB，内存空间利用率仅达到 25%。

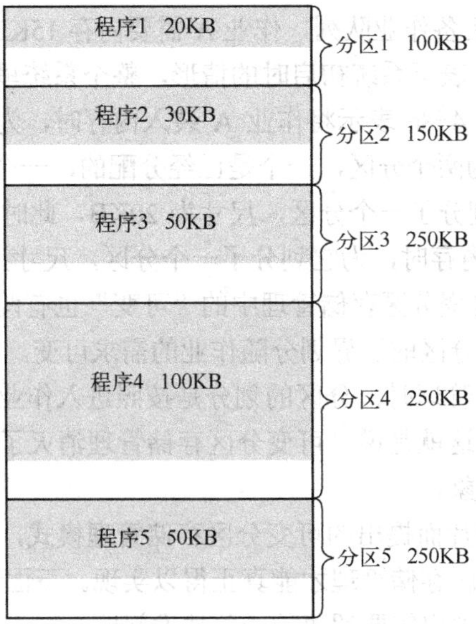

图 4-7　固定分区的作业组织方式

所以说固定式分区分配对每个分区很难做到“物尽其用”，会形成内存碎片，导致内存浪费严重。

4.2.3　可变分区存储管理

为了改善固定分区分配给系统带来的内存碎片太大、空间浪费严重的缺陷，提出了动态分区分配，也叫作可变分区分配，即根据进程的实际需求动态地划分内存的分区方法。它是在进程装入和处理过程中建立分区，并使分区的容量正好适应进程的大小。而整个内存分区数目随着进程数目的变化而动态改变，各个分区的大小随着各个进程的大小各有不同，所以称之为可变分区分配。

1．可变分区存储管理的基本思想

图 4-8 是可变分区存储管理思想的示意图。

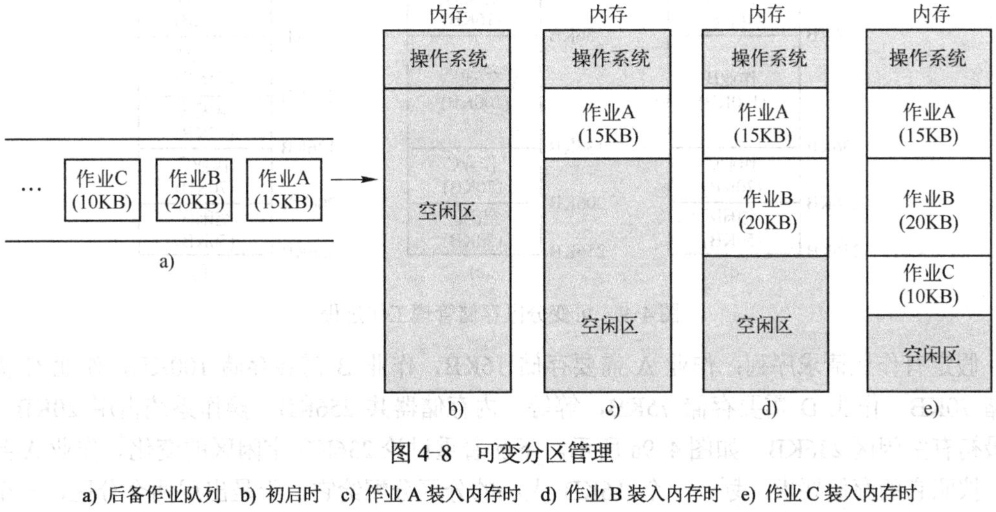

图 4-8　可变分区管理

a) 后备作业队列　b) 初启时　c) 作业 A 装入内存时　d) 作业 B 装入内存时　e) 作业 C 装入内存时

图 4-8a 是系统维持的后备作业队列，作业 A 需要内存 15KB，作业 B 需要 20KB，作业 C 需要 10KB 等；图 4-8b 表示系统初启时的情形，整个系统里因为没有作业运行，因此用户区就是一个空闲分区；图 4-8c 表示将作业 A 装入内存时，为它划分了一个分区，尺寸为 15KB，此时的用户区被分为两个分区，一个是已经分配的，一个是空闲区；图 4-8d 表示将作业 B 装入内存时，为它划分了一个分区，尺寸为 20KB，此时的用户区被分为 3 个分区；图 4-8e 表示将作业 C 装入内存时，为它划分了一个分区，尺寸为 10KB，此时的用户区被分为 4 个分区。由此可见，可变分区存储管理中的“可变”也有两层含义，一是分区的数目随进入作业的多少可变，一是分区的边界划分随作业的需求可变。

由于实施可变分区存储管理时，分区的划分是按照进入作业的尺寸进行的，因此在这个分区里不会出现内部碎片。这就是说，可变分区存储管理消灭了内部碎片，不会出现由于内部碎片而引起的存储浪费现象。

但是，为了克服内部碎片而提出的可变分区存储管理模式，却引发了新的问题。只有很好地解决这些问题，可变分区存储管理才能真正得以实现。下面通过图 4-9 来看一下可变分区存储管理的工作过程，归纳出需要解决的一些技术问题。

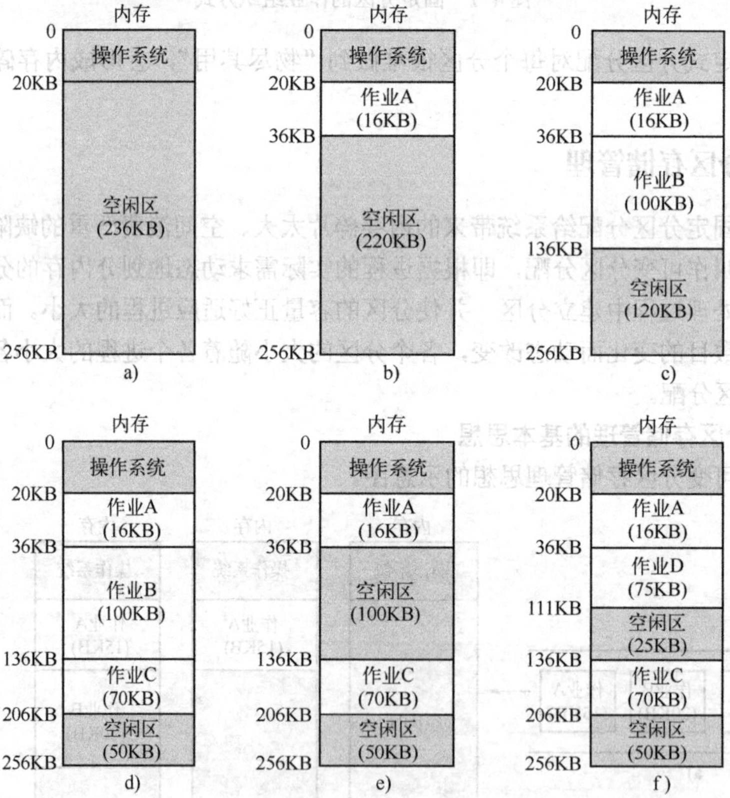

图 4-9　可变分区存储管理工作过程

假定有作业请求序列：作业 A 需要存储 16KB，作业 B 需要存储 100KB，作业 C 需要存储 70KB，作业 D 需要存储 75KB，等等。内存储器共 256KB，操作系统占用 20KB，系统最初有空闲区 236KB，如图 4-9a 所示。下面着重讨论 236KB 空闲区的变化。作业 A 到达后，按照它的存储要求，划分一个 16KB 大小的分区分配给它，于是出现两个分区，一个已经分配，一个为空闲，如图 4-9b 所示。作业 B 到达后，按照它的存储要求，划分一个 100KB 大小的分区分配给它，于是出现 3 个分区，两个已经分配，一个为空闲，如图 4-9c 所示。紧接着为作业 C 划分一个分区，从而形成 4 个分区，3 个已经分配，一个空闲，如图 4-9d 所示。

当作业 D 到达时，由于系统内只有 50KB 的空闲区，不够 D 的需求，因此作业 D 暂时无法进入。如果这时作业 B 运行完毕，释放它所占用的 100KB 存储量，这时系统中虽然仍保持为 4 个分区，但有的分区的性质已经改变，成为两个已分配，两个空闲，如图 4-9e 所示。由于作业 B 释放的分区有 100KB 大，可以满足作业 D 的需要，因此系统在 36KB～136KB 的空闲区中划分出一个 75KB 的分区给作业 D 使用。这样 36KB～136KB 分区被分为两个分区，一个分配出去（36KB～111KB），一个仍为空闲（111KB～136KB），如图 4-9f 所示。这样，总共有 5 个分区：3 个已经分配，两个空闲。

从上面的分析得出，要实施可变分区存储管理，必须解决如下 3 个问题。

1）采用一种新的地址重定位技术，以便程序能够在主存储器中随意移动，为空闲区的合并提供保证，那就是动态地址重定位。

2）记住系统中各个分区的使用情况，谁是已经分配的，谁是空闲可分配的。当一个分区被释放时，要能够判定它的前、后分区是否为空闲区。若是空闲区，则进行合并，形成一个大的空闲区。

3）给出分区分配算法，以便在有多个空闲区都能满足作业提出的存储请求时，能决定分配给哪个分区。

2. 地址映射

可变分区存储管理采用的是动态地址重定位的方式，则有

物理地址=分区起始地址+逻辑地址

3. 空闲分区的合并（紧凑）

在可变分区存储管理中实行地址的动态重定位后，用户程序就不会被“钉死”在分配给自己的存储分区中。必要时，它可以在内存中移动，为空闲区的合并带来了便利。

内存区域中的一个分区被释放时，与它前后相邻接的分区可能会有 4 种关系出现，如图 4-10 所示。在图中，我们做这样的约定：位于一个分区上面的分区，称为它的“前邻接”分区，一个分区下面的分区，称为它的“后邻接”分区。

1）图 4-10a 表示释放区的前邻接分区和后邻接分区都是已分配区，因此没有合并的问题存在。此时释放区自己形成一个新的空闲区，该空闲区的起始地址就是该释放区的起始地址，长度就是该释放区的长度。

2）图 4-10b 表示释放区的前邻接分区是一个空闲区，后邻接分区是一个已分配区，因此，释放区应该和前邻接的空闲区合并成为一个新的空闲区。这个新空闲区的起始地址是前邻接空闲区的原起始地址，长度是这两个合并分区的长度之和。

3）图 4-10c 表示释放区的前邻接分区是一个分配区，后邻接分区是一个空闲区，因此，释放区应该和后邻接的空闲区合并成为一个新的空闲区。这个新空闲区的起始地址是该释放区的起始地址，长度是这两个合并分区的长度之和。

4）图 4-10d 表示释放区的前邻接分区和后邻接分区都是一个空闲区，因此，释放区应该和前、后两个邻接的空闲区合并成为一个新的空闲区。这个新空闲区的起始地址是前邻接

空闲区的原起始地址，长度是这 3 个合并分区的长度之和。

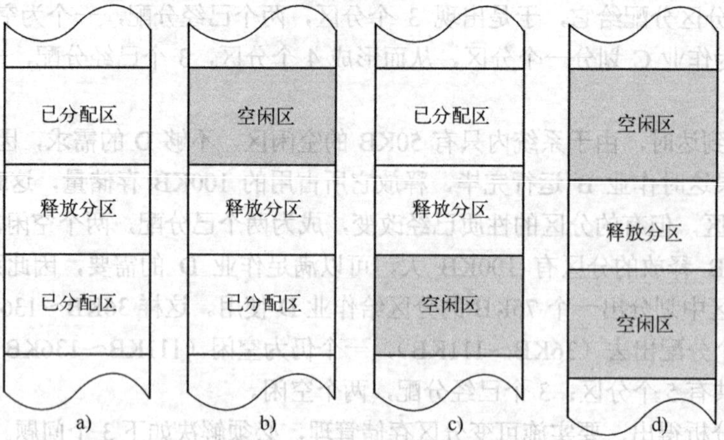

图 4-10　空闲分区的合并（紧凑）

空闲分区的合并，有时也被称为“存储紧凑”。何时进行合并，操作系统可以有两种时机的选择方案：一是调度到某个作业时，当时系统中的每一个空闲分区尺寸都比它所需要的存储量小，但空闲区的总存储量却大于它的存储请求，于是就进行空闲存储分区的合并，以便能够得到一个大的空闲分区，满足该作业的存储需要；另一是只要有作业运行完毕归还它所占用的存储分区，系统就进行空闲分区的合并。比较这两种方案可以看出，前者要花费较多的精力去管理空闲区，但空闲区合并的频率低，系统在合并上的开销少；后者总是在系统中保持一个大的空闲分区，因此对空闲分区谈不上更多的管理，但是空闲区合并的频率高，系统在这上面的开销大。

4．内存分区的管理

采用可变分区方式管理内存储器时，内存中有两类性质的分区：一类是已经分配给用户使用的“已分配区”，另一类是可以分配给用户使用的“空闲区”。随着时间的推移，它们的数目在不断地变化着。如何知道哪个分区是已分配的，哪个分区是空闲的，如何知道各个分区的尺寸是多少，这就是分区管理所要解决的问题。

对分区的管理，常用的方式有 3 种：表格法、单链表法和双链表法。

（1）表格法

为了记录内存中现有的分区以及各分区的类型，操作系统设置两张表格，一张为“已分配表”，一张为“空闲区表”，如图 4-11b 和 4-11c 所示。表格中的“序号”是表目项的顺序号，“起始地址”“尺寸”“状态”都是该分区的相应属性。由于系统中分区的数目是变化的，因此每张表格中的表目项数要足够的多，暂时不用的表目项的状态被设为“空”。

假定图 4-11a 为当前内存中的分区使用情况，那么图 4-11b 记录了已分配区的情形，图 4-11c 记录了空闲区的情形。当作业进入而提出存储需求时，就去查空闲区表里状态为“空闲”的表目项。如果该项的尺寸能满足所求，那么就将它一分为二：分配出去的那一部分在已分配表中找一个状态为“空”的表目项进行登记，剩下的部分（如果有的话）仍在空闲区表中占据一个表目项。如果有一个作业运行结束，则根据作业名到已分配表中找到它的表目项，将该项的“状态”改为“空”，随之在空闲区表中寻找一个状态为“空”的表目项，把释放分区的信息填入，并将表目项状态改为“空闲”。当然，这时可能还会进行空闲区的合并工作。

a)

序号	起始地址	尺寸	状态
1	—	—	空
2	28KB	32KB	作业B
3	—	—	空
4	92KB	120KB	作业D
5	—	—	空

b)

序号	起始地址	尺寸	状态
1	20KB	8KB	空闲
2	60KB	32KB	空闲
3	212KB	300KB	空闲
4	—		空
5	—		空

c)

图 4-11　表格法

a) 内存分区　b) 已分配表　c) 空闲区表

（2）单链表法

把内存储器中的每个空闲分区视为一个整体，在它的里面开辟出两个单元，一个用于存放该分区的长度（size），一个用于存放它下一个空闲分区的起始地址（next），如图 4-12a 所示。操作系统开辟一个单元，存放第 1 个空闲分区的起始地址，这个单元被称为“链首指针”。最后一个空闲分区的 next 中存放标志“NULL”表明它是最后一个。这样一来，系统中的所有空闲分区被连接成为一个链表。从链首指针出发，顺着各个空闲分区的 next 往下走，就能到达每一个空闲分区。图 4-12b 反映的是图 4-12a 当前内存储器中空闲区的链表。为了看得更加清楚，有时也把这些空闲区抽出来，单独画出它们形成的链表，如图 4-12c 所示。

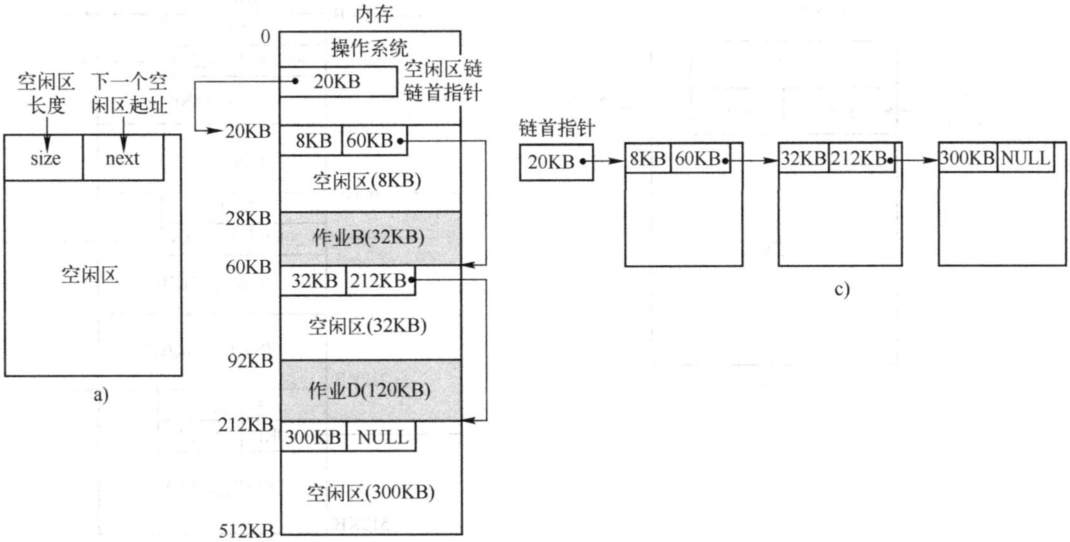

图 4-12　单链表法

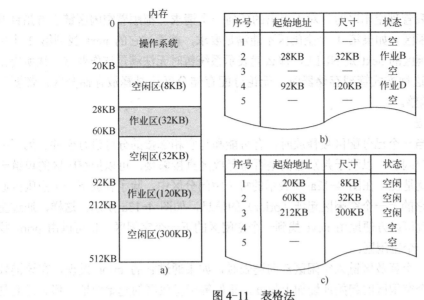

a) 内存储器分区　b) 空闲区的链表　c) 单独链表

用空闲区链表管理空闲区时，对于提出的任何一个请求，都顺着空闲区链表首指针开始查看一个一个空闲区。如果第 1 个空闲区不能满足要求，就通过它的 next 找到第 2 个空闲区。如果一个空闲区的 next 是 NULL，那么就表示系统暂时无法满足该作业这一次所提出的存储请求。在用这种方式管理存储器时，无论分配存储分区还是释放存储分区，都要涉及 next（指针）的调整。

（3）双链表法

如前所述，当一个已分配区被释放时，有可能和与它相邻接的分区进行合并。为了寻找释放区前、后的空闲区，以利于判别它们是否与释放区直接邻接，可以把空闲区的单链表改为双向链表。也就是说，在图 4-12a 所表示的每个空闲分区中，除了存放下一个空闲区起址 next 外，还存放它的上一个空闲区起址（prior）的信息，如图 4-13a 所示。这样，通过空闲区的双向链表，就可以方便地由 next 找到一个空闲区的下一个空闲区，也可以由 prior 找到一个空闲区的上一个空闲区。

比如，在把一个释放区链入空闲区双向链表时，如果通过它的 prior 发现，在该链表中释放区的前面一个空闲区的起始地址加上长度，正好等于释放区的起始地址，那么说明是属于图 4-10b 的情形，即它前面的空闲区与它直接相邻接，应该把这个释放区与原来的空闲区合并。另外，如果释放区起始地址加上长度正好等于 next 所指的下一个空闲区的起始地址，那么说明是属于图 4-10c 的情形，即它后面的空闲区与它直接相邻接，应该把这个释放区与原来的空闲区合并。如同单链表一样，在利用双向链表管理存储空闲分区时，无论分配存储分区还是释放存储分区，都要涉及 next 和 prior 两个指针的调整。图 4-13b 是图 4-13a 的双链表形式。

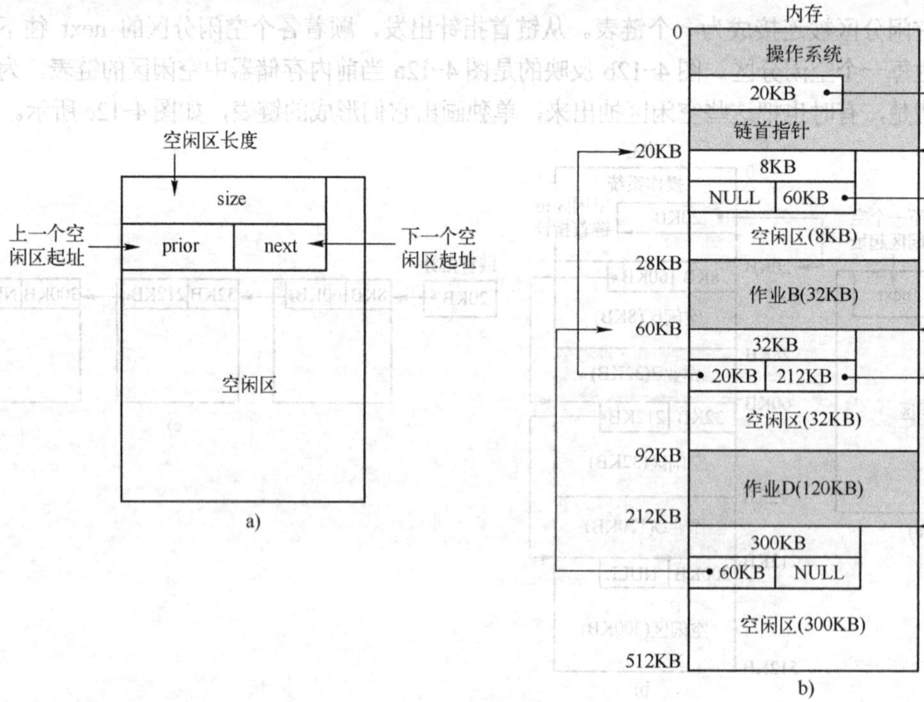

图 4-13　双链表法

a) 内存储器分区　b) 双链表形式

5. 空闲分区的分配算法

当系统中有多个空闲的存储分区能够满足作业提出的存储请求时，究竟将谁进行分配，这属于分配算法问题。在可变分区存储管理中，常用的分区分配算法有：最先适应算法、最佳适应算法以及最坏适应算法。

（1）最先适应算法

实行这种分配算法时，总是把最先找到的、满足存储需求的那个空闲分区作为分配的对象。这种方案的出发点是尽量减少查找时间，它实现简单，但有可能把大的空闲分区分割成许多小的分区，因此对大作业不利。

（2）最佳适应算法

实行这种分配算法时，总是从当前所有空闲区中找出一个能够满足存储需求的、最小的空闲分区作为分配的对象。这种方案的出发点是尽可能地不把大的空闲区分割成为小的分区，以保证大作业的需要。该算法实现起来比较费时、麻烦。

（3）最坏适应算法

实行这种分配算法时，总是从当前所有空闲区中找出一个能够满足存储需求的、最大的空闲分区作为分配的对象。可以看出，这种方案的出发点是照顾中、小作业的需求。

综上所述，可变分区存储管理解决了固定分区存储管理遗留的内部碎片的问题，但有可能出现极小的分区暂时分配不出去的情形，引起外部碎片；为了形成大的分区，可变分区存储管理通过移动程序来达到分区合并的目的，然而程序的移动是很花费时间的，增加了系统这方面的投入和开销；和固定分区存储管理相比，由于分区的合并使得更多的作业进入了内存，但是仍然没有解决大作业小内存的问题，只要作业的存储需求大于系统提供的整个用户区，该作业就无法投入运行。

4.3 存储器的离散分配

连续分配方式会形成许多“碎片”，虽然可通过“紧凑”方法将许多碎片拼接成可用的大块空间，但须为之付出很大开销。如果允许将一个进程直接分散地装入到许多不相邻接的分区中，则无须再进行“紧凑”。基于这一思想产生了离散分配方式。离散分配方式分为分页式、分段式和段页式 3 种存储管理方式。

4.3.1 分页式存储管理

1. 分页式存储管理的基本思想

分页式存储管理是将固定式分区方法与动态地址重定位技术结合在一起提出的一种存储管理方案，它需要硬件的支持。其基本思想是：首先把整个内存储器划分成大小相等的许多分区，每个分区称为“块”（这表明它具有固定分区的管理思想，只是这里的分区是定长罢了）。比如把内存储器划成 n 个分区，编号为 0，1，2，…，n−1。例如，在图 4-14a 中，内存储器总的容量为 256KB，操作系统要求 20KB。若块的尺寸为 4KB，则共有 64 块，操作系统占用前 5 块，其他分配给用户使用。在分页式存储管理中，块是存储分配的单位。

其次，用户作业仍然相对于“0”进行编址，形成一个连续的相对地址空间。操作系统接受用户的相对地址空间，然后按照内存块的尺寸对该空间进行划分。用户程序相对地址空间中的每一个分区被称为“页”，编号从 0 开始，第 0 页、第 1 页、第 2 页、…。比如，图 4-14b 中，作业 A 的相对地址空间大小为 11KB。按照 4KB 来划分，它有 2 页多不到 3 页大小，但把它作为 3 页来对待，编号为第 0 页、第 1 页和第 2 页。

这样一来，用户相对地址空间中的每一个相对地址，都可以用“页号，页内位移”来表示。并且不难看出，数对（页号，页内位移）与相对地址是一一对应的。比如说，图 4-14b 中，相对地址 5188 与数对（1，1092）相对应，其中“1”是相对地址所在页的页号，而“1092”则是相对地址与所在页起始位置（4KB=4096）之间的位移。又比如，相对地址 9200 与数对（2，108）相对应，“2”是相对地址所在页的页号，“108”是相对地址与所在页起始位置（8KB=8192）之间的位移。有了这些准备，如果能够解决作业原封不动地进入不连续存储块后也能正常运行的问题，那么分配存储块是很容易的事情，因为只要内存中有足够多的空闲块，那么作业中的某一页进入哪一块都是可以的。比如图 4-14a 中，就把作业 A 装入到了第 8 块、第 11 块和第 6 块这样的 3 个不连续的存储块中。

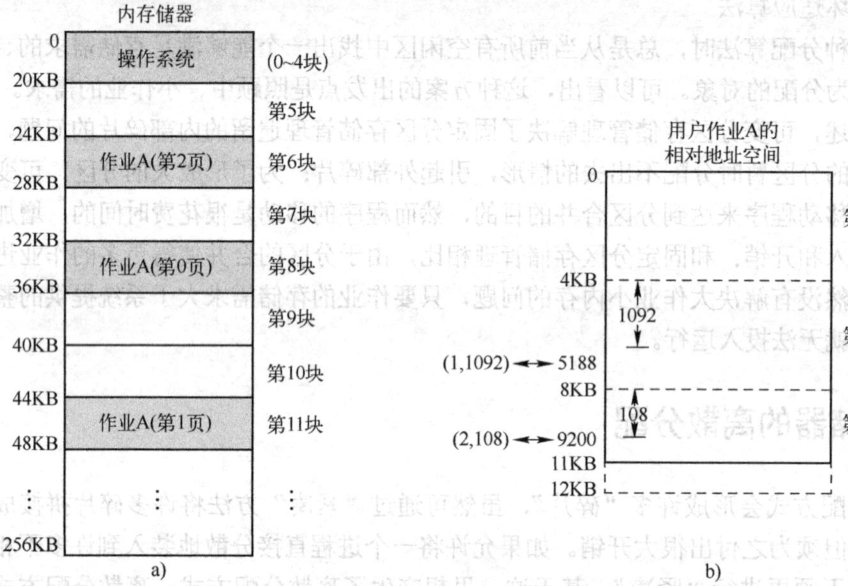

图 4-14 分页式存储管理的基本思想

a) 作业主存中的位置 b) 用户作业 A 的相对地址空间

下面以图例来说明如何确保原封不动地进入不连续存储块后的作业能够正常的运行。假定块的尺寸为 1KB，作业 A 的相对地址空间为 3KB 大小，在相对地址 100 处有一条调用子程序的指令 call，子程序的入口地址为 3000（当然是相对地址）。作业 A 进入系统后被划分成 3 页，如图 4-15a 所示。现在把第 0、1、2 页依次装入到内存储器的第 4、9、7 三个不连续的块中，如图 4-15b 所示。

为了确保原封不动放在不连续块中的用户作业 A 能够正常运行，可以采用如下方法。

1）记录作业 A 的页、块对应关系，如图 4-15c 所示，它表示作业 A 的第 0 页放在内存中的第 4 块，第 1 页放在内存中的第 9 块，第 2 页放在内存中的第 7 块。

2）当运行到指令“call 3000”时，把它里面的相对地址 3000 转换成数对：（2，952），表示该地址在作业相对地址空间里位于第 2 页，距该页起始位置的位移是 952。具体的计算公式是：

页号=相对地址/块尺寸 （注：这里的“/”运算符表示整除）

页内位移=相对地址%块尺寸（注：这里的“%”运算符表示求余）

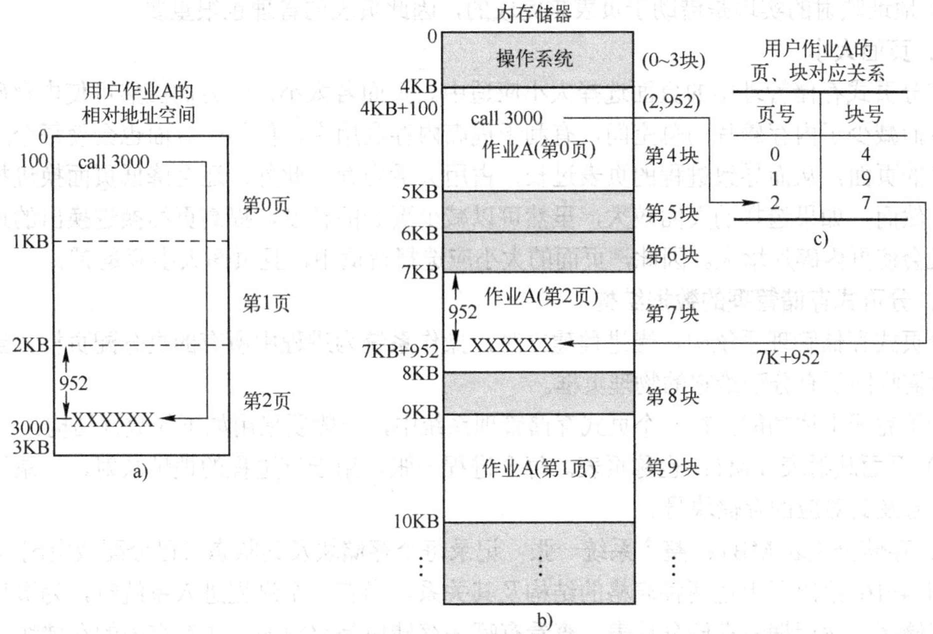

图 4-15 分页式存储管理中的地址重定位

a) 作业 A 的相对地址空间 b) 作业 A 在主存的绝对地址空间 c) 页块对应表

3）用数对中的“页号”去查作业 A 的页、块对应关系表，如图 4-15c 所示，得知相对地址空间中的第 2 页内容，现在是在内存的第 7 块中。

4）把内存第 7 块的起始地址与页内位移相加，就得到了相对地址 3000 现在的绝对地址，即 7KB+952=8120。

至此，系统就去执行指令“call 8120”，从而得到了正确的执行。

从以上的讲述可以看到，在分页式存储管理中，用户程序是原封不动地进入各个内存块的。指令中相对地址的重定位工作，是在指令执行时进行，因此属于动态重定位，并且由如下的一些内容一起来实现地址的动态重定位。

- 将相对地址转换成数对（页号，页内位移）。
- 建立一张作业的页与块对应表。
- 按页号去查页、块对应表。
- 由块的起始地址与页内位移形成绝对地址。

从上面的分析得出，要实施分页式存储管理，必须解决如下问题。

- 分页式存储管理在进行分页时要考虑页面大小是否适中，过大或者过小都会造成系统开销增大。
- 要使分页式存储管理顺利进行，必须对内存中的页面和用户进程的逻辑块进行必要的管理。

- 在分页式存储管理中，地址映射的实现非常关键，由于在存储时采用的是不连续存储，这就要求逻辑地址到物理地址的转换必须准确，提供一套地址映射机构显得尤为重要。
- 地址映射的实现是借助于页表来完成的，因此页表的管理也很重要.

2．页面大小

在分页式存储管理中的页面选择大小应适中。页面若太小，一方面虽然可使内存碎片减小，从而减少了内存碎片的总空间，有利于提高内存利用率，但另一方面也会使每个进程占用较多的页面，从而导致进程的页表过长，占用大量内存；此外，还会降低页面换进换出的效率。然而，如果选择的页面较大，虽然可以减少页表的长度，提高页面换进换出的速度，但却又会使页内碎片增大。因此，页面的大小应选择得适中，且页面大小应是 2^n。

3．分页式存储管理的数据结构

分页式存储管理系统中，当进程建立时，操作系统为进程中所有的页分配页框。当进程撤销时需收回所有分配给它的物理页框。

为了完成上述功能，在一个页式存储管理系统中，一般要采用如下的数据结构。

1）页面映射表 PMT：也称页表。每个进程一张，用于该进程的地址映射，记录了进程每个页号及其对应的存储块号。

2）存储分块表 MBT：整个系统一张，记录每个存储块及其状态（已分配或空闲）。

图 4-16 给出了上述两种表格的结构及其关系。当有一个进程进入系统时，为页表分配一个存储区，然后搜索存储分块表，查看有哪些存储块是空闲的，如有空闲的存储块，则将存储块号填入页表。当该进程所需的块数都分配完后，系统便可按照 PMT 的内容对该进程进行处理。

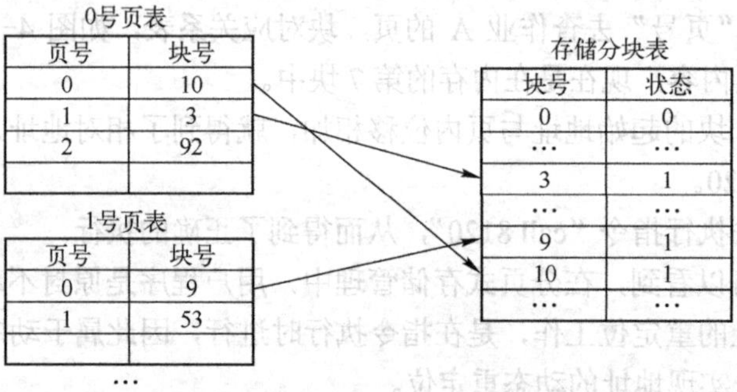

图 4-16　页表、存储分块表及其关系

当某个进程因为结束或者其他一些原因退出系统，则归还原来所占用的物理块。首先修改存储分块表，将归还的物理块块号在表中的状态栏改为空闲标志，然后释放该进程页表所占用的空间。

4．地址映射机构

（1）地址结构

分页地址中的地址结构如下：

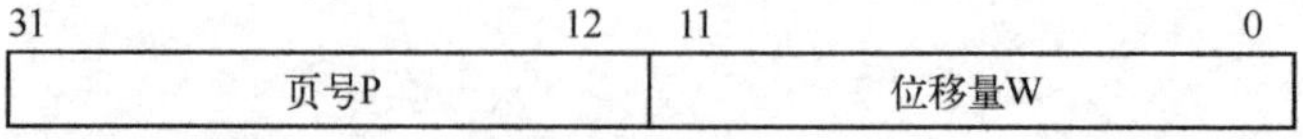

它含有两部分：前一部分为页号 P，后一部分为位移量 W（或称为页内地址）。地址结构中的地址长度为 32 位，其中 0～11 位为页内地址，即每页的大小为 4KB；12～31 位为页号，地址空间最多允许有 1MB 页。

对某特定机器，其地址结构是一定的。若给定一个逻辑地址空间中的地址为 A，页面的大小为 L，则页号 P 和页内地址 d 可按下式求得：

$$P = \text{INT}\left[\frac{A}{L}\right]$$

$$d = [A]\text{MOD } L$$

其中，INT 是整除函数，MOD 是取余函数。例如，其系统的页面大小为 1KB，设 A=2170B，则由上式可以求得 P=2，d=122。

（2）地址变换机构

为了能将用户地址空间中的逻辑地址变换为内存空间中的物理地址，在系统中必须设置地址变换机构。该机构的基本任务是实现从逻辑地址到物理地址的转换。由于页内地址和物理地址是一一对应的，因此，地址变换机构的任务实际上只是将逻辑地址中的页号转换为内存中的物理块号。又因为页面映射表的作用就是用于实现从页号到物理块号的变换，因此，地址变换的任务是借助于页表完成的。

1）基本的地址变换机构。

页表的功能可以由一组专门的寄存器来实现。一个页表项用一个寄存器。由于寄存器具有较高的访问速度，因而有利于提高地址变换的速度；但由于寄存器成本较高，且大多数现代计算机的页表又可能很大，使页表项的总数可达几千甚至几十万个，显然这些页表项不可能都用寄存器来实现，因此，页表大多驻留在内存中。在系统中只设置一个页表寄存器，在其中存放页表在内存的起始地址和页表的长度。平时，进程未执行时，页表的起始地址和页表长度存放在本进程的 PCB 中。当调度程序调度到某进程时，才将这两个数据装入页表寄存器中。因此，在单处理机环境下，虽然系统中可以运行多个进程，但只需一个页表寄存器。

当进程要访问某个逻辑地址中的数据时，分页地址变换机构会自动地将有效地址（相对地址）分为页号和页内地址两部分，再以页号为索引检索页表。查找操作由硬件执行。在执行检索之前，先将页号与页表长度进行比较，如果页号≥页表长度，则表示本次所访问的地址已超越进程的地址空间。于是，这一错误将被系统发现并产生一地址越界中断。若未出现越界错误，则将页表起始地址与页号和页表项长度的乘积相加，便得到该表项在页表中的位置，于是可从中得到该页的物理块号，将之装入物理地址寄存器中。与此同时，再将有效地址寄存器中的页内地址送入物理地址寄存器的块内地址字段中。这样便完成了从逻辑地址到物理地址的变换。如图 4-17 所示为分页式存储管理的地址变换机构。

2）具有快表的地址变换机构。

由于页表是存放在内存中的，这使 CPU 在每存取一个数据时，都要两次访问内存。第一次是访问内存中的页表，从中找到指定页的物理块号，再将块号与页内偏移量 W 拼接，以形成物理地址。第二次访问内存时，才是从第一次所得地址中获得所需数据（或向此地址中写入数据）。因此，采用这种方式将使计算机的处理速度降低近 1/2。可见，以此高昂代价来换取存储器空间利用率的提高，是得不偿失的。

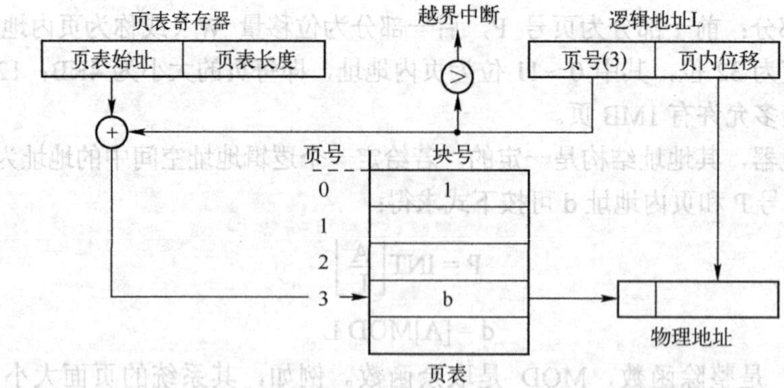

图 4-17　分页式存储管理的地址变换机构

为了提高地址变换速度，可在地址变换机构中增设一个具有并行查寻能力的特殊高速缓冲寄存器，又称为“联想寄存器”，或称为“快表”，在 IBM 系统中又取名为传输后备缓冲器（Translation Lookaside Buffer，TLB），用以存放当前访问的那些页表项。此时的地址变换过程是：在 CPU 给出有效地址后，由地址变换机构自动将页号 P 送入高速缓冲存储器，并将此页号与高速缓存中的所有页号进行比较，若其中有与此匹配的页号，便表示所要访问的页表项在快表中。于是，可直接从快表中读出该页所对应的物理块号，并送到物理地址寄存器中。如在快表中未找到对应的页表项，则还须访问内存中的页表，找到后，把从页表项中读出的物理块号送到地址寄存器；同时，再将此页表项存入快表的一个寄存器单元中，亦即，重新修改快表。但如果关联寄存器已满，则操作系统必须找到一个老的且已被认为不再需要的页表项，将它换出。如图 4-18 所示为具有快表的地址变换机构。

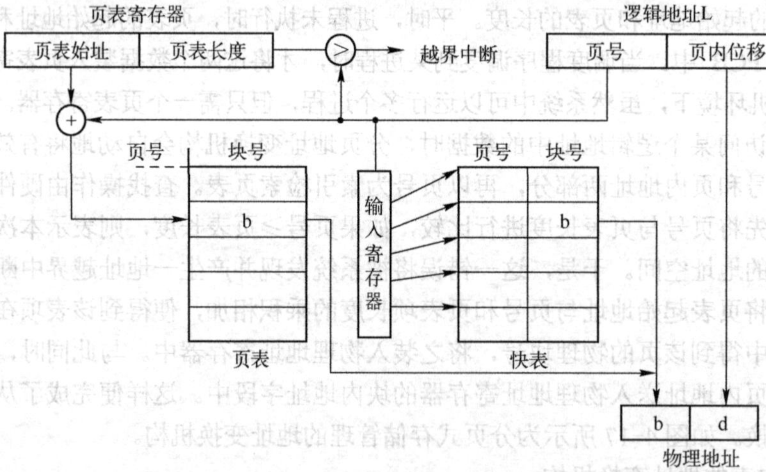

图 4-18　具有快表的地址变换机构

由于成本的关系，快表不可能做得很大，通常只存放 16～512 个页表项，这对中、小型作业来说，已有可能把全部页表项放在快表中，但对于大型作业，则只能将其一部分页表项放入其中。由于对程序和数据的访问往往带有局限性，因此，据统计，从快表中能找到所需页表项的概率可达 90%以上。这样，由于增加了地址变换机构而造成的速度损失，可减少到

10%以下，达到了可接受的程度。

（3）页表的分类

1）页表。

在分页式存储管理中，允许将进程的各个页离散地存储在内存不同的物理块中，但系统应能保证进程的正确运行，即能在内存中找到每个页面所对应的物理块。为此系统又为每个进程建立了一张页面映像表，简称页表。在进程地址空间内的所有页（0～n），以此在页表中有一页表项，其中记录了相应页在内存中对应的物理块号，如图 4-19 所示的中间部分。配置了页表后，进程执行时，通过查找该表，即可找到每页在内存中的物理块号。可见，页表的作用是实现从页号到物理块号的地址映射。

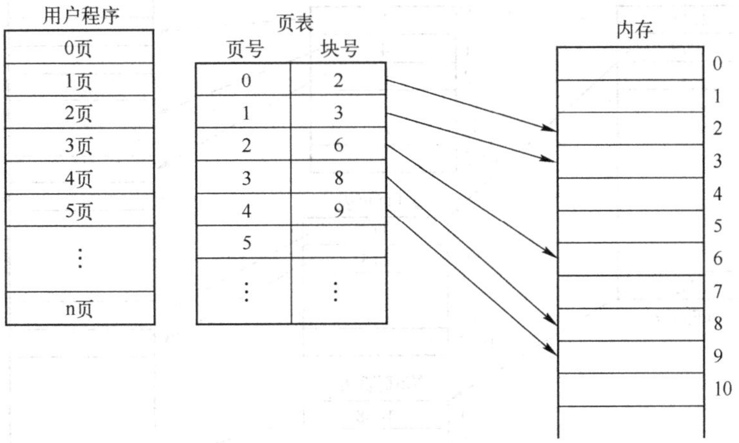

图 4-19　页表

现代的大多数计算机系统，都支持非常大的逻辑地址空间。在这样的环境下，页表就变得非常大，要占用相当大的内存空间。例如，对于一个具有 32 位逻辑地址空间的分页系统，规定页面大小为 4KB 即 4096B，则在每个进程页表中的页表项可达 1 兆个。又因为每个页表项占用一个字节，故每个进程仅仅其页表就要占用 1MB 的内存空间，而且还要求是连续的。可以采用离散分配方式来解决难以找到一块连续的大内存空间的问题：只将当前需要的部分页表项调入内存，其余的页表项仍驻留在磁盘中，需要时再调入。

2）两级页表

对于要求用连续的内存空间来存放页表的问题，可利用将页表进行分页，并离散地将各个页面分别存放在不同的物理块中的办法来解决，同样也要为离散分配的页表再建立一张页表，称为外层页表，在每个页表项中记录了页表页面的物理块号。下面我们仍以前面的 32 位逻辑地址空间为例来说明。当页面大小为 4KB 时（12 位），若采用一级页表结构，应具有 20 位的页号，即页表项应有 1 兆个；在采用两级页表结构时，再对页表进行分页，使每页中包含 2^{10}（即 1024）个页表项，最多允许有 2^{10} 个页表分页；或者说，外层页表中的外层页内地址 P_2 为 10 位，外层页号 P_1 也为 10 位。此时的逻辑地址结构如图 4-20 所示。

外层页号	外层页内位移	页内地址
P_1	P_2	d
31　　22	21　　12	11　　0

图 4-20　逻辑地址结构

由图 4-21 可以看出，在页表的每个表项中存放的是进程的某页在内存中的物理块号，如第 0 页存放在 1 物理块中；1 页存放在 4 物理块中。而在外层页表的每个页表项中，所存放的是某页表分页的首地址，如第 0 页表是存放在第 1011 物理块中。我们可以利用外层页表和页表这两级页表，来实现从进程的逻辑地址到内存中物理地址间的变换。

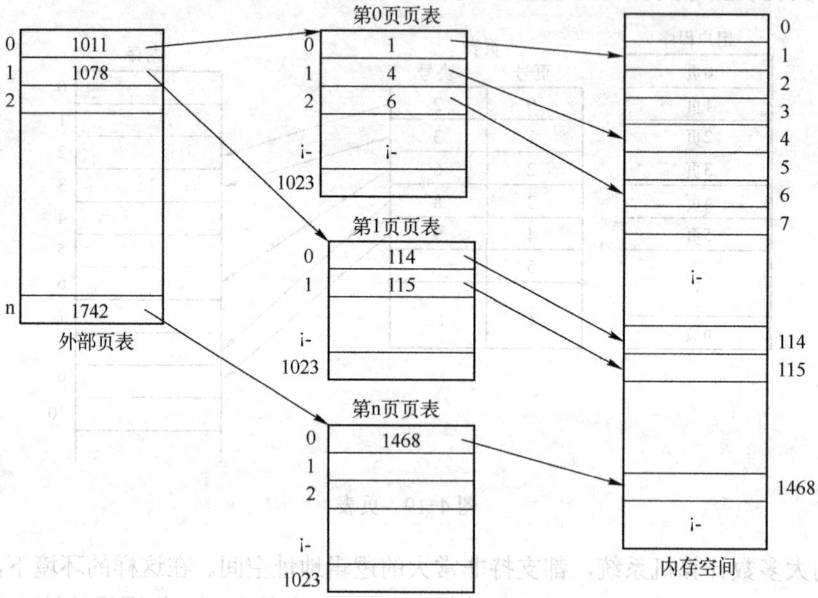

图 4-21　两级页表结构

为了地址变换实现上的方便起见，在地址变换机构中同样需要增设一个外层页表寄存器，用于存放外层页表的起始地址，并利用逻辑地址中的外层页号，作为外层页表的索引，从中找到指定页表分页的起始地址，再利用 P_2 作为指定页表分页的索引，找到指定的页表项，其中即含有该页在内存的物理块号，用该块号和页内地址 d 即可构成访问的内存物理地址。如图 4-22 所示为两级页表的地址变换机构。

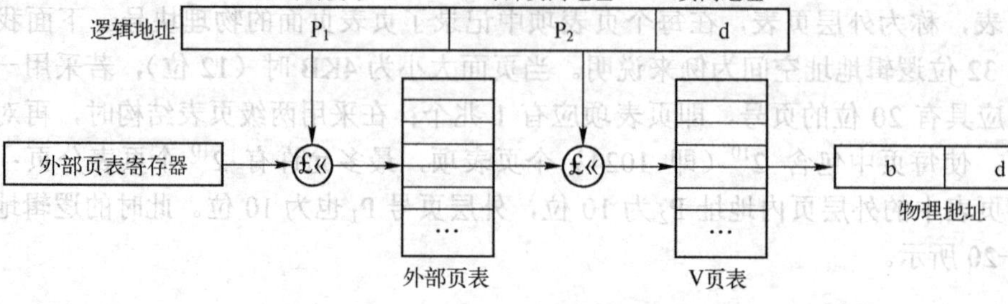

图 4-22　具有两级页表的地址变换机构

这种对页表施行离散分配的方法，虽然解决了大页表无须大片存储空间的问题，但并未解决用较少的内存空间存放大页表的问题。换言之，只用离散分配空间的办法并未减少页表所占用的内存空间。解决方法是把当前需要的一批页表项调入内存，以后再根据需要陆续调入。在采用两级页表结构的情况下，对于正在运行的进程，必须将其外层页表调入内存，而对页表则只需调入一页或几页。为了表征某页的页表是否已经调入内存，还应在外层页表项中增设一个状态位 S，其值若为 0，表示该页表分页尚未调入内存；否则，说明其分页已经在内存中。进程运行时，地址变换机构根据逻辑地址中的 P_1 查找外层页表；若所找到的页表项中的状态位为 0，则产生一个中断信号，请求操作系统将该页表分页调入内存。关于请求调页的详细情况，将在虚拟存储中介绍。

3）多级页表。

现代计算机普遍支持 2^{32}～2^{64}B 容量的逻辑地址空间。对于 32 位的机器，采用两级页表结构是合适的；但对于 64 位的机器，如果页面大小仍采用 4KB 即 2^{12}B，那么还剩下 52 位，假定仍按物理块的大小（2^{12} 位）来划分页表，则将余下的 40 位用于外层页号。此时在外层页表中可能有 2^{40}B 个页表项，要占用 1024GB 的连续内存空间。必须采用多级页表，将外层页表再进行分页，也是将各分页离散地装入到不相邻接的物理块中，再利用第 2 级的外层页表来映射它们之间的关系。

对于 64 位的计算机，如果要求它能支持 2^{64}B(=1844744TB)规模的物理存储空间，则即使是采用 3 级页表结构也是难以办到的；而在当前的实际应用中也无此必要。故在近两年推出的 64 位操作系统中，把可直接寻址的存储器空间减少为 45 位长度（即 2^{45}）左右，这样便可利用 3 级页表结构来实现分页式存储管理。

4）反置页表。

传统页表是面向进程虚拟空间的，即对应进程的每个逻辑页面设置一个表项，当进程的地址空间很大时，页表需要占用很多存储空间，造成浪费。与经典页表不同，反置页表是面向内存物理块的，即对应内存的每个物理构架设置一个表项，表项的序号就是物理块号 f，表项的内容则为进程标识 pid 与逻辑页号 p 的有序对。系统只需设置一个反置页表，为所有进程共用。地址映射时，由（进程标识 pid，逻辑页号 p）顺序搜索反置页表，一旦找到匹配的表项，其位移便是内存物理块号 f，如图 4-23 所示。

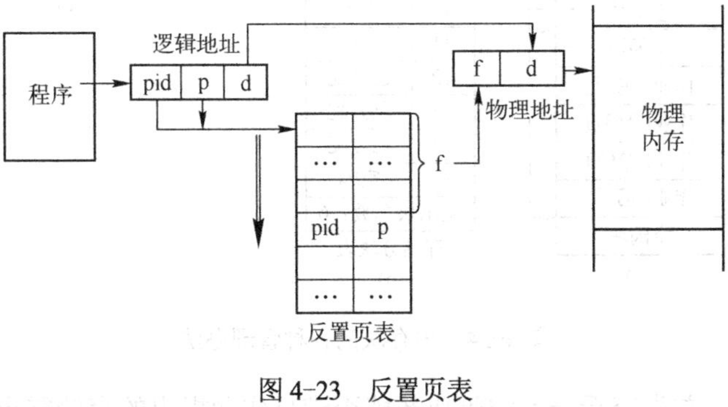

图 4-23　反置页表

反置页表的一个明显问题是速度：对反置页表的顺序搜索需要多次访问内存，对于不存在的页也需要查到表尾。为提高访问速度，采用杂凑（hash）技术，在反置页表中增加冲突计数和空闲标志。在进行地址映射时，由 hash（pid，p）计算得到反置页表入口地址，从该入口地址开始向下探查找到对应的表项，位移 f 为对应的物理块号，为进一步提高访问速度，可以采用快表保持最近访问过的入口项。

5. 内存块的分配与回收

分页式存储管理是以块为单位进行存储分配的，并且每块的尺寸相同。因此，在有存储请求时，只要系统中有足够的空闲块存在，就可以进行存储分配，把谁分配出去都一样，没有好坏之分。为了记住内存块谁是已分配的，谁是空闲的，可以采用“存储分块表”“位图”“单链表”等管理方法。

所谓“存储分块表”，就是操作系统维持一张表格，它的一个表项与内存中的一块相对应，用来记录该块的使用情况。比如，图 4-24a 表示内存总的容量是 64KB，每块 4KB，于是被划分成 16 块。这样，相应的存储分块表也有 16 个表项，它恰好记录了每一块当前的使用情况，如图 4-24b 所示。当有存储请求时，就查存储分块表。只要表中“空闲块总数”记录的数目大于请求的存储量，就可以进行分配，同时把表中分配出去块的状态改为“已分配”。当作业完成归还存储块时，就把表中相应块的状态改为“空闲”。

当内存储器很大时，存储分块表也就会很大，要花费相当多的存储量，于是出现了用位图记录每一块状态的方法。所谓“位图”，即是用二进制位与内存块的使用状态建立起关系，该位为“0”，表示对应的块空闲；该位为“1”，表示对应的块已分配。这些二进制位的整体，就称为“位图”。如图 4-24c 所示就是由 3 字节组成的位图，前两个字节是真正的位图（共 16 个二进制位），第三个字节用来记录当前的空闲块数。

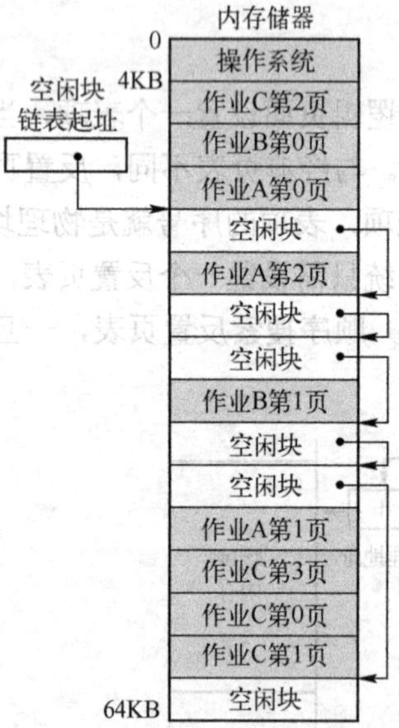

a)

块号	状态
0	已分配
1	已分配
2	已分配
3	已分配
4	空闲
5	已分配
6	空闲
7	空闲
8	已分配
9	空闲
10	空闲
11	已分配
12	已分配
13	已分配
14	已分配
15	空闲
空闲块总数：6	

存储分块表

b)

位号	0	1	2	3	4	5	6	7	字节号
	1	1	1	1	0	1	0	0	0
	1	0	0	1	1	1	1	0	1
	空闲块总数：6								

位图

c)

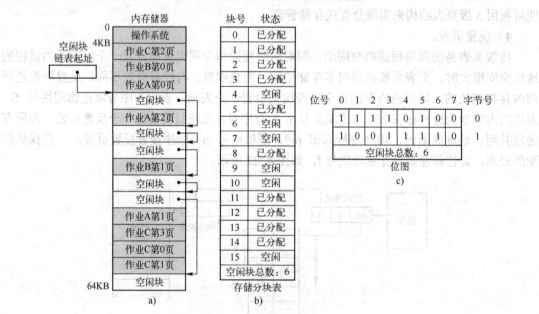

图 4-24　内存块的各种管理办法

进行块分配时，首先查看当前空闲块数能否满足作业提出的存储需求。若不能满足，则该作业不能装入内存。在满足时，一方面根据需求的块数，在位图中找出一个个当前取值为“0”的位，把它们改为取值“1”，修改“空闲块总数”。这样，就把原来空闲的块分配出去了；另一方面，按照所找到的位的位号以及字节号，可以按下面的公式计算出该位所对应的块号（注：下面给出的不是通用公式）：

$$块号=字节号\times 8+位号$$

把作业相对地址空间里的页面装入这些块，并在页表里记录页号与块号的这些对应关系，形成作业的页表。

在作业完成运行归还存储区时，可以按照下面的公式，根据归还的块号计算出该块在位图中对应的是哪个字节的哪一位，把该位置成“0”，实现块的回收。

字节号=块号/8；　　　　位号=块号%8

（注：这里的“/”运算符表示整除；这里的“%”运算符表示求余）

如同可变分区方式管理内存储器时采用的单链表法一样，在这里也可以把空闲块链接成一个单链表加以管理，如图 4-24a 所示。当然，系统必须设置一个链表的起始地址指针，以便进行存储分配时能够找到空闲的内存块。

综上所述，分页式存储管理的特点如下。

1）主存储器事先被划分成相等尺寸的块，是进行存储分配的单位。

2）用户作业的相对地址空间按照块的尺寸划分成页。要注意的是，这种划分是在系统内部进行的，用户感觉不到这种划分。

3）相对地址空间中的页可以进入内存中的任何一个空闲块，并且分页式存储管理实行的是动态地址重定位，因此它打破了一个作业必须占据连续存储空间的限制，作业在不连续的存储区中，也能够得到正确的运行。

分页式存储管理的缺点如下。

1）平均每一个作业要浪费半页大小的存储块。

2）作业虽然可以不占据连续的存储区，但是每次仍然要求一次全部进入内存。因此，如果作业很大，其存储需求大于内存，仍然存在小内存不能运行大作业的问题。

4.3.2　分段式存储管理

分页技术有效地实现了内存分配的非连续性，解决了碎片问题，从而大大提高了内存利用率。但是对用户作业地址空间进行分页，使之从一个一维地址空间变成二维地址空间是完全由系统进行的。这种分页并不是依据作业内在的逻辑关系，而是对连续的地址空间的一种固定长度的连续划分。一页通常不是一个完整的程序或数据逻辑段。一个逻辑段可能被分成若干页，不同的逻辑段也可能在同一页内。本质上，作业地址空间仍然是从 0 开始顺序编址的线性地址空间，它没有明显的逻辑结构关系。因此，分页并不是出于用户使用上的需要，它对用户是透明的，而是系统出于管理上的需要，目的是使作业地址空间与内存空间的管理在结构上一致。

引入分段存储管理方式，主要是为了满足用户和程序员的下述一系列需要。

（1）方便编程

通常，一个作业是由若干个自然段组成的。因而，用户希望能把自己的作业按照逻辑关系划分为若干个段，每个段都有自己的名字和长度。要访问的逻辑地址是由段名（段号）和段内偏移量（段内地址）决定的，每个段都从 0 开始编址。这样，用户程序在执行中可用段名和段内地址进行访问。例如，下述的两条指令便是使用的段名和段内地址：

```
LOAD  L，[A]| <D>
STORE I，[B]| <C>
```

其中，前一条指令的含义是将分段 A 中 D 单元内的值读入寄存器 L；后一条指令的含义是将寄存器 I 的内容存入分段 B 中的 C 单元内。

（2）信息共享

分段式存储管理在实现对程序和数据的共享时，是以信息的逻辑单位为基础的。比如，共享某个例程和函数。分页系统中的“页”只是存放信息的物理单位（块），并无完整的意义，不便于实现共享；然而段却是信息的逻辑单位。由此可知，为了实现段的共享，希望存储管理能与用户程序分段的组织方式相适应。

（3）信息保护

信息保护同样是对信息的逻辑单位进行保护，因此，分段管理方式能更有效和方便地实现信息保护功能。

（4）动态增长

在实际应用中，往往有些段，特别是数据段，在使用过程中会不断地增长，而事先又无法确切地知道数据段会增长到多大。前述的其他几种存储管理方式，都难以应付这种动态增长的情况，而分段存储管理方式却能较好地解决这一问题。

（5）动态链接

动态链接是指在作业运行之前，并不把几个目标程序段链接起来。要运行时，先将主程序所对应的目标程序装入内存并启动运行，当运行过程中又需要调用某段时，才将该段（目标程序）调入内存并进行链接。可见，动态链接也要求以段作为管理的单位。

1. 分页和分段的比较

1）分页是出于系统管理的需要，分段是出于用户应用的需要。

2）页的大小是系统固定的，而段的大小则通常不固定。

3）逻辑地址表示：分页是一维的，各个模块在链接时必须组织在同一个地址空间；而分段是二维的，各个模块在链接时可以把每个段组织成一个地址空间。

4）通常段比页大，因而段表比页表短，可以缩短查找时间，提高访问速度。

5）分段式存储管理可以实现内存共享，而分页式存储管理则不能实现内存共享。但是两者都不能实现存储扩充。

2. 分段式存储管理的基本思想

所谓“分段式”存储管理，即要求用户将自己的整个作业程序以多个相互独立的称为“段”的地址空间提交给系统，每个段都是一个从“0”开始的一维地址空间，长度不一。操作系统按照段长为作业分配内存空间。

分段式存储管理把进程的逻辑地址空间分成多段，提供如下形式的二维逻辑地址：

段 号	段内位移

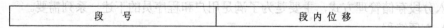

在分页式存储管理中，页的划分，即逻辑地址划分为页号和页内位移，是不可见的，连续的地址空间将根据页面的大小自动分页；而在分段式存储管理中，地址结构是可见的，用户知道逻辑地址如何划分为段和段内位移，在设计程序时，段的最大长度由地址结构规定，程序中所允许的最多段数会受到限制。

分段式存储管理的实现基于可变分区存储管理的原理。可变分区以整个作业为单位来划分和连续存放，也就是说，作业在分区内是连续存放的，但独立作业之间不一定连续存放。而分段方法是以段为单位来划分和连续存放，为作业的各段分配一个连续的主存空间，而各段之间不一定连续。在进行存储分配时，应为进入主存的作业建立段表，各段在主存中的情况可由段表来记录，它指出主存中各分段的段号、段起始地址和段长度。在撤销进程时，回收所占用的主存空间，并清楚此进程的段表。

段表表项实际上起到基址/限长寄存器的作用，进程运行时通过段表可将逻辑地址转换成物理地址，由于每个用户作业都有自己的段表，地址转换应按各自的段表进行。类似于分页式存储管理，也设置一个硬件——段表基址寄存器，用来存放当前占用处理器的作业段表的起始地址和长度。将段控制寄存器中的段表长度与逻辑地址中的段号进行比较，若段号超过段表长度则触发越界中断，再利用段表项中的段长与逻辑地址中的段内位移进行比较，检查是否产生越界中断。

3．分段式存储管理的数据结构

1）进程段表：也叫段变换表（Segment Mapping Table，SMT），如表4-2所示。它描述组成进程地址空间的各段。它可以是指向系统段表中表项的索引，每段都有段基址（Base Address）。

表4-2　段表

段　号	段长/B	段基址/KB
0	300	5
1	240	19
2	680	42
3	100	8862
4	170	15
5	360	2

2）系统段表：描述系统所有占用的段。

3）空闲段表：描述了内存中所有空闲段，可以结合到系统段表中。内存的分配算法可以采用最先适应法、最佳适应法和最坏适应法。

4．分段式存储管理的地址转换

为了实现从逻辑地址到物理地址的变换功能，在系统中设置了段表基址寄存器和段表长度寄存器。在进行地址变换时，系统将逻辑地址中的段号S与段表长度STL进行比较。若S≥STL，表示段号太大，则越界访问，产生越界中断；若未越界，则根据段表的起始地址和该段的段号，计算出该段对应段表项的位置，从中读出该段在内存的起始地址，然后再检查段内地址D是否超过该段的段长SL。若D≥SL，同样发出越界中断；若未越界，则将该段的基址D与段内地址相加，即得到要访问的内存物理地址。如图4-25所示为分段式存储管理的地址转换过程。

和分页式存储管理系统一样，当段表放在内存中时，分段式每访问一个数据或者指令，都需至少访问内存两次，从而成倍地降低了计算机的速率。解决的办法和分页存储管理的思想类似，即再增设一个关联寄存器，用于保存最近常用的段表项。由于一般情况下段比页大，因而段表项的数目比页表数目少，其所需的关联寄存器也相对较小，可以显著地减少存取数据的时间。

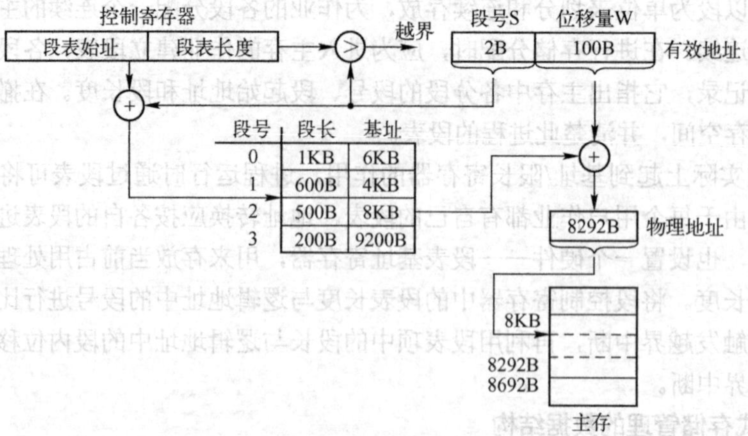

图 4-25　分段式存储管理的地址转换过程

如上面所述可以设置一对寄存器：段表基址寄存器和段表长度寄存器。段表基址寄存器用于保存正在运行进程的段表的基址，而段表长度寄存器用于保存正在运行进程的段表的长度。

同样，和分页式存储管理的思想类似，也可以设置联想存储器，它是介于内存与寄存器之间的存储机制，和分页式存储管理系统一样也叫快表。它的用途是保存正在运行进程的段表的子集（部分表项），其特点是可按内容并行查找。引入快表的作用是为了提高地址映射速度，实现段的共享和段的保护。快表中的项目包括：段号、段基址、段长度、标识（状态）位、访问位和淘汰位。

1）段表首址寄存器：用于保存正在运行进程的段表的首址。在一个进程被低级调度程序选中并投入运行之前，系统将其段表首址由进程控制块中取出并送入该寄存器。

2）段表长度寄存器：用于保存正在运行进程的段表的长度。在一个进程被低级调度程序选中并投入运行之前，系统将其段表长度由进程控制块中取出并送入该寄存器。

3）一组关联寄存器——快表：用于保存正在运行进程的段表中的部分项目，即当前正在访问的段所对应的项目。其作用、用法与分页式存储管理相仿。

5．段的共享和保护

（1）段的共享

一个进程的段号是连续的，而段与段之间却不一定连续。如果某一个进程的一个段号 s_i 与另一个进程的一个段号 s_j 对应同一段首址和段长，即可实现段的共享。

（2）段的保护

进程对于共享段的访问往往需要加上某种限制。例如，对于保存共享代码的段，任何进程都不能修改它；对于具有保密要求的段，某些进程不能读取它；对于属于系统数据的段，某些进程不能修改等。为此需要增加对共享段的“访问权限”。由于不同进程对于同一共享段的访问权限可能不同，因而它应该放在段表中。如此改进后的段表如表 4-3 所示。其中 R 代表读，W 代表写，E 代表执行，它们各由 1 位（1b）构成。可以规定当其值为 1 时，允许此种访问；当其值为 0 时，不允许此种访问。例如表 4-3 中对于段 s 可读、可执行但不可写。当对于某个段的访问违反其所规定的访问权限时，将产生越权中断。

表 4-3 具有访问权限的段表

段 号	段 长	段 首 址	访问权限		
			R	W	E
…	…	…	…	…	…
s	l'	b'	1	0	1
…	…	…	…	…	…

为了实现段的共享和保护，系统中还需要一个共享段表，该表中记录着所有共享段。当多个进程共享同一段时，这些进程的段表中的相应表目指向共享段表中的同一表目，共享段表的形式如表 4-4 所示，其中“段名”用来识别和查找共享段；“共享计数”记录当前有多少个进程正在使用该段，当其值为 0 时为空闲表项，当一个共享段初次使用时，它被登记在共享段表中，共享计数置为 1，以后其他进程访问此段时，其共享计数值加 1；当一个进程结束对于某一共享段的访问时，其共享计数值减 1，当减到 0 时，表示没有进程再使用该段，可以释放所占用的存储空间。

表 4-4 共享段表

段 名	共享计数	段 长	段 首 址	其 他
..	…	…	…	…
s_name	count	l'	b'	o
…	…	…	…	…

通过以上分析，可以看出分段式存储管理有以下优缺点。

分段式存储管理的优点。

- 没有内碎片，外碎片可以通过内存紧缩来消除。
- 便于改变进程占用空间的大小。
- 便于实现共享和保护，即允许若干个进程共享一个或者多个段，对段进行保护。

分段式存储管理的缺点。

- 进行地址变换和实现靠拢操作要花费处理机时间，为管理各分段，要设立若干表格，提供附加的存储空间。
- 在辅存上管理可变长度的段比较困难。
- 段的最大长度受到实存容量的限制。
- 会出现系统抖动现象。

4.3.3 段页式存储管理

前面所介绍的分页和分段存储管理方式都各有其优缺点。分页式存储管理能有效地提高内存利用率，而分段式存储管理则能很好地满足用户需要。如果能对两种存储管理方式“各取所长”，则可以将两者结合成一种新的存储管理方式系统。这种新的存储管理方式既具有分段式的便于实现，又能像分页式那样很好地解决内存的外部碎片问题，以及可为各个分段离散地分配内存等问题。把这种结合起来形成的新的存储管理方式称为“段页式存储管理”。

1．段页式存储管理的基本思想

段页式存储管理是对分页式和分段式存储管理的结合，这种思想结合了二者的优点，克服了二者的缺点。这种思想将用户程序分为若干个段，再把每个段划分成若干个页，并为每一个段赋予一个段名。也就是说将用户程序按段式划分，而将物理内存按页式划分，即以页为单位进行分配。换句话来说，段页式管理对用户来讲是按段的逻辑关系进行划分的，而对系统来讲是按页划分每一段的。在段页式存储管理中，其地址结构由段号、段内页号和页内地址 3 部分组成，如图 4-26 所示。

段号(S)	段内地址	
	页号(P)	页内地址(W)

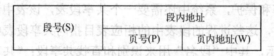

图 4-26　段页式存储管理的地址结构

2．段页式存储管理实现所需的数据结构

为了实现段页式存储管理的机制，需要在系统中设置以下几个数据结构。

1）段表：记录每一段的页表起始地址和页表长度。

2）页表：记录每一个段所对应的逻辑页号与内存块号的对应关系，每一段有一个页表，而一个程序可能有多个页表。

3）空闲内存页表：其结构同分页式存储管理，因为空闲内存采用分页式的存储管理。

4）物理内存分配：同分页式存储管理。

3．段页式存储管理的地址转换

在段页式存储管理中，为了实现从逻辑地址到物理地址的变换，系统中需要同时配置段表和页表。由于允许将一个段中的页进行不连续分配，因而使段表的内容有所变化：它不再是段内起始地址和段长，而是页表起始地址和页表长度。如图 4-27 所示是段页式存储管理的段表和页表。

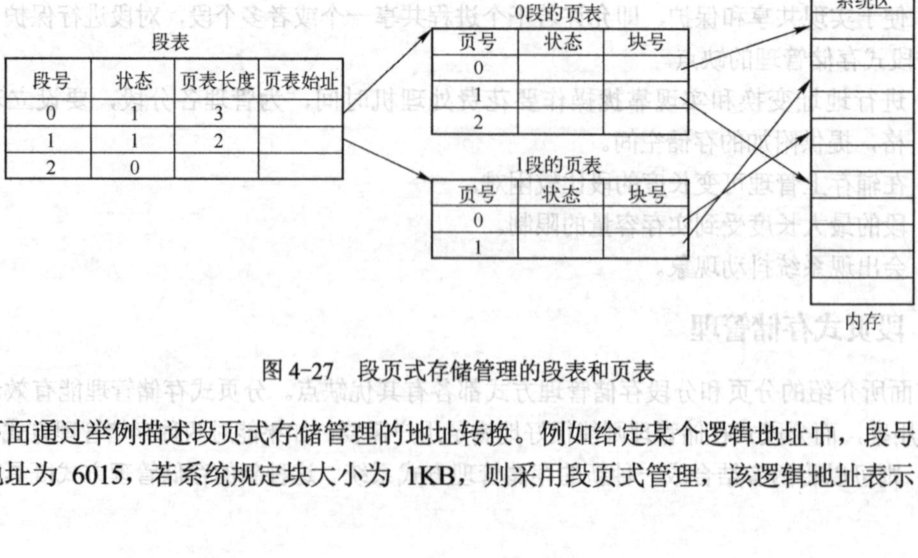

图 4-27　段页式存储管理的段表和页表

下面通过举例描述段页式存储管理的地址转换。例如给定某个逻辑地址中，段号为 2，段内地址为 6015，若系统规定块大小为 1KB，则采用段页式管理，该逻辑地址表示：段号为 2，段内页号为 5，页内地址为 895。其地址变换过程如图 4-28 所示。

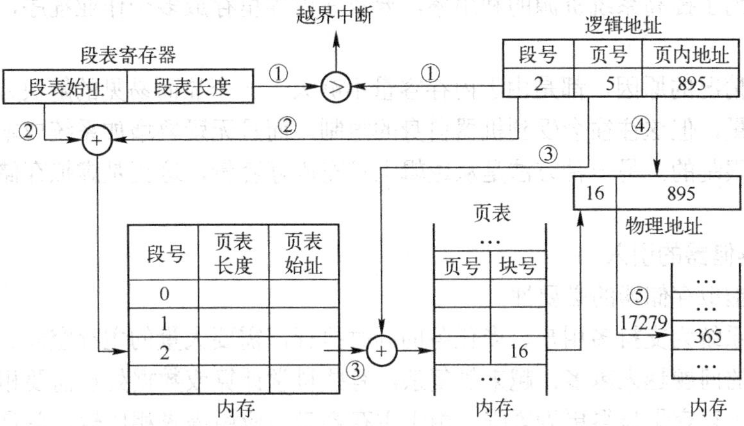

图 4-28 段页式存储管理地址变换过程

1）段号 2 与段表寄存器中存放的段表长度比较以判断是否越界，如果越界，则转错误中断处理，否则转 2)。

2）段表始地址+段号×段表项长度，就得到属于该段的页表始地址和页表长度。

3）页号与页表长度进行越界检查，页表始地址+页号×页表项长度，就得到内存页表中记录的该页对应的物理块号 16。

4）16（块号）×1024（块大小）+895（页内地址）=17 279（一个物理地址号）。

5）访问内存 17 279 单元，得到需要的数据 365。

采用段页式存储管理，从逻辑地址到物理地址的变换过程中要 3 次访问内存，一次是访问段表，一次是访问页表，再一次是访问内存物理地址。这就是说，当访问内存中的一条指令或数据时，至少要访问内存 3 次，这使程序的执行速度大大降低。为此，可以像在分页存储管理中那样，使用关联存储器的方法来加快查表速度。

4．段页式存储管理的优缺点

段页式存储管理方案保留了分段存储管理和分页存储管理的全部优点，满足了用户和系统两方面的需求。这种性能提升是有代价的，增加了硬件成本、系统的复杂性和管理上的开销，程序碎片在每个段都存在，段表、段内页表等表格占用相对较大的内存空间，存在着系统发生抖动的危险。

但这些缺点对一个大型通用系统来说并不是主要的。可在相当程度上予以克服，能使这些缺点造成的影响减至很小。段页式存储管理技术对当前的大、中型计算机来说，是一种通用、灵活的方法。

4.3.4 虚拟存储管理

固定分区和可变分区存储管理要求把作业一次全部装入到一个连续的存储分区中；分页式存储管理、分段式存储管理和段页式存储管理也要求把作业一次全部装入，但是装入到的存储块可以不连续。但无论如何，这些存储管理方案都要求把作业“一次全部装入”。

这就带来了一个很大的问题：如果有一个作业很大，以至于内存都容纳不下它，那么，这个作业就无法投入运行。多年来，人们总是受到小内存与大作业之间矛盾的困扰。在多道程序设计时，为了提高系统资源的利用率，要求在内存里存放多个作业程序，这个矛盾就显得更加突出。

出现上述情况的原因，都是由于内存容量不够大。一个显而易见的解决方法，是从物理上增加内存容量，但这往往会受到机器自身的限制，而且无疑要增加系统成本，因此这种方法是受到一定限制的。另一种方法是从逻辑上扩充内存容量，这正是虚拟存储技术所要解决的主要问题。

1. 虚拟存储器的引入

（1）提供虚拟存储器的必要性

现代操作系统为支持多用户、多任务的同时执行，需要大量的主存空间。特别是现在需要计算机解决的问题越来越多，越来越复杂，有些科学计算或数据处理需要相当大的主存空间，使系统中主存容量显得更为紧张。由于主存容量与应用需求相比较，总是不能满足其日益增长的需求，人们不得不考虑如何解决主存不够用的问题。

计算机系统中存储信息的部件除了主存外还有容量比主存大的辅存。操作系统将主存和辅存统一管理起来，实现信息的自动移动和覆盖。操作系统可以将应用程序的地址空间的一部分放入主存内，而其余部分放在辅存上。当所访问的信息不在主存时，由操作系统负责调入所需要的部分。将应用程序的部分代码装入主存，就让它投入运行，这样做程序还能正确执行吗？

由于大多数程序执行时，在一段时间内仅使用它的程序编码的一部分，即并不需要在全部时间内将该程序的全部指令和数据都放在主存中，所以，程序的地址空间部分装入主存时，它还能正确地执行，此即为程序的局部性特征。

- 程序通常有处理异常错误条件的代码。这些错误即使有也很少发生，所以这种代码几乎不执行。
- 程序的某些选项或特点可能很少使用。例如，财政部用于预算的子程序只是在特定的时候才使用。
- 在按名字进行工资分类和按工作证号进行工资分类的程序中，由于这两者每次必定只选用一种，所以只装入其中一部分程序仍能正确执行。

由于人们注意到上面所说的这种事实，所以可以把程序当前执行所涉及的那部分代码放入主存中，而其余部分可根据需要再临时或稍许提前一段时间调入。

现代操作系统提供虚存的根本原因是为了方便用户的使用和有效地支持多用户对主存的共享。操作系统将存储概念分为物理主存和逻辑主存两类，用户所看到的存储空间为逻辑地址空间，但信息真正存储在物理主存中。一方面，用户可以避免对繁杂的物理主存的了解；另一方面，操作系统可以实现动态的主存分配。

（2）虚拟存储器的定义

虚拟存储器将用户的逻辑主存与物理主存分开，这是现代计算机对虚拟存储器的实质性的描述。更为一般的描述是：计算机系统在处理应用程序时，只装入部分程序代码和数据就启动其运行，由操作系统和硬件配合完成主存和辅存之间信息的动态调度，这样的计算机系统好像为用户提供了一个其存储容量比实际主存大得多的存储器，这个存储器称为虚拟存储器，之所以称为虚拟存储器，是因为这样的存储器实际上并不存在，只是由于系统提供了自动覆盖功能后，给用户造成了一种虚拟的感觉，仿佛有一个很大的主存供它使用一样。

虚拟存储器的核心问题是将程序的访问地址和主存的物理地址相分离。程序的访问地址称为虚地址，它可以访问的虚地址范围称为程序的虚地址空间。在指定的计算机系统中，可使用的物理地址范围称为计算机的实地址空间。虚地址空间可以比实地址空间大，也可以比实际主存小。在多用户运行环境下，操作系统将物理主存扩充成若干个虚存，系统可以为每个应用程序建立一个虚存。这样每个应用可以在自己的地址空间中编制程序，在各自的虚存上运行。

引入虚拟存储器概念后，用户无须了解实存的物理特性，只需在自己的虚存上编制程序，这给用户带来了极大的方便。系统负责主存空间的分配，将逻辑地址自动转换成物理地址，这样，既消除了普通用户对主存分配细节、具体问题了解的困难，方便了用户，又能根据主存的情况和应用程序的实际需要进行动态分配，从而充分利用了主存。

实现虚拟存储技术需要有如下物质基础：相当容量的辅存，足以存放众多应用程序的地址空间；一定容量的主存；地址变换机构。那么，引入虚存概念后，应用程序的虚存是否可以无限大，它受什么制约呢？这一问题请读者思考。

2. 虚拟存储器的实现方法

在虚拟存储器中，允许将一个作业分多次调入内存。如果采用连续分配方式时，应将作业装入一个连续的内存区域中。为此须事先为它一次性地申请足够的内存空间，以便将整个作业先后分多次装入内存。这不仅会使相当一部分内存空间都处于暂时或“永久”的空闲状态，造成内存资源的严重浪费，而且也无法从逻辑上扩大内存容量。因此，虚拟存储器的实现，都毫无例外地建立在离散分配的存储管理方式的基础上。目前，所有的虚拟存储器都是采用请求分页式、请求分段式和请求段页式中的一个实现的。本书着重讲解请求分页式存储管理。

3. 请求分页式存储管理

（1）要实现请求分页式存储管理，须解决的 3 个问题

- 如果不把一个作业全部装入内存，那么该作业能否开始运行并运行一段时间呢？
- 在作业运行了一段时间之后，必然要访问没有装入的页面，也就是说，要访问的虚页不在内存，系统怎么发现呢？
- 如果系统已经发现某一个虚页不在内存，就应该将其装入，怎么装入呢？

答案是：

- 程序在运行期间，往往只使用全部地址空间的一部分。
- 根据程序局部性原理，程序员在写程序的时候总是满足结构化的思想，使得程序具有模块化的特点。
- 使用缺页中断即可，而缺页中断是属于程序中断的。

（2）请求分页式存储管理的基本思想

请求分页式存储管理是基于分页式存储管理的一种虚拟存储器。它与分页式存储管理相同的是：先把内存空间划分成尺寸相同、位置固定的块，然后按照内存块的大小，把作业的虚拟地址空间（就是以前的相对地址空间）划分成页（注意，这个划分过程对于用户是透明的）。由于页的尺寸与块一样，因此虚拟地址空间中的一页，可以装入到内存中的任何一块中。它与分页式存储管理不同的是：作业全部进入辅助存储器，运行时，并不把整个作业程

序一起都装入到内存，而是只装入目前要用的若干页，其他页仍然保存在辅助存储器里。运行过程中，虚拟地址被转换成数对：（页号，页内位移）。根据页号查页表时，如果该页已经在内存，那么就有块号相对应，运行就能够进行下去；如果该页不在内存，那么就没有具体的块号与之对应，表明为“缺页”，运行就无法继续下去，此时，就要根据该页号把它从辅助存储器里调入内存，以保证程序的运行。所谓“请求分页式”，即是指当程序运行中需要某一页时，再把它从辅助存储器里调入内存使用的意思。

根据请求分页式存储管理的基本思想可以看出，用户作业的虚拟地址空间可以很大，它不受内存尺寸的约束。比如，某计算机的内存储器容量为 32KB，系统将其划分成 32 个 1KB 大小的块。该机的地址结构长度为 2^{21}，即整个虚拟存储器最大可以有 2MB，是内存的 64 倍。图 4-29a 给出了虚拟地址的结构，从中可以看出，当每页为 1KB 时，虚拟存储器最多可以有 2048 页。这么大的虚拟空间当然无法整个装入内存。图 4-29b 表示是把虚拟地址空间放在辅助存储器中，运行时，只把少数几页装入内存块中。

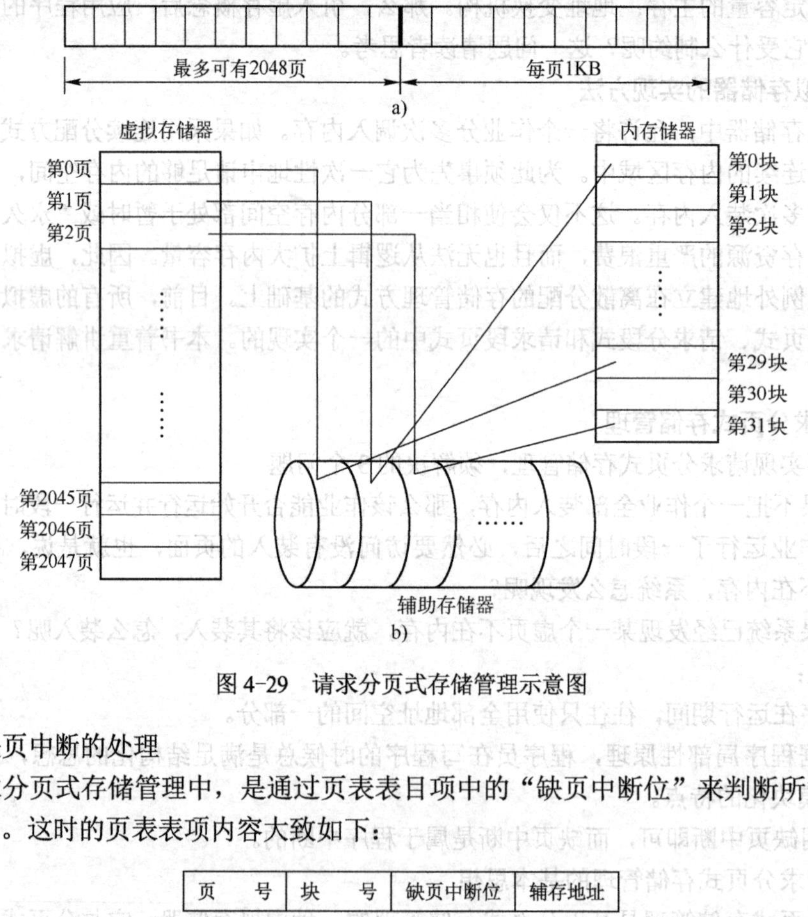

图 4-29　请求分页式存储管理示意图

（3）缺页中断的处理

在请求分页式存储管理中，是通过页表表目项中的“缺页中断位”来判断所需要的页是否在内存的。这时的页表表项内容大致如下：

页　号	块　号	缺页中断位	辅存地址

页号：虚拟地址空间中的页号。

块号：该页所占用的内存块号。

缺页中断位：该位为“1”，表示此页已在内存；为“0”，表示该页不在内存。当此位为 0 时，会发出“缺页”中断信号，以求得系统的处理。

辅存地址：该页内容存放在辅助存储器的地址。缺页时，缺页中断处理程序就会根据它的指点，把所需要的页调入内存。

下面，通过一个图例来说明请求分页式存储管理的运作过程。该图例的基础如下。

- 内存容量为 40KB，被划分成 10 个存储块，每块 4KB，操作系统程序占用第 0 块。如图 4-30b 所示。
- 内存第 1 块为系统数据区，里面存放着操作系统运行时所需要的各种表格。

存储分块表：它记录当前系统各块的使用状态，是已分配的，还是空闲的，如图 4-30a 所示。可以看出，目前内存中的第 3、7、9 块是空闲的，其余的都已经分配给各个作业使用。

作业表：它记录着目前进入内存运行的作业的有关数据，例如作业的尺寸，作业的页表在内存的起始地址与长度等信息。由图 4-30c 可知，当前已经有 3 个作业进入内存运行，它们的页表各放在内存的 4160、4600、4820 处。作业 1 有 2 页，作业 2 有 3 页，作业 3 为 1 页。

各个作业的页表：每个页表表目简化为只含 3 项内容，即页号（P）、块号（B）以及缺页中断位（R），其实还应该有该页在辅助存储器中的位置等信息。如图 4-30d 所示。

在图 4-30b 中，画出了作业 2 的页表在系统数据区里的情形。其实，上面给出的作业表、存储分块表、以及各个作业的页表等都应该在这个区里面，现在把它们单独提出来，形成了图 4-30a、图 4-30c 及图 4-30d。另外要注意，系统数据区中的数据是操作系统专用的，用户不能随意访问。

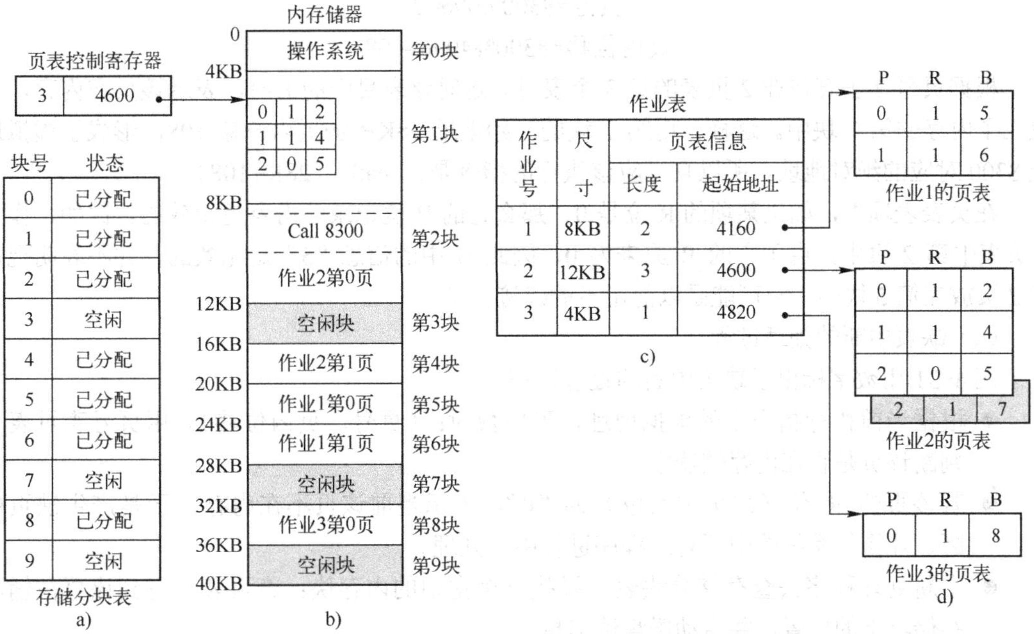

图 4-30　请求分页式存储管理的图例

a) 主存存储分配　b) 作业在主存中的具体分配　c) 各个作业的信息　d) 页表

这里的地址转换机构仅由页表组成，没有给出相连寄存器（快表）。系统设置了一个页表控制寄存器，在它的里面总是存放着当前运行作业页表的起始地址以及长度，这些信息来自于前面提及的作业表。由于现在它的里面放的是作业 2 的信息，因此可以看出，当前系统正在运行作业 2。

当操作系统决定把 CPU 分配给作业 2 使用时，就从作业表中把作业 2 的页表起始地址（4600）和长度（3）装入到页表控制寄存器中（这种装入操作当然是由特权指令来完成的）。于是开始运行作业 2。当执行到作业 2 第 0 块中的指令“call 8300”时，系统先把它里面的虚拟地址 8300 转换成数对：(2,108)，即是：

页号=8300/4096=2

页内位移=8300%4096=108

按照页表控制寄存器的记录，页号 2 小于寄存器中的长度 3，表明虚拟地址 8300 没有越出作业 2 所在的虚拟地址空间，因此允许用页号 2 查作业 2 的页表。要注意的是，现在作业 2 的第 2 页并不在内存，因为它所对应的页表表目中的 R 位（即缺页中断位）等于 0，于是引起“缺页中断”。这时，系统一方面通过查存储分块表，得到目前内存中第 3、7、9 块是空闲的。假定现在把第 7 块分配给作业 2 的第 2 页使用。于是把作业 2 页表的第 3 个表目中的 R 改为 1，B 改为 7，如图 4-30d 中作业 2 页表第 3 表项底衬所示。另一方面，根据页表中的记录，获得该页在辅存的位置（注意，图 4-30 里的页表没有给出这个信息），并把作业 2 的第 2 页调入内存的第 7 块；再有，系统应该把存储分块表中对应第 7 块的表目状态由“空闲”改为“已分配”。做完这些事情后，系统结束缺页中断处理，返回到指令“call 8300”处重新执行。

这时，虚拟地址 8300 仍被转换成数对：(2,108)，即是：

页号=8300/4096=2

页内位移=8300%4096=108

根据页号 2 去查作业 2 页表的第 3 个表目。这时该表目中的 R=1，表示该页在内存，且放在了内存的第 7 块中。这样，用第 7 块的起始地址 28KB 加页内位移 108，形成了虚拟地址 8300 对应的绝对地址。所以真正应该执行的指令是：“call （28K+108）”。

在页表表项中，如果某项的 R 位是 0，那么它的 B 位记录的内容是无效的。比如，作业 2 页表中第 2 页中，由于它的 R 原来为 0，因此 B 中的信息“5”是无效的，并不表明现在第 2 页放在第 5 块中，它可能是以前留下的痕迹罢了。

（4）缺页中断的处理过程

图 4-31 用数字标出了缺页中断的处理过程。

- 根据当前执行指令中的虚拟地址，形成数对：（页号，页内位移）。用页号查页表，判断该页是否在内存储器中。
- 若该页的 R 位（缺页中断位）为“0”，表示当前该页不在内存，于是产生缺页中断，让操作系统的中断处理程序进行中断处理。
- 中断处理程序去查存储分块表，寻找一个空闲的内存块；查页表，得到该页在辅助存储器上的位置，并启动磁盘读信息。
- 把从磁盘上读出的信息装入到分配的内存块中。
- 根据分配存储块的信息，修改页表中相应的表目内容，即将表目中的 R 位设置成为“1”，表示该页已在内存中，在 B 位填入所分配的块号。另外，还要修改存储分块表里相应表目的状态。

- 由于产生缺页中断的那条指令并没有执行，所以在完成所需页面的装入工作后，应该返回原指令重新执行。这时再执行时，由于所需页面已在内存，因此可以顺利执行下去。

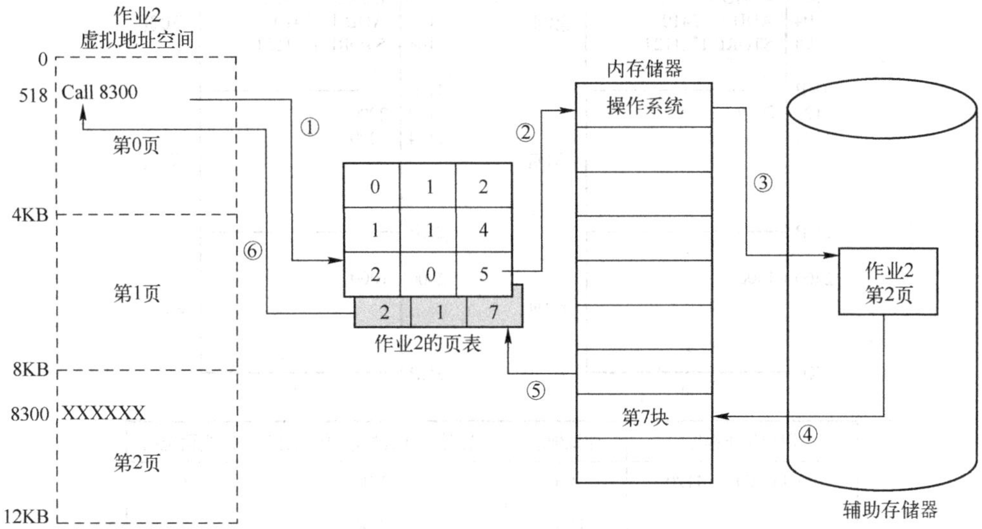

图 4-31　缺页中断处理过程

（5）缺页中断与一般中断的区别

- 缺页中断是在执行一条指令中间时产生的中断，并立即转去处理。而一般中断则是在一条指令执行完毕后，当发现有中断请求时才去响应和处理。
- 缺页中断处理完成后，仍返回到原指令去重新执行，因为那条指令并未执行。而一般中断则是返回到下一条指令去执行，因为上一条指令已经执行完毕了。

（6）作业运行时的页面走向

作业运行时，程序中涉及的虚拟地址随时在发生变化，它是程序的执行轨迹，是程序的一种动态特征。由于每一个虚拟地址都与一个数对（页号，页内位移）对应，因此这种动态特征也可以用程序执行时页号的变化来描述。通常，称一个程序执行过程中页号的变化序列为“页面走向”。

例如，图 4-32a 给出一个用户作业的虚拟地址空间，它的里面有 3 条指令。虚拟地址 100 中是一条 LOAD 指令，含义是把虚拟地址 1120 中的数 2000 送入 1 号寄存器；虚拟地址 104 中是一条 ADD 指令，含义是把虚拟地址 2410 中的数 1000 与 1 号寄存器中当前的内容（即 2000）相加，结果放在 1 号寄存器中（这时 1 号寄存器里应该是 3000）；虚拟地址 108 中是一条 STORE 指令，含义是把 1 号寄存器中的内容存入到虚拟地址 1124 中。因此，运行结果如图 4-32b 所示，在虚拟地址 1124 中有结果 3000。

该程序运行时，虚拟地址的变化情形如图 4-32c 第 2 列“虚拟地址”所示。如上所述，它代表了程序执行时的一种运行轨迹，是程序的一种动态特征。另一方面，每一个虚拟地址都有一个数对与之对应，如图 4-32c 第 3 列所示。把它里面的页号抽取出来，就构成了该程序运行时的页面走向，即如图 4-32c 第 4 列所示。它是描述程序运行时动态特征的另一种方法。从该程序的页面走向序列：0、1、0、2、0、1 可以看出，它所涉及的页面总数为 6。注意页面总数的计算方法，只要从一页变成另一页，就要计数一次。

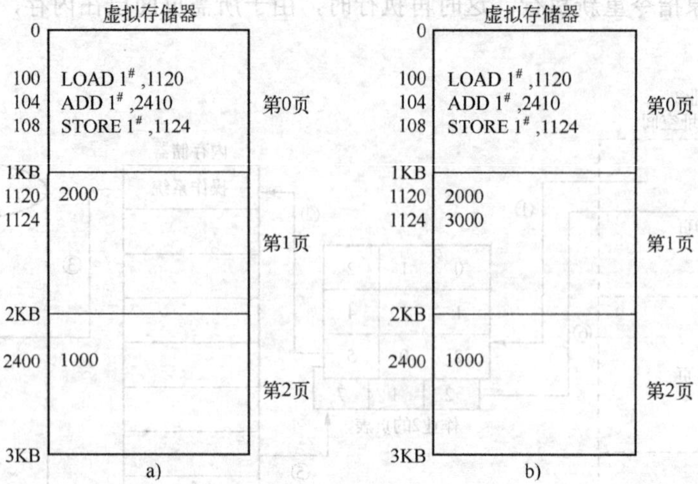

用户作业程序	虚拟地址	数对：（页号，页内位移）	页面走向
100 LOAD 1#,1120	100	(0,100)	0
	1120	(1,96)	1
104 ADD 1#,2410	104	(0,104)	0
	2410	(2,354)	2
108 STORE 1#,1124	108	(0,108)	0
	1124	(1,100)	1

c)

图 4-32 程序运行时的页面走向

（7）缺页中断率

假定一个作业运行的页面走向中涉及的页面总数为 A，其中有 F 次缺页，必须通过缺页中断把它们调入内存。定义：f=F/A，称 f 为“缺页中断率”。

显然，缺页中断率与缺页中断的次数有密切的关系。分析起来，影响缺页中断次数的因素有以下几种。

- 分配给作业的内存块数：由于分配给作业的内存块数多，因此同时能够装入内存的作业页面就多，缺页的可能性下降，发生缺页中断的可能性也就下降。
- 页面尺寸：页面尺寸是与块尺寸相同的，因此块大页也就大。页面增大了，在每个内存块里的信息相应增加，缺页的可能性下降。反之，页面尺寸减小，每块里的信息减少，缺页的可能性上升。
- 程序的实现：作业程序的编写方法，对缺页中断产生的次数也会有影响。

（8）页面淘汰算法

发生缺页时，就要从辅存上把所需要的页面调入到内存。如果当时内存中有空闲块，那么页面的调入问题就解决了；如果内存中已经没有空闲块可供分配使用，那么就必须在内存中选择一页，然后把它调出内存，以便为即将调入的页面让出块空间。这就是“页面淘汰”问题。

页面淘汰首先要研究的是选择谁作为被淘汰的对象。虽然可以简单地随机选择一个内存中的页面淘汰出去，但显然选择将来不常使用的页面出去，可能会使系统的性能更好一些。因为如果淘汰一个经常要使用的页面，那么很快由于又要用到它，需要把它再一次调入，从而增加了系统在处理缺页中断与页面调出/调入上的开销。人们总是希望缺页中断少发生一些，如果出现这种情形，一个刚被淘汰（从内存调出到辅存）出去的页，时隔不久因为又要访问它，又把它从辅存调入。调入后不久再一次被淘汰，再访问，再调入。如此频繁地反复进行，使得整个系统一直陷于页面的调入、调出，以致大部分 CPU 时间都用于处理缺页中断和页面淘汰上，很少能顾及用户作业的实际计算。这种现象被称为“抖动”或称为“颠簸”。很明显，抖动使得整个系统效率低下，甚至趋于崩溃，是应该极力避免和排除的。

要注意，页面淘汰是由缺页中断引起的，但缺页中断不见得一定引起页面淘汰。只有当内存中没有空闲块时，缺页中断才会引起页面淘汰。

选择淘汰对象有很多种方略可以采用，常见的有“先进先出页面淘汰算法”“最久未使用页面淘汰算法”“最少使用页面淘汰算法”“最优页面淘汰算法”等。下面将一一介绍它们。在介绍之前还需要说明的是，在内存里选中了一个淘汰的页面，如果该页面在内存时未被修改过，那么就可以直接用调入的页面将其覆盖掉；但如果该页面在内存时被修改过，那么就必须把它回写到磁盘，以便更新该页在辅存上的副本。一个页面的内容在内存时是否被修改过，这样的信息可以通过页表表目反映出来。前面，我们已经给出过在请求分页式存储管理中页表表目的简单构成，更为实用的页表表目包含的内容如下。

页号	块号	缺页中断位	辅存地址	引用位	改变位

前面 4 项的解释如前，后面两项的含义如下。

引用位：在系统规定的时间间隔内，该页是否被引用过的标志（该位在页面淘汰算法中将会用到）。

改变位：该位为“0”时，表示此页面在内存时数据未被修改过；为“1”时，表示被修改过。当此页面被选中为淘汰对象时，根据此位的取值来确定是否要将该页的内容进行磁盘回写操作。

1）先进先出页面淘汰算法。

先进先出是人们最容易想到的页面淘汰算法。其做法是当要进行页面淘汰时，总是把最早进入内存的页面作为淘汰的对象。比如，给出一个作业运行时的页面走向为：

1、2、3、4、1、2、5、1、2、3、4、5

这就是说，该作业运行时，先要用到第 1 页，再用到第 2 页、第 3 页和第 4 页等。页面走向中涉及的页面总数为 12。假定只分配给该作业 3 个内存块使用。开始时作业程序全部在辅存，3 个内存块都为空。运行后，通过 3 次缺页中断，把第 1、第 2、第 3 三个页面分别从辅存调入内存块中。当页面走向到达 4 时，用到第 4 页。由于 3 个内存块中没有第 4 页，因此仍然需要通过缺页中断将其调入。但供该作业使用的 3 个内存块已经全部分配完毕，必须进行页面淘汰才能够腾空一个内存块，然后让所需的第 4 页进来。可以看出，前面 3 个缺页中断没有引起页面淘汰，现在这个缺页中断引起了页面淘汰。根据 FIFO 的淘汰原则，显然应该把第一个进来的第 1 页淘汰出去。紧接着又用到第 1 页，它不在内存的 3 个块中，于是不得不把这一时刻最先进来的第 2 页淘汰出去，……。图 4-33a 描述了整个进展过程。

在图中，最上面出示的是页面走向，每一个页号下面对应着的 3 个方框以及里面的数字，表示那一时刻 3 个内存块中当时存放的页面号。要注意的是，如果把某页填入一个方框后，就理解为它只能在那一个方框里存在，直到被淘汰，如图 4-33b 所示（一个局部图），那么被淘汰页面在图中出现的位置就是不确定的，让人不易理解。为了清楚和能够更好地说明问题，图 4-33a 中的做法是让每列中的页号按淘汰算法的淘汰顺序由下往上排列，排在最下面的是下一次的淘汰对象，排在最上面的是最后才会被淘汰的对象。

图 4-33　先进先出页面淘汰算法的描述

由于现在实行的是 FIFO 页面淘汰算法，因此排在最上面的页号是刚刚调入内存的页面号，排在最下面的是进入内存最早的页面号，它正是下一次页面淘汰的对象，在图中用圆圈把它圈起来，起到醒目提示的作用。图 4-33a 的最下面还有一方框行，它记录了根据页面走向往前迈进时，每个所调用的页面在当时的内存块中是能够找到的，还是要通过缺页中断调入。如果必须通过缺页中断调入，那么就在相应的方框里打一个勾，以便最后能计算出相对于这个页面走向，总共发生多少次缺页中断。比如对于所给的页面走向，它涉及的页面总数为 12，通过缺页中断调入页面的次数是 9（因为“缺页计数”栏中有 9 个勾），因此它的缺页中断率 f 是：

$$f=9/12=75\%$$

FIFO 页面淘汰算法的着眼点是，认为随着时间的推移，在内存中呆得最长的页面，被访问的可能性最小。在实际中，这就有可能把经常要访问的页面淘汰出去。为了尽量避免出现这种情形，提出了对它的改进：“第二次机会页面淘汰算法”。这种算法的基础是先进先出。它把进入内存的页面按照进入的先后次序组织成一个链表。在选择淘汰对象时，总是把链表的第 1 个页面作为要淘汰的对象，并检查该页面的“引用位（R）”。

如果 R 位为“0”，表示从上一次页面淘汰以来，到现在它没有被引用过。这就是说，它既老又没用，因此可以把它立即淘汰；如果它的 R 位为“1”，表示从上一次页面淘汰以来，它被引用过，因此暂时不淘汰它，再给它一次机会。于是将它的 R 位修改为“0”，然后排到链表的最后，并继续在链表上搜索符合条件的淘汰对象。图 4-34 就给出了第二次机会页面淘汰算法的示意。假定现在要进行页面淘汰，页面链表的排队情形如图 4-34a 所示，排在第 1 个的页面 A 当前的 R 位为“1”，因此把它的 R 位修改成“0”，并排到链表的最后如图 4-34b 所示。至于到底谁是淘汰的对象，继续从页面 B 往下搜索才能确定。

第二次机会页面淘汰算法所做的是在页面链表上寻找一个从上一次淘汰以来没有被访问过的页面。如果所有的页面都访问过了，那么这个算法就成为纯粹的先进先出页面淘汰算法。极端地说，假如图 4-34a 中所有的页面的 R 位都是“1”，那么该算法就会一个接一个地把每一个页面移到链表的最后，并且把它的 R 位修改成“0”，于是最后又会回到页面 A。此时它的 R 位已经是“0”，因此被淘汰出去。所以，这个算法总是能够结束的。

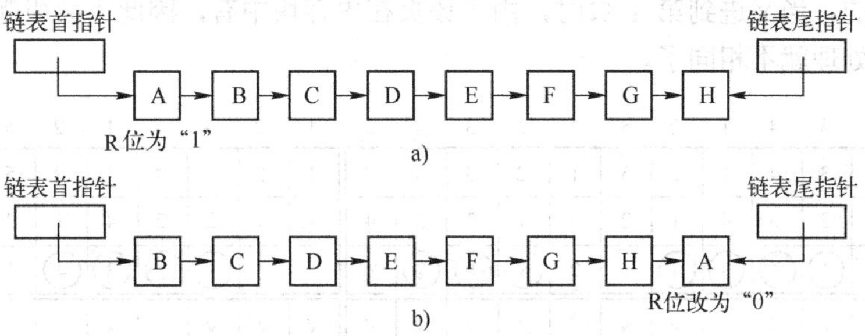

图 4-34　第二次机会页面淘汰算法示意图

第二次机会页面淘汰算法把在内存中的页面组织成一个链表来管理，页面要在链表中经常移动，从而影响系统的效率。可以把这些页面组织成循环链表的形式，如图 4-35 所示。循环链表类似与时钟，用一个指针指向当前最先进入内存的页面。当发生缺页中断并要求页面淘汰时，首先检查指针指向的页面的 R 位。如果它的 R 位为“0”，则就把它淘汰，让新的页面进入它原来占用的内存块，并把指针按顺时针方向向前移动一个位置；如果它的 R 位为“1”，则将其 R 位清为“0”，然后把指针按顺时针方向向前移动一个位置，去重复这一过程，直到找到一个 R 位为“0”的页面为止。它实际上是第二次机会页面淘汰算法的变形，有时称为“时钟页面淘汰算法”。

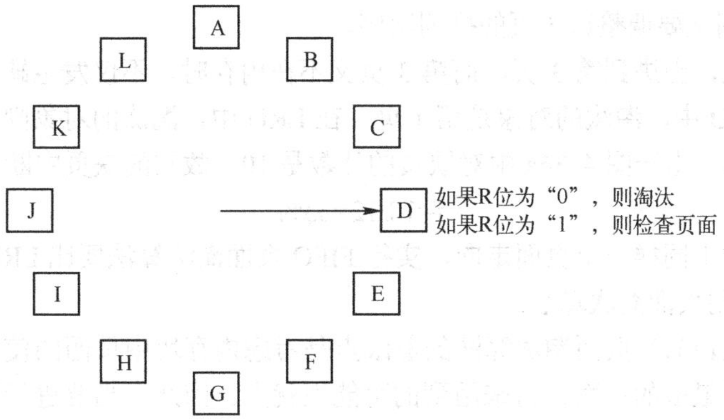

图 4-35　时钟页面淘汰算法

2）最近最久未用页面淘汰算法。

最近最久未用（LRU）页面淘汰算法的着眼点是在要进行页面淘汰时，检查这些淘汰对象的被访问时间，总是把最长时间未被访问过的页面淘汰出去。这是一种基于程序局部性原理的淘汰算法。也就是说，该算法认为如果一个页面刚被访问过，那么不久的将来被访问的可能性就大；否则被访问的可能性就小。

仍以前面 FIFO 中涉及的页面走向 1、2、3、4、1、2、5、1、2、3、4、5 为例，来看当对它实行 LRU 页面淘汰算法时，缺页中断率是多少。

一切约定如前所述，图 4-36a 是 LRU 的运行过程，图 4-36b 是图 4-33a 的局部。对照着看它们，以比较出两个算法思想的不同。

按照页面走向，从第 1 页面开始直到第 5 页面（即 1，2，3，4，1，2，5），这两个图表现的是一样的。当又进到第 1 页时，由于该页在内存块中有，因此不会引起缺页中断，但是两个算法的处理就不相同了。

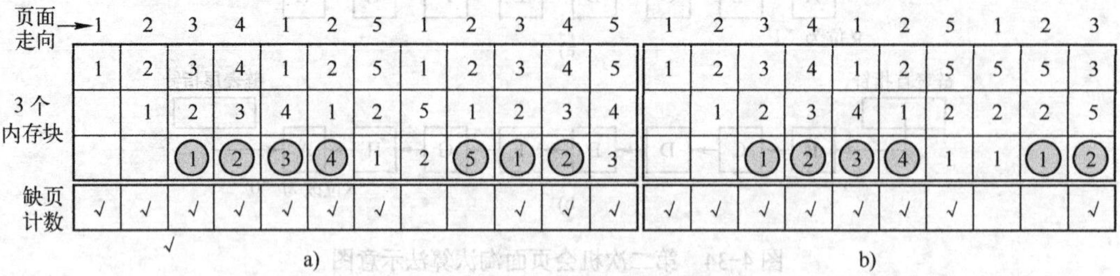

图 4-36　最近最久未用页面淘汰算法

a) LRU　b) FIFO 局部

对于 FIFO，关心的是这 3 页进入内存的先后次序。对第 1 页的访问不会改变内存中第 1、2、5 三页进入内存的先后次序，因此它们之间的关系仍然保持前一列的关系，如图 4-36b 所示。对于 LRU，关心的是这 3 页被访问的时间。对第 1 页的访问，表明它是当前刚被访问过的页面，其次访问的是页面 5，最早访问的是页面 2。因此按照 LRU 的原则，它们在图 4-36a 中的排列顺序应该加以调整才对。即：第 1 页应该在最上面，第 5 页应该在中间，第 2 页应该在最下面。

如果再进到页面 2，仍然不发生缺页中断，对于 FIFO，不用调整在内存中 3 页的先后次序；对于 LRU，则又要调整这 3 页的排列次序。

正是因为如此，当进到第 3 页、而第 3 页又不在内存时，不仅发生缺页中断，而且引起页面淘汰。在 FIFO 中，淘汰的对象是第 1 页；在 LRU 中，淘汰的对象则是第 5 页，后面的处理过程与此类似。由于图 4-36a 中对缺页的计数是 10，故它的缺页中断率 f 是：

$$f=10/12=83\%$$

可以看出，对于同样一个页面走向，实行 FIFO 页面淘汰算法要比 LRU 好。

3）最近最少用页面淘汰算法。

最近最少用（LFU）页面淘汰算法的着眼点是考虑内存块中页面的使用频率，它认为在一段时间里使用得最多的页面，将来用到的可能性就大。因此，当要进行页面淘汰时，总是把当前使用得最少的页面淘汰出去。

要实现 LFU 页面淘汰算法，应该为每个内存中的页面设置一个计数器。对某个页面访问一次，它的计数器就加 1。经过一个时间间隔，把所有计数器都清 0。产生缺页中断时，比较每个页面计数器的值，把计数器取值最小的那个页面淘汰出去。

4）最优页面淘汰算法。

如果已知一个作业的页面走向，那么要进行页面淘汰时，应该把以后不再使用的或在最长时间内不会用到的页面淘汰出去，这样所引起的缺页中断次数肯定最小，这就是所谓的“最优（OPT）页面淘汰算法”。

比如，作业 A 的页面走向为 2、7、4、3、6、2、4、3、4，. . .，分给它 4 个内存块使用。运行一段时间后，页面 2、7、4、3 分别通过缺页中断进入分配给它使用的 4 个内存块。当访问页面 6 时，4 个内存块已无空闲的可以分配，于是要进行页面淘汰。按照 FIFO 或 LRU 等算法，应该淘汰第 2 页，因为它最早进入内存，或最长时间没有调用到。但是，稍加分析可以看出，应该淘汰第 7 页，因为在页面走向给出的可见的将来，根本没有再访问它！所以 OPT 肯定要比别的淘汰算法产生的缺页中断次数少。

遗憾的是，OPT 的前提是要已知作业运行时的页面走向，这是根本不可能做到的，所以 OPT 页面淘汰算法没有实用价值，它只能用来作为一个标杆（或尺度），与别的淘汰算法进行比较。如果在相同页面走向的前提下，某个淘汰算法产生的缺页中断次数接近与它，那么就说这个淘汰算法不错；否则就属较差。

前面提及，有若干因素会影响缺页中断的发生次数。因素之一是“分配给作业的内存块数”，并且“分配给作业的内存块数增多，发生缺页中断的可能性就下降”。这个结论对于 FIFO 页面淘汰算法来说，有时却会出现异常。也就是说，对于 FIFO 页面淘汰算法，有时增加分配给作业的可用内存块数，它的缺页次数反而上升，通常把这称为“异常现象”。

仍以前面涉及的页面走向 1、2、3、4、1、2、5、1、2、3、4、5 为例，实行 FIFO 页面淘汰算法，不同的是分配给该作业 4 个内存块使用。图 4-37 是运行的情形。可以看出，这时的“缺页计数”值为 10。因此缺页中断率 f 是：

$$f=10/12=83\%$$

页面走向→	1	2	3	4	1	2	5	1	2	3	4	5
4个内存块	1	2	3	4	4	4	5	1	2	3	4	5
		1	2	3	3	3	4	5	1	2	3	4
			1	2	2	2	3	4	5	1	2	3
				1	1	(1)	(2)	(3)	(4)	(5)	(1)	2
缺页计数	√	√	√	√			√	√	√	√	√	√

图 4-37　增加内存后的情形

回忆一下前面，那时分给作业 3 个内存块使用，缺页中断率 f 是 75%，现在分配给它 4 个内存块，缺页中断率 f 却上升为 83%。这就是所谓的“异常现象”。要强调的是，对于 FIFO 页面淘汰算法来说，并不总会产生异常现象，它只是一个偶然，并且与具体的页面走向有关。图 4-38 给出了基于此页面走向时，分配给该作业的内存块数（横坐标）与所产生的缺页中断次数（纵坐标）之间的关系。

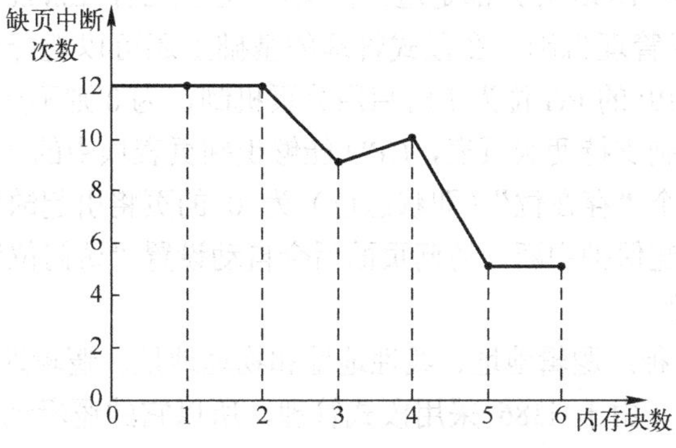

图 4-38　FIFO 的异常现象

（9）请求分页式存储管理的性能分析

请求分页存储管理保留了分页存储管理的全部优点，特别是它较好地解决了碎片的问题。此外，还有以下优点。

- 提供了大容量的虚拟存储器，作业地址空间不再受内存容量的限制。
- 更有效地利用了内存，一个作业的地址空间不必全部都装入内存，只装入其必要部分，其他部分根据请求装入，或者根本就不装入（如错误处理程序等）。
- 更加有利于多道程序的运行，从而提高了系统效率。
- 虚拟存储器的使用对用户是透明的，方便了用户。

但请求分页存储管理还存在以下缺点。

- 为处理缺页中断，增加了处理机时间的开销，即请求分页系统是用时间的代价换取空间的扩大。
- 可能因作业地址空间过大或多道程序道数过多以及其他原因而造成系统抖动。
- 为防止系统抖动所采取的各种措施会增加系统的复杂性。

总的来说，请求分页式存储管理实现了虚拟存储器，因而可以容纳更大或更多的进程，提高了系统的整体性能。但是，空间性能的提升是以牺牲时间性能为代价的，过度扩展有可能产生抖动，应权衡考虑。一般来说，外存交换空间为实际内存空间的 1～2 倍比较合适。

4.4 Linux 系统的存储管理

操作系统中用于管理内存空间的模块称为内存管理模块，它负责内存的全部管理工作。

4.4.1 Linux 的内存管理概述

下面以 i386 体系结构为主简单介绍 Linux 的内存管理。

1．i386 体系结构的内存模式

i386 体系结构支持两种内存访问模式，即实模式和保护模式。当 CPU 中的控制寄存器 CR0 的 PE 位为 0 时工作在实模式，为 1 时是保护模式。在实模式下，只有 20 根地址线有效，CPU 可寻址的内存地址空间只有 1GB；而在保护模式下，全部 32 根地址线被激活，可寻址空间达 4GB。因此，只有工作在保护模式下，才能真正发挥 i386 硬件的功能。i386 上的所有常用操作系统（除 DOS 外）都是运行在保护模式下的，Linux 也不例外。

i386 使用的是段式管理机制，在段式管理的基础上还可以选择启用页式管理机制。当 CPU 中的控制寄存器 CR0 的 PG 位为 1 时启用分页机制，为 0 则不启用。

i386 的页式管理机制支持两级页表，CPU 能够识别页表项中的一些标志位并根据访问情况做出反应。如访问一个“存在位”（即状态位）为 0 的页将引起缺页中断，写一个“读/写权限位”为 0 的页将引起保护中断，访问页面后会自动设置“访问位”等。

2．i386 的地址变换

i386 的地址分为 3 种：逻辑地址、线性地址和物理地址。逻辑地址也称为虚拟地址，是机器指令中使用的地址。由于 i386 采用段式管理，所以它的逻辑地址是二维的，由段和段内位移表示。线性地址是逻辑地址经过 i386 分段机构处理后得到的一维地址。每个进程的线性地址空间为 4GB。物理地址是线性地址经过页式变换得到的实际内存地址，这个地址将被送到地址总线上，定位实际要访问的内存单元。

内存管理单元（MMU）是管理物理内存并进行地址变换的硬件，它完成虚拟地址到物理地址的变换。执行指令时，MMU 先对指令中的虚拟地址进行段式映射，即通过“段基地址＋位移量”的方式将其转换为线性地址，然后再进行页式映射，得到物理地址。

3．Linux 的内存管理方案

Linux 系统采用请求分页式存储管理。在大多数硬件平台上（如 RISC 处理器），分页式管理都能很好地工作。这些平台与 i386 系列平台不同，它们采用的是分页机制，基本上不支持分段功能。但 i386 体系结构在发展之初因受到 PC 内存容量的限制而使用了分段的机制。Linux 的设计目标之一就是良好的可移植性，它必须能适应各种流行的处理器平台，当然包括 i386。

为了适应 i386 的段式内存管理方式，Linux 巧妙地利用了共享 0 基址段的方式，使 i386 的段式映射实际上不起作用。对于 Linux 系统来说，虚拟地址与线性地址是一样的。Linux 的所有的进程都使用同样的 0～4GB 线性地址空间，这使得内存管理变得简单。

一些实时和嵌入式应用对系统的响应性要求很高，而虚存的页面调度会影响系统的实时响应性能。为解决这个问题，Linux 2.6 版的内核允许编译无虚存的系统。无虚存系统实时性高，但要求有足够的内存来保证任务的执行。

4.4.2 Linux 存储空间的描述

1．页帧的描述

对于 i386 体系结构来说，页帧（即内存块）的大小为 4KB。1GB 的物理内存空间可划分为 262 144 个页帧。内核中描述页帧的数据结构是 page，每个页帧对应一个 page 结构，所有页帧的 page 结构组织在一个 mem_map 数组中，如图 4-39 所示。

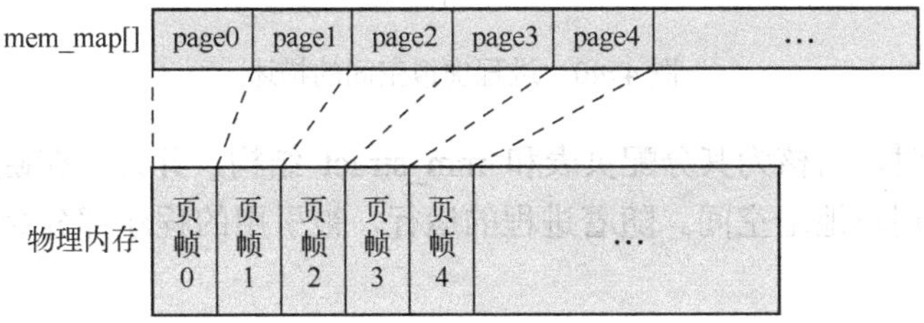

图 4-39　物理内存的描述

page 结构中包含有关于该页帧的一些信息，供页面调度时使用。主要信息包括页的状态（如该页是否被修改过，是否被锁定在内存中不许换出等）、页的引用计数以及该页对应的虚拟地址。

2．虚拟地址空间的描述

在 i386 平台上，进程的虚拟存储空间是 4GB。这 4GB 的空间分为两部分：最高的 1GB 供内核使用，称为“内核空间”，其中存放的是内核代码和数据，即“内核映象”；较低的 3GB 供用户进程使用，称为“用户空间”。因为每个进程都可以通过系统调用进入内核，因此，内核空间由系统内的所有进程共享，而用户空间则是进程的私有空间。当进程运行在用户态时，它是在自己的用户空间内运行；当它运行在核心态时（通过系统调用），它是在内核空间运行。

进程的用户空间由 5 部分组成，包括代码区、数据区、堆栈区、共享库代码区和动态分配的内存区，这些不同的区间称为虚存区。每个虚存区用一个 vm_area_struct 结构来描述，包含虚存区的起始和结束地址、读/写属性等信息。进程的各个虚存区的 vm_area_struct 结构后连成一个链表。

进程的用户地址空间由 mm_struct 结构描述，mm_struct 结构包含进程的页目录指针（pgd）和指向虚存区链表的指针（mmap）等。在进程的 PCB（task_struct 结构）中包含一个 mm 域，它是指向 mm_struct 结构的指针。这些数据结构描述了一个进程的虚拟存储空间，如图 4-40 所示。

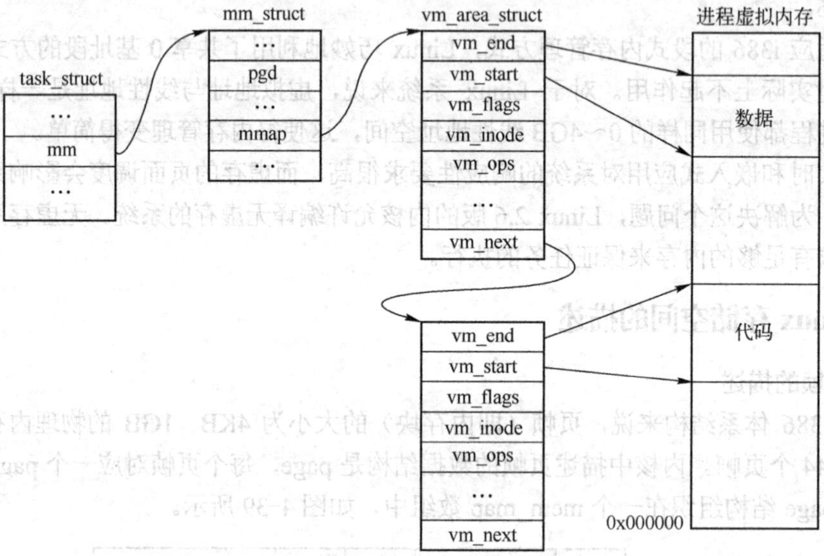

图 4-40　进程虚拟空间的描述

在新进程建立时，内核为其分配页表和 mm_struct 结构，并为其在磁盘上的映像建立虚存区，连入进程的用户地址空间。随着进程的运行，被引用的程序部分会由操作系统装入到物理内存。

4.4.3　Linux 多级分页机制

Linux 系统的页面大小为 4KB，则整个 4GB 的线性地址空间要划分为 1M 个页面。如果用一个线性页表描述的话，需要用长为 1M 个表项的页表才能描述。如此大的页表检索起来显然是非常低效的。

为解决这个问题，Linux 系统采用了 3 级分页机制，即对页建立 3 级索引，分别称为页目录、页中间目录和页表。由于 i386 体系结构的限制，在 i386 平台上的 Linux 系统采用二级页索引，页目录和页中间目录合二为一，从而巧妙地适应了二级页表的硬件结构。

采用二级分页时，线性地址由 3 个部分组成，分别为页目录号、页表号和页内位移。线性地址的划分如图 4-41 所示。在 32 位地址中，高 10 位和中间 10 位分别是页目录号和页表号，寻址范围为 1KB；低 12 位为页内位移，寻址范围为 4KB。

图 4-41　二级分页的线性地址划分

二级分页的方式是把所有页表项按 1K 为单位划分为若干个子表（最多 1K 个），用页目录表来记录每一个子表的位置。页目录表也是 1K 项长。页目录和页表的大小都是 4K（每项 4B，1K 项），恰好是一页大小。页目录的每一项记录一个页表的内存块号，通过页目录就可以找到各个页表。

图 4-42 描述了二级地址变换的过程。进程的 mm_struct 结构中记录了它的页目录地址，在进入 CPU 运行时，页目录地址被置入 CPU 的寄存器中，通过它即可找到进程的页目录。在地址变换时，首先用页目录号为索引查页目录，得到对应的页表的地址，再用页号为索引查页表，得到对应的内存块号，与页内位移合并即得到实际内存地址。

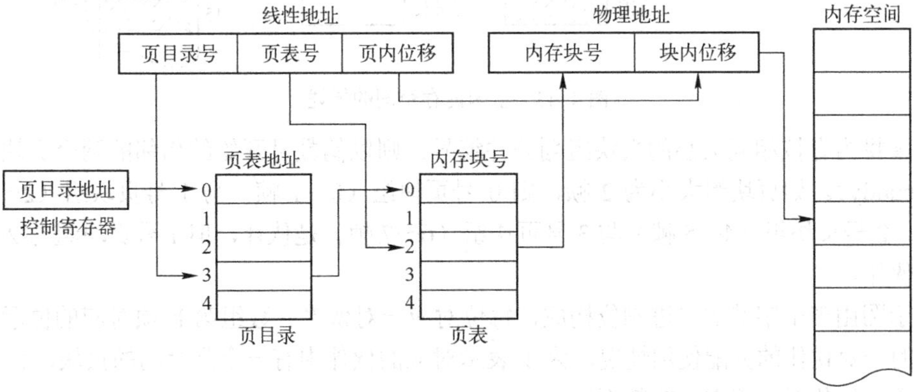

图 4-42　二级分页地址变换示意图

由于页目录表和页表存放在内存中，因此，要访问内存中的某一单元需要 3 次访问内存。为了加快访问速度，Linux 将常用的页目录和页表的表项放在快表中。地址变换时首先访问快表，如果表项不在快表中，则到内存查找页目录表和页表。

4.4.4　空闲内存的管理

Linux 系统用位示图和链表相结合的方法记录空闲内存的分布情况。系统定义了一个称为 free_area 的数组。对于 i386 平台的 Linux 系统来说，free_area 数组的大小为 10 项，每项包含空闲链表的两个指针（next 和 prev）和位示图的 1 个指针（map）。它连接了 10 个空闲链表和位示图。通过它内核可以掌握系统中所有尺寸的连续的空闲空间的分布情况，作为分配内存的依据。图 4-43 所示是 free_area 数组的结构示意图。

若干个连续的页帧称为页块组（Page Block）。free_area 数组用链表和位示图的方式记录了各种尺寸的空闲页块组的分布。

空闲链表是一个双向链表，数组第 k 项对应的链表记录系统中所有 2^k 大小的空闲页块组的起始页帧号。例如，第 0 项描述所有单个空闲页帧，第 1 项描述所有 2 个页帧大的空闲页块组，第 2 项描述 4 个页帧大的空闲页块组。

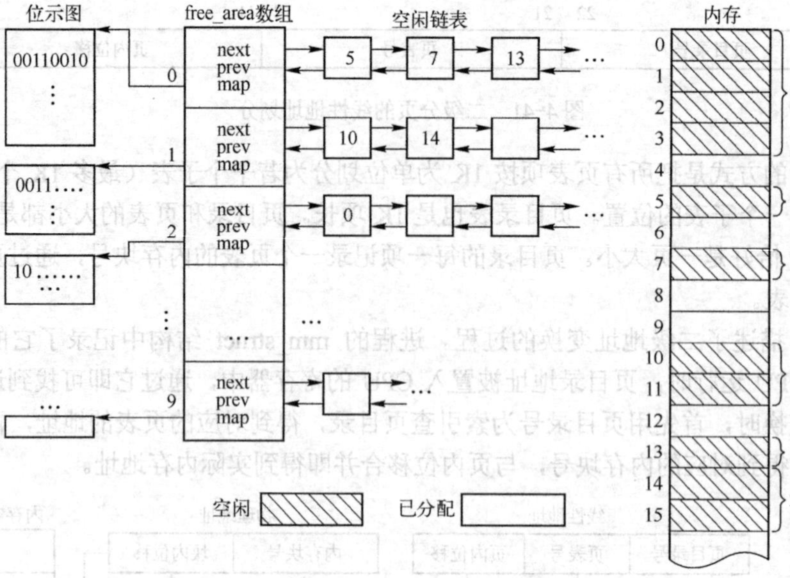

图 4-43　空闲内存空间的描述

如果将内存按相同大小的页块组划分并编号，则以偶数号开始的相邻的两个页块组称为伙伴（buddy）。如页块组大小为 2 帧，则 0 号页块组（0～1 帧）与 1 号页块组（2～3 帧）是伙伴，2 号页块组（4～5 帧）与 3 号页块组（6～7 帧）是伙伴，但 1 号页块组与 2 号页块组不是伙伴。

位示图由若干字节的二进制位构成，每位对应一对伙伴。数组第 k 项对应的位示图记录 2^k 大小的一对伙伴的分配使用情况，为 1 表示对应的伙伴中有一个是空闲的页块，为 0 表示对应的两个伙伴页块都空闲或都不空闲。

在图 4-43 中，如果内存中页帧的使用情况如图右侧部分所示，则 free_area[0]的空闲链表链接所有 1 帧长的空闲页块组，它们是第 5、7、13 等帧。它的位示图描述 1 帧长的伙伴的使用情况。前 16 帧的 8 对伙伴用 8 位描述，其中，5、7、13 帧对应的伙伴位为 1，其余为 0。同理，free_area[1]的空闲链表链接所有 2 帧长的空闲页块组，分别是第 10～11 和 14～15 帧。它的位示图描述 2 帧长的伙伴的使用情况。前 16 帧的 4 对伙伴用 4 位描述，其中，10～11 和 14～15 帧对应的伙伴位为 1，其余为 0。free_area[2]的空闲链表链接所有 4 帧长的空闲页块组，这里是 0～3 帧。它的位示图描述 4 帧长的伙伴的使用情况。前 16 帧的 2 对伙伴用 2 位描述，其中，0～3 帧对应的伙伴位为 1，其余为 0。

4.4.5 内存的分配与回收

1. 伙伴分配算法

Linux 采用伙伴（Buddy）算法来分配和回收内存，内存的分配和回收的空间大小都是 2^k 大小的页块组。对于 i386 系统，内存一次分配的最小尺寸是 4KB($2^0\times$4KB)，最大为 2MB($2^9\times$4KB)。

当要分配内存时，先根据需要确定要分配的页块组大小。如需要 n 页，$2^{k-1}<n\leq 2^k$，则分配一个 2^k 大小的页块组。分配时，在 free_area[k]的链表中找一个空闲页块组，将其从链表中删除，返回首地址。若没有 2^k 大小的页块组，就在 free_area[k+1]的链表中取下一个，

一分为二，分配一个，将另一个链入 free_area[k]的链表中。如果没有 2^{k+1} 大小的页块组就进一步地分裂更大的页块组。回收内存时，将释放的页块组链入适当的链表中。如果该页块组的伙伴为空闲（位示图的对应位为 1），则将其与伙伴合并，加入到下一个数组项的链表中。如果还能合并就进一步合并下去。每次分配或回收操作后都要修改 free_area 数组的相应的链表和位示图。

Linux 系统十分注重效率，buddy 算法可以尽量减少内存碎片，增加连续内存分配成功的概率，使总体效率显著提高。但是这个算法可能造成空间的浪费，因为它每次分配的内存是 2 的整数幂个页，如果需要的内存量是 33KB，则实际分配的是 16 个连续的页帧（64KB），将近 50%的内存就浪费掉了。所以说，算法的高效率是通过牺牲内存资源利用率换来的。

2. 内存分配机制

Linux 内核提供的最底层的内存分配函数是 alloc_pages()。该函数使用 Buddy 算法，每次分配 2 的整数幂个连续的页帧。分配成功后返回一个指针，指向第一个页帧的 page 结构。alloc_pages()函数的一个变种是_get_free_pages()函数，它的作用与 alloc_pages()相同，只是返回的是第一个页的逻辑地址。与此两个函数对应的是 free_pages()，用于释放页帧。

对于以字节为单位的分配来说，内核提供的函数是 kmalloc()。Kmalloc()函数与 C 语言的 malloc()族函数类似，用于获得以字节为单位的一块内存区。与 alloc_pages()的不同之处在于，这个函数是按字节数分配一段足够大的内存区，返回它的首地址。Kmalloc()所分配的内存区在物理上是连续的。由于内核分配本质上是基于页的，所以真正分配的内存可能比请求的要多。与 kmalloc()函数对应的是 kfree()，用于释放内存区。

vmalloc()函数的工作方式类似于 kmalloc()，只不过 vmalloc()分配的内存的逻辑地址是连续的，而物理地址则无须连续。该函数通过建立页表将连续的逻辑地址映射到不连续的物理页帧上，所以在使用 vmalloc()分配的内存时需要频繁查询页表，效率相对较低。与 vmalloc()函数对应的释放函数是 vfree()。

分配连续页帧的好处是构造页表的时候开销很低，同时访问起来效率也高。大多数情况下，硬件设备使用的内存区（如磁盘缓冲区等）必须是物理地址连续的页帧，因为硬件设备不理解虚拟地址。而软件使用的内存块（如进程的缓冲区）可以使用物理地址不连续的页帧，当然它的虚拟地址是连续的。尽管如此，很多内核代码都用 kmalloc()来获得内存，而不是 vmalloc()，这主要是出于性能的考虑。因此，vmalloc()仅在需要获得大块内存时才会使用。

alloc_pages()函数是按页分配的，即使是只需要小块内存也要分配整个页面。然而，内核和应用程序在运行过程中经常会重复地进行数据结构或对象的分配与释放。为这种小块内存而频繁地进行内存分配是对内存的极度浪费，并会导致内存碎片（难以找到大块连续的空闲内存）。

为满足小块内存的分配与释放，Linux 提供了 slab 缓存机制，即 slab 分配器。它在页分配的基础上获取并建立内存缓存区域，管理对小块内存区的分配与释放请求。多数情况下，slab 只需在 slab 缓存中分配和回收小内存区，一般无须调用内核的分配函数来实际地分配内存。slab 分配器的优点显而易见，它提高了小内存分配与回收的效率，并避免了碎片问题。

4.4.6 页面的交换

Linux 使用缺页中断处理和内存交换调度实现虚存。所有的页入和页出交换都是由内核透明地实现的。在建立进程时，整个进程映像并没有装入物理内存，而是链接到进程的虚拟地址空间中，进程只分配到少量内存块空间。运行中，系统为进程按需动态调页，进程所拥有的内存块数总是动态变化的。

由于页面交换会使程序的执行在时间上有较大的不确定性，故在实时系统中不宜采用页面交换机制。为此，Linux 提供了系统调用 swapon()和 swapoff()来开启或关闭交换机制，默认是开启的。

1. 交换空间

从内存中换出的页面保存在外存中。Linux 系统提供了两种形式的交换空间：一种是利用一个特殊格式的磁盘分区（Linux Swap），称为交换区；另一种是利用标准文件系统中特殊的文件，这种文件具有固定的长度，称为交换文件。交换分区中同一个页面中数据块连续存放，因此读/写速度很快。交换文件的物理结构是索引方式的，数据可以分散地存放在磁盘的不连续块中，读/写起来速度较慢。所以交换分区的性能要比交换文件好得多。

有时，一个交换空间可能不够用，Linux 系统可以同时管理多个交换空间，默认最大个数是 8 个。交换空间按照优先级排序，在实际使用过程中，通常以交换区为主，以交换文件为辅。系统安装时要设置适当的交换分区（约为实际内存的 1.5 倍），当需要更多交换空间时，临时增加几个交换文件，不需要时则撤销交换文件。

2. 页换入

进程内存页的换入是由缺页故障中断引起的。当进程要访问的线性地址所对应的页当前不在内存中时，硬件报出缺页中断。内核响应此中断，阻塞当前进程的运行，进入缺页中断处理程序运行。缺页中断的处理过程就是页换入的过程。

缺页中断处理程序根据 CPU 提供的缺页地址信息，找到虚拟存储区所对应的 vm_area_struct 结构，从磁盘中将所需的页装入，并更新页表。

由于 Linux 的页换出机制保证了内存中始终有一定量的空闲内存块，因此在缺页中断处理中不必考虑页面淘汰问题，从而加快了中断处理的速度。

3. 页换出

在 Linux 系统中，页面的换出工作由内核交换进程 kswapd 来完成。kswapd 是一个具有高优先级的实时内核线程，它周期性地运行，在内存紧张时进行页面换出。这样就保证了系统中总是有足够的空闲块，使内存分配可以高效地运行。

Linux 系统定义了两个数值 pages_high 和 pages_low 作为空闲块数量的上、下警戒值。内核监视系统中当前空闲内存的数量，当空闲块数量小于 pages_low 时，立即唤醒 kswapd 进行页面换出；当空闲块数量小于 pages_high 时，每次分配内存前都要唤醒 kswapd，进行页面换出；当空闲块的数量大于 pages_high 时，不做任何页面换出就可以立即进行内存分配。

交换进程 kswapd 依次通过 3 种途径换出内存中的页面。

1）缩减页面缓存（Page Cache）和缓冲区缓存（Buffer Cache）所占有的页帧。页面缓存是系统为了提高映像文件访问速度而设置的。缓冲区缓存是系统块设备使用的缓冲区，用来提高块设备的访问速度。在释放物理内存时，淘汰缓存页面是最简便的办法。

2）换出共享内存占用的页帧。如果第一步没有得到足够多的空闲块，就采取第二步措施，换出共享内存。共享页面由多个进程访问，因此在换出过程中必须依次对每一个进程的页表进行修改，这需要多次访问内存，增加了工作量。

3）换出其他进程占用的页帧。若上述两种措施仍然没有得到足够的空闲页帧，系统就要对所有进程进行扫描，寻找适合换出的候选进程，将其中部分页面丢弃或换出。与前两种途径相比，换出进程页面的效率最低。

Linux 系统采用一种类似 LRU 的页面淘汰算法。系统根据页面的访问次数以及上次访问的时间来决定是否适合换出，优先换出那些很长时间没有被访问的页面。为此在描述页帧的 page 结构中设置有一个“age”字段，它的值随页面访问次数而增加，随着时间的流逝而减小。当需要进行页面换出时，交换进程优先换出 age 值最小的页面。

思考与练习

1．页式、段式、段页式存储管理方式各有哪些针对越界的检查？

2．对于以下存储管理方式来说，进程的逻辑地址形式如何？其进程地址空间各是多少维的？

（1）页式　（2）段式　（3）段页式

3．为何引入多级页表？多级页表是否影响指令执行速度？

4．试比较段式存储管理与页式存储管理的优点、缺点。

5．设某进程页面的访问序列为 4，3，2，1，4，3，5，4，3，2，1，5。当分配给进程的内存页框数分别为 3 和 4 时，对于先进先出、最近最少使用、最佳页面置换算法，分别发生多少次缺页中断？

6．在某个段式存储管理系统中，进程 P 的段表如表 4-5a 所示，求表 4-5b 中各逻辑地址所对应的物理地址。

表 4-5　段式存储管理系统

段号	首地址	段长
0	250	500
1	2350	20
2	120	80
3	1350	590
4	1900	90

a）段表

段号	段内位移	物理地址
0	430	
1	15	
2	500	
3	400	
4	112	

b）地址映射结果

7．在某个页式存储管理系统中，某进程页表如表 4-6 所示。已知页面大小为 1KB，试将逻辑地址 1012、2248、3010、4020、5018 转换为相应的物理地址。

表 4-6　页表

页号	块号
0	5
1	12
2	8
3	1
4	6

8．设某系统主存容量为 512KB，采用动态分区存储管理技术。某时刻 t 主存中有 3 个空闲区，它们的首地址和大小分别是：空闲区 1（30KB，100KB）、空闲区 2（180KB，36KB）、空闲区 3（260KB，60KB）。

1）画出该系统在时刻 t 的主存分配图。

2）用首次适应算法和最佳算法画出时刻 t 的空闲区队列结构。

3）有作业 1 请求 38KB 主存，用上述两种算法对作业 1 进行分配（在分配时，以空闲区高址处分割作为已分配区），要求分配图画出作业 1 分配后的空闲区队列结构。

9．试给一个请求分页系统设计进程调度的方案，使系统同时满足以下条件。

1）有合理的响应时间。

2）有比较好的外部设备利用率。

3）缺页对程序执行速度的影响降到最低程度。

画出调度用的进程状态变迁图，并说明这样设计的理由。

10．在一请求分页系统中，某程序在一个时间段内有如下的存储器引用：12、351、190、90、430、30、550（以上数字为虚存的逻辑地址）。假定主存中每块的大小为 100B，系统分配给该作业的主存块数为 3 块。回答如下问题：（题中数字为十进制数）

1）对于以上的存储器引用序列，给出其页面走向。

2）设程序开始运行时，已装入第 0 页。在先进先出页面置换算法和最久未使用页面置换算法（LRU 算法）下，分别画出每次访问时该程序的主存页面情况；并给出缺页中断次数。

第5章 文件管理

所有的计算机应用程序都需要存储和检索信息，因内存容量有限，且不能长期保存，故而平时总是把这些信息以文件的形式存放在外存中，等到需要时再随时将它们调入内存。我们知道外存不仅可以长期存储信息，而且作为虚拟内存的一部分，对整个系统的运行起着非常重要的作用。所以我们希望用户不仅要熟悉外存特性，了解各种文件的属性，以及它们在外存上的位置，而且在多用户环境下，还必须能保持数据的安全性和一致性。显然，这是用户所不能胜任、也不愿意承担的工作。于是，文件系统的出现解决了这个问题。

文件系统是操作系统中负责存取和管理信息的模块，它采用统一方法管理用户信息和系统信息的存储、检索、更新、共享和保护，并为用户提供一整套行之有效的文件使用和操作方法。“文件”这一术语不但反映用户概念中的逻辑结构，而且同存放它的辅助存储器的物理结构（存储结构）紧密相关，所以，必须从逻辑文件和物理文件两个侧面来观察文件。对于用户而言，可按照需要并遵循文件系统的规则来定义文件信息的逻辑结构，由文件系统提供“按名存取”方式来实现对文件信息的存储和检索；对于系统而言，必须采用特定的数据结构和有效算法，实现文件的逻辑结构到物理结构（存储结构）的映射，实现对文件存储空间和文件信息的管理，提供多种存取方法。例如，用户希望与具体的存储硬件无关，使用路径名、文件名、文件内位移就可执行数据的读、写、修改、删除操作；而作为实现这些功能的文件系统来说，其工作与存储硬件紧密相关，是将用户的文件操作请求转化为对磁盘上的信息按照所在的物理位置进行寻址、读写和控制。所以，文件系统的功能就是在逻辑文件与物理文件、逻辑地址与物理地址、逻辑结构与物理结构之间实现转换，使得存取速度快、存储空间利用率高、数据可共享、安全可靠性好。

5.1 文件

要实现用户提出的“按名存取”，操作系统必须解决文件如何在辅存存放，如何按照文件的名称检索到这个文件，如何对文件的内容进行更新，如何保证文件的共享和保密等问题。当然，操作系统还必须向用户提供一系列可以在程序中调用的命令，以便实现对文件的具体操作。

5.1.1 文件的概念

如上所述，文件系统的功能是通过把软件资源组织成若干个逻辑单位的方式来实现的，人们把这些逻辑单位称为文件。文件是一个具有符号名的一组相关联字符的有序序列。从内容来看，有些文件组成的基本单位是一些有序的逻辑记录，如一个班级的学生档案数据；也有些文件是无记录无结构的相关联元素的集合，如 C 语言的源程序；另外，一些慢速字符设备也可以被看作是文件，因为这些设备传输的信息也是一组按顺序出现的字符序列。这些文件一般赋予由特殊字符组成的文件名。文件用符号名加以标识，这个符号名就被称为“文件名”。

5.1.2 文件的命名

文件是存储设备的一种抽象机制，这一机制中最重要的是文件命名。一个文件的文件名是在创建该文件时由用户给出的，操作系统将向用户提供组成文件名的命名规则。不同的操作系统，提供的文件命名规则不尽相同，文件名的格式和长度因系统而异。大多数系统允许用不多于 8 个字母组成的字符串作为合法的文件名。通常，也允许文件名中出现数字和某些特殊的字符，但要依系统而定。一般来说，文件名由文件名称和扩展名两部分组成，前者用于识别文件，后者用于区分文件类型，中间用“. ”分割开来。它们都是字母或数字所组成的字母数字串，操作系统还提供通配符“？”和“*”，便于对一组文件进行分类或操作。比如文件名“zong.c”和“cathy.doc”中的“c”、“doc”就分别是文件名为“zong”和“cathy”的扩展名。扩展名大多含 1～3 个字符，其作用是标明文件的类型和性质。

早期操作系统中，文件名称的长度限于 1～8 个字符，扩展名长度限于 0～3 个字符，现在文件名最长可达 255 个字符。Windows 的文件名不区分大小写，相反地，UNIX/Linux 却区分字母大小写。文件名的可用字符包括字母、数字及特殊字符，每个操作系统均对可用字符做一定的限制，像 windows 的文件名称和扩展名不能使用“\”“/”“<”“>”“|”“、”等字符。扩展名用于定义和区分文件类型，说明文件的内容和内部格式，系统也有一定约定的扩展名，例如，表 5-1 列出来通常使用的扩展名及其含义。

表 5-1 一些典型的文件扩展名

扩 展 名	含 义	扩 展 名	含 义
bak	备份文件	doc	文档文件
bas	BASIC 源文件	hlp	帮助文件
bin	可执行二进制文件	obj	目标文件（编译程序输出，未加连接）
c	C 源程序	pas	Pascal 文件
dat	数据文件	txt	一般文本文件

5.1.3 文件的类型

可以从各种不同的角度对文件进行分类。

1. 按文件的性质和用途

按文件的性质和用途，可以把文件分成下列 3 类。

1）系统文件：操作系统及其他系统程序（如语言的编译程序）构成系统文件的范畴。这些文件通常是可执行的目标代码及所访问的数据，用户对它们只能执行，没有读和写的权利。

2）用户文件：用户文件是用户在软件开发过程中产生的各种文件，如源程序、目标程序代码和计算结果等。这些文件只能由文件主人和被授权者使用。

3）库文件：常用的标准子程序（如求三角函数 sin、cos 的子程序）、实用子程序（如对数据进行排序的子程序）等组成库文件。库文件中的文件，用户在开发过程中可以直接调用，不过用户对这些文件只能读取或执行，不能修改。

2．按文件的保护性质

按文件的保护级别，可以把文件分成下列 4 类。

1）只读文件：是一种只允许查看的文件，使用者不能对它们进行修改，也不能运行。

2）读写文件：是一种允许查看和修改的文件，但不能运行。

3）可执行文件：是一种可以在计算机上运行的文件，以期完成特定的功能。使用者不能对它进行查看和修改。

4）不保护文件：是一种不设防的文件，可以任意对它进行使用、查看和修改。

3．按文件的保护期限

按文件的保护期限，可以把文件分成下列 3 类。

1）临时文件：是一种存放临时性或非永久性信息的文件。比如存放运行时中间结果的文件，就是临时性文件。在 Windows 中，临时文件常以扩展名“tmp”标识。

2）档案文件：是一种用于备查或恢复的存档文件。

3）永久文件：是指信息需要长期保存的文件。

4．按文件的存取方式

按文件的存取方式，可以把文件分成下列两类。

1）顺序存取文件：如果对文件的存取操作只能依照记录在文件中的先后次序进行，则这种文件就是顺序存取文件。这种文件的特点是，如果当前是对文件的第 i 个记录进行操作，那么下面肯定是对第 i+1 个记录进行操作。

2）随机存取文件：如果对文件的存取操作是根据给出关键字的值来确定的，则这种文件就是随机存取文件。比如根据给出的“姓名”（这时“姓名”就是关键字），立即得到此人的记录。

5．按设备的类型

按设备的类型，可以把文件分成下列 3 类。

- 磁盘文件：存放在磁盘上的文件，统称为磁盘文件。
- 磁带文件：存放在磁带上的文件，统称为磁带文件。
- 打印文件：由打印机输出的文件，统称为打印文件。

6．按文件的逻辑结构

按文件的逻辑结构，可以把文件分为下列两类。

1）流式文件：如果把文件视为有序的字符集合，那么这种文件被称为“流式文件”，它是用户组织自己文件的一种常用方式。

2）记录式文件：如果把文件视为由一个个记录集合而成，那么这种文件被称为“记录式文件”，它也是用户组织自己文件的一种常用方式。

7．按文件的物理结构

按文件的物理结构，可以把文件分为下列 3 类。

1）连续文件：如果把一个文件存放在辅存的连续存储块中，那么这种文件被称为“连续文件”。

2）链接文件：如果把一个文件存放在辅存的不连续存储块中，每块之间有指针链接，指明了它们的顺序关系，那么这种文件被称为“链接文件”。

3）索引文件：如果把一个文件存放在辅存的不连续存储块中，通过索引表来表明它们的顺序关系，那么这种文件被称为“索引文件”。

8．按文件的内容

按文件的内容可以把文件分为下列3类。

1）普通文件：即通常意义下的各种文件。

2）目录文件：在管理文件时，要建立每一个文件的目录项。如果文件很多，文件的目录项也就很多，甚至很大。操作系统经常把这些目录项聚集在一起，构成一个文件夹加以管理。由于这种文件中包含的都是文件的目录项，因此称其为“目录文件”。

3）特殊文件：为了统一管理和方便使用，在操作系统中常以文件的观点来看待设备。被视为文件的设备称为设备文件。也常称为“特殊文件”。比如在MS-DOS中，把键盘视为文件来处理，该文件的名称为“CON”。如果用户输入命令

```
COPY   CON   A:ZONG.BAT
```

并执行，那么表示把文件CON的内容复制到A盘上的文件ZONG.BAT中。由于文件CON代表的是键盘，这条命令的含义就是把键盘上的输入存放到A盘上的文件ZONG.BAT中。

5.1.4　文件的属性

大多数操作系统设置专门的文件属性用于文件的管理控制和安全保护，它们虽非文件的信息内容，但对于系统的管理和控制是十分重要的。这组属性包括：

1）文件的基本属性：文件名称和扩展名、文件所属主ID、文件所属组ID等。

2）文件类型属性：如普通文件、目录文件、系统文件、隐形文件、设备文件、pipe文件、socket文件等。也可按文件信息分为：ASCII码文件、二进制码文件等。

3）文件的保护属性：规定谁能够访问文件，以何种方式访问。常用的文件访问方式有可读、可写、可执行、可更新、可删除等；上锁标志和解锁标志；有的系统还为文件设置口令，用以保护。文件的保护属性用于防止文件被破坏，包括两个方面：一是防止因系统发生崩溃所造成的文件破坏；二是防止文件主和其他用户有意或无意的非法操作所造成的文件不安全性。为了防止系统崩溃造成文件破坏，定时转储是经常采用的方法。

4）文件的管理属性：如文件创建时间、最后访问时间、最后修改时间等。

5）文件控制属性：逻辑记录长、文件当前长、文件最大长、关键字位置、关键字长度、信息位置、文件打开次数等。

5.1.5　文件的逻辑结构及存取方法

通常，文件是由一系列的记录组成的。文件系统设计的关键要素，是指将这些记录构成一个文件的方法，以及将一个文件存储到外存上的方法。文件的结构，是指以什么样的形式去组织一个文件。用户总是从使用者的角度出发组织文件，而系统则总是从存储的角度出去组织文件。因此，文件有两种结构：从用户使用角度组织的文件，称为文件的“逻辑结构”；从系统存储角度组织的文件，称为文件的“物理结构”。

1．文件的逻辑结构

从用户观点出发所观察到的文件组织形式，是用户可以直接处理的数据及其结构，它独立于文件的物理特性，又称为文件组织。

文件的逻辑结构可分为两大类，一类是有结构文件，这是指一个以上的记录构成的文件，故又把它称为记录式文件；二是无结构文件，这是指由字节流构成的文件，故又称为流式文件。

（1）有结构文件（记录式文件）

在记录式文件中，所有的记录通常都是描述一个实体集的，有着相同或不同数目的数据项，记录的长度可分为定长和不定长两类。

- 定长记录：是指文件中所有记录的长度都是相同的，所有记录中的各个数据项，都处在记录中相同的位置，具有相同的顺序及相同的长度，文件的长度可用记录数目表示。
- 变长记录：是指文件中各记录的长度不相同。

如果用户把文件信息划分成一个个记录，存取时以记录为单位进行，那么这种文件的逻辑结构称为“记录式文件”。在这种文件中，用户为每个记录顺序编号，称为“记录号”。记录号一般从 0 开始，因此有记录 0、记录 1、记录 2、…、记录 n。出现在用户文件中的记录称为“逻辑记录”。每个记录由若干个数据项组成。表 5-2 给出了一个具体文件的逻辑结构形式，它的每一个记录包含：“学号”“姓名”“班级”“各科成绩”（其中又分“外语”“数学”“操作系统”等课程）各数据项。

在记录式文件中，总要有一个数据项能够唯一地标识记录，以便对记录加以区分。文件中的这种数据项被称为主关键字或主键。比如，表 5-2 中的“学号”就是该文件的主关键字。要查找文件中的某个记录时，只要按主关键字去搜索，肯定能够找到。记录中的其他项称为次关键字，或次键。利用次键去查找记录，可以对文件中的记录进行分类。比如，用“操作系统=85”的条件去搜索表 5-2，则会得到两个记录，即张三和赵四的操作系统分数都是 85 分。

表 5-2　记录式文件的示例

记录号	学号	姓名	班级	各科成绩			
				外语	数学	操作系统	…
0	981001	李一	980701	86	93	90	…
1	981002	张三	980701	99	76	85	…
2	981003	赵四	980701	77	94	85	…
…	…	…	…	…	…	…	…

（2）无结构文件（流式文件）

无结构的流式文件的文件体为字节流，不划分记录。通常采用顺序访问方式，并且每次读写访问可以指定任意数据长度，其长度以字节为单位。对流式文件访问，是指利用读写指针指出下一个要访问的字节。

2．文件的存取方法

存取方法是指读写文件存储器上的物理记录的方法。由于文件类型不同，用户的使用要求不同，因而需要操作系统提供多种存取方法来满足用户要求。常用的存取方法如下。

1）顺序存取：指后一次存取总是在前一次存取的基础上进行，所以不必给出具体的存取位置。

2）随机存取：指用户以任意次序请求某个记录。在请求对某个文件进行存取时要指出起始存取位置。

5.1.6 文件的物理结构

文件在辅存上可以有 3 种不同的存放方式：连续存放、链接块存放以及索引表存放。对应地，文件就有 3 种物理结构，分别叫作文件的顺序结构、链接结构和索引结构，也叫作连续文件、串联文件和索引文件。

1. 连续存放——连续文件

用户总是把自己的文件信息看作是连续的。把这种逻辑上连续的文件信息依次存放到辅存连续的物理块中，所涉及的这些物理块，就是这个用户文件的物理结构。由于这些物理块是连续的，所以这个文件的物理结构被称为顺序结构，或连续文件。

比如现在用户 ZONG 有一个名为 MYFILE 的用户文件，采用记录式的逻辑结构，共 7 个逻辑记录，每个逻辑记录长为 500B，如图 5-1a 所示。一个磁盘片，共 4 个磁道，每个磁道 4 个扇区（块），每个扇区的尺寸为 1000B。磁道与扇区（块）都从 0 开始编号。如图 5-1b 所示。图中每块左上角的小方框里标示的是块的顺序编号（即相对块号）。

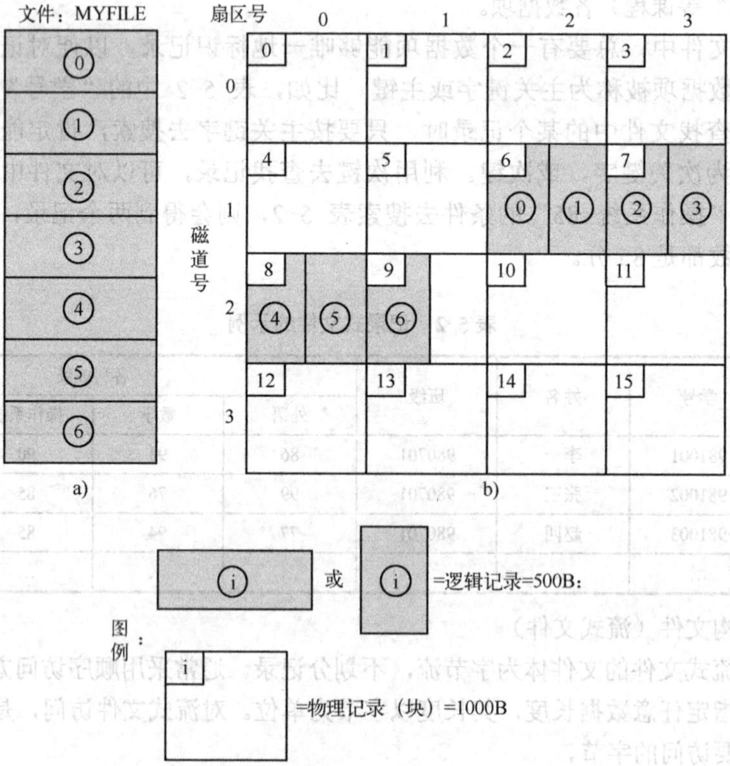

图 5-1 顺序结构-连续文件示意图

a) 逻辑结构 b) 物理结构

由于每个逻辑记录为 500B 大小，因此一个磁盘块中可以存放两个逻辑记录。如果把文件 MYFILE 从第 6 个磁盘块开始顺序存放，那么该文件就占用从第 6～9 共 4 个顺序的物理块（不过第 9 块只用了一半）。这就是文件 MYFILE 的物理结构，且是顺序结构，可以称它是文件 MYFILE 的连续文件。

分配辅存上的连续物理块来存储文件，是存储文件最为简单的实现方案。不过它有两个不足之处：一是必须预先知道文件的最大长度，否则操作系统就无法确定要为它开辟多少磁盘空间；二是如同存储管理中所述，这样做会造成磁盘碎片，因为有一些小的磁盘块连续区满足不了用户作业的存储需求，因此也就分配不出去。

2. 链接块存放——串联文件

如果把逻辑上连续的用户文件信息存放到辅存的不连续物理块中，并在每一块中包含一个指针，指向与它链接的下一块所在的位置，最后一块的指针放上“-1”，表示文件的结束。那么这时所涉及的物理块，就是这个用户文件的物理结构。由于这些物理块是不连续的，逻辑文件信息的连续性就要通过这些块中的指针表现出来，因此把这个文件的物理结构称为链接结构，或串联文件。

仍以用户 ZONG 的文件 MYFILE 为例，假定现在把它存放在第 6、10、9 和 14 块中，显然这些块在辅存中不连续。第 0、1 两个逻辑记录存放在第 6 块，第 2、3 两个逻辑记录存放在第 10 块，第 4、5 两个逻辑记录存放在第 9 块，第 6 个逻辑记录存放在第 14 块（这一块只用一半）。为了反映出逻辑记录之间的顺序关系，在每块里都设置了指针，并且还要有一个该文件的首块指针，如图 5-2b 所示。

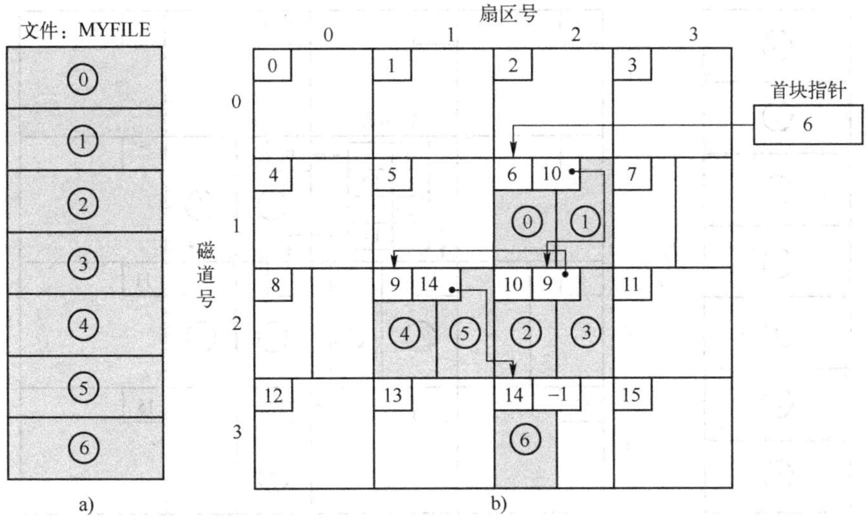

图 5-2 链接结构-串联文件示意图

a) 逻辑结构 b) 物理结构

由首块指针指出该文件是从第 6 块开始存放的；由第 6 块中的指针“10”表明信息存放的下一块是第 10 块；由第 10 块中的指针“9”表明信息存放的下一块是第 9 块；再由第 9 块中的指针“14”表明信息存放的下一块是第 14 块；最后，第 14 块中的指针是“-1”，表示文件存放到此结束。于是，从首块指针出发，顺着指针的指点，就能够找到该文件的所有记录。这个由第 6、10、9、14 组成的文件，就是用户文件 MYFILE 的物理结构，且是链接结构，它就是文件 MYFILE 的串联文件。

采用链接结构来存储文件，最大的好处是能够利用每一个存储块，不会因为磁盘碎片而浪费存储空间。但是要实现它，使用的指针要占去一些字节，每个磁盘块存储数据的字节数不再是 2^n（n 为正整数），从而降低了系统的运行效率。

3. 索引表存放——索引文件

如果把逻辑上连续的用户文件信息存放到辅存的不连续物理块中，系统为每个文件建立一张索引表，表中按照逻辑记录存放的物理块顺序记录了这些物理块号，那么此时所涉及的物理块，就是这个用户文件的物理结构。由于这些物理块是不连续的，逻辑文件信息的连续性是通过索引表中记录的物理块的块号反映出来，因此把这个文件的物理结构称为索引结构，或索引文件。

仍以用户 ZONG 的文件 MYFILE 为例，并且仍假定现在把它存放在第 6、10、9 和 14 块中。显然这些块在辅存中不连续。第 0、1 两个逻辑记录存放在第 6 块，第 2、3 两个逻辑记录存放在第 10 块，第 4、5 两个逻辑记录存放在第 9 块，第 6 个逻辑记录存放在第 14 块（这一块只用一半）。为了反映出逻辑记录之间的顺序关系，系统为其设置一张索引表，如图 5-3b 所示。索引表记录了依次分配给它的块的顺序与实际物理块的块号，也就是最先分配给它的第 0 块，实际是第 6 块；接着分配给它的第 1 块，实际是第 10 块，如此等等。

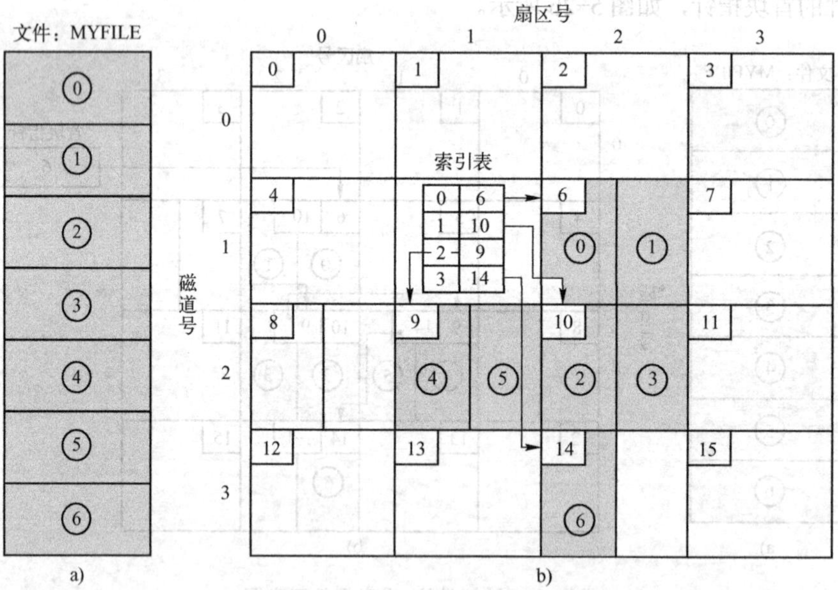

图 5-3　索引表存放-索引文件示意图

a) 逻辑结构　b) 物理结构

在此，索引表的作用有点类似页式存储管理中的页表：通过逻辑记录号，可以知道它应该位于第几块；由它在第几块，去查索引表，就知道此块实际是第几块。于是，就能够找到该记录在辅存的真正存放位置了。这个由第 6、10、9、14 组成的文件，就是用户文件

MYFILE 的物理结构，且是索引结构，它就是文件 MYFILE 的索引文件。

文件的索引结构实际上就是把链接结构中的指针取出来集中存放在一起，这样它既能够完全利用每一个存储块的最大存储量，又保持物理块为 2^n，从而克服了链接结构在这方面的缺点。

可以为每个文件建立自己的索引表，也可以为整个磁盘建立一张统一的索引表，称为“存储块索引表”。该表的表目个数与磁盘中的总块数相同，它以磁盘块的相对块号为索引，在每个表目中填写文件块的指针。如图 5-4 中，有 ZONG 的两个索引文件 MYFILE1 和 MYFILE2。MYFILE1 的索引文件存放在磁盘块 6、10、9 和 14 中，MYFILE2 的索引文件存放在磁盘块 4、15 和 1 中。系统统一设置一张存储块索引表。由于磁盘共有 16 个存储块，因此该表共有 16 个表目。

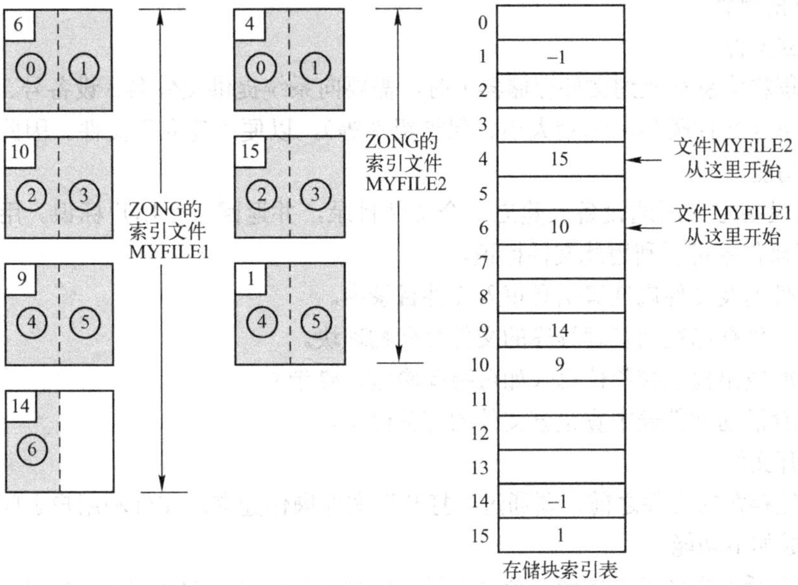

图 5-4　存储块索引表

对于名为 MYFILE1 的索引文件，在与磁盘块 6 对应的表目中，填写它下一块的指针 10；在与磁盘块 10 对应的表目中，填写它下一块的指针 9；在与磁盘块 9 对应的表目中，填写它下一块的指针 14；在与磁盘块 14 对应的表目中，填写“-1”，表示结束。对于名为 MYFILE2 的索引文件，在与磁盘块 4 对应的表目中，填写它下一块的指针 15；在与磁盘块 15 对应的表目中，填写它下一块的指针 1；在与磁盘块 1 对应的表目中，填写“-1”，表示结束。当然，仅有存储块索引表还不够，还必须要指明每个文件从哪一块开始。这一信息将被记录在文件的目录中，详细的情形会在后面介绍。

5.1.7　文件的使用

1．文件的备份

为了增强系统内部文件的可靠性，简单的方法就是给重要文件以多个副本，称为备份。但备份不能对文件的动态过程起到保护作用，故目前常采用两种转储方法。

（1）全量转储方法

全量转储方法是把文件存储器中的全部文件定期（如每天一次）复制到磁带上。当系统出现故障，文件遭到破坏时，便可把最后一次转储内容从磁带复制到系统而恢复运行。当然，未转储的部分是不可恢复的，而且转储过程中系统要求停止使用任何文件，浪费较大，系统的效率会受到影响。

（2）增量转储方法

增量转储方法是每隔一段时间把从上次转储以来改变过的文件和新文件用磁带转储，关键性的文件可以再次转储。这能克服全量转储的缺点，但磁带上的信息不紧凑，恢复时比较麻烦。为此，可以采取定期将转储文件和增量文件归档，以保证信息的完整和紧凑。

2. 文件的操作

（1）建立文件

用户进程将信息存放到文件存储器上时，需要向系统提供文件名、设备号、文件属性及存取控制信息（文件类型、记录大小、保护级别等），以便“建立”文件。因此，文件系统应完成如下功能。

- 根据设备号在所选设备上建立一个文件目录，并返回一个用户标识。用户在以后的读写操作中可以利用此文件标识。
- 将文件名及文件属性等信息填入文件目录中。
- 调用文件存储空间管理程序的文件分配物理块。
- 需要时发出提示装卷信息（如可装卸磁盘、磁带）。
- 在内存活动文件表中登记该文件的有关信息。

（2）打开文件

使用已经存在的文件之前，要通过“打开”文件操作建立起文件和用户之间的联系。打开文件应完成如下功能。

- 在内存活动文件表中申请一个空表目，用来存放该文件的文件目录信息。
- 根据文件名查找目录文件，将找到的文件目录信息复制到活动文件表中。如果打开的是共享文件，则应进行处理，如将共享用户数加 1。
- 文件定位，卷标处理。

（3）读/写文件

文件打开以后，就可以使用读/写文件的系统调用访问文件。要“读/写”文件应给出文件名（或文件句柄）、内存地址、读/写字节数等有关信息。读/写文件应完成如下功能。

- 根据文件名（或文件描述字）从内存活动文件表中找到该文件的文件目录。
- 按存取控制说明检查访问的合法性。
- 根据文件目录指出该文件的逻辑和物理组织方式以及逻辑记录号或字符个数。
- 向设备管理发 I/O 请求，完成数据的传送操作。

（4）关闭文件

一旦文件使用完毕，应当关闭文件，以便其他用户使用。关闭文件系统要做的主要工作如下。

- 从内存活动文件表中找到该文件的文件目录，将“当前使用用户数”减 1，若减为 0 则撤销此目录。
- 若活动文件表中该文件的表目被修改过，则应写回文件存储器上，以保证及时更新文件目录。

（5）删除文件

当一个文件不再使用时，可以向系统提出删除文件。删除文件系统要做的主要工作如下。

- 在目录中删除该文件的目录项。
- 释放文件所占用的文件存储空间。

5.2 目录管理

从前面章节中可以知道，操作系统都是通过各种“控制块”对具体的管理对象实施管理的，比如进程控制块（PCB）和作业控制块（JCB）。对于文件，操作系统仍然采用这种老办法来管理。即为每一个文件开辟一个存储区，在它的里面记录着该文件的有关信息，我们把该存储区称为“文件控制块（File Control Block，FCB）”。于是，找到一个文件的 FCB，也就得到了这个文件的有关信息，就能够对它进行所需要的操作了。

5.2.1 文件控制块与目录项

为了能对一个文件进行正确的存取，必须为文件设置用于描述和控制文件的数据结构，称之为“文件控制块”。文件管理程序可借助于文件控制块中的信息，对文件施以各种操作。文件与文件控制块一一对应，而人们把文件控制块的有序集合称为文件目录，即一个文件控制块就是一个文件目录项。通常，一个文件目录也被看作是一个文件，称为目录文件。

1. 文件控制块

FCB 的称谓较多，比如“文件描述符”“文件说明”等。在下面，我们或称文件控制块，或简记为 FCB。随系统的不同，一个文件的 FCB 中所包含的内容及大小不尽一样。图 5-5 给出了一个 FCB 的内容样例。

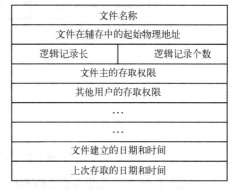

文件名称	
文件在辅存中的起始物理地址	
逻辑记录长	逻辑记录个数
文件主的存取权限	
其他用户的存取权限	
…	
…	
文件建立的日期和时间	
上次存取的日期和时间	

图 5-5　一个文件控制块的内容样例

一般地，文件控制块中会包含如下的内容：

1）文件名称：这是用户为自己的文件起的符号名，它是在外部区分文件的主要标识。很明显，不同文件不应该有相同的名字，否则系统无法对它们加以区分。

2）文件在辅存中存放的物理位置：这是指明文件在辅存位置的信息。由于文件在磁盘上的存储结构可以不同，因此指明其在辅存上位置的信息也就不一样，但目的都是要使系统能够通过这些信息，知道该文件存放在哪些盘块上。这些信息对完成文件逻辑结构与物理结构之间的映射是有用处的。图 5-6 和图 5-7 给出了前面文件 MYFILE 不同物理结构时 FCB 中关于位置信息的描述。

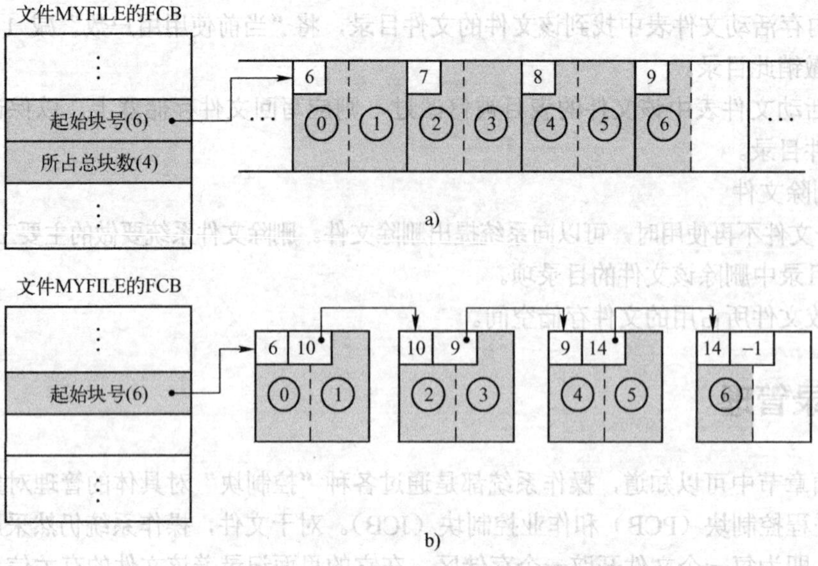

图 5-6 连续文件 FCB 中关于位置的描述
a) MYFILE 的连续文件 b) MYFILE 的串联文件

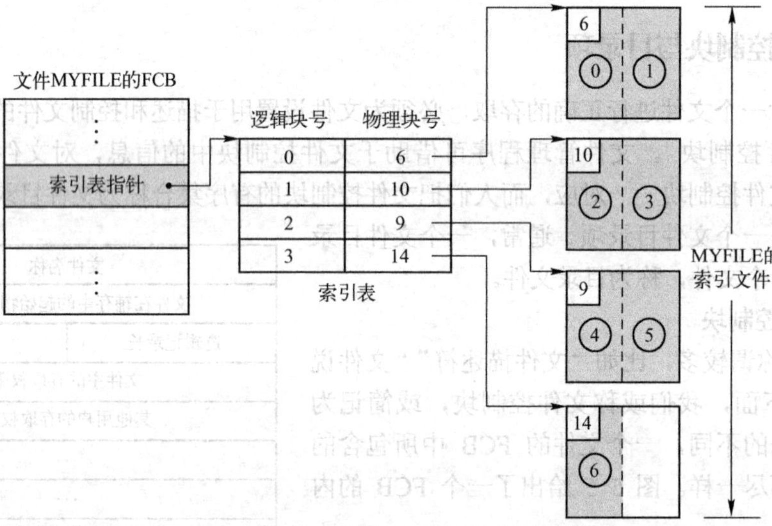

图 5-7 串联文件 FCB 中关于位置的描述

在图 5-6a 中，由于文件 MYFILE 是顺序存放的连续文件，因此在 FCB 中，要有记录文件的起始块号和文件占用总块数两个信息；在图 5-6b 中，由于文件 MYFILE 是链接式存放的串联文件，因此在 FCB 中，只要有记录文件起始块号的信息即可。文件何时结束，由块中的指针是否为“-1”来定夺；在图 5-7 中，由于文件 MYFILE 是索引表式存放的索引文件，因此在 FCB 中，只要有记录文件索引表起始地址的指针的信息就可以了。

3）文件的逻辑结构：该信息确定了文件是流式的，还是记录式的，文件中的记录是固定长度的还是变长的，以及每个记录的长度。这些信息对完成逻辑结构与物理结构之间的映射是有用处的。

4）文件的物理结构：物理结构反映了文件在辅存中是如何存放的，它确定了对文件可以采用的存取方式，对完成逻辑结构与物理结构之间的映射是有用处的。

5）文件的存取控制信息：这些信息将规定系统中各类用户对该文件的访问权限，起到保证文件共享和保密的作用。

6）文件管理信息：如文件的创建日期和时间、文件最近一次访问的日期和时间以及文件最近一次被修改的日期和时间等。

2．目录项

把文件的文件控制块汇集在一起，就形成了系统的文件目录，每个文件控制块就是一个目录项，其中包含了该文件名、文件属性以及文件的数据在磁盘上的地址等信息。用户在使用某个文件时，就是通过文件名去查所需要的文件目录项，从而获得文件的有关信息的。如果系统中的文件很多，那么文件的目录项就会很多。

5.2.2 目录的层次结构

通常，在现代计算机系统中，都要存储大量的文件。为了能对这些文件实施有效的管理，必须对它们加以妥善组织，这主要是通过文件目录实现的。文件目录也是一种数据结构，用于标识系统中的文件及其物理地址，供检索时使用。对目录管理的要求如下。

1）实现“按名存取”，即用户只需向系统提供所需访问文件的名字，便能快速准确地找到指定文件在外存上的存储位置。这是目录管理中最基本的功能，也是文件系统向用户提供的最基本的服务。

2）提高对目录的检索速度。通过合理地组织目录结构的方法，可加快对目录的检索速度，从而提高对文件的存取速度。这是在设计一个大、中型文件系统时所追求的主要目标。

3）文件共享。在多用户系统中，应允许多个用户共享一个文件。这样就须在外存中只保留一份该文件的副本，供不同用户使用，以节省大量的存储空间，并方便用户和提高文件利用率。

4）允许文件重名。系统应允许不同用户对不同文件采用相同的名字，以便于用户按照自己的习惯给文件命名和使用文件。

目录结构的组织，关系到文件系统的存取速度，也关系到文件的共享性和安全性。因此，组织好文件的目录，是设计好文件系统的重要环节。目前常用的目录结构形式有单级目录、两级目录和多级目录。

1．单级目录结构

这是最简单的目录结构。在整个文件系统中只建立一张目录表，每个文件占一个目录项，目录项中含文件名、文件扩展名、文件长度、文件类型、文件物理地址以及其他文件属性。此外，为表明每个目录项是否空闲，又设置了一个状态位。单级目录如表 5-3 所示。

表 5-3 单级目录

文件名	物理地址	文件说明	状态位
文件名 1			
文件名 2			
…			

每当要建立一个新文件时，必须先检索所有的目录项，以保证新文件名在目录中是唯一的。然后再从目录表中找出一个空白目录项，填入新文件的文件名及其他说明信息，并置状态位为 1。删除文件时，先从目录中找到该文件的目录项，回收该文件所占用的存储空间，然后再清除该目录项。

单级目录的优点是简单且能实现目录管理的基本功能——按名存取，但却存在下述一些缺点。

1）查找速度慢。对于稍具规模的文件系统，会拥有数目可观的目录项，致使为找到一个指定的目录项要花费较多的时间。对于一个具有 N 个目录项的单级目录，为检索出一个目录项，平均需查找 N/2 个目录项。

2）不允许重名。在一个目录表中的所有文件，都不能与另一个文件有相同的名字。然而，重名问题在多道程序设计环境下却又是难以避免的；即使在单用户环境下，当文件数超过数百个时，也难以记忆。

3）不便于实现文件共享。通常，每个用户都有自己的名字空间或命名习惯。因此，应当允许不同用户使用不同的文件名来访问同一个文件。然而，单级目录却要求所有用户都用同一个名字来访问同一个文件。简言之，单级目录只能满足对目录管理的 4 点要求中的第一点，因而，它只能适用于单用户环境。

2. 两级目录

为了克服单级目录所存在的缺点，可以为每一个用户建立一个单独的用户文件目录（User File Directory，UFD）。这些文件目录具有相似的结构，它由用户所有文件的文件控制块组成。此外，在系统中再建立一个主文件目录（Master File Directory，MFD）；在主文件目录中，每个用户目录文件都占有一个目录项，其目录项中包括用户名和指向该用户目录文件的指针。如图 5-8 所示，图中的主目录中列出了 3 个用户名，即 Wang、Zhang 和 Gao。

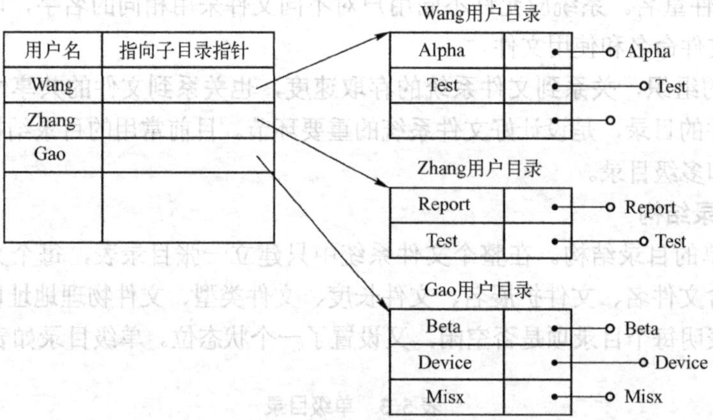

图 5-8　两级目录结构

在两级目录结构中，如果用户希望有自己的用户文件目录 UFD，可以请求系统为自己建立一个用户文件目录；如果自己不再需要 UFD，也可以请求系统管理员将它撤销。在有了 UFD 之后，用户可以根据自己的需要创建新文件。每当此时，操作系统只需检查该用户的

UFD，判定在该 UFD 中是否已有同名的另一个文件。若有，用户必须为新文件重新命名；若无，便在 UFD 中建立一个新目录项，将新文件名及其有关属性填入目录项中，并置其状态位为 1。当用户要删除一个文件时，操作系统也只需查找该用户的 UFD，从中找出指定文件的目录项，在回收该文件所占用的存储空间后，将该目录项删除。

两级目录结构基本上克服了单级目录的缺点，并具有以下优点。

1）提高了检索目录的速度。如果在主目录中有 n 个子目录，每个用户目录最多为 m 个目录项，则为查找一指定的目录项，最多只需检索 n+m 个目录项。但如果是采用单级目录结构，则最多需检索 n×m 个目录项。假定 n=m，可以看出，采用两级目录可使检索效率提高 n/2 倍。

2）在不同的用户目录中，可以使用相同的文件名。只要在用户自己的 UFD 中，每一个文件名都是唯一的。例如，用户 Wang 可以用 Test 来命名自己的一个测试文件；而用户 Zhang 则可用 Test 来命名自己的另一个并不同于 Wang 的 Test 的测试文件。

3）不同用户还可使用不同的文件名来访问系统中的同一个共享文件。采用两级目录结构也存在一些问题。该结构虽然能有效地将多个用户隔开，在各用户之间完全无关时，这种隔离是一种优点；但当多个用户之间要相互合作去完成一个大任务，且一用户又需去访问其他用户的文件时，这种隔离便成为一种缺点，因而这种隔离会使诸用户之间不便于共享文件。

3．多级目录结构

多级目录结构是对二级目录结构的进一步改进。此时，文件系统的目录构成一个逆向生长的树状结构。

（1）目录结构

对于大型文件系统，通常采用 3 级或 3 级以上的目录结构，以提高对目录的检索速度和文件系统的性能。多级目录结构又称为树型目录结构，主目录在这里被称为根目录，把数据文件称为树叶，其他的目录均作为树的节点。图 5-9 列出了多级目录结构。图中，用方框代表目录文件，圆圈代表数据文件。在该树型目录结构中，主目录中有 3 个用户的总目录项 A、B 和 C。在 B 项所指出的 B 用户的总目录 B 中，又包括 3 个分目录 F、E 和 D，其中每个分目录中又包含多个文件。如 B 目录中的 F 分目录中，包含 J 和 N 两个文件。为了提高文件系统的灵活性，应允许在一个目录文件中的目录项既是作为目录文件的 FCB，又是数据文件的 FCB，这一信息可用目录项中的一位来指示。例如，在图 5-9 中，用户 A 的总目录中，目录项 A 是目录文件的 FCB，而目录项 B 和 D 则是数据文件的 FCB。

在树型结构的基础上增加交叉连接部分，以达到文件共享的目的。在 UNIX 系统中，是通过文件控制块来实现文件共享勾连的，并且只允许勾连到代表一般文件的叶节点上去，由图 5-9 可知，a，b 虚线部分，显示了文件的共享。

（2）路径名

在树型目录结构中，从根目录到任何数据文件，都只有一条唯一的通路。在该路径上从树的根（即主目录）开始，把全部目录文件名与数据文件名依次地用“/”连接起来，即构成该数据文件的路径名。系统中的每一个文件都有唯一的路径名。例如，在图 5-9 中用户 B 为访问文件 J，应使用其路径名/B/F/J 来访问。

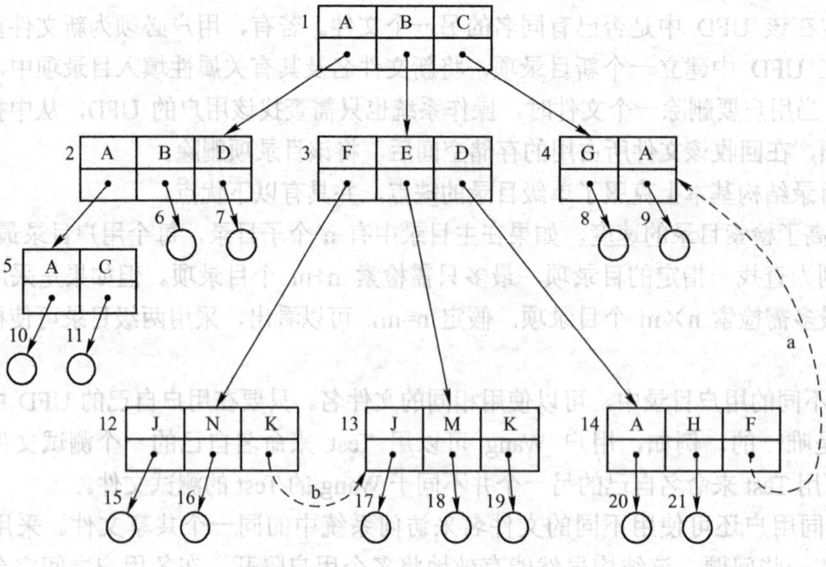

图 5-9　多级目录结构

（3）当前目录

当一个文件系统含有许多级时，每访问一个文件，都要使用从树根开始直到树叶（数据文件）为止的、包括各中间节点（目录）名的全路径名。这是相当麻烦的事情，同时由于一个进程运行时所访问的文件大多仅局限于某个范围，因而非常不便。基于这一点，可为每个进程设置一个“当前目录”，又称为“工作目录”。进程对各文件的访问都相对于“当前目录”而进行。此时各文件所使用的路径名，只需从当前目录开始，逐级经过中间的目录文件，最后到达要访问的数据文件。把这一路径上的全部目录文件名与数据文件名用“/”连接形成路径名。如用户 B 的当前目录是 F，则此时文件 J 的相对路径名仅是 J 本身。这样，把从当前目录开始直到数据文件为止所构成的路径名，称为相对路径名；而把从树根开始的路径名称为绝对路径名。

就多级目录较两级目录而言，其查询速度更快，同时层次结构更加清晰，能够更加有效地进行文件的管理和保护。在多级目录中，不同性质、不同用户的文件可以构成不同的目录子树，不同层次、不同用户的文件分别呈现在系统目录树中的不同层次或不同子树中，可以容易地赋予不同的存取权限。

但是在多级目录中查找一个文件，需要按路径名逐级访问中间节点，这就增加了磁盘访问次数，无疑将影响查询速度。

目前，大多数操作系统如 UNIX、Linux 和 Windows 系列都采用了多级目录结构。

5.2.3 “按名存取”的实现

用户访问文件时，系统根据文件名查文件目录，找到它的文件控制块。经过合法性检查，从控制块中得到该文件所在的物理地址，然后进行所需要的存取操作。

原则上，有了一级文件目录和一张位示图（或其他磁盘空间的管理方案），就能够实现文件管理的基本功能了。下面通过一个例子来说明“按名存取”的实现过程，从中也能了解逻辑结构与物理结构之间进行映射的含义。

以图 5-10a 为基础（它就是前面的图 5-6a），假定文件 MYFILE 的文件控制块的内容如图 5-10b 所示。

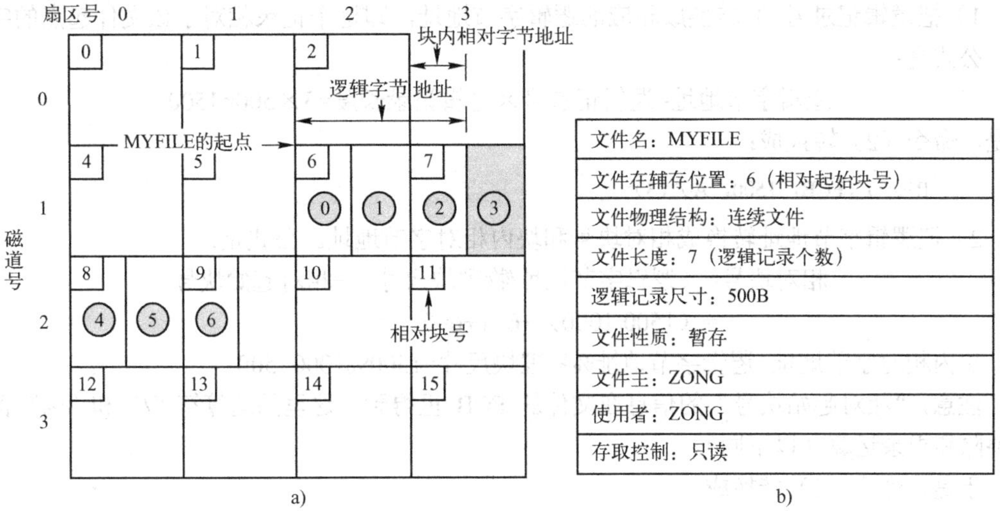

图 5-10　文件 MYFILE 的 FCB 内容

a) 物理结构　b) 文件控制块

若现在要读文件 MYFILE 的第 3 个记录，把它存放到内存数组 A：A[0]，A[1]，…，A[499]中。为此，在程序中读命令如下：

```
READ（MYFILE，3，A）(1)
```

从命令中可以看出，用户是通过文件名来对一个文件进行存取的，并且只与他眼里的逻辑文件打交道，完全不去过问该文件的物理信息。

文件系统接到了这个命令后，就通过命令中提供的文件名 MYFILE，去查文件目录，看文件目录中哪个文件控制块中记录的文件名是“MYFILE”。如果没有名为 MYFILE 的文件，就会出错，否则就找到了该文件的 FCB，如图 5-10b 所示。

考虑到系统运行时，任何时刻真正用到的文件个数不会很多，没有必要让整个目录文件内容都常驻内存，占用大量宝贵的存储资源，实际的做法是只把要使用的文件的 FCB 内容复制到内存的专用区域里。复制文件的 FCB 的过程称为对文件的“打开”。所有被打开的文件的 FCB 称为“活动文件目录”。这样，一个文件被打开后，再用到它的有关信息时，就不必到磁盘中去寻找，只需到活动文件目录中就可以得到了。根据这种设计，实际上在程序里发 READ 命令之前，应该先通过打开（OPEN）命令，把该文件的 FCB 复制到活动文件目录中。这样发命令 READ 时，系统就可以直接从活动文件目录中找到该文件的 FCB 了。

找到了文件 MYFILE 的 FCB 后，系统就把该命令改变成为：

```
READ（FCB，3，A）(2)
```

有了文件的 FCB，首先是进行存取控制验证，核实发该命令的合法性。如果根本不允许对这个文件发此命令，那么下面的事情就没有做的必要了。

命令验证合法后，系统就开始进行把对文件的读/写请求从逻辑结构映射到物理结构的工作。这里是要读第 3 个逻辑记录。从图 5-10a 中看出，MYFILE 的第 3 个记录放在相对块号为 7 的磁盘块中，该块的真正物理地址应该是第 1 道第 3 块。为了从“3”转换成为“第 1 道第 3 块”，需要经过如下的 3 步。

1）把逻辑记录号 3 转换成相应的逻辑字节地址，即这个记录相对于该文件起点的字节数。公式是：

逻辑字节地址=逻辑记录号×逻辑记录长度=3×500=1500

于是，命令（2）转换成：

```
READ（FCB，1500，A）(3)
```

2）把逻辑字节地址转换成相对块号和块内相对字节地址。公式是：

相对块号=（逻辑字节地址/物理块尺寸）+相对起始块号

=（1500/1000）+6=1+6=7

块内相对字节地址=逻辑字节地址%物理块尺寸=1500%1000=500

注意，“相对起始块号”的信息在文件的 FCB 里得到，这里的运算符“/”和“%”含义是整除和求余运算（以下同）。

于是，命令（3）转换成：

```
READ（FCB，7，500，A）(4)
```

3）把相对块号转换成物理地址：道号和块号。公式是：

道号=相对块号/每道块数=7/4=1

块号=相对块号%每道块数=7%4=3

于是，命令（4）转换成：

```
READ（FCB，1，3，500，A）(5)
```

至此，文件系统已经实现了由逻辑记录到物理记录的转换工作。如要真正实现 READ 命令，还必须与设备管理交往。设备管理接到此命令后，要申请一个 1000B 大小的缓冲区，找到磁盘的 DCB，根据命令提供的物理地址，启动磁盘，执行所需要的操作，把第 1 道第 3 块中的信息读至内存缓冲区中。然后再根据命令（5）中的信息“500”，将缓冲区中第 500B 开始往后的 500B 内容送入数组 A 的 A[0]，A[1]，…，A[499]中。到此，设备发出中断信号，系统进行中断处理，I/O 请求处理完毕。发出命令的进程被解除阻塞，到就绪队列里重新排队参与调度。

通过该例，可以大致了解文件系统的工作过程，了解文件系统与设备管理的关系，了解各种数据结构（FCB 等）在具体管理中所起的作用。

5.3　文件系统

由于计算机系统处理的信息量越来越大，因而不可能将所有的信息都保存到内存中。特别是在多用户系统中，既要保证各用户文件存放的位置不冲突，又要防止任一用户对外存储器（简称外存）空间占而不用；既要防止各用户文件在未经许可的情况下被窃取和破坏，又要允许在特定的条件下使多个用户共享某些文件。于是操作系统就要产生一个既要实现文件统一管理的一组软件和相关数据的集合，又要专门负责管理和存取文件信息的软件机构，这就是文件管理系统。

5.3.1 文件系统的概念

文件系统，是指操作系统中涉及文件管理的那部分软件、管理时用到的数据结构及其被管理的文件。从用户的角度看，文件系统的主要功能是实现“按名存取”，即用户只需要知道文件名，就可以存取文件的信息，而不需要知道它们具体的存放位置。从系统的角度看，文件系统是对文件存储器的存储空间进行组织、分配、回收，负责文件的存储并对存入的文件实施保护、检索的系统。具体地说，文件系统负责为用户建立文件，存入、读取、修改、转储文件，控制对文件的存取，当用户不再使用时撤销文件。由此可见，文件系统是以对用户“透明”的方式实现对信息管理的一种有力的手段。

5.3.2 文件系统的实现

为了实现文件系统，在内存操作系统空间中需要保存若干表目。此外，还需要管理用于保存文件内容的外存空间。

1. 内存所需的表目

（1）内存文件控制块

每个文件在文件存储器上都有一个文件控制块，当需要查询、修改外存上某文件控制块时，按一般方式，可将其临时装入内存，处理完毕后再写回外存。

（2）系统打开文件表

FCB 中保存着系统对文件进行管理所需要的一切信息，这些信息作为目录将长期驻留于外存空间。当一个文件被打开使用时，其文件控制块中的信息经常会被访问。如果每次访问文件控制块都去读写外存，则会大大降低速度。为了解决这一问题，在内存中设立一个表目，用来保存已打开文件的文件控制块，该表被称为系统打开文件表。表中内容除了 FCB 主部外，还包括文件号、共享计数、修改标志等信息。系统打开文件表保存于操作系统空间中，用户程序不能访问它，该表的长度决定了系统中可同时打开的文件的最大数目。UNIX 磁盘上的目录分成索引节点和目录文件，在内存中建立活动索引节点表（或称内存索引节点表）和系统打开文件表，分别保存已打开文件的索引节点和文件名内容，同时在每个进程控制块的 user 区中设置一张用户文件描述表（又称用户进程打开文件表），每个打开文件在相应的用户文件描述表目中存储一个指向在系统打开文件表中相应表目位置偏移的指针 fp。系统打开文件表用来存放已打开的文件信息。

（3）用户打开文件表

每一个进程都有一张打开的文件表，这是因为文件是可以共享的，多个进程可能会同时打开同一文件，而其打开方式可能是不同的，当前的读写位置通常也是不一样的，这些信息被记录在另一个表中，该表称为用户打开文件表。该表中有打开方式、读写指针、系统打开文件表入口等信息。用户打开文件表的位置应当记录在各进程的 FCB 中，用户打开文件表的长度决定了一个进程可以同时打开文件的最大数量。在 UNIX 系统中，它是进程扩充控制块 user 中的一个指针数组 int u_ofile[NOFILE]。进程打开文件时，按下标由低到高的顺序使用数组中的某一空闲项（即指针为 NULL 的表项），在该表项中填入打开文件控制块 file 结构变量的地址，并打开文件描述字的值（就是该空闲项的下标值）。

进程打开一个文件的过程如下。

● 系统要为其分配一个内存 i 节点，并将该文件的外存 i 节点中的主要部分复制进去，并填入外存 i 节点号。

● 分配一个空闲打开文件控制块 file，并使 f_inode 指针指向内存 i 节点。

● 在进程 user 结构的 u_ofile 中找到一个空闲项，填入 file 结构的地址，并将 u_ofile 数组索引值作为打开文件描述字返回给用户。

● 建立用户打开文件表与系统打开文件表之间的关系。

为了便于理解用户打开文件表、系统打开文件表和活动索引节点表之间的关系，我们通过举例来说明。如图 5-11 所示。

一个进程执行如下代码：

```
fd1=open("/etc/passwd",o_RDONLY);          /*以只读方式打开文件/etc/passwd */
fd2=open("pocal",o_WRONLY);                /*以写方式打开文件 pocal */
fd3=open("/etc/passwd",o_RDWR);            /*以读写方式打开文件/etc/passwd */
```

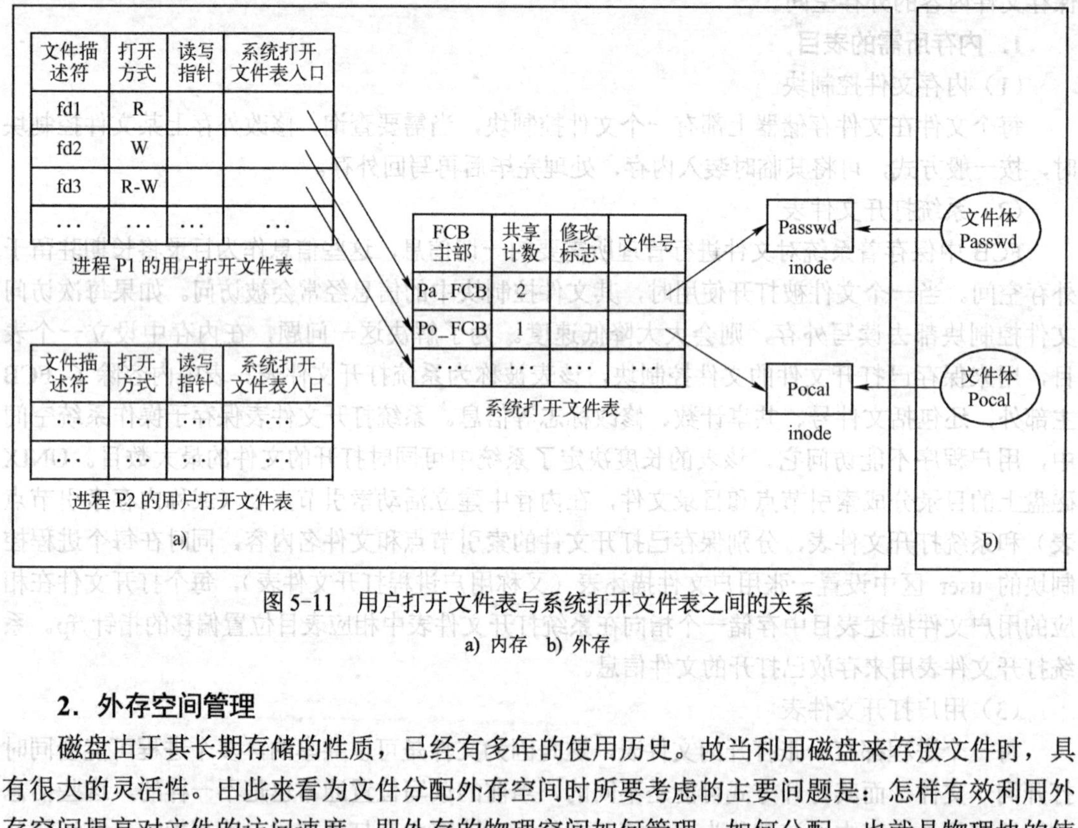

图 5-11　用户打开文件表与系统打开文件表之间的关系

a) 内存　b) 外存

2．外存空间管理

磁盘由于其长期存储的性质，已经有多年的使用历史。故当利用磁盘来存放文件时，具有很大的灵活性。由此来看为文件分配外存空间时所要考虑的主要问题是：怎样有效利用外存空间提高对文件的访问速度，即外存的物理空间如何管理，如何分配，也就是物理块的使用情况，哪些物理块是空闲的，哪些已分配出去，已分配的区域为哪些文件所占用等。

文件的存储有两种策略，一种是为文件分配连续的存储空间，即连续的存储块，另一种是为文件分配不一定连续的块。为文件分配连续的存储空间的方法存在一些明显的问题：如果增加文件内容，使文件长度发生变化时，需要移动一些文件，以便得到一个能存储文件的较大空间，这肯定要增加系统开销；当删除文件内容时，会给文件存储空间留下大大小小的碎片，即出现零头问题，在存储器管理中我们也遇到同样的问题。所以，现在几乎所有的文件系统都把文件存储空间分成固定大小的块来存储文件。存储文件的块与块之间不必相邻。这样，可以更有效地利用外存空间，但是分配和回收的速度可能会受到影响。

目前，常用的存储空间管理的方法有空闲文件目录、空闲块链、位示图 3 种。通常，在一个系统中，仅采用其中的一种方法来为文件分配外存空间。

1）块大小的考虑：由于文件是按块分配的，块的大小是一个十分重要的问题。如果块过大，可能会造成空间的浪费。块过小，意味着每个文件都由许多块组成，必然会影响文件的存取速度。一般系统中，文件存储块的大小常采用 512B、1KB 或 2KB。当然，随着时间的推移，用户对资源的需求在增加，块的大小也应随之改变。

2）空闲块管理：块的大小选定后，接下来要考虑的是如何对文件存储空间的物理块进行分配和回收的问题。

3. 空闲文件目录

把一个连续的未分配区域（可能包含若干个空闲块）看作一个文件，称为空白文件。系统为所有的空白文件建立一个目录，即空白文件目录。每个空白文件对应于空白文件目录中的一个表目，如表 5-4 所示。

表 5-4　空白文件目录

序号	第一个空闲块号	空闲块个数	空闲块号
1	5	5	5、6、7、8、9
2	14	3	14、15、16
3	18	4	18、19、20、21
…	…	…	…

系统为某个新创建的文件分配存储空间时，按顺序从空白文件目录中找出一个大小能满足要求的空白文件进行分配。文件存储空间的分配算法可以参考内存的可变式分区存储管理算法。当用户释放存储空间时，系统将回收的空间制作成一个新的空白文件表目，插入空白文件目录中，以备后用。如果回收的空间与空白文件目录插入点前后的空白文件地址相邻接，应予以合并。

4. 空闲块链

空闲块链接法可以分为：空闲盘块链、空闲盘区链及成组链接法。

（1）空闲盘块链

空闲盘块链法是将文件存储空间上所有空闲盘块链接在一起，设一个指针，指向链头，当系统为某个新创建的文件分配存储空间时，从空闲盘块链首端摘下空闲盘块进行分配。当系统回收用户释放的存储空间时，将回收块链入空闲盘块链的链头，如图 5-12 所示。

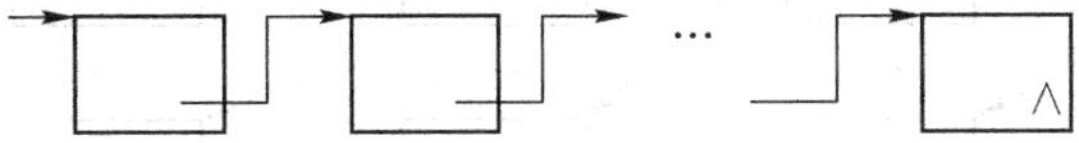

图 5-12　空闲盘块链

空闲盘块链法的分配与回收过程都十分简单，但是空闲盘块链可能会很长。

（2）空闲盘区链

空闲盘区链法是将若干连续的空闲盘块作为一个空闲盘区，每个区含有一个指向下一个空闲盘区的指针及本空闲盘区大小的说明，所有空闲盘区形成一个链，设一个指针，指向链头，如图 5-13 所示。

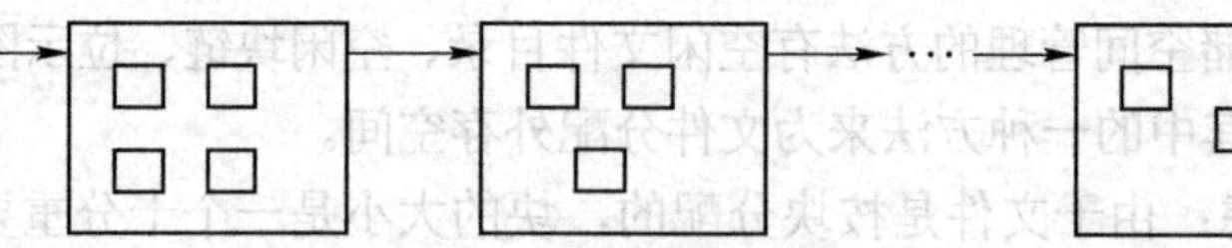

图 5-13　空闲盘区链

采用空闲盘区链法，当系统为某个新创建的文件分配存储空间时，按顺序从空闲盘区链中找出大小能满足要求的空闲盘区进行分配。分配算法可以参考内存的可变式分区存储管理算法。当系统为某个新创建文件分配存储空间时，从空闲盘区链摘下能放下文件的盘区予以分配，若盘区太大，则将盘区一分为二，一部分用于分配，而另一部分仍以空闲盘区的形式存在空闲盘区链中。当用户释放存储空间时，系统将回收的空间作为一个新的空闲盘区插入空闲盘区链中，以备后用。如果回收的空闲盘区与空闲盘区链插入点前后的空闲盘区地址相邻接，应予以合并。为了提高对空闲盘区链的查找速度，通常在内存建立空闲盘区的链表。

空闲盘区链法的分配与回收过程比较复杂，但是空闲盘区链较短。

（3）成组链接法

在 Linux 系统中采用了一种改进的方法。它把文件存储空间的空闲盘块分组，再将每组具体的空闲盘块号及个数记录到另一组的第一个空闲盘块中，组与组之间通过每组的第一块链接起来，将当前使用的一组空闲盘块号及块数放在空闲盘块号栈中。系统启动后，文件存储空间的分配与回收通过已进入内存的空闲盘块号栈进行；栈空时，将链接的下一组空闲盘块号及块数调入；栈满时，将栈中的空闲盘块号作为一组，加入链中，这就是成组链接法，如图 5-14 所示。在 UNIX 系统中，将空闲块分成若干组，每 100 个空闲块为一组，每组的第一个空闲块登记了下一组空闲块的物理块号和空闲块总数。假如一个组的第一个空闲块号等于 0 的话，则有特殊的含义，意味着该组是最后一组，即无下一组空闲块。

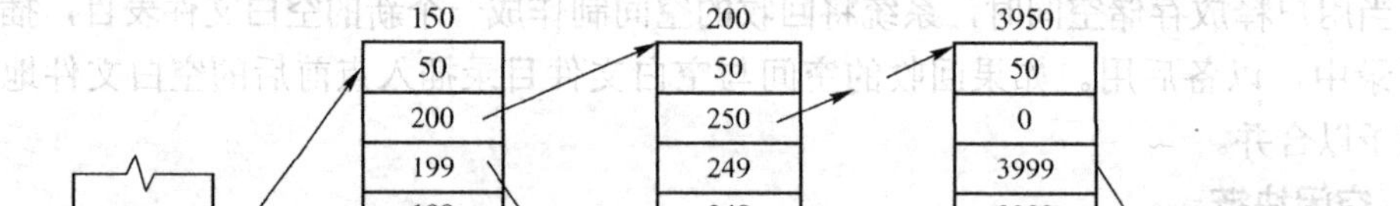

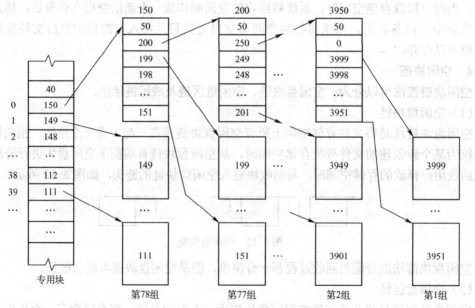

图 5-14　空闲盘块的成组链接法

5. 位示图

由于磁盘被分块后，每一块的大小相同，块数固定，所以在此也可以采用位示图法来管理磁盘的存储空间。

在这里，采用位示图的具体做法是：为所要管理的磁盘设置一张位示图。至于位示图的大小，由磁盘的总块数决定。位示图中的每个二进制位与一个磁盘块（这里假定一个扇区就是一个磁盘块）对应，该位状态为“1”，表示所对应的块已经被占用；状态为“0”，表示所对应的块仍然是空闲，可以参加分配。

比如，有一个磁盘，共有 100 个柱面（编号为 0～99），每个柱面有 8 个磁道（编号为 0～7，注意，这也就是磁头编号），每个盘面分成 4 个扇区（编号为 0～3），那么，整个磁盘空间磁盘块的总数为：4×8×100=3200（块）。

如果用字长为 32 位的字来构造位示图，那么共需要 100 个字，如图 5-15 所示。

	0位	1位	2位	…	30位	31位
第0字	0/1	0/1	0/1		0/1	0/1
第1字	0/1	0/1	0/1		0/1	0/1
…					0/1	0/1
第98字	0/1	0/1	0/1		0/1	0/1
第99字	0/1	0/1	0/1		0/1	0/1

图 5-15　一个具体的实例位示图

在将文件存放到辅存上时，要提出存储申请。这时，就去查位示图，状态为“0”的位所对应的块可以分配。因此，在申请磁盘空间时，就有一个“已知字号、位号，计算对应块号（即柱面号、磁头号、扇区号）”的问题。在文件被删除时，要把原来所占用的存储块归还给系统，因此，存储块释放时，就有一个“已知柱面号、磁头号和扇区号，计算对应字号和位号的问题，仍以图 5-15 来加以说明（注意：下面所给出的计算公式，也只是针对这个具体例子的，不是通用公式）。

为此，先引入“相对块号”的概念。所谓“相对块号”，即是指从 0 开始，按柱面和盘面（即磁头）的顺序对磁盘块进行统一编号。于是，第 0 柱面第 0 盘面上的块号是 0～3。接着，第 0 柱面第 1 盘面上的块号是 4～7。由于第 0 柱面上共有 32 个磁盘块，故编号为 0～31。第 1 柱面上磁盘块的编号为 32～63，整个磁盘块的编号是 0～3199，这就是所谓该磁盘块的“相对块号”。

这样一来，位示图中第 i 字的第 j 位对应的相对块号就是：相对块号=i×32+j

在申请磁盘空间时，根据查到的状态为“0”的那位的字号和位号，可以先计算出这一位所对应的相对块号，然后再求出具体的柱面号、磁头号和扇区号。假定引入两个符号 M 和 N 并对它们作如下定义：M=相对块号/32，N=相对块号%32

那么就有由“字号、位号”求“柱面号、磁头号和扇区号”的如下公式：

柱面号=M

磁头号=N/4

扇区号=N%4

在归还磁盘块时，根据释放块的“柱面号、磁头号和扇区号”，先计算出该块的相对块号，然后再求出它在位示图中的字号和位号。具体公式如下：

相对块号=柱面号×32+磁头号×4+扇区号

字号=相对块号/32

位号=相对块号%32

注意，以上的“/”和“%”分别表示整除和求余运算。

5.3.3 文件系统的功能

文件系统虽然被用户使用，但它的任务首先是解决对文件存储器空间的有效管理问题，通常文件存储器上的物理空间是以物理块为单位进行分配的，这是构成文件组织形式的主要依据。文件系统的第二个任务是文件的命名和共享问题，即解决文件命名的冲突、重名及实现对文件共享的需要。文件系统的第三个任务是提供合适的存取方法，以适合不同的应用。但是文件系统对所管理的信息仅提供存取方式和保护，至于它们之间的结构关系并不关心，也无力对它们进行解释，这是与数据库系统对数据管理显然不同的地方。

在操作系统中增设了文件管理部分后，为用户带来了如下好处：使用的方便性；数据的安全性；接口的统一性。

基于以上考虑，文件系统应该实现如下功能。

1）通过各种数据结构记录系统中的全部信息，包括信息的名字、位置和存取权限等。

2）使用户可以方便灵活地进行信息存取，即用户无须考虑外存的信息组织，也无须记住信息在外存的存储和分布情况，完全实现按名存取。

3）提供安全可靠的保护措施，以避免各种故障或偶然性事故而产生的破坏行为，并防止授权或未授权的用户有意或无意地进行破坏性操作。

4）防止用户信息失窃，采取对文件进行加密等措施，为用户提供保密手段。

5）为节省空间，方便用户存取，协调相关用户共同完成某项任务，文件系统为用户提供共享功能。

5.4 文件系统的安全性和保护机制

任何操作系统都需要管理大量的文件，要为用户进程提供快速、准确的服务。现代操作系统需要提供文件共享的能力，由于系统实现了文件的共享，使得文件的安全性问题就提到了日程上来。为了保证文件的安全，不被非法用户侵扰，于是操作系统应采取相应的保护措施对文件进行安全性的验证。

5.4.1 文件的共享与安全

1. 文件的共享

当文件被多个用户共同拥有时，如果这些用户都备有此文件的副本，那对整个存储空间是很大的浪费。因此，系统应该尽可能提供共享手段，使存储空间只保留一个副本，而且所有允许共享的用户可以使用相同的或不相同的文件名来访问它。

文件的共享是指多个进程在受控的前提下共用系统中的同一个文件，这种控制是由操作系统和文件使用者共同实现的。

（1）文件共享的目的

- 节省存储空间。有些文件尤其是系统文件，如用于保存编译程序、装配程序、公共数据的文件等，许多用户都要使用。如果为每一个用户都保存一个副本，就会浪费许多外存空间，这是没有必要的。因而在系统中通常一个文件只保存一个副本供多个进程共用。
- 进程相互通信。相互协同的进程通过文件共享可以交换信息，以达到相互通信的目的。例如，当进程 P_1 向文件 File 中写入、进程 P_2 从文件 File 中读出时，进程 P_1 和进程 P_2 便实现了相互通信。

（2）文件共享的模式

对于一个可共享的文件，多个进程可能会异步访问它，也可能会同时访问它。

- 异步使用同一文件。多个进程共用同一文件，但是对一个共享文件来说，任意时刻最多只能有一个进程使用它。或者说，不会有两个或者两个以上的进程同时打开一个文件。这是比较简单的共享情形，操作系统只需核对使用者对文件的访问权限。
- 同时使用同一文件。同一时刻有多个进程要求使用同一文件。这里又存在两种情况：所有进程都不修改所共享的文件，例如多个进程同时访问一个用于保存系统参数的文件；某些进程要求修改被共享的文件。第二种情况比较复杂，如果不加以控制，读者所读出的数据可能既有修改之前的内容，也有修改之后的内容，既有某一写者写入的内容，也有另一写者写入的内容，即所读取的数据有可能不完整。对此有两种处理方法，其一是不允许读者与写者，或者写者与写者同时打开同一个文件，即实现读者与写者之间的互斥要求，这不仅会降低系统的并发性，也会增加死锁的可能性；其二是允许读者与写者，或者写者与写者同时打开同一文件，但是操作系统要为用户提供相应的互斥手段，文件使用者借助于这种互斥手段可以保证对文件的共享不会发生冲突。

（3）文件共享的实现

- 公共目录。在系统中设有若干个可以被所有用户访问的公共目录，将可被所有用户共享的文件登记在这些目录中，每个用户均可访问记录于这些目录中的文件，如此便可实现用户对文件的共享。

  如果需要的话，用户可将其专有文件移至公共目录下，这样该文件就可以被其他用户所共享。当然，如果需要的话，文件属主也可以收回其共享文件。
- 文件。通过连接可以使一个文件具有多个名字，不同的用户可以使用不同的名称来访问同一文件，从而实现文件的共享。对于共享的限制通过对于连接的限制来实现，如果允许一个用户对另一个用户的某个文件进行连接，则共享是合法的；否则共享是非法的。
- 共享说明。每个文件在创建时都由文件属主规定一个共享说明，如哪些用户不可以使用、哪些用户可以使用以及使用方式等，这就确定了文件的可共享性，以及对于共享的限制。

2．文件的安全

文件的安全对于用户而言非常重要，那么文件在执行或存取过程中会遇到哪些问题呢？

1）灾祸：水灾、火灾、地震等不可抗拒的自然灾害。

2）硬件或物理原因：CPU 的误操作、磁盘或磁带有坏道而不可读取、通信故障等。

3）用户操作失误：不正确的数据输入、程序运行错误、不可靠性等因素。

4）文件信息被窃取或破坏：未授权用户有目的地入侵，进行信息窃取或进行破坏。

5）病毒：病毒通过某种渠道进入系统，附着在某些程序中伺机破坏。

在设计文件系统的保护机制时，文件的安全性应该防止以下攻击。

1）防止用户越过系统访问内存页、磁盘空间和磁带，以免用户在其中写入非法信息。

2）防止用户尝试非法的系统调用，或使用非法参数进行系统调用。

3）防止用户在登录过程中输入 DEL、REBOOT、BREAK 等，在有些系统中，如果口令检查程序被终止，则被认为登录成功。

4）防止用户试图修改保存在用户空间内的某些管理信息，否则系统读写时可能会造成安全域的破坏。

除了上述职责外，安全机制还应该有如下功能。

1）防止未核准的用户存取文件。

2）防止核准的用户误用文件。

3）防止一个用户冒充另一个用户存取文件。

4）出现系统崩溃后，进行适当的文件恢复。

5.4.2 文件的保护

文件的安全问题是由于文件共享而引发的，在非共享环境中，唯一允许存取文件的用户是文件主本人。因此，只要对该用户所拥有的目录做一次身份检查就可确保其安全性。对于共享文件涉及多个用户，文件主需要指定哪些用户可以存取它的文件，哪些用户不能存取。一旦某文件确定为可被其他用户共享时，还必须确定它们存取该文件的权限。例如，可允许它的一些伙伴更新它的文件，而另一些伙伴可以读出这些文件，其他的就只能装入和执行该文件。这就涉及文件的保护问题。

“文件保护”的含义，是指要防止未经授权的用户使用文件，也要防止文件主自己错误地使用文件而给文件带来伤害。可以采用存取控制矩阵、存取控制表、权限表和口令等方法，来达到保护文件不受侵犯的目的。

1. 存取控制矩阵

所谓“存取控制矩阵”，即是整个系统维持一个二维表，一维列出系统中的所有文件名，一维列出系统中所有的用户名，行、列交汇处给出用户对文件的存取权限。如表 5-5 所示。

表 5-5 存取控制矩阵

	文件 1	文件 2	文件 3	文件 4	文件 5
用户 A	R	RWE	R	RW	
用户 B	RWE		RW		RW
用户 C	R				R
用户 D		R		RWE	

说明：R–读，W–写，E–执行

比如表中的用户 A 对文件 1 只能读，对文件 2 可以读、写和执行等。交汇处为空时，表示用户无权对此文件进行任何访问。

文件系统接收到来自用户对某个文件的操作请求后，根据用户名和文件名，查存取控制矩阵，用以检验命令的合法性。如果所发的命令与矩阵中的限定不符，则表示命令出错，转而进行出错处理。只有在命令符合存取控制权限的要求时，才能去完成具体的文件存取请求。

不难看出，存取控制矩阵的道理虽然简明，但如果系统中的用户数和文件数都很大，那么该矩阵里的空项会非常多。保存这样一个大而空的矩阵，实为对磁盘存储空间的一种浪费。如果只按矩阵的列或行来存储矩阵，且只存储它们的非空元素，那么情况会好得多。按列存储，就形成了所谓的“存取控制表”；按行存储，就形成了所谓的“权限表”。

2. 存取控制表

如上述，如果只按存取控制矩阵的列存储，且只存储非空元素，就形成了所谓的“存取控制表”。

从存取控制表的描述可以看出，存取控制表是以文件为单位构成的，每个文件一张，可以把它存放在文件的 FCB 中，表 5-6 给出的文件的 FCB 正是这样安排的。为了克服存取控制矩阵中大量空项的问题，在形成文件的存取控制表时，应对用户分组，比如分为：“文件主”“同组用户”“其他用户” 3 类（当然还可以多分），然后赋予各类用户对此文件的不同存取权限。

表 5-6 存取控制表

文件 1	
文件主：（用户 B）	RWE
同组用户：（用户 A，用户 C）	R
其他用户：（用户 D）	

比如对于文件 1，可以构成一张如表 5-6 所示的存取控制表。其中，文件主是“用户 B”，它对该文件的存取权限是可读、可写、可执行；用户 A 和用户 C 与用户 B 同组（比如完成一个共同的工作），他们对于文件 1 具有只读的权限；其他用户无权使用文件 1。

3. 权限表

如上述，如果只按存取控制矩阵的行存储，且只存储非空元素，就形成了所谓的“权限表”。

从对权限表的描述可以看出，权限表是以用户为单位构成的，它记述了用户对系统中每个文件的存取权限。通常，一个用户的权限表被存放在他的 PCB 中。表 5-7 给出了用户 A 的权限表。

表 5-7 权限表

	文件名	权限
用户 A	文件 1	R
	文件 2	RWE
	文件 3	R
	文件 4	RW
	文件 5	

4. 口令

上面是系统对文件提供的 3 种保护机制，口令则是一种验证手段，也是最广泛采用的一种认证形式。当用户发出对某个文件的使用请求后，系统会要求他给出口令。这时，用户就要在键盘上输入口令，否则无法使用它。当然，用户输入时，口令是不会在屏幕上显示的，以防止旁人窥视。只有输入的口令核对无误，用户才能使用指定的文件。

采用口令的方式保护文件，容易理解，也容易实现。但由于口令常被放在文件的 FCB 里，所以常被内行人破译，以至于达不到保护的效果。另外，口令也容易遗忘、记错，给文件的使用带来不必要的麻烦。

5.5 Linux 文件系统管理

Linux 文件系统中的文件是数据的集合，文件系统不仅包含着文件中的数据而且还有文件系统的结构，所有 Linux 用户和程序看到的文件、目录、软连接及文件保护信息等都存储在其中。

5.5.1 Linux 文件系统的概念

Linux 文件系统是操作系统用于管理磁盘或磁盘分区上的文件的方法和数据结构，有时也指在磁盘上组织文件的方法。每种操作系统都有自己独特的文件系统，如 MS-DOS 文件系统、UNIX 文件系统等。文件系统包括了文件的组织结构、处理文件的数据结构、操作文件的方法等。Linux 自行设计开发的文件系统称为 Ext2。

磁盘上的文件系统采用层次结构，由若干目录和其子目录组成，最上层的目录称作根（root）目录，用“/”表示。

5.5.2 Linux 文件系统的特点

Linux 继承了 UNIX 文件系统的优秀设计，并结合了一些现代文件系统的先进技术，在开放性、可扩展性和性能方面都十分出色。以下介绍 Linux 文件系统的几个主要特征。

1．支持多种文件系统

许多操作系统（如 DOS、Windows 等）只支持一种或几种专用的文件系统，而 Linux 系统则可以支持几乎所有流行的文件系统。这使得 Linux 可以和许多其他操作系统共存，允许用户访问其他操作系统分区中的文件。用户可以使用标准的系统调用操作各个文件系统中的文件，并可在它们之间自由地复制和移动文件。这种兼容性带来的另一个好处是 Linux 用户可以根据应用需要选择最适合的文件系统，并可体验众多文件系统新产品的先进特色。

2．树型可挂装目录结构

Linux 系统采用了树型目录和分区挂装的概念，系统分区上的文件系统称为根文件系统，其他所有分区的文件系统都要挂装（mount）到根文件系统下的某个目录下，然后通过根目录来访问。因此，与 Windows 系统将每个分区独立为一棵树不同，Linux 文件系统总是只有一棵树，不管挂入的是本地磁盘分区还是网络上的文件系统，它们都与根文件系统无缝结合，用户访问这些分区就如同访问根文件系统所在分区一样。另外，Linux 支持动态地挂装和卸载文件系统，允许用户灵活地组织和扩充存储空间。

3．文件、设备统一管理

Linux 将设备也抽象为文件来处理，使用户可以像读/写文件一样地操作设备进行 I/O 操作。这样做既简化了系统结构和代码，又方便了用户对设备的使用。在第 6 章中将介绍 Linux 如何通过文件系统来管理设备。

5.5.3 Linux 文件系统的结构

Linux 文件系统采用了分层结构的设计，如图 5-16 所示。

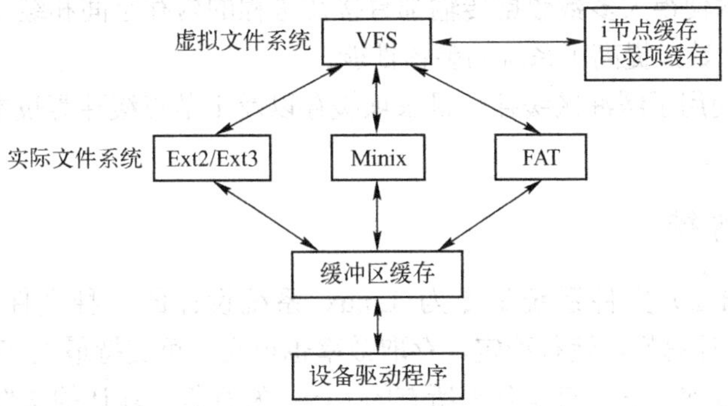

图 5-16 Linux 文件系统的结构

Linux 文件系统由以下几个主要部分组成。

1. 设备驱动程序

文件系统需要利用存储设备来存储文件，因此，存储设备是文件系统的物质基础。除此之外，Linux 系统中的其他设备也是作为文件由文件系统统一管理的。所有这些设备都由特定的设备驱动程序直接控制，它们负责设备的启动、数据传输控制和中断处理等工作。

Linux 的各种设备驱动程序都通过统一的接口与文件系统连接。文件系统向用户提供使用文件的接口，设备驱动程序则控制设备实现具体的文件 I/O 操作。

2. 实际文件系统

文件系统是以磁盘分区来划分的，每个磁盘分区由一个具体的文件系统管理，不同分区的文件系统可以不同。Linux 系统支持多种不同格式的文件系统，除了专为 Linux 设计的 Ext2/Ext3、JFS、XFS、ReiserFS 和 NFS 之外，还支持 UNIX 系统的 sysv、ufs、bfs，Minix 系统的 minx、XIA，Windows 系统的 FAT32、NTFS，DOS 系统的 FAT16，以及 OS/2 系统的 hpfs 等。这些文件系统都可以在 Linux 系统中工作。Linux 默认使用的文件系统是 Ext2/Ext3。

3. 虚拟文件系统

实际文件系统通常是为不同的操作系统设计和使用的，它们具有不同的组织结构和文件操作接口函数，相互之间往往差别很大。为了屏蔽各个文件系统之间的差异，为用户提供访问文件的统一接口，Linux 在具体的文件系统上增加了一个称为虚拟文件系统（Virtual File System，VFS）的抽象层。

虚拟文件系统运行在最上层，它采用一致的文件描述结构和文件操作函数，使得不同的文件系统按照同样的模式呈现在用户面前。有了 VFS，用户觉察不到文件系统之间的差异，可以使用同样的命令和系统调用来操作不同文件系统，并可以在它们之间自由地复制文件。

4. 缓存机制

文件系统和存储设备进行数据传输时采用了缓存技术来提高外存数据的访问效率。缓存区是在内存中划分的特定区域。每次从外设读取的数据都暂时存放在这里，下次读取数据时，首先搜索缓存区，如果有需要的数据，则直接从这里读取；如果缓存区中没有，则再启动设备读取相应的数据。对于写入磁盘的数据，也先放入到缓存区中，然后再分批写出到磁盘中。使用缓存技术使得大多数数据传输都直接在进程的内存空间和缓存区之间进行，减少了外部设备的访问次数，提高了系统的整体性能。

VFS 文件系统使用了缓冲区缓存、目录项缓存以及 i 节点缓存等技术，使得整个文件系统具有相当高的效率。

5.5.4 Ext2 文件系统

Ext2（Extended-2）文件系统是专为 Linux 系统设计的一种文件系统。它采用的是 UNIX 文件系统的设计思想，运行稳定，存取效率也很高，可支持最大 4TB（1T=1024G）的磁盘分区。2000 年以前，它一直是几乎所有的 Linux 发行版的默认的文件系统。

Ext2 的弱点在于它是一个非日志文件系统。日志文件系统可以在系统发生断电或者其他系统故障时保证文件数据的完整性，这对关键行业的应用是十分重要的。近年来 Ext2 已逐渐被它的升级版 Ext3 取代。Ext3 是一个基于 Ext2 开发的日志文件系统。它具有健全的日志功能，可靠性很高。在非正常关机后，文件系统可在数十秒钟内自行修复。另外，Ext3 文件系统的容量有了很大的提高，可以支持最大 32TB 的文件系统和最大 2TB 的文件。目前 Ext3 已被许多 Linux 发行版作为默认安装的文件系统。

目前，第 4 代 Ext 文件系统 Ext4 正处于试用阶段。Ext4 最为显著的改进是文件和文件系统的大小。Ext4 文件系统的容量达到 1024PB（1P=1024T），而文件大小则可达到 16TB。

本节对 Ext2 文件系统进行分析和介绍，其基本结构和操作同样也适用于 Ext3 和 Ext4。

1. Ext2 文件的结构

Ext2 文件的逻辑结构是无结构的流式文件。基于字节流的概念，使得 Linux 系统可以把目录、设备等都当作文件来统一对待。Ext2 文件的物理结构采用易于扩展的多重索引方式，便于文件动态增长，同时也可以方便地实现顺序和随机访问。

2. Ext2 文件的描述

Ext2 文件系统采用了改进的 FCB 结构来描述文件。

FCB 要描述的信息比较多，所以一般要占较多的空间。当目录下的文件很多时，目录文件（其内容是目录项列表）就会很大，往往需要占用多个存储块，这将导致目录检索的效率下降。改进的方法是将 FCB 分解为两个部分：主部和次部。FCB 主部包含除文件名之外的全部信息，称为索引节点或 i 节点。次部只包含文件名和主部的标识号码（即 i 节点号）。文件目录由各文件的 FCB 次部组成，主要实现按名检索的目的。由于目录项（即 FCB 次部）很小，目录文件也就很小，按文件名检索的速度很快，检索到后就可以立即找到文件的 i 节点了。

Ext2 目录项（Directory Entry）主要包括文件名和 i 节点号两部分。i 节点号用于指示 i 节点的存放位置，文件名用于文件检索。Ext2 文件系统支持最长 255 个字符的长文件名。

Ext2 文件系统采用索引节点（Inode）方式来描述文件，系统中的所有文件（包括目录和设备）都对应一个唯一的 i 节点。i 节点的内容包含文件说明信息和索引表两部分，文件说明信息部分包括模式（访问权限与类型）、所有者（属主和属组）、长度、时间戳、连接数等信息。索引表部分是指向文件存储块的索引指针。图 5-17 是 Ext2 文件的目录项和索引节点的结构。

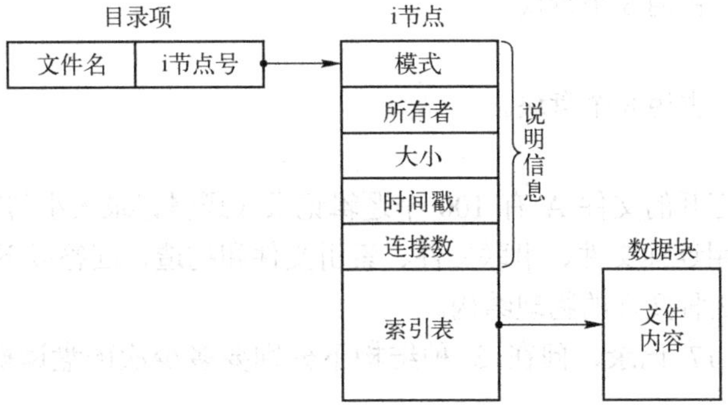

图 5-17　Ext2 文件的描述

3．Ext2 目录文件的描述

目录文件的描述结构与普通文件一样，每个目录文件对应一个目录项（在其父目录中）以及一个 i 节点。不同之处在于目录文件的内容数据块中存放的是一个目录项列表，包含了该目录下的所有文件的目录项，头两个目录项是“. ”和“.. ”。Ext2 目录结构如图 5-18 所示。

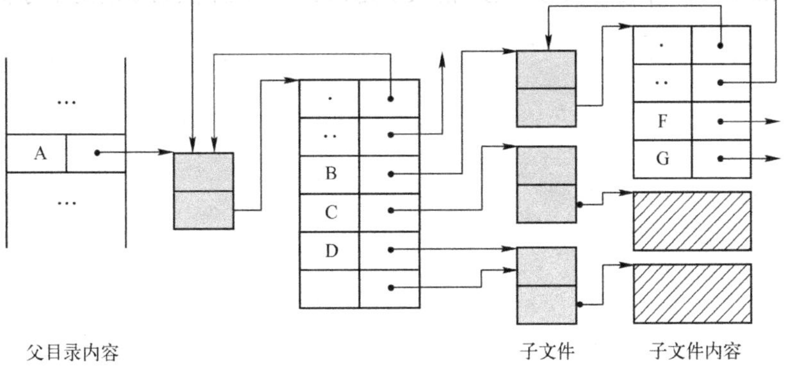

图 5-18　Ext2 目录结构

思考与练习

1．试比较文件名称、文件号、文件描述符之间的关系。

2．将文件控制块分为两个部分有何好处？此时目录项中包含哪些成分？

3．试说明对于以下文件操作命令，文件管理系统如何进行访问合法性检查。

打开文件　　读写文件　　删除文件

4．何谓文件连接？如何实现文件连接？

5．编写程序，将一个任意长度的文件反序，即使原第一个字节变为最后一个字节，是最后一个字节变为第一个字节……假定文件可能任意长度，要求尽量高效。

6．试给出一组完备的文件操作系统调用。

7．某文件系统采用位示图管理空闲磁盘块，初始时字位映像图被格式化为 1000000000000000（第一块被根目录占用），系统分配磁盘块时总是从低块号开始，因而当文件 A 写入 6 个盘块后，位示图变为 1111111000000000。试给出执行下述操作后，位示图依次变化的情况。

1）写入文件 B，占用 5 个盘块。

2）删除文件 A。

3）写入文件 C，占用 8 个盘块。

4）删除文件 B。

8．设一个已被打开的文件 A 有 100 个逻辑记录（逻辑记录大小与物理块大小相等，都为 512KB），现分别用连续文件、串联文件、索引文件和构造，回答以下问题。

1）分别画出这 3 种文件的物理结构。

2）若要随机读 r7 记录，问在 3 种结构下分别要多少次磁盘读操作？要求作必要的说明。

9．用户在使用文件之前必须要做打开文件的操作，为什么？

10．设某文件系统的文件目录项中有 6 个表目的数组用作描述文件的物理结构。磁盘块的大小为 512B，登记磁盘块号的表目需占 2B。若此数组的前 4 个表目用作直接索引表，第五个表目用作一级间接索引，第六个表目用作二级间接索引。回答以下问题：

1）该文件系统能构造的最大的文件有多少字节？

2）文件 file 有 268 个记录（每个记录的大小为 512B），试用图画出该文件的索引结构。

第6章 设备管理

计算机系统是由硬件和软件组成的，其中 I/O 系统是计算机硬件的一个重要组成部分。由于 I/O 设备不仅种类繁多，而且它们的特性和操作方式往往相差甚大，这就使得设备管理成为操作系统中最繁杂且与硬件最紧密相关的部分。在该系统中包括有用于实现信息输入、输出、存储功能的设备和相应的设备控制器，有的系统中，还有 I/O 通道或 I/O 处理器。在这一章，主要讲解 I/O 设备，因此描述的设备管理的对象主要是 I/O 设备，以及相应的设备控制器和 I/O 通道。

本章的内容是这样组织的，首先介绍设备管理的目标和功能，然后从功能上分析，从几个方面描述设备管理。

6.1 设备管理概述

这里的设备，顾名思义就是指计算机中用以在机器之间进行传送和接收信息、完成用户输入/输出（I/O）操作的那些部件。比如磁盘、磁带、打印机、显示器、鼠标、键盘、调制解调器等。所谓的设备管理就是 I/O 系统管理，主要完成用户提出的 I/O 请求，提高 I/O 速率以及提高 I/O 设备的利用率。

6.1.1 设备管理的目标和功能

1．设备管理的目标

设备管理的目标主要是从设备本身和用户两个方面考虑。因此，通过管理设备本身体现了两方面的优点：一是提高了资源的利用率，二是方便了用户使用计算机。具体描述如下。

操作系统管理设备的目标之一，是提高外部设备的利用率。就是提高 CPU 与 I/O 设备之间的并行操作程度，在多道程序设计环境下，外部设备的数量肯定少于用户进程数，竞争不可避免。因此在系统运作过程中，如何合理地分配外部设备，协调它们之间的关系，如何充分发挥外部设备之间、外部设备与 CPU 之间的并行工作能力，使系统中的各种设备尽可能地处于忙碌状态，显然这是一个非常重要的问题。主要利用的技术有中断技术、DMA 技术、通道技术及缓冲技术。

操作系统设备管理的目标之二，为用户提供便利、统一的使用界面。“界面”是用户与设备进行交流的手段。计算机系统配备的外部设备类型多样，特性不一，操作各异。操作系统必须把各种外部设备的物理特性隐藏起来，把各种外部设备的操作方式隐藏起来，这样，用户使用时才会感到便利，才会感到统一。

2．设备管理的功能

设备管理的任务是保证在多道程序环境下，当多个进程竞争使用设备时，按一定策略分配和管理各种设备，控制设备的各种操作，完成 I/O 设备与内存之间的数据交换。因此，设备管理的主要功能包括以下几方面。

1）提供设备使用的用户接口。包括命令接口和编程接口，以及设备的符号标识。以便用户进程能够在程序一级发出 I/O 请求，这就是用户使用外部设备的“界面”。

2）进行设备的分配与回收。在多道程序设计环境下，多个用户进程可能会同时对某一类设备提出使用情况。设备管理软件应该根据一定的算法，决定把设备具体分配给哪个进程使用，对那些提出设备请求但暂时未分到的进程，应该进行管理（设置一个设备请求队列），按一定的次序等待。当某设备使用完毕后，设备管理软件应该及时将其收回。如果有用户进程正在等待使用，那么马上进行再分配。

3）对缓冲区进行管理。一般来说，CPU 的执行速度、访问主存储器的速度都比较高，而外部设备的数据传输速度则大都较低，从而产生高速 CPU 与慢速 I/O 设备之间速度不相匹配的矛盾。为了解决这种矛盾，系统往往在内存中开辟一些区域，称为“缓冲区”，CPU 和 I/O 设备都通过这种缓冲区传送数据，以达到设备与设备之间、设备与 CPU 之间的工作协调。在设备管理中，操作系统设有专门的软件对这种缓冲区进行管理：分配和回收。

4）实现真正的 I/O 操作。对于具有通道的计算机系统，设备管理程序根据用户提出的 I/O 请求，生成相应的通道程序并提交给通道，然后用专门的通道指令启动通道，对指定的设备进行 I/O 操作，并能响应通道的中断请求。在设置有通道的系统中，还应掌握通道、控制器的使用状态。

6.1.2 I/O 系统的组织结构

计算机 I/O 系统的组织结构可以划分为 3 个层次：底层是具体的设备和硬件接口（设备控制器），中间是系统软件（与设备相关软件、与设备无关软件），最上面是用户进程。如图 6-1 所示。

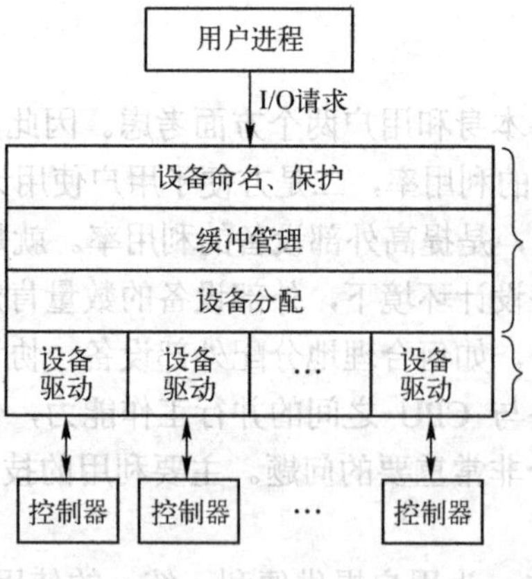

图 6-1　I/O 系统的组织结构

1．设备和硬件接口

计算机的 I/O 设备通常由物理设备和电子部件两部分组成。物理设备是以某种物理方式（机械、电磁、光电、压电等）运作，实际执行数据 I/O 操作的物理装置；电子部件是以数字方式操作的硬件，用于与计算机接口，控制物理设备的 I/O 操作。

一个物理设备是无法直接与CPU相连接的，这是因为两者之间存在着以下差异。

1）控制方式不同。CPU产生的是数字化命令，而设备需要某种物理信号来控制。

2）传输方式不同。CPU以字节为单位传输数据，而设备可能是以位为单位传输的。

3）速度不匹配。设备的工作速度要比CPU慢许多。

4）时序不一致。设备有自己的定时控制电路，难以与CPU的时钟取得一致。

5）信息形式不同。CPU表达信息的形式是数字的，设备则可能是模拟的。

基于以上分析，CPU与设备的连接必须解决译码解码、数据装配、速度匹配、时序同步以及信息格式转换等诸多问题。这需要借助一个介于CPU与物理设备之间的硬件接口来实现，这就是I/O设备的电子部件要完成的功能。

在许多情况下，I/O设备的电子部件与物理设备是分离的。电子部件称为设备控制器，物理设备就简称为设备。例如：显卡是显示控制器，显示器是由显卡控制的设备；声卡是音频控制器，音箱或耳机是音频设备。

控制器通过总线插槽（ISA或PCI等）接入系统总线。一个控制器可以带多个同类型的设备。设备控制器是CPU与物理设备之间的接口，它接受从CPU发来的命令，自行控制I/O设备工作。

设备控制器的复杂性因设备而异，相差很大。控制器的典型结构如图6-2所示。

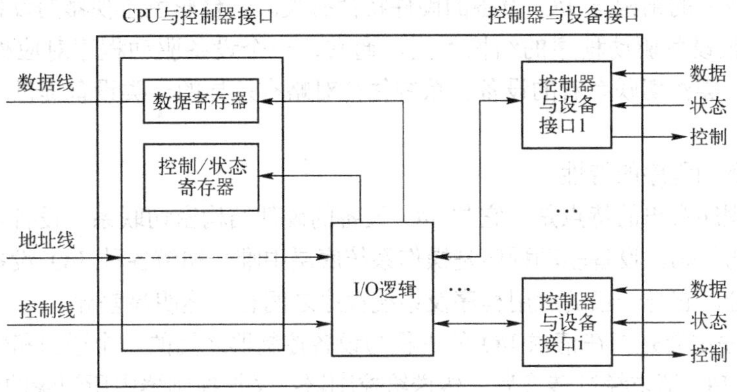

图6-2　设备控制器的组成

现有大多数的设备控制器由以下3部分组成。

（1）设备控制器与CPU的接口

该接口用于实现设备控制器与CPU之间的通信。在该接口中有3类信号线：数据线、地址线、控制线。数据线通常与两类寄存器相连接。

- 数据寄存器。设备控制器中可以有一个或多个数据寄存器，用于存放从设备送来的数据（输入）或从CPU送来的数据（输出）。
- 控制/状态寄存器。在控制器中同样可以有一个或多个控制/状态寄存器，用于存放从CPU送来的控制信息或由设备产生的状态信息。

（2）设备控制器与设备的接口

在一个设备控制器上，可以连接一台或多台设备。相应地，在控制器中就有一个或多个设备接口，一个接口连接一台设备，在每个接口中都有数据、控制和状态3种类型的信号：数据信号、控制信号、状态信号。

（3）I/O 逻辑

在设备控制器中的 I/O 逻辑用于实现对设备的控制。它通过一组控制线与处理机交互，处理机利用该逻辑向控制器发送 I/O 命令；I/O 逻辑对收到的命令进行译码。当 CPU 要启动一个设备时，一方面将启动命令发送给控制器；另一方面又同时通过地址线把地址发送给控制器，由控制器的 I/O 逻辑对收到的地址进行译码，再根据所译出的命令对所选设备进行控制。

2．与设备相关的软件

在操作系统中，涉及设备管理的软件分为与设备相关和与设备无关的两个部分。与设备相关部分就是设备驱动程序，用于实现对具体设备的管理和操作；与设备无关部分是一些系统调用，用来把用户的 I/O 请求导向到具体的设备驱动程序。设备管理中，与设备无关部分的软件相对较小，大部分管理和操作功能都是在设备驱动程序里实现（比如，打印机驱动程序里应该具体包含具体打印机的所有程序）。

要让设备工作，必须访问设备控制器中的各种寄存器，这当然是通过编写特定的程序代码来实现的，这样的代码程序就称为“设备驱动程序”。

（1）设备驱动程序的结构

不同的操作系统中，对设备驱动程序结构的要求是不同的。一般而言，在操作系统的相关文档中，都有对设备驱动程序结构方面的统一要求。

设备驱动程序的结构与 I/O 设备的硬件特性有关。一台彩色监视器的设备驱动程序的结构，显然与磁盘设备驱动程序的结构不同。通常，一个设备驱动程序对应处理一种设备类型，或者至多一类密切联系着的设备。系统往往对略有差异的一类设备提供一个通用的设备驱动程序。

（2）设备驱动程序的特性

设备驱动程序突出的特点是，它与 I/O 设备的硬件结构密切联系。设备驱动程序中全部是依赖于设备的代码。设备驱动程序是操作系统底层中唯一知道各种 I/O 设备的控制器细节及其用途的部分。它与一般的应用程序及系统程序之间有下述明显差异。

- 驱动程序主要是指在请求 I/O 的进程与设备控制器之间的一个通信和转换程序。它将进程的 I/O 请求经过转换后，传送给控制器；又把控制器中所记录的设备状态和 I/O 操作完成情况及时地反映给请求 I/O 的进程。
- 驱动程序与设备控制器和 I/O 设备的硬件特性紧密相关，因而对不同类型的设备应配置不同的驱动程序。
- 驱动程序与 I/O 设备所采用的 I/O 控制方式紧密相关。常用的 I/O 控制方式是中断驱动和 DMA 方式，这两种方式的驱动程序明显不同，因为后者应按数组方式启动设备及进行中断处理。
- 由于驱动程序与硬件紧密相关，因而其中的一部分必须用汇编语言书写。目前有很多驱动程序的基本部分，已经固化在 ROM 中。
- 驱动程序应允许可重入。一个正在运行的驱动程序常会在一次调用完成前被再次调用。例如，网络驱动程序正在处理一个到来的数据包时，另一个数据包可能到达。
- 驱动程序不允许系统调用。

（3）设备驱动程序的功能

为了实现 I/O 进程与设备控制器之间的通信，设备驱动程序主要有以下 5 个方面的处理工作。

- 接收由 I/O 进程发来的命令和参数，并将命令中的抽象要求转换为具体要求，例如，将磁盘块号转换为磁盘的盘面、磁道号及扇区号。
- 检查用户 I/O 请求的合法性，了解 I/O 设备的状态，传递有关参数，设置设备的工作方式。
- 发出 I/O 命令，如果设备空闲，便立即启动 I/O 设备去完成指定的 I/O 操作；如果设备处于忙碌状态，则将请求者的请求块挂在设备队列上等待。
- 及时响应由控制器或通道发来的中断请求，并根据其中断类型调用相应的中断处理程序进行处理。
- 对于设置有通道的计算机系统，驱动程序还应能够根据用户的 I/O 请求，自动地构成通道程序。

3. 与设备无关的软件

除了一些 I/O 软件与设备相关之外，大部分软件是与设备无关的。至于设备驱动程序与设备无关的软件之间的界限如何划分，则随操作系统的不同而不同。具体划分原则取决于系统的设计者怎样权衡系统与设备的独立性、驱动程序的运行效率等诸多因素。对于一些按照设备独立方式实现的功能，出于效率和其他方面的考虑，也可以由设备驱动程序实现。图 6-3 给出了常见的与设备无关的软件层的一些功能。

设备驱动程序的统一接口
设备命名
设备保护
提供一个与设备无关的控制块
缓冲
存储设备块的分配
独占设备的分配与释放
错误处理

图 6-3　与设备无关的 I/O 软件的功能

1）统一命名。在操作系统的 I/O 软件中，对 I/O 设备采用了统一命名。那么，谁来区分这些命名同文件一样的 I/O 设备呢？这就是与设备无关的软件，它负责把设备的符号名映射到相应的设备驱动程序上。

2）设备保护。对设备进行必要的保护，防止无授权的应用或用户的非法使用，是设备保护的主要作用。设备保护是与设备命名的机制密切相关的。

3）提供与设备无关的逻辑块。在各种 I/O 设备中，有着不同的存储设备，其空间大小、读取速度和传输速率等各不相同。比如，当前台式机和服务器中常用的硬盘，其空间大小在若干 GB，而智能手机等一类设备中，则使用闪存这种存储器，其容量一般在数十 MB。

4）缓冲。对于常见的块设备和字符设备，一般都使用缓冲区。对块设备，硬件一般一次读写一个完整的块，而用户进程是按任意单位读写数据的。

5）存储设备的块分配。在创建一个文件并向其中填入数据时，通常在硬盘中要为该文件分配新的存储块。为完成这一分配工作，操作系统需要为每个磁盘设置一张空闲块表或位图，这种查找一个空闲块的算法是与设备无关的，因此可以放在设备驱动程序上面与设备无关的软件层中处理。

6）独占设备的分配和释放。有一些设备，如打印机驱动器，在任一时刻只能被单个进程使用。这就要求操作系统对设备使用请求进行检查，并根据申请设备的可用状况决定是接收该请求还是拒绝该请求。

7）出错处理。一般来说，出错处理是由设备驱动程序完成的。大多数错误是与设备密切相关的，因此，只有驱动程序知道应如何处理（比如，重试、忽略或放弃）。但还有一些典型的错误不是 I/O 设备的错误造成的，如由于磁盘块受损而不能再读，驱动程序将尝试重读一定次数。

6.1.3 I/O 系统的分类

计算机系统中的设备种类繁多，虽然它们的物理形态、技术特性和操作方式等各不相同，但都可以看作是完成某种输入/输出操作的功能部件。对设备进行分类的标准有多种。用户关心的是设备的用途，而从操作系统角度来看，最关心的主要是设备的数据传输单位、驱动方式和设备共享属性等指标。因而可以按照这些指标对设备进行分类。

1. 基于设备的使用特性

外部设备按其使用特性可分为存储设备和输入/输出设备。

1）存储设备。存储设备是计算机用于长期保存各种信息、又可以随时访问这些信息的设备，磁带和磁盘是存储设备的典型代表。

2）输入/输出设备。输入设备是计算机“感知”或“接触”外部世界的设备，比如键盘。用户通过输入设备把信息送到计算机系统内部；输出设备是计算机“通知”或“控制”外部世界的设备，比如打印机。计算机系统通过输出设备把计算机的处理结果告知用户。由于这些输入/输出设备都是以单个字符为单位来传送信息的，因此通常也把它们称为“字符设备”。

2. 基于所属关系分类

外部设备按其所属关系可分为系统设备和用户设备。

1）系统设备。这是指在操作系统生成时已经登记在系统中的标准设备，如打印机、磁盘等。时钟也是一个特殊的系统设备，它的全部功能就是按事先定义的时间间隔发出中断。

2）用户设备。这是指在系统生成时未登记在系统中的非标准设备。这类设备通常是由用户提供的，因此该类设备的处理程序也应该由用户提供，并通过适当的手段把这类设备登记在系统中，以便系统能对它实施统一管理。

3. 基于资源分配角度分类

外部设备按其资源分配可分为独享设备、共享设备和虚拟设备。

1）独享设备。打印机、用户终端等大多数低速输入/输出设备都是所谓的“独享设备”。这种设备的特点是：一段时间内只允许一个用户（进程）访问的设备，即一旦把它们分配给某个用户进程使用，就必须等它们使用完毕后，才能重新分配给另一个进程使用。否则不能保证所传送消息的连续性，可能会出现混乱不清、无法辨认的局面。也就是说，独享设备的使用具有排他性。

2）共享设备。磁盘等设备是所谓的“共享设备”。这种设备的特点是：一段时间内允许多个进程同时访问，当然，对于每一时刻而言，该类设备仍然只允许一个进程访问。显然，共享设备必须是可寻址的和可随机访问的设备。对共享设备不仅可获得良好的设备利用率，而且它也是实现文件系统和数据库系统的物质基础。

3）虚拟设备。利用 Spooling 技术，通过大容量辅助存储器的支持，把独享设备“改造”成为可以共享的设备，但实际上这种共享设备是不存在的，于是把它们称为“虚拟设备”。

4. 基于传输数据数量分类

外部设备按其传输数据数量分为字符设备和块设备。

1）字符设备。每次传输数据以字节为单位的设备称为字符设备，如打印机、终端、键盘等低速设备。它属于无结构类型。字符设备的种类繁多，如交互式终端、打印机等。字符设备的基本特征是其传输速率较低，通常为几个字节至数千字节；另一特性是不可寻址，即输入/输出时不能指定数据的输入源地址及输出的目标地址；此外，字符设备在输入/输出时，常采用中断驱动方式。

2）块设备。传输以数据块为单位进行的设备称为块设备。如磁盘、磁带等高速外存储器等。这类设备用于存储信息。由于信息的存取总是以数据块为单位，故而得名。它属于有结构设备。典型的块设备是磁盘，每个盘块的大小为 512B～4KB。磁盘设备的基本特征是其传输速率较高，通常为每秒钟几兆位；另一特征是可寻址，即对它可随机地读/写任一块；此外，磁盘设备的 I/O 常采用 DMA 方式。

6.1.4 I/O 系统的物理特性

这一部分简单描述了磁带和磁盘设备的物理特性，从构造和性能等方面详细介绍了这两种存储设备。

1. 磁带

磁带是一种严格按照信息存放物理顺序进行定位与存取的存储设备。磁带机读/写一个文件时，必须从磁带的头部开始，一个记录、一个记录地顺序读/写，因此它是一种适于顺序存取的存储设备。

为了控制磁带机的工作，硬件系统提供有专门关于磁带机的操作指令，用以完成读、反读、写、前跳或后跳一个记录、快速反绕、卸带以及擦除等功能。比如当要查找的记录号小于当前磁头所在位置下的记录号时，系统就可以通过前跳一个或几个记录以及反读指令来实现，这比总是从带的起始端开始查找要快得多。

磁带机的启停必须要考虑到物理上惯性的作用，当启动读磁带上的下一个记录时，必须经过一段时间，才能使磁带从静止加速到额定速度；在读完一个记录后，到真正停下来，又要滑过一小段距离。因此，磁带上每个记录之间要安排有所谓的“记录间隙（Inter Record Gap，IRG）”存在，如图 6-4a 所示。

记录间隙一般为 0.5 英寸㊀。设磁带的数据存储密度为 1600B/英寸，一个记录长 80B，占用 0.05 英寸。那么图 6-4a 的磁带存储空间的有效利用率为：0.05/（0.05+0.5）≈0.1，可以看出利用率是低下的。

为了减少 IRG 在磁带上的数量，提高磁带的存储利用率，实际上经常是这样处理：把若干个记录组成一块，集中存放在磁带上，块与块之间有一个 IRG。这意味着启动一次磁带进行读/写时，其读/写单位不再是单个记录，而是一块。比如在图 6-4b 中，把 4 个记录组成一块，每 4 个记录之间有一个 IRG。这样做后，减少了启动设备的次数，提高了磁带存储空间的利用率。但随之带来的问题是读/写不能一次到位，中间要有内存缓冲区的支持。例如，读一个记录时，由于读出的是包含该记录的那一块，于是应该先把那一块读到内存缓冲区中，然后在里面挑选出所需要的记录，再把它送到内存的目的地；写一个记录时，首先将此记录送入内存缓冲区，等依次把缓冲区装满后，才真正启动磁带，完成写操作。

㊀ 1 英寸（in）=2.54 厘米（cm）。

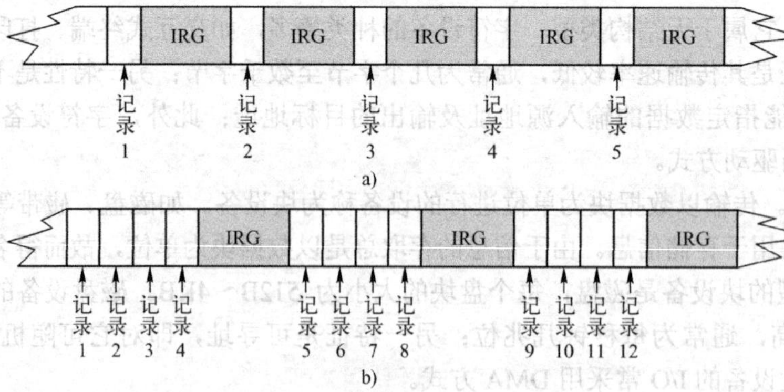

图6-4　记录与记录间隙（IRG）

由于磁带写时，是在缓冲区中把若干个记录拼装成一块，然后写出，因此这个过程被称为“记录的成组”；由于磁带读时，是先把一块读到内存缓冲区，然后从中挑选出所需要的记录，因此这个过程被称为“记录的分解”。

2. 磁盘

磁盘的特点是存储容量大，存取速度快，并且能够顺序或随机存取。操作系统中的很多实现技术（比如存储管理中的虚拟存储，本章将要介绍的虚拟设备等），都是以磁盘作为后援的。因此，它越来越成为现代计算机系统中的一个不可缺少的重要组成部分。

磁盘有软盘、硬盘之分，硬盘又可分为固定头和活动头两种。磁盘种类虽多，但它们基本上由两大部分构成：一是存储信息的载体，也就是通常所说的盘片；二是磁盘驱动器，它包括磁头、读/写驱动放大电路、机械支撑机构和其他电器部分。图 6-5 给出了磁盘的结构示意。

每个盘片有正反两个盘面，若干盘片组成一个磁盘组。磁盘组被固定在一个轴上，沿着一个方向高速旋转。每个盘面有一个读/写磁头，所有的读/写磁头被固定在移动臂上，同时进行内、外的运动。

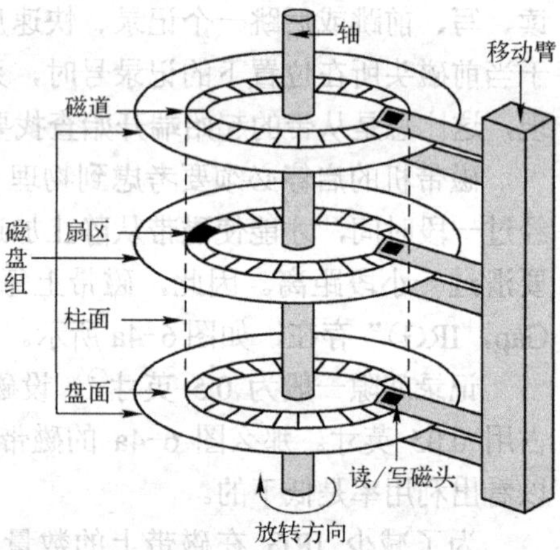

图6-5　磁盘的结构示意

要把信息存储到磁盘上，必须给出磁盘的柱面号、磁头号和扇区号；读取信息时，也必须提供这些参数。每个盘面上有许多同心圆构成的磁道，把它们从 0 开始由外向里顺序编号。不同盘面上具有相同编号的磁道形成一个个柱面。设磁盘组共有 l 个柱面，由外向内依次编号为 0，1，…，l-1。于是，盘面上的磁道号就称为“柱面号”。每个盘面所对应的读/写磁头从 0 开始由上到下顺序编号，依次为 0，1，…，m-1，称为“磁头号”。随着移动臂的内、外运动，带动读/写磁头访问所有的柱面（即磁道）。

当移动臂运动到某一位置时，所有读/写磁头都位于同一柱面。不过根据磁头号，每次只能有一个磁头可以进行读或写操作。在磁盘初始化时，把每个盘面划分成相等数量的扇区。按磁盘旋转的反向、从 0 开始为每个扇区编号，依次为 0，1，…，n-1，称为“扇区号”。要注意的是，每个扇区对应的磁道弧长虽然不一，但存储的信息量是相同的（比如都是 1024 个字节）。扇区是磁盘与内存进行信息交换的单位，一个扇区内可能会存放若干个记录，因此，也称磁盘的扇区为“块”。

一个扇区需要 3 个参数（柱面号、磁头号、扇区号）。这是一个三维地址，用起来不是很方便。因而通常将所有扇区以一维的形式加以编号，编号为 0，1，…，l×m×n-1，称为块号。正因为磁带和磁盘都是以块为单位来传送信息的，因此通常也把它们称为“块设备”。显然，给定一个柱面号、一个磁头号、一个扇区号便可唯一地确定一个块号，反之亦然。如果不执行输入/输出操作，通常使用线性的一维地址，即块号。但是在进行数据传输时必须使用设备能够识别的三维地址，即柱面号、磁头号、扇区号。这涉及一维地址与三维地址之间的转换。

那么一维地址与三维地址之间的对应关系是怎样的呢？这通常是由操作系统设计者来确定的。一般来说，编号相邻的块会相继地被访问。假如，假设一个文件的物理结构是连续的，而且占有由 7 号块开始的 8 个磁盘块，顺序读取该文件时将相继地访问块 7、8、9、10、11、12、13、14。对于移动头磁盘来说，磁头引臂的机械运动速度最慢，其次才是盘片的转动速度。为此，编排块号时，扇区号先变化，其次是磁头号，最后是柱面号。例如，假设柱面号为 0～1，磁头号为 0～2，扇区号为 0～2，则它们与块号之间的对应关系如下：

柱面号：	0	0	0	0	0	0	0	0	0	1	1	1	1	1	1	1	1	1
磁头号：	0	0	0	1	1	1	2	2	2	0	0	0	1	1	1	2	2	2
扇区号：	0	1	2	0	1	2	0	1	2	0	1	2	0	1	2	0	1	2
块　号：	0	1	2	3	4	5	6	7	8	9	10	11	12	13	14	15	16	17

设柱面数为 l，磁头数为 m，扇区数为 n；又设柱面号为 i，磁头号为 j，扇区号为 k，块号为 b，现推导出三维地址和一维地址之间的换算公式。

1）由三维地址变换为一维地址：

$$b=i\times m\times n+j\times n+k$$
$$=((i\times m)+j)\times n+k$$

2）由一维地址变换为三维地址：

$$i=b/(m\times n)$$
$$j=b\ \mathrm{MOD}(m\times n)/n$$
$$k=b\ \mathrm{MOD}(m\times n)\mathrm{MOD}\ n$$

按照上述编址，同一磁道上的相邻扇区所对应的物理块号是相邻的。

6.2 设备使用界面的管理

为了使用户和 I/O 设备进行交流，设备管理给用户提供了便利、统一的使用界面，即把各种外部设备的物理特性和操作方式隐藏起来，这就需要设备在对用户使用设备的过程中进行相应的管理和设置，为此引入了“设备独立性”的概念。

6.2.1 设备独立性的概念

外部设备品种繁多，功能各异，对它们管理得好坏，会直接影响到整个系统的效率。不管设备怎样复杂，用户都不会愿意面对一种设备一种接口和让人眼花缭乱的使用方法，总是希望面对所有设备有相同接口的方式，这就是所谓的“与设备无关性”，即设备独立性。

设备独立性是指用户在编程序时所使用的设备与实际设备无关。它的意思是应该能够编写出这样的程序：它可以访问任意 I/O 设备而无须事先指定设备。例如，读取一个文件作为输入的程序应该能够在硬盘、CD-ROM、DVD 或者 USB 盘上读取文件，无须为每一种不同的设备修改程序。

设备独立性分两类描述。

1）一个程序应独立于分配给它的某类设备的具体设备。即在用户程序中只需要指明 I/O 使用的设备类型即可。如在系统中配备了两台打印机，用户要打印时只要告诉系统要将信息送到打印机即可。

2）程序要尽可能地与它使用的设备类型无关。即在用户程序中只需指出要输入或输出的信息，而使用的 I/O 设备不需要用户指明。

为了实现设备独立性而引入了逻辑设备和物理设备这两个概念。在应用程序中，使用逻辑设备名称来请求使用某类设备；而系统在实际执行时，还必须使用物理设备名称。因此，系统须具有将逻辑设备名称转换为某物理设备名称的功能，这非常类似于存储器管理中所介绍的逻辑地址和物理地址的概念。

在实现了设备独立性的功能后，可带来以下两方面的好处。

1）设备分配时的灵活性。

当应用程序（进程）以物理设备名称来请求使用指定的某台设备时，如果该设备已经分配给其他进程或正在检修，而此时尽管还有几台其他的相同设备正在空闲，该进程却仍阻塞。但若进程能以逻辑设备名称来请求某类设备时，系统可立即将该类设备中的任一台分配给进程，仅当所有次类设备已全部分配完毕时，进程才会阻塞。

2）易于实现 I/O 重定向。

I/O 重定向，是指用于 I/O 操作的设备可以更换（即重定向），而不必改变应用程序。例如，我们在调试一个应用程序时，可将程序的所有输出送往屏幕显示；而在程序调试完后，如需正式将程序的运行结果打印出来，此时便须将 I/O 重定向的数据结构——逻辑设备表中的显示终端改为打印机，而不必修改应用程序。I/O 重定向功能具有很大的实用价值，现已被广泛地引入到各类操作系统中。

6.2.2 设备独立性软件

驱动程序是一个与硬件（或设备）紧密相关的软件。为了实现设备独立性，必须再在驱动程序之上设置一层软件，称为设备独立性软件。至于设备独立性软件和设备驱动程序之间的界限，根据不同的操作系统和设备有所差异，主要取决于操作系统、设备独立性和设备驱动程序的运行效率等诸多因素。总的来说，设备独立性软件的主要功能可分为以下两个方面。

1. 执行所有设备的共有操作

1）对独立设备的分配与回收。

2）将逻辑设备名映射为物理设备名，进一步可以找到相应物理设备的驱动程序。

3）对设备进行保护，禁止用户直接访问设备。

4）缓冲管理，即对字符设备和块设备的缓冲区进行有效的管理，以提高 I/O 的效率。

5）差错控制，由于在 I/O 操作中的绝大多数错误都与设备无关，故主要由设备驱动程序处理，而设备独立性软件只处理那些设备驱动程序无法处理的错误。

6）提供独立于设备的逻辑块，不同类型的设备信息交换单位是不同的，读取和传输速率也各不相同，如字符设备以单个字符为单位，块设备是以一个数据块为单位，即使同一类型的设备，其信息交换单位大小也是有差异的，如不同磁盘由于扇区大小的不同，可能造成数据块大小的不一致，因此设备独立性软件应负责隐藏这些差异，对逻辑设备使用并向高层软件提供大小统一的逻辑数据块。

2．向用户层（或文件层）软件提供统一接口

无论何种设备，它们向用户所提供的接口应该是相同的。例如，对各种设备的读操作，在应用程序中都使用 read；而对各种设备的写操作，也都使用 write。

设备独立性可提高系统的可扩展性和可适应性。当某台设备坏了，只要操作系统改变指派就可以了，而程序本身不必做任何修改，这样处理，设备利用率也可提高。

6.3 设备的分配

在多道程序设计下，系统中的设备供所有进程共享。为防止诸进程对系统资源的无序竞争，特规定系统设备不允许用户自行使用，必须由系统统一分配。每当进程向系统提出 I/O 请求时，只要是可能和安全的，设备分配程序便按照一定的策略，把设备分配给请求用户进程。在有的系统中，为了确保在 CPU 与设备之间能进行通信，还应分配相应的控制器和通道。为了实现设备分配，必须在系统中设置相应的数据结构。

6.3.1 设备分配前应考虑的因素

设备分配时主要应考虑的因素是与分配有关的设备属性，即设备是独占设备还是共享设备。对于独占设备，应采用独占分配策略，也就是将一个设备分配给某进程后便一直由它独占，直至该进程完成或释放该设备，然后系统才能把这个设备分配给其他进程。而对于共享设备，系统可以将它同时分配给多个进程使用，同时系统还要合理地调度这些进程对设备的访问次序。

由于独占设备只能采用独占分配，因而设备的利用率低。解决这个问题的一个策略是采用虚拟分配，即为进程分配一个虚拟的设备。

6.3.2 设备分配原则

设备分配的原则是根据设备特性、用户要求和系统配置情况决定的。设备分配的总原则是既要充分发挥设备的使用效率，尽可能使设备处于忙碌状态，又要避免由于不合理的分配方法而造成进程死锁；另外还要做到把用户程序和具体物理设备隔离开来，即用户程序面对的是逻辑设备，而分配程序将在系统把逻辑设备转换成物理设备之后，再根据相应的物理设备号进行分配。

设备分配方式有两种，即静态分配和动态分配。

1）静态分配方式是在用户进程开始执行之前，由系统一次分配该进程所要求的全部设备、控制器和通道。一旦分配之后，此设备、控制器和通道就一直为该进程所占用，直到该进程被终止。

静态分配方式不会出现死锁，但设备的使用效率低，因此静态分配方式并不符合设备分配的总原则。

2）动态分配是在进程执行过程中根据执行时不同阶段的具体需要进行分配。当进程需要设备时，通过系统调用命令向系统提出设备请求，由系统按照事先规定的策略给进程分配所需要的设备、I/O 控制器和通道，一旦用完之后便立即释放。

动态分配方式有利于提高设备的利用率，但如果分配算法使用不当，则有可能造成进程死锁。

6.3.3 设备分配策略

与进程调度相似，动态设备分配也是基于一定的分配策略的。常用的分配策略有先请求先分配、优先级高者先分配策略等。

1．先请求先分配

当有多个进程对某一设备提出 I/O 请求时，系统按提出 I/O 请求的先后顺序将进程发出的 I/O 请求消息排成队列。当该设备空闲时，系统从该设备的请求队列的队首取下一个 I/O 请求消息，将设备分配给发出这个请求消息的进程。

2．优先级高者先分配

这种策略中的优先数和进程的优先数是一致的，即进程的优先级高，它的 I/O 请求也优先予以满足。对于相同优先级的进程来说，则按先请求先分配策略分配。优先级高者先分配策略把请求某设备的 I/O 请求命令按进程的优先级组成队列，从而保证在该设备空闲时，系统能从 I/O 请求队列取下一个具有最高优先级进程发来的 I/O 请求命令，并将设备分配给发出该命令的进程。

6.3.4 设备分配中使用的数据结构

为了实施对设备的管理和分配算法，设备分配程序需要用到一些数据结构来记录设备的相关信息。主要的数据结构有设备控制表（DCT）、控制器控制表（COCT）、通道控制表（CHCT）和系统设备表（SDT）等。每个设备都对应有一个设备控制表，用于记录该设备的信息，包括设备标识、使用状态和等待进程队列等。每个设备控制器对应一个控制器控制表，用于记录该控制器的信息，包括控制器的标识和使用状态等。每个通道都配有一张通道控制表。整个系统有一个系统设备表（SDT），它记录已连接到系统中的所有设备的情况，每类设备占一个表项，内容包括该类设备的标识、数量、等待队列以及设备控制表的位置等。

1．设备控制表（Device Control Table，DCT）

设备控制表反映设备的特性、设备和 I/O 控制器连接情况。系统中每个设备都必须有一张 DCT，且在系统生成时或在该设备和系统连接时创建，但表中的内容则根据系统执行情况而被动态地修改。如图 6-6 所示。DCT 包括以下内容。

1）设备标识符：用来区别设备。

2）设备类型：反映设备的特性，例如终端设备、块设备或字符设备等。

3）设备地址或设备号：每个设备都有相应的地址或设备号，这个地址既可以是内存编址方式，也可以是单独编址的。

4）设备状态：指设备是处于工作状态还是处于空闲状态中。

5）等待设备队列指针：等待使用该设备的进程组成等待队列，其队首和队尾指针存放在 DCT 中。

6）设备控制器表指针：指向该设备相连接的一个或多个 I/O 控制器形成的队列。

7）重复执行次数：设备工作发生错误时，允许重复执行的次数。若在规定次数内恢复正常，则认为数据传送成功，否则认为传送失败。

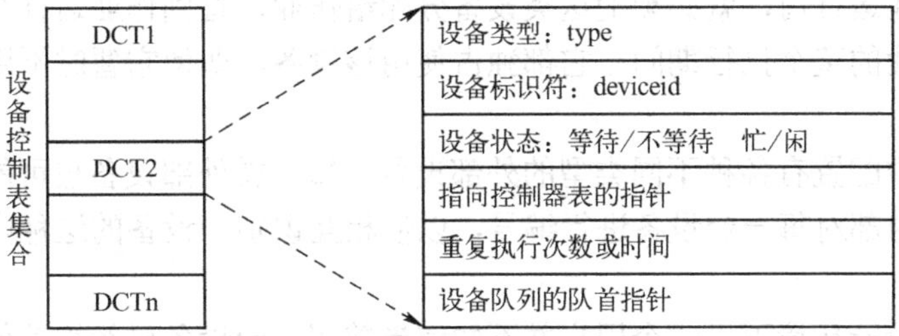

图 6-6　设备控制表

2．控制器控制表（Controler Control Table，COCT）

每个控制器有一张 COCT，它反映 I/O 控制器的使用状态以及与通道的连接情况等（在 DMA 方式时，该项是没有的），如图 6-7a 所示。

3．通道控制表（Channel Control Table，CHCT）

该表只在通道控制方式的系统中存在，每个通道一张。

显然，一个进程只有获得了通道、控制器和所需设备三者之后，才具备了进行 I/O 操作的物理条件，如图 6-7b 所示。

4．系统设备表（System Device Table，SDT）

整个系统有一张系统设备表 SDT，它记录已被连接到系统中的所有物理设备的情况，每个物理设备占一个表目项，如图 6-7c 所示。SDT 的每个表目项包括的内容有：

- DCT 指针，指向该设备的设备控制表。
- 设备类型。
- 设备标识符。
- 驱动程序入口。

SDT 的主要意义在于反映系统中设备资源的状态，即系统中有多少设备，有哪些设备是空闲的，而又有哪些设备已分配给了哪些进程。

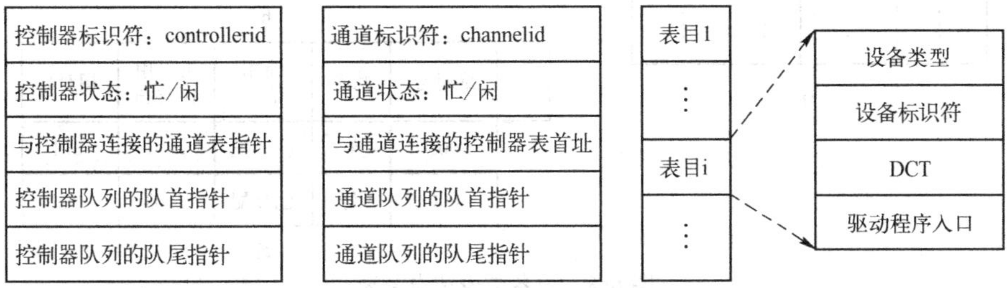

a)　　b)　　c)

图 6-7　SDT、COCT 和 CHCT 结构

a) COCT　b) CHCT　c) SDT

6.3.5 独享设备的分配

“独享设备”即是在使用上具有排他性的设备。当一个作业进程在使用某种设备时，别的作业进程就只能等到该进程使用完毕后才能用，那么这种设备就是独享设备。键盘输入机、磁带机和打印机等都是典型的独享设备。

由于独享设备的使用具有排他性，因此对这类设备只能采取“静态分配”的策略。也就是说，在一个作业运行前，就必须把这类设备分配给作业，直到作业运行结束才将它归还给系统。所以在作业的整个执行期间，它都独占使用该设备，即使它暂时不用，别的作业也不能够去使用。

计算机系统中配置有各种不同类型的外部设备，每一类外部设备也可能有多台。为了管理起见，系统在内部对每一台设备进行编号，以便相互识别。设备的这种内部编号称为设备的“绝对号”。

在多道程序设计环境下，一个用户并不知道当前哪一台设备已经被其他用户占用，哪一台设备仍然空闲可用。因此一般情况下，用户在请求 I/O 时，都不是通过设备的绝对号来特别指定某一台设备，而是只能指明要使用哪一类设备。至于实际使用哪一台，应该根据当时系统设备的分配情况来定。

另一方面，有时用户可能会同时要求使用几台相同类型的设备。为了便于区分，避免混乱，允许用户对自己要求使用的几台相同类型的设备进行编号。由于这种编号出自于用户，因此称为设备的“相对号”。于是，用户是通过“设备类，相对号”来提出使用设备的请求的。很显然，操作系统的设备管理必须要提供一种映射机制，以便建立起用户给出的“设备类，相对号”与物理设备的“绝对号”之间的对应。

为此，操作系统应该设置两种表，一是“设备类表”，如图 6-8a 所示，整个系统就只有一张设备类表；二是“设备表”，如图 6-8b 和图 6-8c 所示，每一类设备有一张设备表。

设备类	拥有设备台数	现存台数	设备表地址
输入机	4	2	•
打印机	2	0	•
⋮	⋮	⋮	⋮

a)

绝对号	状态	使用情况	占用作业名	相对号
001	好	已分配	Job1	002
002	好	空闲	—	—
003	好	空闲	—	—
004	好	已分配	Job2	001

b)

绝对号	状态	使用情况	占用作业名	相对号
005	好	已分配	Job1	001
006	好	已分配	Job3	002

c)

图 6-8　设备类表和设备表

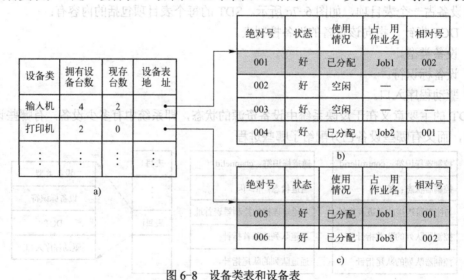

a) 设备类表　b) 输入机设备表　c) 打印机设备表

系统中的每一类设备在设备类表中拥有一个表目，它指明这类设备的总数，现在还有的台数，以及该类设备设备表的起始地址。比如图 6-8a 中，记录了系统中输入机和打印机这两类设备的情况：输入机总共有 4 台，现在还有两台；打印机总共有两台，现在已经没有可以分配的了。

设备表记录了系统中某类物理设备每一台的使用情况。比如图 6-8b 是输入机的设备表。系统中总共有 4 台输入机，它们的绝对号分别是 001、002、003 和 004。现在 001 号输入机已经分配给了 Job1 使用，Job1 规定它的相对号为 002。因此，当作业 Job1 在程序中使用 002 号输入机进行输入时，这个输入实际上是由 001 号输入机完成的。又比如图 6-8c 是打印机的设备表。系统中总共有两台打印机，它们的绝对号分别是 005 和 006。现在 005 号打印机分配给了 Job1 使用，Job1 规定它的相对号为 001。因此，当作业 Job1 在程序中使用 001 号打印机进行输出时，这个输出实际上是由 005 号打印机完成的。

当作业以“设备类，相对号”的形式申请设备时，系统先查设备类表。如果该类设备的现存台数可以满足提出的申请，就根据表目中的“设备表地址”找到该类设备的设备表，并依次查设备表中的登记项，找出状态完好的空闲设备加以分配，即把该作业的名字填入“占用作业名”栏，用户给出的相对设备号填入“相对号”栏。这样一来，系统就通过设备表建立起了物理设备与相对设备之间的联系，用户就可以进行所需要的输入/输出了。

当作业运行完毕归还所占用的独享设备时，系统根据作业名查该类设备的设备表，找到它所占用的设备表表目，把该表目的“使用情况”栏改为“空闲”，删除占用的作业名和相对号。然后，再到设备类表里把回收的设备台数加到相应的栏目中，完成设备的回收。

对于独享设备，常采用的分配算法有如下两种。

1．先来先服务

当若干个进程都要求某台设备提供服务时，系统按照其发出 I/O 请求的先后顺序，将它们的进程控制块 PCB 排列在设备请求队列中等待，并总是把设备分配给排在队首的作业进程使用。一个进程使用完毕归还设备时，就把它的 PCB 从设备请求队列上取出来，然后把设备分给队列中后面的进程使用。

2．优先级高者先服务

进入设备请求队列等待的进程，按照其优先级进行排队，优先级相同的进程就按照到达的先后次序排队。这时，系统也总是把设备分配给请求队列的队首进程使用。

6.3.6 共享设备的分配

I/O 设备中如磁盘等直接存取设备都能进行快速的直接存取。它们往往不是让一个应用程序独占而是被多个进程共同使用，或者说，这类设备是共享设备。这里所谓的“同时使用”，是指当一个作业进程暂时不用时，其他作业进程就可以使用。这与独享设备有本质的区别。

由于磁盘是“你不用时我就可以用，每一时刻只有一个作业用”，因此当有很多进程向磁盘提出 I/O 请求时，对它们就有一个调度安排问题：让谁先用，让谁后用。前面已经对磁盘的工作做了描述：为了完成一个磁盘的 I/O 任务，先要把移动臂移动到相应的柱面，然后等待数据所在的扇区旋转到磁头位置下，最后让指定的磁头读/写信息，完成数据的传输。因此，执行一次磁盘的输入/输出需要花费的时间有如下几种。

1）查找时间：在移动臂的带动下，把磁头移动到指定柱面所需要的时间。

2）等待时间：将指定的扇区旋转到磁头下所需要的时间。

3）传输时间：由磁头进行读/写，完成信息传送所需要的时间。

如图 6-9 所示。在此，传输时间是设备固有的特性。要提高磁盘的使用效率，只能在减少查找时间和等待时间上想办法，它们都与 I/O 在磁盘上的分布位置有关。从减少查找时间着手，称为磁盘的移臂调度；从减少等待时间着手，称为磁盘的旋转调度。由于移动臂的移动靠控制电路驱动步进电动机来实现，它的运动速度相对于磁盘轴的旋转要缓慢，因此减少查找时间比减少等待时间更为重要。本书仅介绍移臂调度的各种算法。

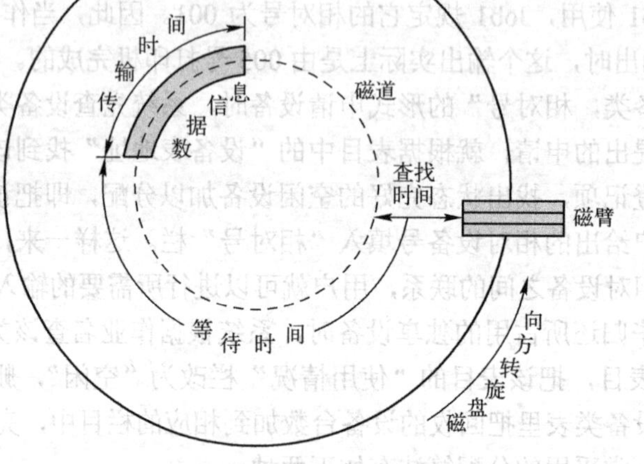

图 6-9　磁盘的访问过程

根据用户作业发出的磁盘 I/O 请求的柱面位置，来决定请求执行顺序的调度，称为“移臂调度”。移臂调度的目的是尽可能地减少各个 I/O 操作中的查找时间，也就是尽可能地减少移动臂的移动距离。移臂调度常采用的有先来先服务调度算法、最短查找时间优先调度算法、电梯调度算法以及单向扫描调度算法。

1．“先来先服务”调度算法

以 I/O 请求到达的先后次序作为磁盘调度的顺序，这就是先来先服务调度算法。可以看出，该算法实际上并不去考虑 I/O 请求所涉及的访问位置。比如，现在假定读/写磁头位于 53 号柱面。开始调度时，有若干个进程顺序提出了对如下柱面的 I/O 请求：98、183、37、122、14、124、65、67。当实行先来先服务磁盘调度算法时，磁头应该从 53 号柱面移到 98 号，然后是 183 号，等等，直到抵达 67 号柱面。这时移动臂移动的路线如图 6-10 所示。

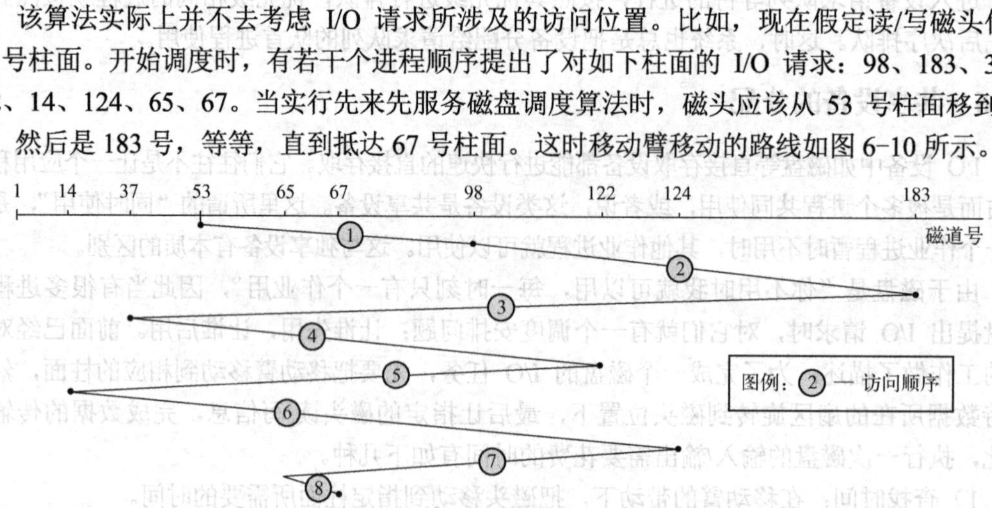

图 6-10　先来先服务磁盘调度算法

移动臂来回移动时，从 53 到 98，共滑过了 45 个磁道，从 98 到 183，共滑过了 85 个磁道，等等。如此一点点计算下来，然后相加，磁头总共滑过了 640 个磁道的距离。不难看出，如果 I/O 请求很多，移动臂就有可能会里外地来回“振动”，极大地影响了输入/输出的工作效率。因此，先来先服务调度算法并不理想。

2. “最短查找时间优先”调度算法

把距离磁头当前位置最近的 I/O 请求作为下一次调度的对象，这就是最短查找时间优先调度算法。仍以上面例子中的数据为依据，但实施最短查找时间优先调度算法，这时移动臂移动的路线如图 6-11 所示。

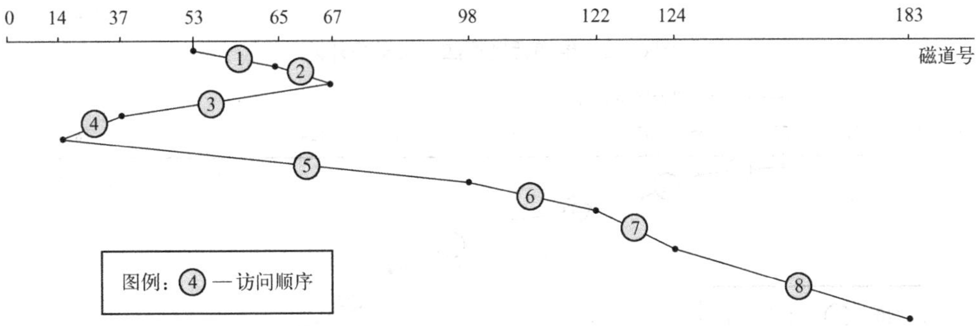

图 6-11 最短查找时间优先磁盘调度算法

磁头从 53 开始，在当前已有的 I/O 请求中，距离柱面（即磁道）65 的 I/O 请求最近，于是把磁头移动到 65，完成对它的 I/O 请求。接着应该移动到柱面 67。从 67 出发，若到柱面 98，需要滑过 31 个磁道，而到柱面 37，只需滑过 30 个磁道，所以应该把磁头移动到柱面 37，等等。根据这一调度顺序，磁头总共滑过了 236 个磁道的距离，效果明显好于先来先服务调度算法。

3. “电梯”调度算法

电梯调度算法基于日常生活中的电梯工作模式：电梯保持按一个方向移动，直到在那个方向上没有请求为止，然后改变方向。反映在磁盘调度上，总是沿着移动臂的移动方向选择距离磁头当前位置最近的 I/O 请求作为下一次调度的对象。如果该方向上已无 I/O 请求，则改变方向再做选择。

仍以上面例子中的数据为依据，只是改为实施电梯调度算法。要注意，由于电梯调度算法与移动臂当前的移动方向有关，因此移动臂移动的结果路线应该有两个答案。图 6-12 表示当前移动臂正在由里往外移动，因此从 53 柱面出发，下一个调度的对象应该是 37，然后是 14。到达 14 后，由于 14 柱面再往外已经没有 I/O 请求了，故改变移动臂的移动方向，由外往里运动。所以 14 柱面后，调度的是对 65 柱面的 I/O 请求。随后的调度顺序为 67、98、122、124，最后到达 183。根据这一调度顺序，磁头总共滑过了 208 个磁道的距离。

图 6-13 表示当前移动臂正在由外往里移动，因此从 53 柱面出发，随后的调度顺序为 65、67、98、122、124，最后到达 183。到达 183 后，由于 183 柱面再往里已经没有 I/O 请求了，故改变移动臂的移动方向，由里往外运动。所以下一个处理的 I/O 请求是柱面 37，然后是柱面 14。根据这一调度顺序，磁头总共滑过了 299 个磁道的距离。

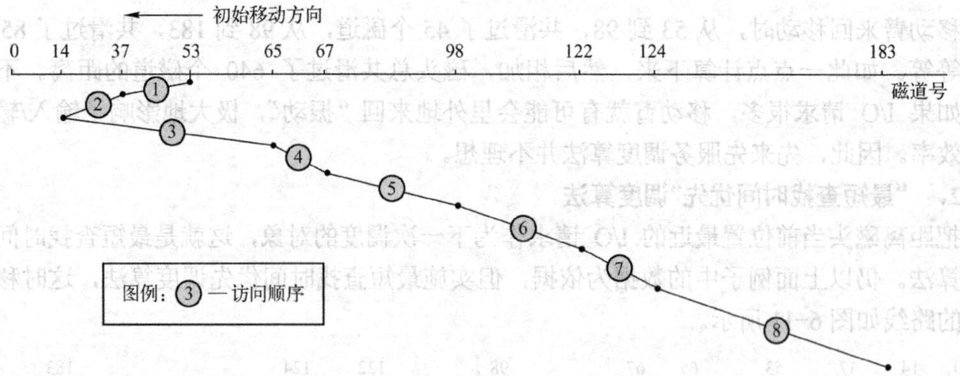

图 6-12　电梯调度算法（由里往外）

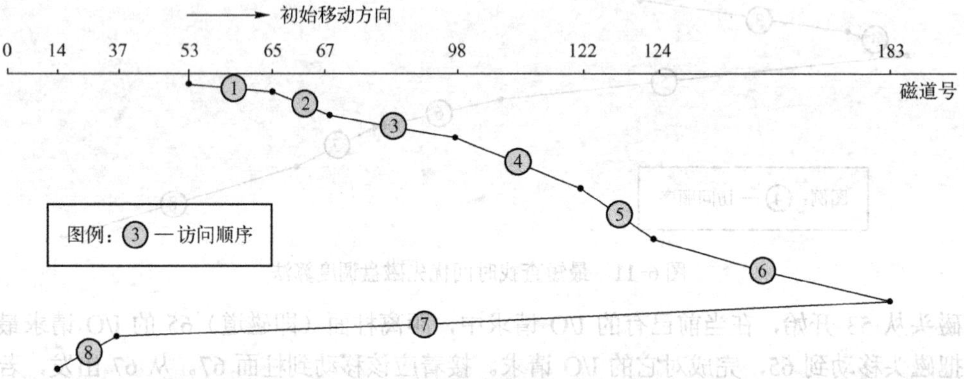

图 6-13　电梯调度算法（由外往里）

4. “单向扫描”调度算法

单向扫描调度算法总是从 0 号柱面开始往里移动臂，遇到有 I/O 请求就进行处理，直到到达最后一个请求柱面。然后移动臂立即带动磁头不做任何服务地快速返回到 0 号柱面，开始下一次扫描。

仍以上面例子中的数据为依据，但实施单向扫描调度算法，这时移动臂移动的路线如图 6-14 所示。开始时的情形与电梯调度算法从外往里的情形相同（见图 6-13），从 53 号柱面出发，然后是 65、67、98、122、124、183。到了 183 号柱面并完成其 I/O 请求的处理后，由于再往里已经没有 I/O 请求了，故移动臂不做任何工作立即返回到 0 号柱面，再开始对 14 号柱面以及 17 号柱面 I/O 请求进行处理。根据这一调度顺序，磁头总共滑过了 350 个磁道的距离。

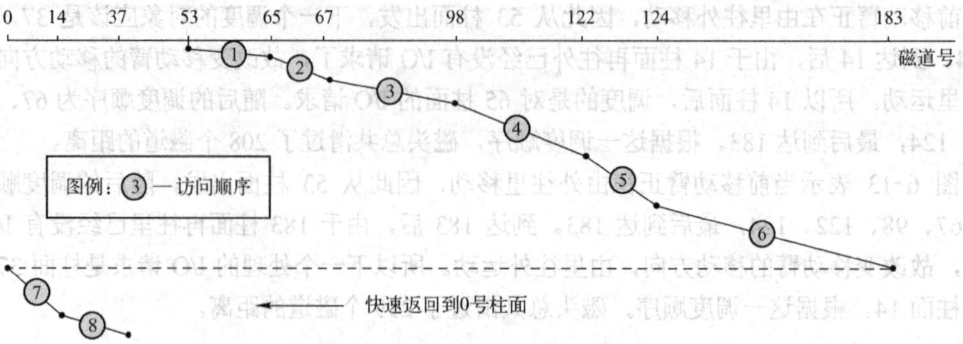

图 6-14　单向扫描磁盘调度算法

6.3.7 虚拟设备的分配

独占设备在一个期间内只能被一个进程使用，由于设备的速度很慢，造成其他要使用同一设备的进程不得不长时间地等待。例如，假设有多个进程要使用打印机，每个进程的打印时间以分钟计。当第一个获得打印机的进程正在打印时，排在后面的所有进程都必须长时间地等待。这样就严重影响了进程的执行速度，极端情况下还会引起死锁。因此，独占设备是 I/O 系统性能的“瓶颈”。

1．虚拟设备

要解决独占设备分配所带来的问题，最根本的策略就是用某种方法将其转化为一个共享设备，而实现这种转换的有效方法就是假脱机（Spooling）技术。Spooling 的思想是在高速共享设备上模拟出多台低速独占设备，从而提高系统效率。这种模拟出来的设备并不实际存在，所以称为虚拟设备。

2．Spooling 技术

1）Spooling 定义

在多道程序环境下，系统利用一道程序来模拟脱机输入时的外围控制机，把低速输入设备上的数据传送到高速的磁盘上，还需要利用另一道程序模拟脱机输出时的外围控制机，把高速的磁盘上的数据传送到低速输出设备。这样，在 CPU 直接控制下实现输入/输出操作，此时的外围操作与 CPU 对数据的处理是并行进行的。相对应于前边介绍的脱机输入/输出，我们将这样的操作称为假脱机操作，也就是外围设备同时联机操作（Simultaneous Peripheral Operations On-line，Spooling）。

2）Spooling 系统的组成

Spooling 的组成如图 6-15 所示，它包含 3 部分。

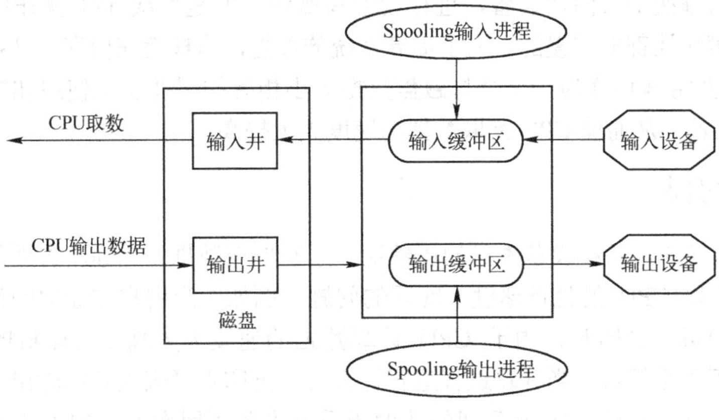

图 6-15 Spooling 系统组成

- 输入井和输出井：它们是开辟的两个大容量外存空间。Spooling 通常需要磁盘这种高速的随机外存来支持。输入井收容 I/O 设备输入的数据，输出井收容输出到 I/O 设备的数据。
- 输入缓冲区和输出缓冲区：在内存中开辟的两个缓冲区，分别暂存输入设备送到输入井的数据和输出井送到输出设备的数据。

- 输入进程和输出进程：分别模拟外围输入机和外围输出机的两个进程。输入进程通过输入缓冲区将数据送到输入井，当 CPU 需要数据时，直接从输入井读入内存；输出进程将用户输出的数据从内存送到输出井，当输出设备空闲时，经输出缓冲区送到输出设备。

3）Spooling 系统的应用

打印机就是一个典型的独占设备，我们看如何通过 Spooling 技术将它改造为一个共享设备。

在 Spooling 系统中，当用户进程有打印请求时，输出进程首先在输出井中申请一个空闲盘块区，将要打印的数据送入，然后将用户打印请求填入申请的空白打印请求表中，再把该表挂到请求打印队列上。如果还有后续打印请求，则重复上边的操作过程。

当打印机空闲时，输出进程就可以从请求打印队列上取下第一张请求打印表，根据要求将打印数据从输出井送到内存缓冲区，由打印机输出。经过这样的循环，就可以将打印队列中的所有打印要求分别予以满足。当队列为空后，输出进程将自身阻塞，直至再有打印请求时才被唤醒。

从这个应用中看到，虽然只有一台打印机，但它可以同时接受多个用户进程的打印请求，使用户感觉自己在独享打印机。在这个过程中，实际上是把对低速的打印机进行的 I/O 操作演变为对输出井的高速传送，显著地缓和了高速 CPU 与低速打印机之间的速度不匹配的矛盾。

6.4 缓冲区的管理

高速缓冲区是文件系统访问块设备中数据的必经要道。为了访问文件系统等块设备上的数据，内核可以每次都访问块设备，进行读或写操作。但是每次 I/O 操作的时间与内存和 CPU 的处理速度相比都非常慢的。为了提高系统的性能，内核就在内存中开辟一个高速数据缓冲区（池），并将其划分为一个个与磁盘数据大小相等的缓冲块来使用和管理，以期减少访问块设备的次数。从而使 CPU 读取数据的速度大大提高。

6.4.1 缓冲的引入

在计算机系统中，各种设备本身的属性决定了它们在数据传输速率方面的差异，最典型的就是外围设备和 CPU 的处理速度不匹配的问题。例如，当用户作业中的计算进程把大批数据输出到打印机上打印时，由于 CPU 计算数据的速度大大高于打印机的打印速度，因此，CPU 只好停下来等待。当计算进程进行计算时，打印机又因无数据输出而空闲。这样看来，高速 CPU 与低速的 I/O 设备间的速度矛盾是设备利用率不高的主要原因。引入缓冲区，可以解决这个问题。在设置了缓冲区之后，计算进程可以把数据高速输出到缓冲区，然后继续执行；而打印机则可以从缓冲区取出数据依次打印，实现了两者的并行工作。凡是数据到达速率与离去速率不同的地方，都可以设置缓冲区以缓和它们速率不匹配的矛盾。

从减少中断的次数看，也存在着引入缓冲区的必要性。在中断方式时利用字符设备输入 100 个字符时，每输入一个字符就必须中断 CPU 一次，而且必须立即响应，否则将被后续字符冲掉，这样我们看到中断频率非常高。如果增加一个 100 个字符的缓冲区，等到能存放

100 个字符的字符缓冲区装满之后才向处理机发出一次中断，将这 100 个字符取走，这将大大减少处理机的中断处理时间，而且放宽了 CPU 对中断的响应时间，如图 6-16 所示。

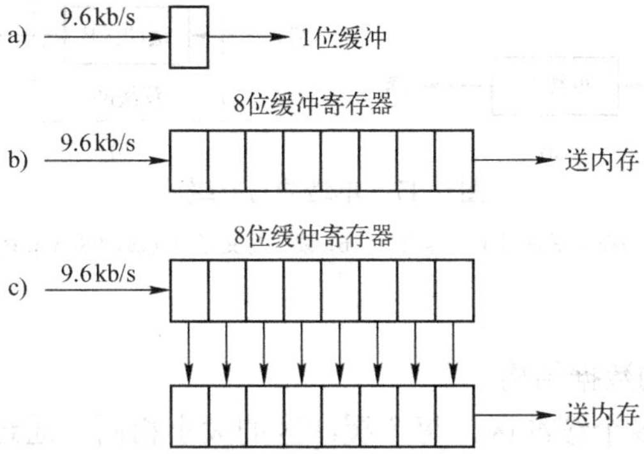

图 6-16　利用缓冲寄存器实现缓冲

在设备管理中引入了用来暂存数据的缓冲技术，显著提高了 CPU 和 I/O 设备之间的并行，提高了设备利用率和系统吞吐量。根据系统对缓冲区的不同设置，可把缓冲技术分为单缓冲、双缓冲和循环缓冲以及缓冲池等。

6.4.2　缓冲的概念

“缓冲”即是过渡一下的意思。是在两种不同速度的设备之间传输信息时平滑传输过程的常用手段。缓冲的实现有两种方法：一种是采用专门的硬件寄存器，比如设备控制器里的数据寄存器，这是“硬件缓冲”；另一种是在内存储器中开辟出 n 个单元，作为专用的 I/O 缓冲区，以便存放输入/输出的数据，这种内存缓冲区就是“软件缓冲”。由于硬件缓冲价格较贵，因此在 I/O 管理中，主要采用的是软件缓冲。

6.4.3　缓冲的分类及实现

根据系统设置缓冲区的个数，可以分为单缓冲、双缓冲、循环缓冲以及缓冲池 4 种。

1. 单缓冲

单缓冲是在设备和处理机之间设置一个缓冲区。设备和处理机交换数据时，先把被交换数据写入缓冲区，然后需要数据的设备或处理机从缓冲区取走数据。由于缓冲区属于临界资源，不允许多个进程同时对一个缓冲区操作，因此单缓冲无法实现 CPU 与设备的并行操作。例如一个作业的输入进程在向缓冲区中写数据时，计算进程必须等待。如图 6-17a 所示。

2. 双缓冲

提高设备并行操作的办法可以采用双缓冲。输入进程将数据写到第一个缓冲区中，写满后转到另一个缓冲区继续写入，同时输出进程从第一个缓冲区读数据，当第二个缓冲区被写满后，第一个缓冲区数据被输出进程取走，所以输入进程又回到第一个缓冲区继续输入，而输出进程又到第二个缓冲区取数据，如此交替，可以实现一批数据的传递。显然，双缓冲只是一种说明设备和设备、CPU 和设备并行操作的简单模型，并不能用于实际系统中的并行操作。这是因为计算机系统中的外围设备较多，读/写数据速度有很大差异，在向缓冲区读/写数据的过程中，高速设备等待的情况仍然比较严重，设备利用率比较低，如图 6-17b 所示。

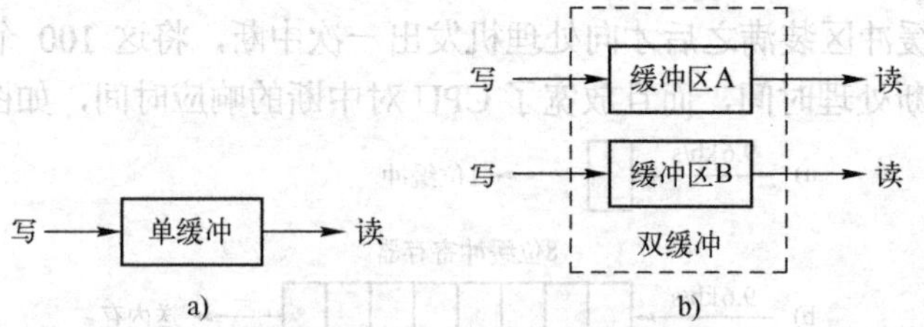

图 6-17　单缓冲与双缓冲

a) 读、写在单缓冲区上互斥发生　b) 读、写交替访问缓冲区 A 和缓冲区 B

3．循环缓冲

（1）循环缓冲管理的数据结构

在循环缓冲中含有多个缓冲区，每个缓冲区的大小相同，通过指针链接为一个循环队列。缓冲区可分成 3 种类型：空缓冲区 R、装满数据的缓冲区 G、正在访问的工作缓冲区 C，如图 6-18 所示。设置 4 个指针：

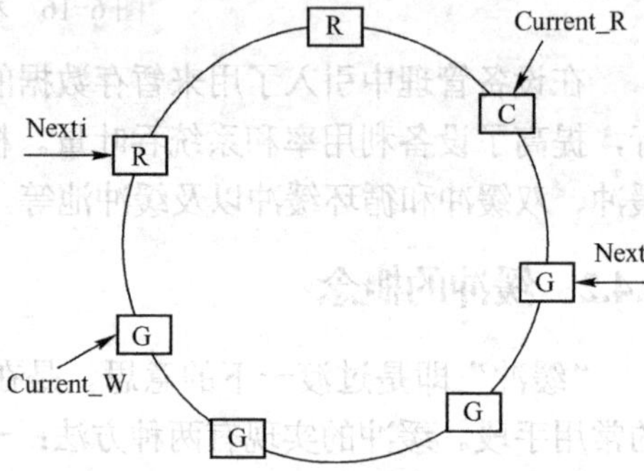

图 6-18　循环缓冲

- Nextg：指示读进程下一个可用的缓冲区 G。
- Nexti：指示写进程下次可用的空缓冲区 R。
- Current_R：指示读进程正在使用的缓冲区。
- Current_W：指示写进程正在使用的缓冲区。

（2）缓冲区的使用

1）访问缓冲区过程 Getbuf。对缓冲区的访问可能有读、写两种情况，程序表示如下：

Current_R=Nextg；Nextg= Nextg→next；读操作；……

Current_W=Nexti；Nexti= Nexti →next；写操作；……

即当前指针首先指向要访问的第一个缓冲区，将相应的满缓冲区指针或者空缓冲区指针后移，进行读或写操作。

2）释放缓冲区过程 Releasebuf。当读或写缓冲区结束后，应该修改缓冲区状态，释放对缓冲区的控制。

Current_R→state=R；　　（读完）

Current_W→state=G；　　（写完）

3）进程同步。在读、写进程并行地访问缓冲区时，指针 Nexti 和指针 Nextg 将不断地沿顺时针方向移动，这样就可能出现下述两种情况：

- Nexti 指针追赶上 Nextg 指针。

  这意味着写进程输入数据的速度大于读进程取数据的速度，已把全部缓冲区（可用空缓冲）装满。此时，写进程应该阻塞，直至读进程把某个缓冲区中数据全部提取完，使之成为空缓冲区 R，并调用 Releasebuf 过程将它释放时，才将写进程唤醒。

- Nextg 指针追赶上 Nexti 指针。

  这意味着读进程取数据的速度高于写进程输入数据的速度，使全部缓冲区（已有数据的）都已被抽空。这时读进程阻塞，直至写进程装满某个缓冲区，并调用 Releasebuf 过程将它释放时，才去唤醒读进程。

4．缓冲池

循环缓冲区仅适用于某特定的 I/O 进程和计算进程，因而它们属于专用缓冲，共享程度低，而缓冲池中的缓冲区可供多个进程共享。

（1）缓冲池的组成

缓冲池中的缓冲区链接形成 3 种队列。

- 空缓冲队列 emq。这是由空缓冲区所连成的队列，其队首指针 F(emq)和队尾指针 L(emq)分别指向该队列的首缓冲区和尾缓冲区。
- 输入队列 inq。这是由装满输入数据的缓冲区所连成的队列，其队首指针 F(inq)和队尾指针 L(inq)分别指向该队列的首、尾缓冲区。
- 输出队列 outq。这是由装满输出数据的缓冲区所连成的队列，其队首指针 F(outq)和队尾指针 L(outq)分别指向该队列的首、尾缓冲区。

此外还应具有 4 种工作缓冲区：用于收容输入数据的工作缓冲区 hin；用于提取输入数据的工作缓冲区 sin；用于收容输出数据的工作缓冲区 hout；用于提取输出数据的工作缓冲区 sout。

（2）Getbuf 过程和 Putbuf 过程

Getbuf(type)过程是根据 type 从相应队列中选择队首缓冲区，而 Putbuf(type,num)是将编号为 num 的缓冲区挂到相应的队列上。type 表示缓冲区类型，num 表示缓冲区号。但是需要注意的是，作为队列，它们也是临界资源，多个进程在访问一个队列时应该互斥且需要同步。所以在实现上，必须为每一个队列引入一个互斥访问信号量 S1(type)，初值为 1；另外一个是资源同步信号量 S2(type)，初值为 n，表示该类缓冲区的数目。这两个过程的流程如图 6-19 所示。

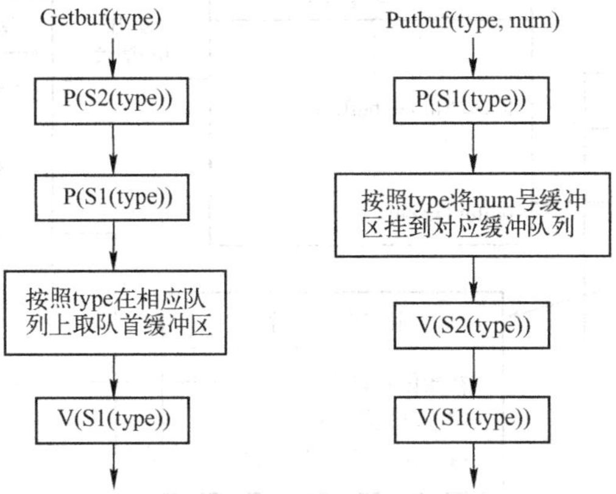

图 6-19　Getbuf 与 Putbuf 流程图

（3）缓冲区的工作方式

缓冲区可以工作在收容输入、提取输入、收容输出和提取输出 4 种工作方式下。

1）收容输入工作方式。

在输入进程需要输入数据时，便调用 Getbuf(emq)过程，从 emq 队列的队首摘下一个空缓冲区，把它作为收容输入工作缓冲区 hin。然后将数据输入其中，装满后再调用 Putbuf (inq，hin)过程，将该缓冲区挂在输入队列 inq 的队尾。

2）提取输入工作方式。

当计算进程需要输入数据时，调用 Getbuf(inq)过程，从输入队列取得一个缓冲区作为提取输入工作缓冲区，计算进程从中提取数据。计算进程用完该数据后，再调用 Putbuf (emq，sin)过程，将该缓冲挂到空缓冲队列 emq 上。

3）收容输出工作方式。

当计算进程需要输出时调用 Getbuf(emq)过程，从空缓冲队列 emq 的队首取得一个空缓冲，作为收容输出工作缓冲区 hout。当其中装满输出数据后，又调用 Putbuf(outq，hout)过程，将该缓冲区挂在 outq 末尾。

4）提取输出工作方式。

当要输出时，由输出进程调用 Getbuf(outq)过程，从输出队列的队首取得一个装满输出数据的缓冲区，作为提取输出工作缓冲区 sout。在数据提取完后，再调用 Putbuf(emq，sout)过程，将它挂在空缓冲队列的末尾。

6.5 I/O 的具体实现

当用户提出一个输入/输出请求后，系统的处理步骤如下：用户在程序中使用系统提供的输入/输出命令发出 I/O 请求；输入/输出管理程序来接受这个请求；设备驱动程序来具体完成所要求的 I/O 操作；设备中断处理程序来处理这个请求。图 6-20 给出了完成一个 I/O 请求所涉及的主要步骤、它们之间的相互关系以及每一步要做的主要工作。由于各个操作系统的设备管理实现技术不尽相同，因此这只能是一个粗略的框架。

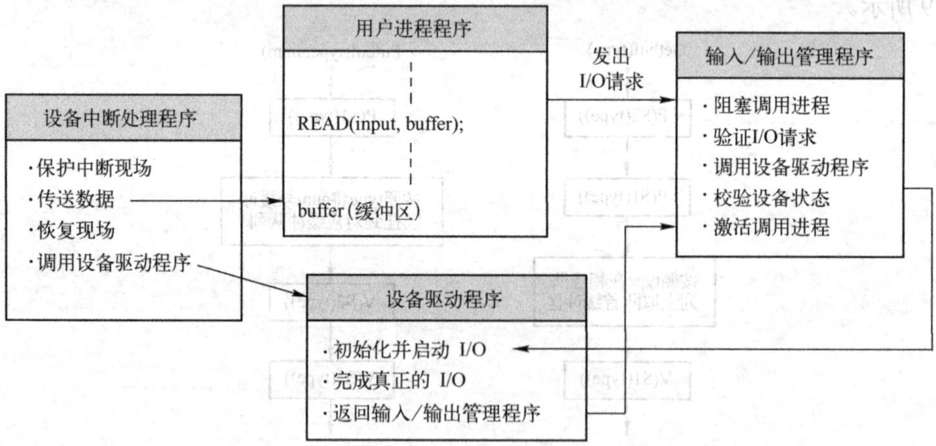

图 6-20　I/O 请求的处理步骤

6.5.1 I/O 请求的提出

输入/输出请求来自用户作业进程。比如在某个进程的程序中使用系统提供的 I/O 命令形式为：READ (input，buffer，n)；它表示要求通过输入设备 input，读入 n 个数据到由 buffer 指明的内存缓冲区中。编译程序会将源程序里的这一条 I/O 请求命令翻译成相应的硬指令，比如具有如下形式：

CALL IOCS
CONTRL
ADDRESS
NUMBER

其中 IOCS 为操作系统中管理 I/O 请求的程序入口地址，因此 CALL IOCS 表示是对输入/输出管理程序的调用。紧接着的 CONTRL、ADDRESS 和 NUMBER 是 3 个指令参数，CONTRL 是根据命令中的 input 翻译得到的，由它表示在哪个设备上有输入请求；ADDRESS 是根据命令中的 buffer 翻译得到的，由它表示输入数据存放的缓冲区起始地址；NUMBER 是根据命令中的 n 翻译得到的，由它表示输入数据的个数。

6.5.2 对 I/O 请求的管理

输入/输出管理程序的基本功能如图 6-20 所示。该程序一方面从用户程序那里接受 I/O 请求，另一方面把 I/O 请求交给设备驱动程序具体完成，因此起到一个桥梁的作用。

输入/输出管理程序首先接受用户对设备的操作请求，并把发出请求的进程由原来的运行状态改变为阻塞状态。管理程序根据命令中 CONTRL 参数提供的信息，让该进程的 PCB 到与这个设备有关的阻塞队列上去排队，等候 I/O 的完成。

如果当前设备正处于忙碌状态，也就是设备正在为别的进程服务，那么现在提出 I/O 请求的进程只能在阻塞队列上排队等待；如果当前设备空闲，那么管理程序验证了 I/O 请求的合法性（比如不能对输入设备发输出命令，不能对输出设备发输入命令等）后，就把这个设备分配给该用户进程使用，调用设备驱动程序，去完成具体的输入/输出任务。

在整个 I/O 操作完成之后，控制由设备驱动程序返回到输入/输出管理程序，由它把等待这个 I/O 完成的进程从阻塞队列上取出来，并把它的状态由阻塞变为就绪，到就绪队列排队，再次参与对 CPU 的竞争。

因此，设备的输入/输出管理程序由 3 块内容组成：接受用户的 I/O 请求，组织管理输入/输出的进行，以及输入/输出完成后的善后处理。

6.5.3 I/O 请求的具体实现

在操作系统的设备管理中，是由设备驱动程序来具体实现 I/O 请求的。设备驱动程序有时也称为输入/输出处理程序，它必须使用有关输入/输出的特权指令来与设备硬件进行交往，以便真正实现用户的输入/输出操作要求。

在从输入/输出管理程序手中接过控制权后，设备驱动程序就读出设备状态，判定其完好可用后，就直接向设备发出 I/O 硬指令。在多道程序系统中，设备驱动程序一旦启动了一个 I/O 操作，就让出对 CPU 的控制权，以便在输入/输出设备忙于进行 I/O 时，CPU 能脱身去做其他的事情，从而提高处理机的利用率。

在设备完成一次输入/输出操作之后，是通过中断来告知 CPU 的。当 CPU 接到来自 I/O 设备的中断信号后，就去调用该设备的中断处理程序。中断处理程序首先把 CPU 的当前状态保存起来，以便在中断处理完毕后，被中断的进程能够继续运行下去。中断处理程序的第二个任务是按照指令参数 ADDRESS 的指点，进行数据的传输。比如原来的请求是读操作，那么来自输入设备的中断，表明该设备已经为调用进程准备好了数据。于是中断处理程序就根据 ADDRESS 的指示，把数据放到缓冲区的当前位置处。

然后修改 ADDRESS（指向下一个存放数据的单元）和 NUMBER（在 NUMBER 上做减法）。如果 NUMBER 不等于 0，说明还需要设备继续输入，因此又去调用设备驱动程序，启动设备再次输入；如果 NUMBER 等于 0，说明用户进程要求的输入数据已经全部输入完毕，于是从设备驱动程序转到输入/输出管理程序，进行 I/O 请求的善后工作。

6.5.4 数据传输方式

用户在作业程序中提出输入/输出请求，目的是要实现数据的传输。数据传输，或发生在 I/O 设备与内存之间，或发生在 I/O 设备与 CPU 之间。I/O 控制就是控制数据在 I/O 设备与 CPU、内存之间的传输，这是设备管理的一个主要功能。

所谓数据传输的方式，就是讨论在进行输入/输出时，I/O 设备与 CPU 谁做什么的问题。随着计算机硬件的发展，随着高智能 I/O 设备的出现，数据传输的方式也在向前推进，I/O 设备与 CPU 的分工越来越合理，使得整个计算机系统的效率得到了更好的发挥。

随着计算机技术的发展，I/O 控制方式也在不断地发展。从最早的程序 I/O 方式，发展到中断驱动方式、DMA 控制方式和通道方式，数据传输速率不断提高。而贯穿整个发展过程的一条宗旨就是尽量减少 CPU 对 I/O 控制的干预，把 CPU 从繁杂的 I/O 控制事务中解脱出来，提高 CPU 与外设的并行化程度。

由于是设备挂接在控制器上，因此要让设备做输入/输出操作，操作系统总是与控制器交往，而不是与设备交往。操作系统把命令以及执行命令时所需要的参数一起写入控制器的寄存器中，以实现输入/输出。在控制器接受了一条命令后，就可以独立于 CPU 去完成命令指定的任务。

设备完成所要求的输入/输出任务后，要通知 CPU。早期采用的是“被动式”，即控制器只设置一个完成标志，等待 CPU 来查询，这对应于数据传输的“程序循环测试”的 I/O 控制方式。随着中断技术的出现，开始采用“主动式”的通知方式，即通过中断主动告诉 CPU，让 CPU 来进行处理。由此就出现了数据传输的中断控制方式、直接存储器存取（DMA）控制方式以及通道控制方式。

1．程序循环测试方式

在早期的计算机系统中，都是采用程序循环测试的方式来控制数据传输的。下面介绍设备控制器与 CPU 是如何进行分工合作的。

1）设备控制器。命令寄存器与具体的 I/O 请求有关，数据寄存器和状态寄存器则与完成数据的传输更加密切。

- 数据寄存器。该寄存器是用来存放传输的数据的。对于输入设备，总是把所要输入的数据送入该寄存器，然后由 CPU 从中取走；反之，对于输出设备输出数据时，也是先把数据送至该寄存器，再由设备输出。
- 状态寄存器。该寄存器是用来记录设备当前所处状态的。对于输入设备，在启动输入后，只有设备把数据读到数据寄存器，它才会将状态寄存器置成完成状态；对于输出设备，在启动输出后，只有设备让数据寄存器做好了接收数据的准备，它才会把状态寄存器置成准备就绪状态。

2）CPU。对于 CPU，设有两条硬指令，一条是启动输入/输出的指令，记为 start。另一条是测试设备控制器中状态寄存器内容的指令，记为test。

所谓程序循环测试的数据传输方式，就是指用户进程使用start指令启动设备后，不断地执行 test 指令，去测试所启动设备的状态寄存器。只有在状态寄存器出现了所需要的状态后，才停止测试工作，完成输入/输出，如图6-21所示。

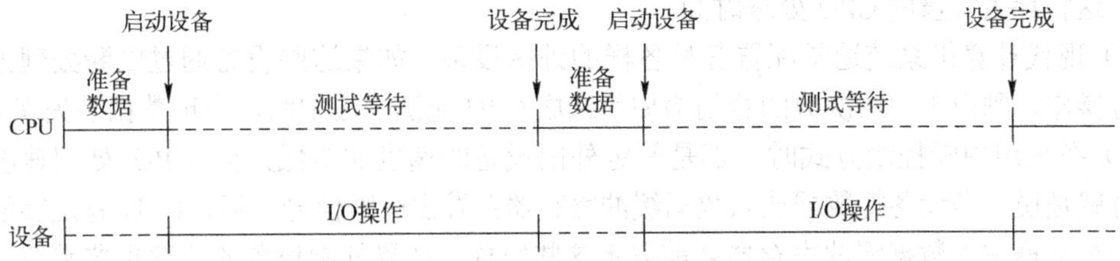

图6-21　程序循环测试方式的数据传输

程序直接控制方式虽然控制简单，也不需要多少硬件支持，但是程序直接控制方式明显地存在下述缺点。

1）CPU 和外围设备只能串行工作。由于 CPU 的处理速度要大大高于外围设备的数据传送和处理速度，因此，CPU 大量时间都处于等待和空闲状态，这使得 CPU 利用率大大降低。

2）CPU 在一段时间内只能与一台外围设备交换数据信息，不能实现设备之间的并行工作。

3）由于程序直接控制方式依靠测试设备标志触发器的状态位来控制数据传送，因此无法发现和处理由于设备或其他硬件所产生的错误。

因此，程序直接控制方式只适用于那些 CPU 执行速度较慢，而且外围设备较少的系统。

2. 中断方式

所谓中断，是一种使 CPU 暂时中止正在执行的程序而转去处理特殊事件的操作。能够引起中断的事件称为"中断源"，它们可能是计算机的一些异常事故或其他内部原因（比如缺页），更多的是来自外部设备的输入/输出请求。程序中产生的中断或由 CPU 的某些错误结果（如计算溢出）产生的中断称为"内中断"；由外部设备控制器引起的中断成为"外中断"。

为了减少程序循环测试方式中 CPU 进行的测试和等待时间，为了提高系统并行处理的能力，利用设备的中断能力来参与数据传输是一个很好的方法。这时，一方面要在 CPU 与设备控制器之间连有中断请求线路；另一方面要在设备控制器的状态寄存器中增设"中断允许位"，所谓中断方式，就是外部设备在需要进行数据传送时，中断 CPU 正在进行的工作，让 CPU 来为其服务。即 CPU 只有在外部设备请求时才去传输数据，如图6-22所示。

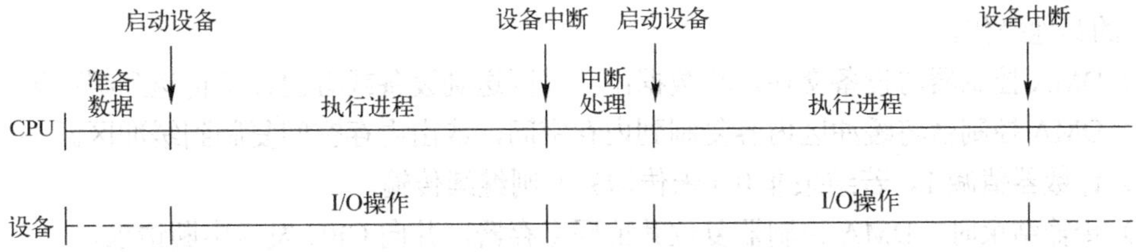

图6-22　中断方式的数据传输

尽管中断方式与程序直接控制方式相比，CPU 的利用率大大提高且能支持多道程序和设备的并行操作，但仍然存在着许多问题。

1）由于在 I/O 控制器的数据缓冲寄存器装满数据之后将会发生中断，而且数据缓冲寄存器通常较小（因为一般是以字为单位传送），因此在一些数据传送过程中，发生中断次数较多，这将耗去大量的 CPU 处理时间。

2）现代计算机系统通常配置各种各样的外围设备。如果这些设备通过中断处理方式进行并行操作，则由于中断次数的急剧增加而造成 CPU 无法响应中断，出现数据丢失现象。

3）在采用中断控制方式时，都是假定外围设备的速度非常低，而 CPU 处理速度非常高。也就是说，当设备把数据放入数据缓冲寄存器并发出中断信号之后，CPU 有足够的时间在下一个数据进入数据缓冲寄存器之前取走这些数据。如果外围设备的速度也非常高，则可能造成数据缓冲寄存器的数据由于 CPU 来不及取走而丢失。

3．直接存储器存取（DMA）方式

直接存储器存取方式（Direct Memory Access，DMA），主要适用于一些高速的 I/O 设备，如磁带、磁盘等。这些设备传输字节的速率非常快，如磁盘的数据传输率约为每秒 200,000 字节。也就是说，磁盘与存储器传输一个字节只需 5μm，因此，对于这类高速的 I/O 设备，如果用执行输入/输出指令的方式（即程序循环测试方式）或中断的方式来传输字节，将会造成数据的丢失。DMA 方式传输数据的最大特点是能使 I/O 设备直接和内存储器进行成批数据的快速传输。

DMA 控制器中包含有若干个寄存器：数据寄存器、状态寄存器、地址寄存器和字节计数器等。如图 6-23 所示为 DMA 控制方式的数据传输。

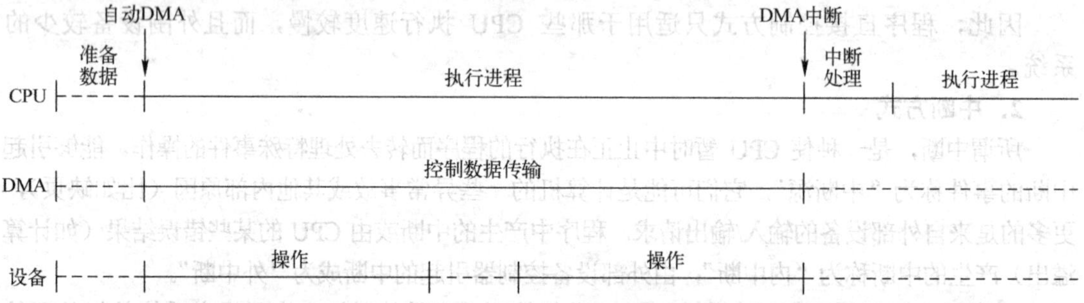

图 6-23　DMA 控制方式的数据传输

DMA 方式的传输步骤如下。

1）CPU 将操作数送到 DMA 控制器的操作数寄存器中，包括内存起始地址、传输数量等。

2）CPU 将操作码送到 DMA 控制器的操作码寄存器以启动 DMA 控制器。DMA 控制器将其忙碌寄存器置位，表明在此期间不再接受新的操作命令。此后，CPU 可以执行与该控制器无关的其他操作。

3）DMA 控制器与设备交往，将数据由缓冲区送到设备或者由设备传送到缓冲区。

4）DMA 控制器将缓冲区内容复制到内存空间，或由内存空间复制到缓冲区。

5）计数器值减 1。若结果非 0（未传送完）则继续传输。

6）传输结束时，DMA 控制器复位其忙碌寄存器，并向 CPU 发送中断请求。

7）CPU 读入并检测其 DMA 状态寄存器，以确认操作是否成功。

4. 通道方式

DMA 方式能够满足高速数据传输的需要，但它是通过“窃取”总线控制权的办法来工作的。它在工作时，CPU 被挂起，所以并非设备与 CPU 在并行工作。这种做法对大、中型计算机系统显然不合适。

通道方式能够使 CPU 彻底从 I/O 中解放出来。当用户发出 I/O 请求后，CPU 就把该请求全部交由通道去完成。通道在整个 I/O 任务结束后，才发出中断信号，请求 CPU 进行善后处理。

（1）通道的类型

通道是一个独立与 CPU 的、专门用来管理输入/输出操作的处理机，它控制设备与内存储器直接进行数据交换。根据信息交换方式的不同，可将通道分为以下 3 类。

- 字节多路通道（Byte Multiplexor Channel）

  在字节多路通道中，通常都含有许多非分配型子通道，每一个子通道连接一台 I/O 设备。主通道采用时间片轮转法，轮流地为各个子通道服务。

- 数组选择通道（Block Selector Channel）

  由于字节多路通道不适于连接高速设备，因此引入数组选择通道。这种通道的传输速率高，可以连接多台高速设备，但由于该通道仅含有一个可分配型通道，因此，在某一段时间内只能执行一个通道程序，为一台设备进行输入/输出。

- 数组多路通道（Block Multiplexor Channel）

  数组选择通道虽然已有很高的传输速率，但它每次只允许一台设备传输数据。成组多路通道是结合了数组选择通道传输速率高和字节多路通道能使各个子通道分时并行操作的优点。

（2）通道的瓶颈问题

由于通道价格昂贵，导致计算机系统中的通道数是有限的，这往往会成为输入/输出的“瓶颈”问题。例如，图 6-24 所示即是一个单通路的 I/O 系统，该系统中计算机和设备之间只有一条通路。一旦通道 1 被打印机占用，即使通道 2 空闲，连接通道 1 的其他设备也只有等待。

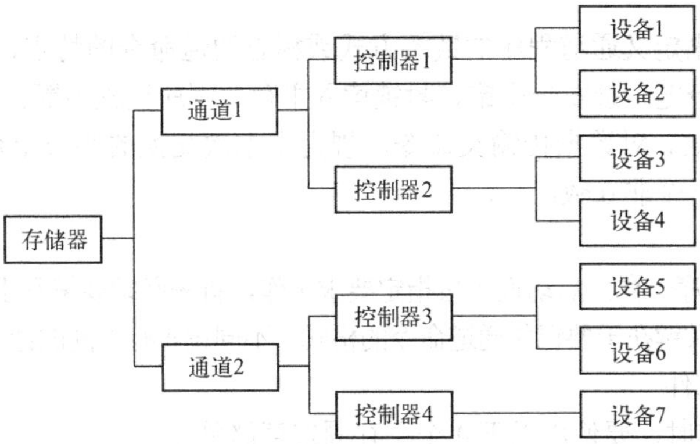

图 6-24 单通路的 I/O 系统

解决“瓶颈”问题的最有效的方法是增加设备到主机之间的通路，即把一个设备连接到多个控制器上，一个控制器连接到多个通道上如图 6-25 所示。

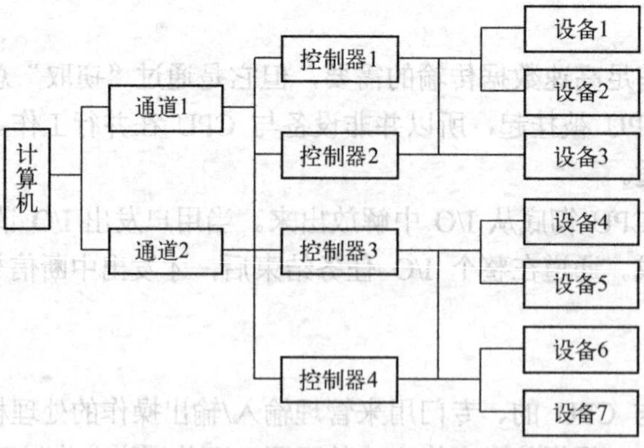

图 6-25　多通路的 I/O 系统

（3）通道命令

通道又称为 I/O 处理机，有自己的指令系统，为了与 CPU 的指令相区别，通道的指令称为通道命令字（Channel Command Word，CCW）。通道命令字条数不多，是存放在主存中的，由通道从主存取出并执行。主要涉及控制、转移、读、写及查询等功能。通道命令字一般包含有：被交换数据在内存中的位置、传输方向、数据块长度以及被控制的 I/O 设备的地址信息、特征信息等。通道命令用通道命令字编写的程序称通道程序，通道通过执行通道程序控制 I/O 设备运行。图 6-26 给出了 IBM 通道命令字的格式。

0　　　7	8　　　31	32　　　39	40　　　63
命令码	主存地址	标志码	传送字节个数

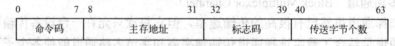

图 6-26　IBM 通道命令字的格式

通道命令字为双字长，各字段的含义如下。

- 命令码。规定了外围设备所执行的操作。通道命令码分 3 类：数据传输类（读、反读、写、取状态），通道转移类（转移），设备控制类（随设备类不同执行不同控制）。
- 主存地址。对数据传输类命令，规定了本条通道命令访问的主存数据区起始（或结束）地址。
- 标志码。用来定义通道程序的链接方式或标志通道命令的特点，32～36 位依次为：数据链、命令链、禁发长度错、封锁读入主存、程序进程中断。
- 传送字节个数。对数据传输类命令，规定了本次交换的字节个数；对通道转移类命令，规定填一个非 0 数。

（4）通道程序

与编写计算机程序一样，启动设备按指定要求工作，首先必须要编写出实现指定功能的通道程序。编制通道程序关键在于要记住通道命令的格式，不同设备有不同的命令码，不能混用。

（5）通道运控部件

以通道方式工作时，要使用以下 4 个主存固定存储单元。

- 通道地址字（Channel Address Word，CAW）：用来存放通道程序的首地址的单元称为通道地址字。
- 通道命令字（Channel Command Word，CCW）：保存正在执行的通道指令。
- 通道状态字（Chanel Status Word，CSW）：它是通道向操作系统报告工作情况的状态汇集。通道也可以利用通道状态字提供通道和外围设备执行 I/O 操作的情况。

- 通道数据字（Chanel Data Word，CDW）：暂存内存与设备之间输入/输出传输的数据。

（6）通道的工作原理

不同的计算机系统会提供一组 I/O 指令，以便完成 I/O 操作。I/O 指令一般有：启动 I/O（Start I/O，SIO），查询 I/O（Test I/O，TIO），查询通道（Test Channel，TCH），停止 I/O（Halt I/O，HIO）和停止设备（Halt Device，HDV）。它们都是特权指令，只能在管态下使用，以防止用户擅自使用而引起 I/O 操作错误。

每次执行 I/O 操作，要为通道编制通道程序，以及为主机编制主机 I/O 程序。CPU 执行驱动外围设备指令的同时，将首地址放在 CAW 中的通道程序交给通道，通道将根据 CPU 发来的 I/O 指令和通道程序对外围设备进行具体的控制。正确执行一次 I/O 操作的步骤可归纳如下。

1）确定 I/O 任务，了解使用何种设备，属于哪个通道，操作方法如何等。

2）确定算法，决定例外情况处理方法。

3）编写通道程序，完成相应的 I/O 操作。

4）编写主机 I/O 程序，对不同条件码进行不同处理。

事实上，以通道方式进行 I/O 的过程分成 3 个阶段。

1）I/O 启动阶段。用户在 I/O 主程序中调用文件操作请求传输信息，文件系统根据用户给予的参数可以确定哪台设备、传输信息的位置、传送个数和信息主存区的地址。

2）I/O 操作阶段。启动成功后，通道从主存固定单元取 CAW，根据该地址取得第一条通道命令，通道执行通道程序，同时将 I/O 地址传送给控制器，向它发出读、写或控制命令，控制外围设备进行数据传输。

3）I/O 结束阶段。通道发现通道状态字中出现通道结束、控制器结束、设备结束或其他能产生中断的信号时，就应向 CPU 申请 I/O 中断。同时，把产生中断的通道号和设备号以及 CSW 存入主存固定单元。中断装置响应中断后，CPU 上的现行程序才被暂停，调出 I/O 中断处理程序处理 I/O 中断。

图 6-27 是通道方式 I/O 操作过程的示意图。

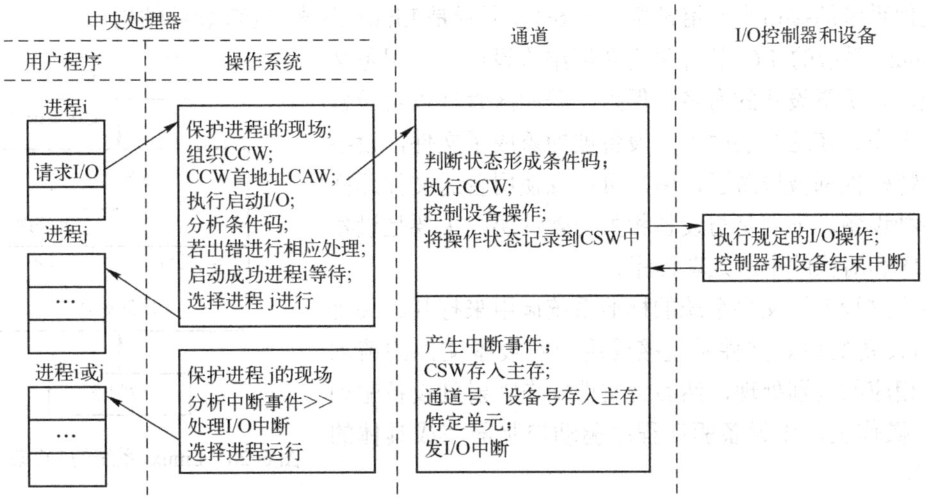

图 6-27　通道方式 I/O 操作过程

6.6 Linux 的设备管理

Linux 设备管理的主要任务是控制设备完成输入/输出操作，所以又称为输入/输出（I/O）子系统。即把各种设备硬件的物理特性的细节屏蔽起来，提供一个对各种不同设备使用统一方式进行操作的接口。

Linux 把设备看成是特殊的文件，系统通过处理文件的接口——虚拟文件系统 VFS 来管理和控制各种设备。

6.6.1 Linux 设备管理的特点

Linux 设备管理的突出特点是设备独立性。这是指系统把设备统一当作文件来看待，只要安装它们的驱动程序，就可以像使用文件一样使用这些设备，而不必知道它们的具体存在形式和操作方式。

之所以能够将设备作为文件对待，是因为 Linux 文件的物理结构是字节流，而设备传输的数据也是字节流。如果将向设备输出数据看作是写设备操作，将从设备输入数据看作是读设备操作，就可以把读/写文件与设备 I/O 操作统一在一起，用同一组系统调用完成文件与 I/O 操作。设备独立性的好处是简化了 I/O 系统的设计，使系统结构简洁而高效，同时也方便了用户使用设备。

并非所有的 Linux 设备都可以作为文件来处理。Linux 系统将设备分为 3 类，即字符设备、块设备和网络设备。字符设备和块设备都可以通过文件系统进行访问，因为它们传输的是无结构的字节流，而网络设备则是个例外。网络设备传输的数据流是有结构的数据包，这些数据包由专门的网络协议封装和解释，因此需要经过一组专门的系统调用进行访问。Linux 设备管理通常指的是字符设备和块设备。

6.6.2 Linux 系统的 I/O 软件结构

实现设备独立性的手段是通过分层软件结构，把设备纳入文件系统的管理之下，使进程通过文件系统的接口来使用设备。图 6-28 所示是 Linux 系统的 I/O 软件结构。

Linux 系统的 I/O 软件采用两层结构设计，上层是文件系统，它负责设备的命名、保护、缓冲区管理以及设备分配等工作。在这个层面上，设备被抽象成了文件，设备的各种特殊性都被屏蔽了，用户可以像使用普通文件那样操作各种设备。下层是与设备相关的软件层，主要是设备驱动程序和对应的中断处理程序。

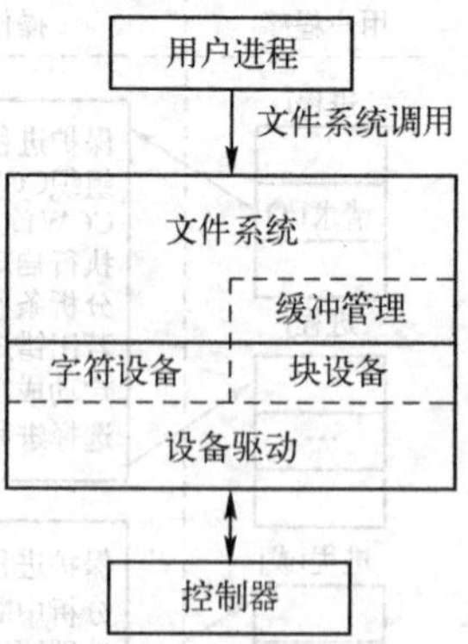

图 6-28 Linux 系统的 I/O 软件结构

用户进程使用文件系统的标准系统调用来打开、关闭和读/写设备文件。文件系统接受用户对设备文件的请求并进行相应的判别处理，然后将文件操作映射到设备驱动的 I/O 操作上，由设备驱动程序驱动控制器完成具体的 I/O 操作。

文件系统采用与文件相同的一套操作来实现设备的命名、保护与操作，这大大简化了系统的结构。对 Linux 系统来说，设备管理的主要工作实际上只是设备驱动而已。只要正确地实现了设备的驱动程序，就可以把设备纳入文件系统的管理之下。为此，Linux 定义了文件系统与设备驱动程序之间的接口规范，任何设备的驱动程序只要遵守这些规范就可以与文件系统接口。接口方式既可以是静态的也可以是动态的。实际上，大多数设备驱动程序都是独立的内核模块，可以动态地加载和卸载。这种设计使得 Linux 系统的 I/O 软件结构既简洁又灵活。

6.6.3 Linux 的中断处理

1．中断处理的方式

Linux 中的中断处理很有特色，它将整个中断的处理过程分为两个部分：上半部（Top Half）和下半部（Bottom Half）。上半部的工作由中断处理程序完成，下半部的工作推迟到合适的时机完成。之所以会有上半部和下半部之分，完全是考虑到中断处理的效率。

中断是随机发生的，因此中断处理程序也就随时可能执行。中断处理程序不仅打断了其他进程的运行，而且在其运行期间还会关闭同一中断的请求，并且不允许进程调度，直到其运行结束。因此，中断处理程序必须在很短的时间内执行完，否则就会造成后续中断的丢失。

然而，通常的中断处理有很多工作要做，这与快速的处理要求产生了矛盾。Linux 采用了“下半部”机制来解决这个矛盾。在处理中断时，中断处理程序只完成与硬件相关的最重要、紧迫的工作，也就是上半部，而所有能够允许稍后完成的工作会推迟到下半部，在合适的时机被执行。

中断处理程序（上半部）的功能主要是应答硬件和登记中断。当一个中断发生时，中断处理程序立即开始执行，它的主要工作是对接收到的中断进行应答，将硬件产生的数据传送到内存，并对硬件进行复位。这相当于在告诉硬件“我收到了，你继续工作吧”。中断处理程序的另一个工作是把该中断处理的下半部挂到下半部工作队列中去，让它完成其余的处理工作。中断处理程序有严格的时限，因此它会很快地结束。只要这个上半部一结束，就可以立即响应设备的后续中断。

大部分的中断处理工作是由下半部完成的，它的工作是对上半部放到内存中的数据进行相应的处理，这些处理可能是相对不太紧迫而又比较耗时的。下半部是以内核线程的方式实现的，它们被中断处理程序生成并放入一个工作队列中，由内核在适当的时机调用执行。由于是内核线程，所以它可以被中断，也可以被进程调度所阻塞。因此，在下半部处理期间内，如果本设备或其他的设备产生了新的中断，这个下半部可以暂时地被阻塞，等到那个设备的中断处理程序运行完后，再来运行它。这样就保证了对中断的响应速度。

2．中断处理程序的注册

每个要使用中断的设备都要有一个相应的中断处理程序。中断处理程序是设备驱动程序的一个组成部分，因此它是随着驱动程序一起安装的。在使用设备前必须向内核注册它的中断处理程序，以便当发生了一个中断后内核知道应该由哪个函数来处理它。

注册中断处理程序的工作是由驱动程序完成。在加载设备驱动程序时（系统启动时或动态加载时）首先要进行设备的初始化，并调用 request_irq()函数来注册并激活一个中断处理程序。request_irq()函数指定了中断号、中断处理程序的地址以及相关的设备等参数。注册成功后，内核就可以调用这个程序来处理相应的中断了。在卸载驱动程序时（系统关闭时或动态卸载时）需要注销相应的中断处理程序，这是通过调用 free_irq()函数来完成的。

思考与练习

1．通道与 DNA 方式之间有何共同点?如何区别?

2．在下述 3 种类型的通道中，哪种类型支持通道程序的并发执行？

字节多路通道　　数据选择通道　　数组多路通道

3．处理器与通道之间是如何通信的？通道与处理器之间呢？

4．什么叫缓冲？什么叫缓存？缓冲与缓存有何差别？

5．与为每个设备都配置一个（或者若干个）缓冲区相比，采用可为多个设备共用的缓冲池有何优点？

6．某磁盘组共有 200 个柱面，由外至内依次编号为 0，1，…，199。输入/输出请求以 10，100，191，31，20，150，32 的次序到达，假定引臂当前位于柱面 98 处，移动方向为由外向内。对先到先服务、最短查找时间优先扫描、循环扫描、LOOK、循环 LOOK 引臂调度算法分别给出寻道示意图，并计算总移动量。对扫描算法和 LOOK 算法，假定引臂当前移动方向为由外向内。对循环扫描和循环 LOOK 算法假定回扫方向为由内向外。

7．独占型设备利用率低的原因何在？虚拟技术为何能够提高独占型设备的利用率？输入型和输出型虚拟设备各是如何实现的？

8．某磁盘组共有 200 个柱面、10 个盘面、16 个扇区，该磁盘组共有多少块？若采用位示图方式管理磁盘空间，位示图需要占用多大空间？

9．Spooling 技术与虚拟设备之间的关系是什么？虚拟设备与缓存技术之间的关系是什么？

下篇　实验指导篇

实验一　Linux的安装及应用

1．安装虚拟机VMware

（1）虚拟机简介

虚拟机是指利用软件“虚拟”出来一台计算机。它是一个由软件提供的、具有模拟真实的特定硬件环境的计算机，它提供的“计算机”和真正的计算机一样，也包括CPU、内存、硬盘、光驱、软驱、显卡、声卡、SCSI卡、USB接口、PCI接口和BIOS等。在虚拟机中可以和真正的计算机一样安装操作系统、应用程序和软件，也可以对外提供服务。

常见的几款虚拟软件有VMware Workstation、VMware Server、Visual PC。

VMware Workstation是一款帮助程序开发人员和系统管理员进行软件开发、测试以及配置的强大的虚拟机软件。主要功能有：虚拟网络、实时快照、拖放、共享文件夹和支持PXE等。

VMware Server是VMware公司于2006年推出的一款免费产品，其目的是代替VMware GSX Server。

Visual PC是Microsoft虚拟机。它的前身是Connectix的产品，于2003年2月19日被微软收购，它最早应用于Macintosh平台，它主要用来解决Macintosh主机与基于Windows的客户机之间的文件共享问题。

（2）VMware Workstation 9的安装

VMware Workstation是一款安装相当简单的虚拟机软件。安装需要的工具/原料：VMWare虚拟机、需要系统镜像（安装版或Ghost版），也可以使用系统光碟。

具体的安装步骤如下。

1）双击安装文件VMware Workstation 9的客户端，出现如图1所示的欢迎对话框。

2）单击“Next”按钮，出现如图2所示对话框。

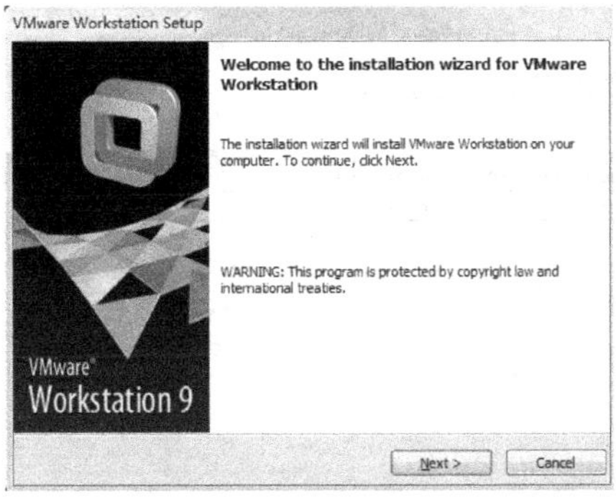

图1　欢迎对话框

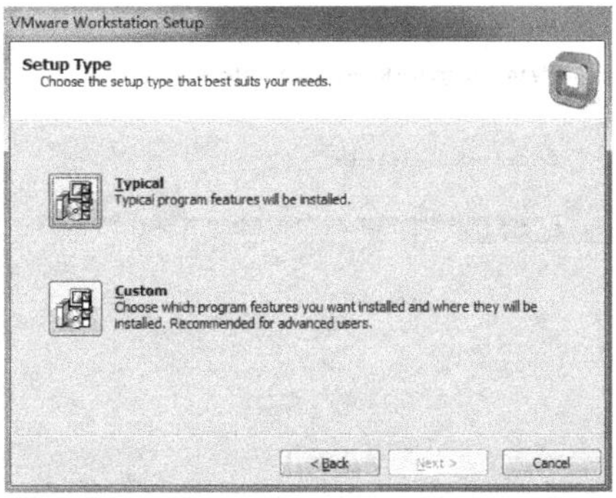

图2　选择安装类型

3）选择“Typical”类型，出现如图3所示对话框。若进行自定义安装选择“Custom”类型。

4）选择安装路径后单击“Next”按钮，出现如图4所示对话框。

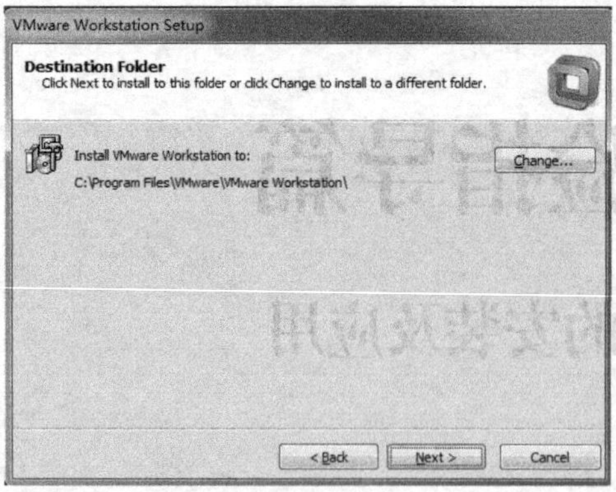

图 3　选择安装路径

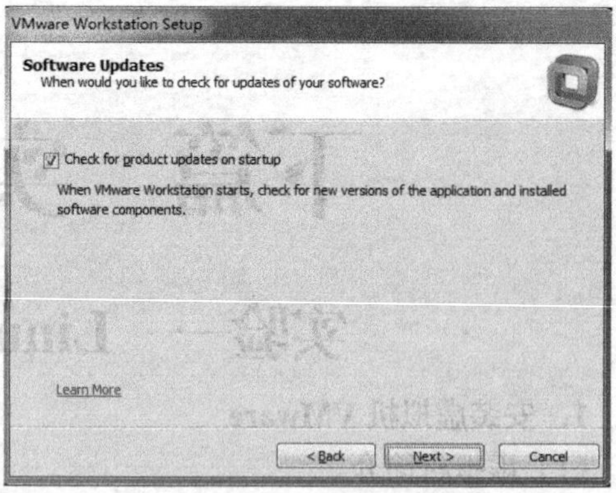

图 4　检查软件升级安装

5）选中“Check for product updates on startup”复选框，单击“Next”按钮，出现图 5 所示对话框。

6）选中“Help improve VMware Workstation”复选框，单击“Next”按钮，出现图 6 所示对话框。

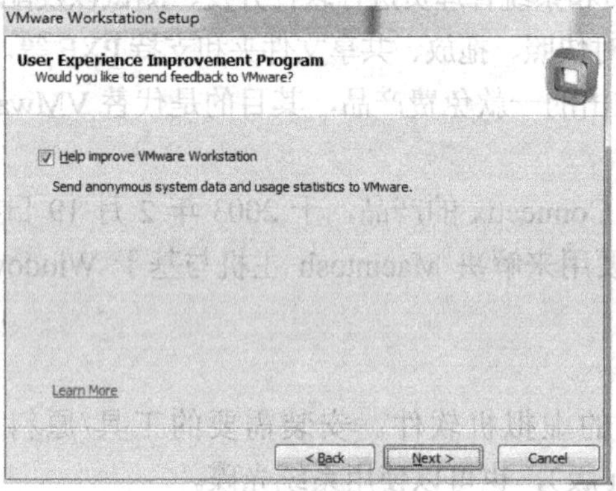

图 5　用户体验改进程序

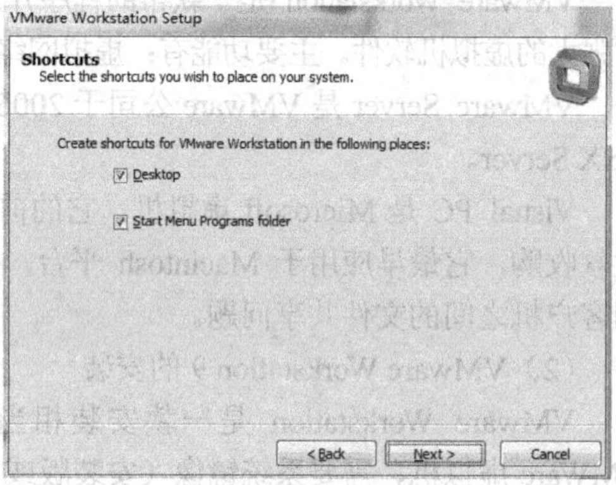

图 6　快捷方式所在位置

7）单击“Next”按钮，出现图 7 所示对话框。

8）单击“Continue”按钮，进入安装进程，安装完毕后会弹出如图 8 所示对话框。

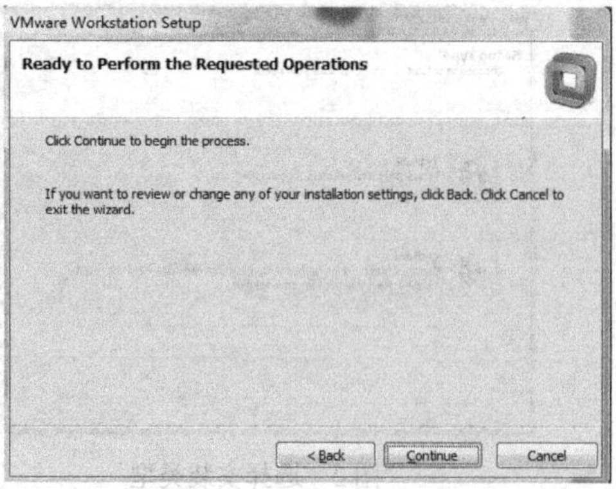

图 7　准备安装界面

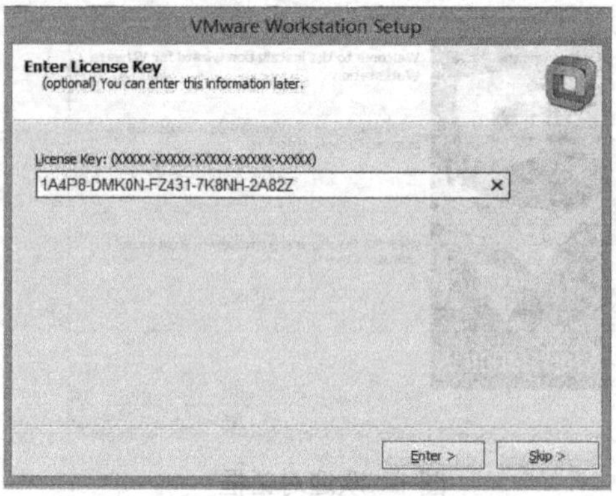

图 8　输入序列号对话框

9）输入序列号，单击“Enter”按钮完成安装。

10）安装完成后，打开虚拟机，同意许可协议，安装成功后如图 9 所示。

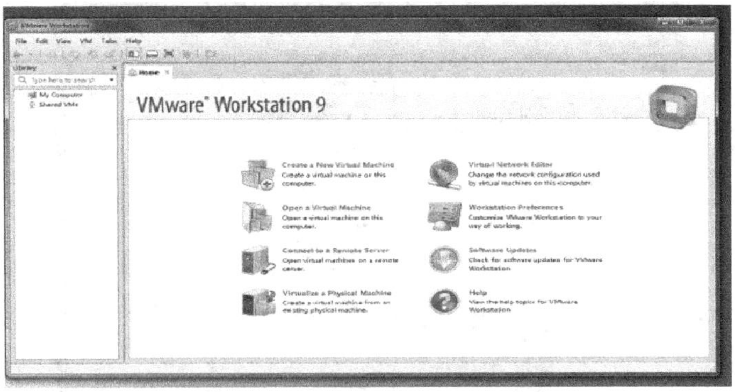

图 9　虚拟机主界面

11）对英文版 VMware Workstation 9 进行汉化，具体如下。

首先解压 VMware Workstation 9 汉化包.rar，然后使用任务管理器将 VMware Workstation 所有进程结束，将解压后得到的“VMware Workstation 9 汉化包.rar”文件夹的所有文件复制到虚拟机的安装目录中（32 位或者 64 位自行选择）。成功汉化后如图 10 所示。

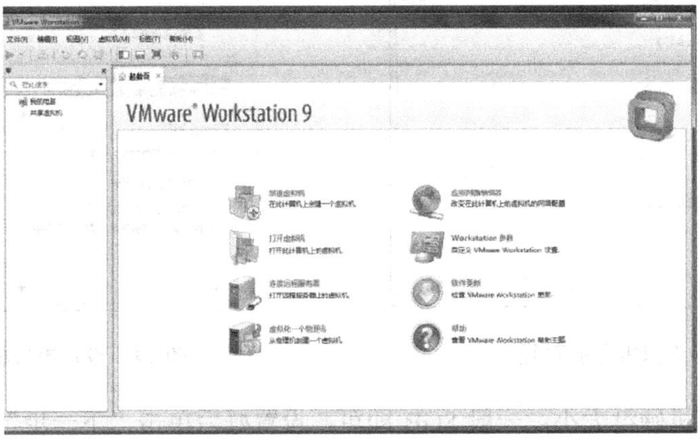

图 10　汉化后的虚拟机主界面

12）单击“新建虚拟机”按钮新建一个虚拟机，出现如图 11 所示对话框。

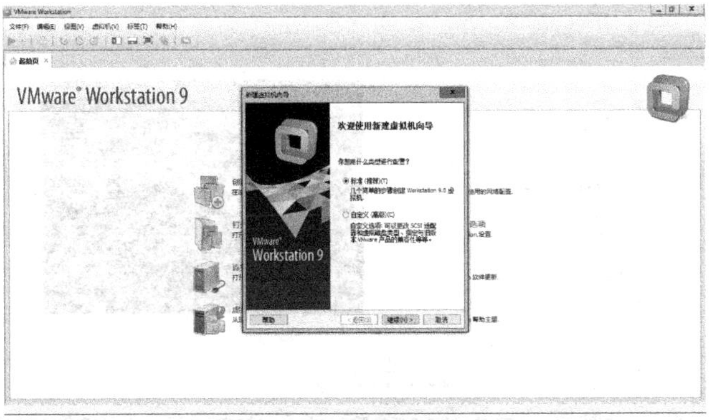

图 11　虚拟机配置

13）选中“标准”单选按钮，单击“下一步”按钮，出现如图 12 所示对话框。

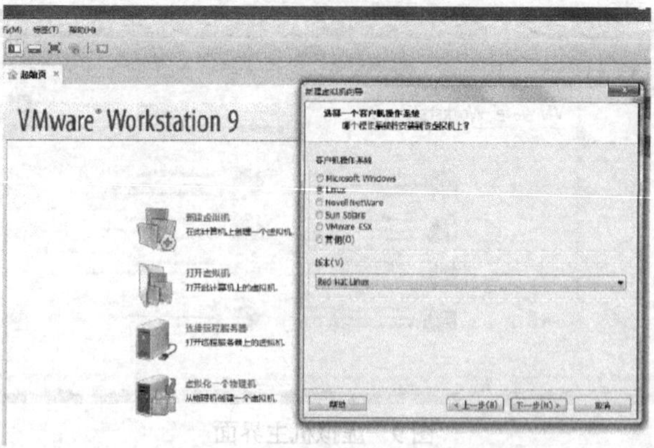

图 12　选择虚拟机操作系统

14）选中“Linux”单选按钮，单击“下一步”按钮，出现如图 13 所示对话框。

15）选好虚拟机存放路径后，单击“下一步”按钮，出现如图 14 所示对话框。

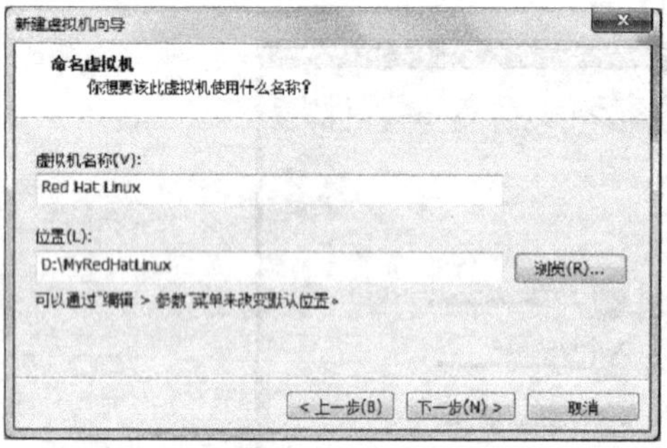

图 13　选择虚拟机存放路径

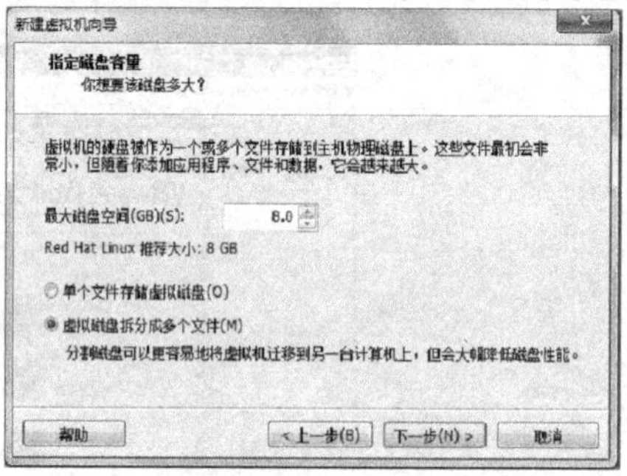

图 14　设定虚拟机硬盘大小

16）设置虚拟机硬盘大小，一般 8GB 即可，设置好后单击“下一步”按钮，如图 15 所示。虚拟机安装成功。

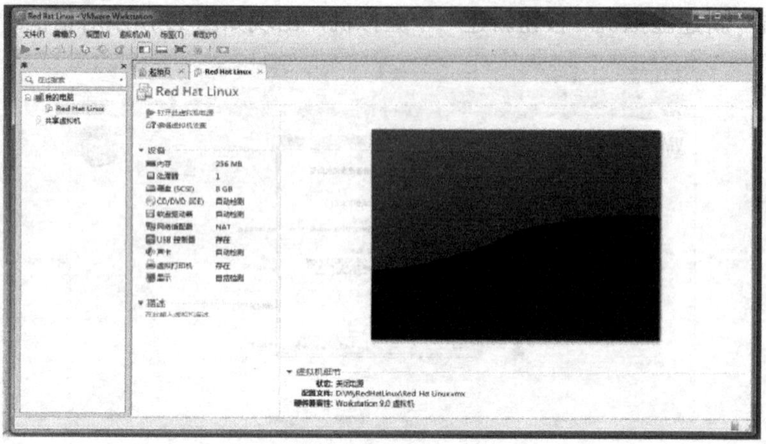

图 15　虚拟机安装成功

2．RedHat Linux 9 安装

（1）准备工作

1）RedHat 9 的安装光盘（3 张盘）或镜像文件。

2）在硬盘中至少留两个分区给安装系统用，挂载点所用分区推荐 4GB 以上，交换分区不用太大，250MB 左右比较适合，文件系统格式不限，因为在安装过程会重新格式化。

3）记录下计算机中下列设备型号：鼠标、键盘、显卡、网卡、显示器。及网络设置用到的 IP 地址、子网掩码、默认网关和 DNS 名称服务器地址等。

（2）安装 RedHat Linux 9

1）启动虚拟机，将自动进入 RedHat Linux 安装界面。该界面上面：直接按〈Enter〉键表示以“图形界面”安装；若想以文本界面安装，则输入“linux text”后按〈Enter〉键。这里直接按〈Enter〉键，以图形界面安装，如图 16 所示。

2）直接按〈Enter〉键，打开如图 17 所示界面。

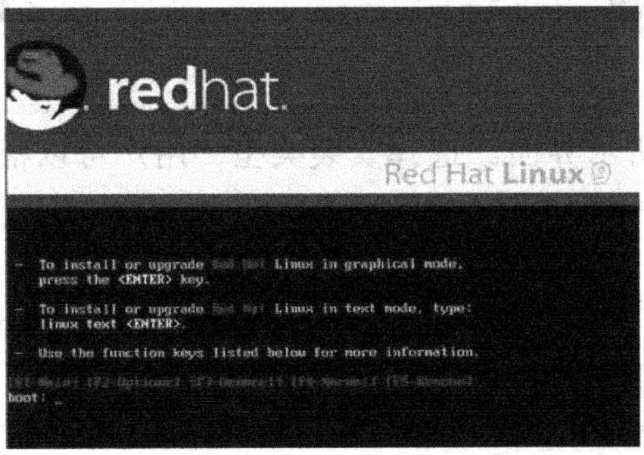

图 16　启动界面

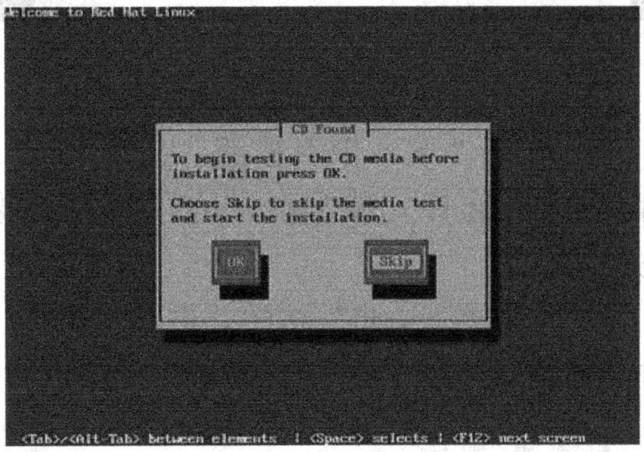

图 17　检查光盘介质

3）“OK”表示检查光盘，“Skip”表示跳过检查。这里选择“Skip”，之后进入如图 18 所示界面。

4）单击“Next”按钮，出现如图 19 所示界面，这里选择“简体中文”。

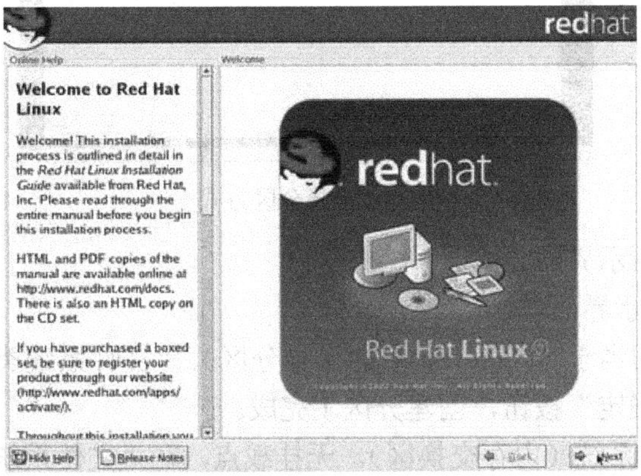

图 18　欢迎安装

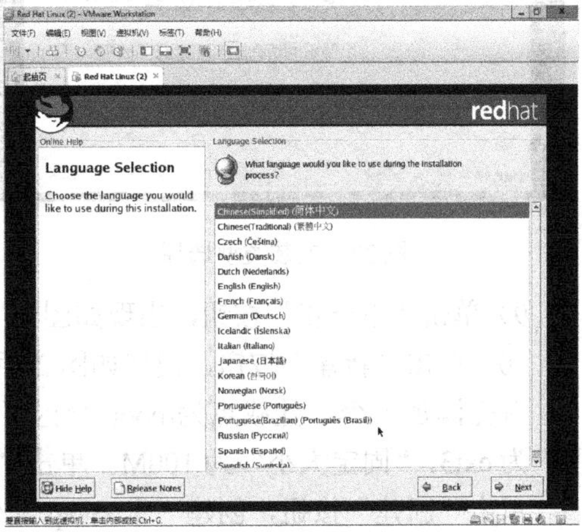

图 19　选择安装界面语言

5）单击“Next”按钮，选择语言种类，出现如图 20 所示界面。选择“US.English”美式键盘。

6）单击“下一步”按钮，出现如图 21 所示界面，这里选择默认“带滑轮鼠标”。

图 20　键盘配置

图 21　鼠标配置

7）单击“下一步”按钮，出现如图 22 所示界面。选择安装类型。用户可以根据实际需求来选择安装类型，为了后面实验要使用不同的工具，因此这里选择“定制”方式安装。

8）单击“下一步”按钮，进入如图 23 所示界面。分区方式分为自动和手动。根据不同用户的需求要提前进行分区规划，在这里选择“手工分区”方式。

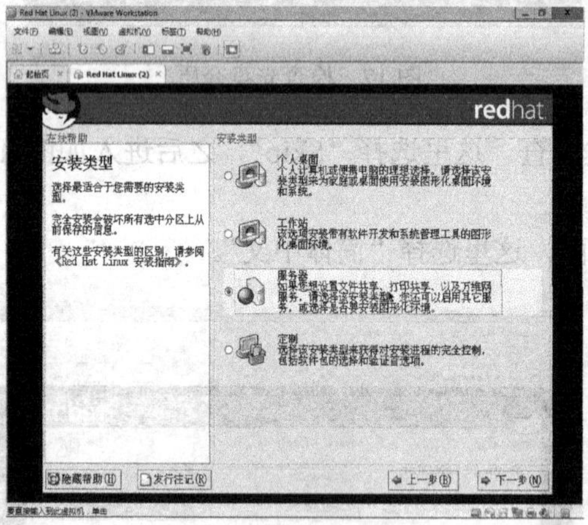

图 22　安装类型选择

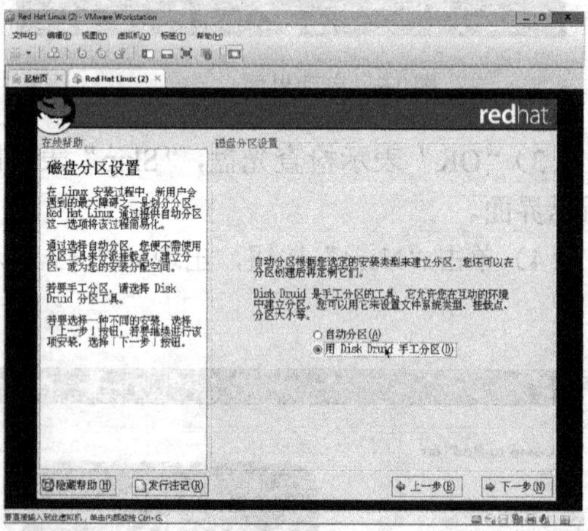

图 23　选择分区方式

9）单击“下一步”按钮，出现如图 24 所示界面。

10）单击“新建”按钮，出现如图 25 所示界面。

首先添加一个，挂载点为/boot 分区（相当于 Windows 下的引导分区），“文件系统类型”为 ext3，“固定大小”为 100M。单击“确定”按钮，创建分区 1 完成。

单击“新建”按钮，创建一个 swap 文件系统（内存交换区）。无挂载点，在“文件系统类型”栏选择“swap”，大小为虚拟机内存的两倍，由于内存设为 1024MB(即 1GB)，则设置“swap”扇区大小为 2048MB（即 2GB），如图 26 所示。创建分区 2 完成。

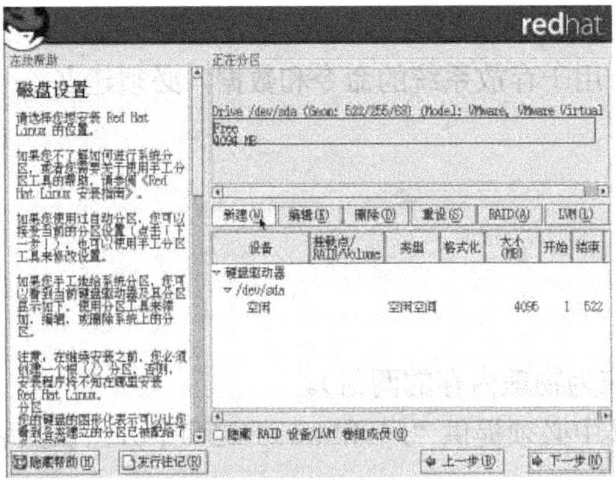

图 24　分区界面

图 25　创建分区 1

单击“新建”按钮，创建挂载点为“/”根分区，“文件系统类型”为 ext3，把剩余的全部空间分配给它。在“大小”选项中选择“使用全部可用空间”，如图 27 所示。单击“确定”按钮，创建分区 3 完成。

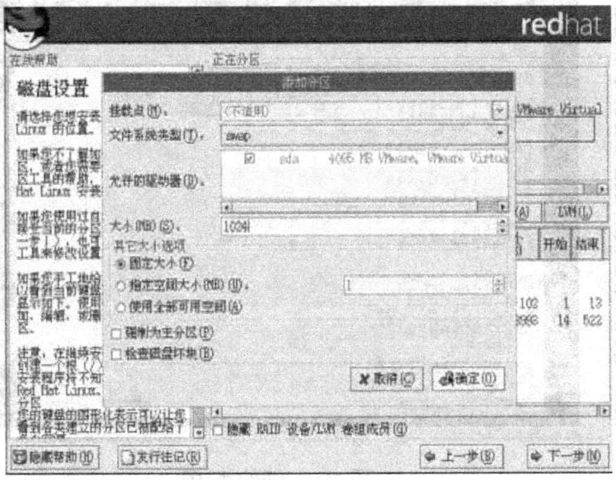

图 26　创建分区 2

图 27　创建分区 3

11）单击“下一步”按钮，出现如图 28 所示界面。

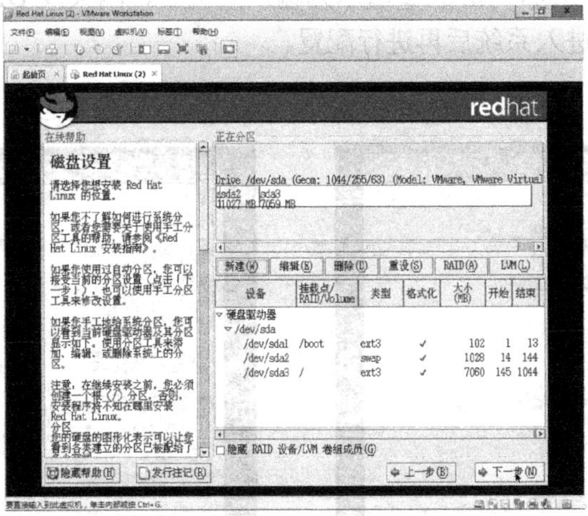

图 28　磁盘设置完成

在设置过程中遇到的不同分区类型具体说明如下。

/分区：这是“/”（根目录）被挂载的位置，用于存放系统的命令和数据，必须建立。

/boot 分区：存放 Linux 启动相关的程序。

/usr 分区：存放 Linux 的应用程序。

/Home 分区：存放用户目录和数据的分区。

/tmp 分区：存放临时文件的分区。

/var 分区：存放各种日志、邮件等。

swap 分区：用于实现虚拟内存（建议至少应为物理内存的两倍）。

在安装 Linux 时进行分区规划最为关键，其中必须提供“/”和 swap 这两个分区供安装程序使用。

12）单击“下一步”按钮，进入如图 29 所示界面。

13）单击“下一步”按钮，进入如图 30 所示界面。

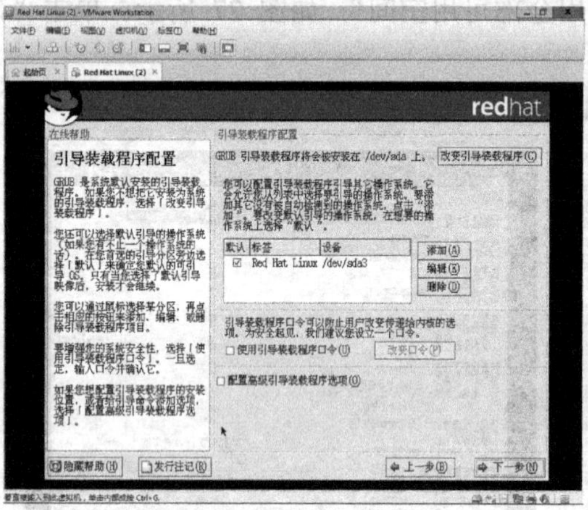

图 29　引导装载程序配置

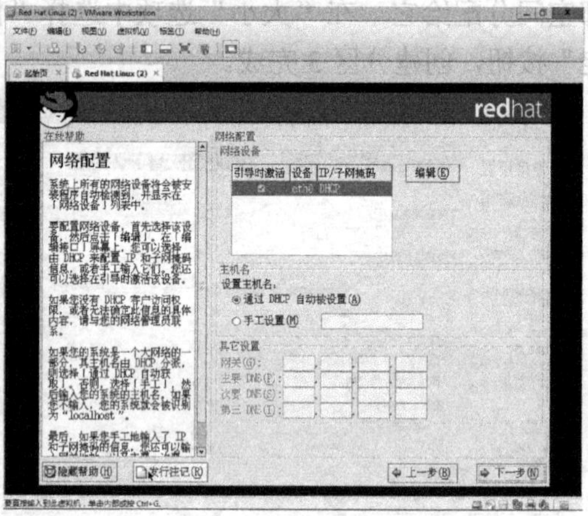

图 30　网络配置

网络配置界面。若有网络设备需要使用网络就必须配置相关网络参数。如图 31 所示为配置静态 IP、子网掩码信息，如图 32 所示为输入主机名、网关及 DNS 服务器等信息。如果不清楚具体配置也可以进入系统后再进行配置。

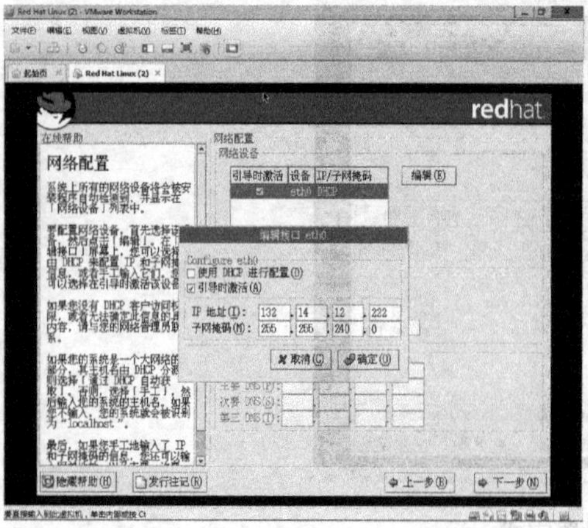

图 31　配置 IP 地址和子网掩码

图 32　配置主机名、网关和 DNS

14）单击“下一步”按钮出现防火墙配置，如图 33 所示。为了搭建一个简单的实验环境这里设置为“无防火墙”。

15）单击“下一步”按钮，进行附加语言支持设置。

图 33　防火墙配置

图 34　选择语言支持

Linux 可以安装并支持多种语言，要注意的是只选择了一种语言，安装完成后只能使用该种语言，在这里选择“chinese”，如图 35 所示。

16）单击“下一步”按钮，进行时区选择界面。如图 35 所示选择“亚洲/上海”时区。

17）单击“下一步”进行根口令设置，如图 36 所示。设置 root 超级用户根口令。根账号（root 用户）与 Windows 操作系统中的管理员账号类似，具有最高权限，因此在设置口令时要加强安全意识，最好选择字母、数字、符号的组合且不少于 6 位。

图 35　选择时区

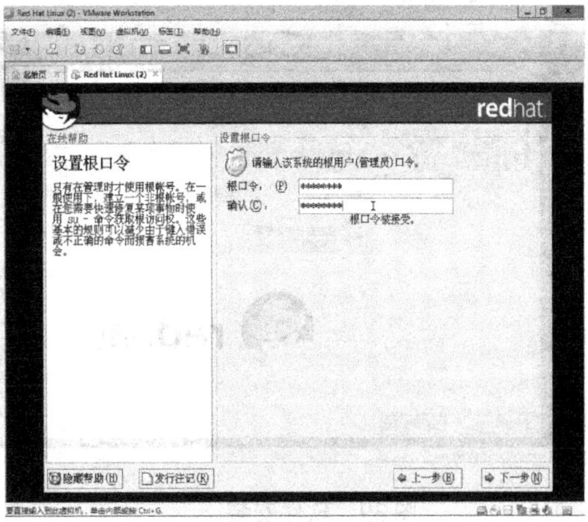

图 36　设置根口令

18）单击“下一步”按钮，选择软件包组，如图 37 所示。

安装需要的软件。由于在开始选择的是定制安装，因此要根据自身需求来选择安装的软件包，比如“编辑器”“开发工具”等。对于要安装一个软件包组，只需选中它旁边的复选框；若安装个别软件包，先单击“细节”，进入后选择所需软件即可。

19）单击“下一步”按钮，出现如图 38 所示界面。

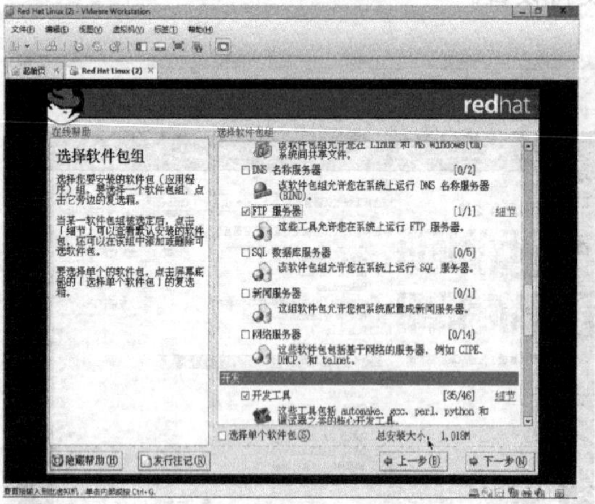

图 37　选择软件包组

图 38　即将安装界面

20）单击“下一步”，将正式进入软件安装界面，如图 39 所示。界面中显示安装进度提示，速度的快慢取决于用户所选择的软件包数量和设备的性能。

21）单击“下一步”按钮，出现如图 40 所示界面。当出现“请插入第二张光盘”时，按〈Alt+Ctrl〉键进行 windows 系统界面与 VMware Workstation 界面的切换，然后选择虚拟机上方的“虚拟机”→“可移动设备”→“CD-ROM”→“编辑”→“选择第二个 ISO 镜像文件”。单击“确定”按钮。

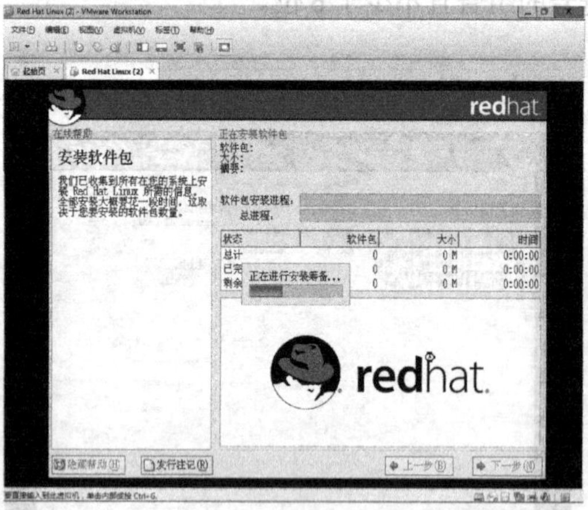

图 39　软件安装

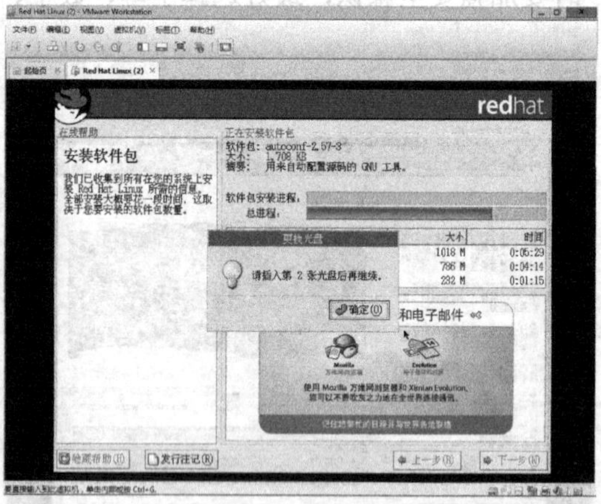

图 40　更换光盘

22）待到所有软件都安装完后，单击“下一步”按钮，出现如图 41 界面。选择“否，我不想创建引导盘”单选按钮，单击“下一步”按钮，进行“图形化界面的配置”“显示器配置”。在这里系统会自动检测相关硬件，不需要进行更改，默认选择即可。

23）单击“下一步”按钮安装完成，单击“退出”按钮，如图 42 所示。

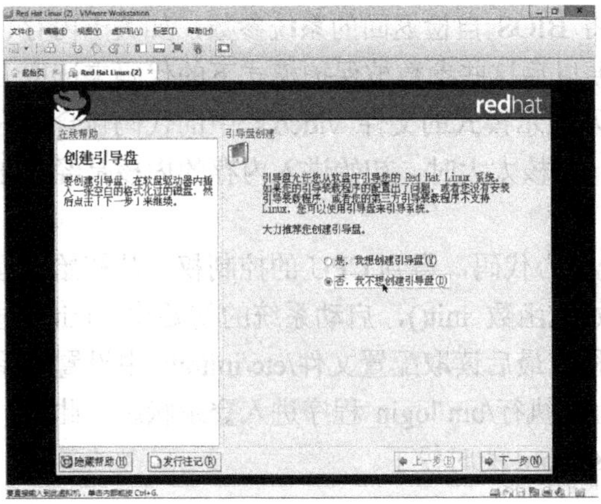

图 41　创建引导盘

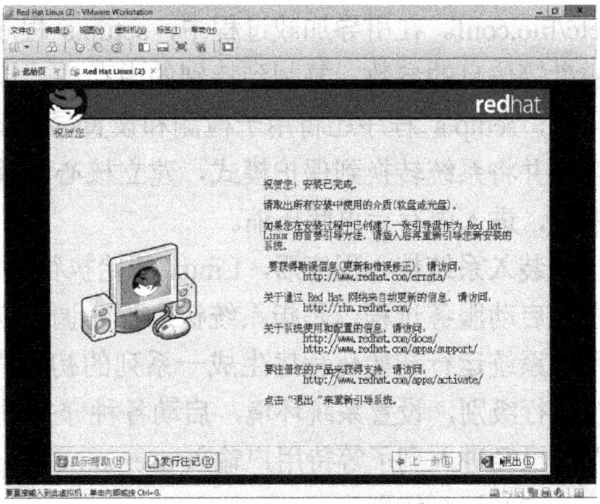

图 42　安装完成

2．Linux 启动过程

（1）系统引导

开机过程指的是从打开计算机电源直到 Linux 显示用户登录画面的全过程。分析 Linux 开机过程也是深入了解 Linux 核心工作原理的一个很好的途径。

1）从开机到自检完成进入操作系统引导。

打开计算机电源，计算机会首先加载 BIOS 信息。BIOS 中包含了 CPU 的相关信息、设备启动顺序信息、硬盘信息、内存信息、时钟信息、PnP 特性等。在此之后，计算机读取硬件设备。在 BIOS 将系统的控制权交给硬盘第一个扇区之后，就开始由 Linux 来控制系统了。

硬盘上第 0 磁道第一个扇区即主引导记录（Master Boot Record，MBR），大小是 512B，里面却存放了预启动信息、分区表信息。MBR 分为两部分：第一部分为引导（PRE-BOOT）区，占 446B；第二部分为分区表（PARTITION PABLE），共有 66 字节，记录硬盘的分区信息。预引导区的作用之一是找到标记为活动（ACTIVE）的分区，并将活动分区的引导区读入内存。

系统找到 BIOS 所指定硬盘的 MBR 后，就会将其复制到 0×7c00 地址所在的物理内存中。其实被复制到物理内存的内容就是 BootLoader，而具体到用户的计算机，就是 LILO 或者 GRUB 了。

2）从装入系统核心程序到建立核心环境过程。

执行磁盘中系统的初始化程序加载器，并将系统核心程序装入内存。在 Linux 系统中有两种类型的引导加载器：LILO（Linux Loader）和 GRUB（Grand Unified BootLoader）。

LILO：是一个 Linux 加载程序，在系统启动时运行，用于引导计算机的操作系统。

GRUB：是一个多重操作系统启动程序，在启动时选择希望运行的操作系统，用于选择操作系统分区上的不同内核。

LILO 是最老的 Linux 引导加载器，是所有 Linux 发行版的标准组件。GRUB 来源于 GNU 支持，是一种新的引导加载器。除 GRUB 具有交互命令界面支持网络引导外，这两种加载器没有本质上的区别。引导加载器的功能主要是把 Linux 内核可执行代码写入内存，同时将引导加载器本身的执行代码写入引导分区，并将引导加载器配置信息存入文件

/etc/lilo.conf。在引导加载过程中，setup.s 程序将 BIOS 自检返回的系统参数，如关于内存、磁盘等信息的参数，复制到特别的内存中，以便以后这些参数被保护模式下的代码来读取。同时，setup.s 程序还将用于检测和设置显示器及显示模式的文件 video.s 中的代码包含进内存，并将系统转换到保护模式，建立核心环境。内核太大时，初始进入内存的内核是经过压缩的，进入内存后再解压缩。

装入系统核心程序后，Linux 开始执行系统核心代码，得到 CPU 的控制权。从初始化程序到启动服务过程，是指系统核心程序调用初始化函数 init()，启动系统的初始化（init）过程。系统运行初始化程序生成一系列的初始进程，最后读取配置文件/etc/inittab 中设置的系统运行级别，设置系统环境，启动各种守护进程，执行/bin/login 程序进入登录状态。此时，系统已经进入到了等待用户输入 username 和 password 的时候了。

（2）运行级别

运行级别就是系统运行时所处的一种状态，分为从 0～6 共 7 个级别，具有不同的功能，这些级别在/etc/inittab 文件中指定。在 RedHat Linux 9 系统中，不同的运行级别定义如表 1 所示。

表 1　系统运行级别定义

代　号	说　明
0	所有进程将被终止，机器将有序的停止，关机时系统处于这个运行级别
1	单用户模式。用于系统维护，只有少数进程运行，同时所有服务也不启动
2	多用户模式。和运行级别 3 一样，只是网络文件系统（NFS）服务没被启动
3	多用户模式。允许多用户登录系统，是系统默认的启动级别
4	留给用户自定义的运行级别
5	多用户模式，并且在系统启动后运行 X-Window，给出一个图形化的登录窗口
6	所有进程被终止，系统重新启动

通常情况下，系统运行在多用户输出资源运行级，即运行级别为 3；有时为了文件安全，会选择不输出资源和不提供任何网络服务的运行级 2；在系统进行备份或系统出现问题而修复时，会选择运行级 1。有的操作系统版本将运行级 4 定义为厂家的维护模式。

3．Linux 用户界面

通常 Linux 系统向用户提供两种界面：字符界面（CLI）和图形化用户界面（GUI）。

（1）Linux 字符界面

Linux 字符界面主要应用于网络环境中，虽然图形化用户界面比较简单直观，但是使用字符界面的工作方式仍然十分常见。这主要因为：目前的图形化用户界面还不能完成所有的系统操作，部分操作仍然必须在字符界面下进行；而且字符界面占用的系统资源较少且更加高效。

进入字符界面的方法有：在图形环境下开启终端窗口进入，在系统启动后直接进入，使用远程登录方式进入。

1）虚拟控制台。

如果在系统启动时直接进入字符工作方式，系统将提供多个（默认 6 个）虚拟控制台，彼此间独立使用，互不影响。可以使用组合键〈Alt+F1〉～〈Alt+F6〉进行多个虚拟控制台之间的切换。如果使用 startx 命令在字符界面下启动了图形环境，可以使用组合键

〈Ctrl+Alt+F1〉～〈Ctrl+Alt+F6〉切换字符虚拟终端，使用〈Ctrl+Alt+F7〉切换到图形界面。

2）本地登录的注销。

若要注销登录，在终端输入 logout 命令，或〈Ctrl+D〉。超级用户的命令提示符是"#"，普通用户的命令提示符是"$"。

3）远程登录 Linux 系统。

- 在 Linux 环境下使用 ssh 命令（OpenSSH 的客户端）登录远程 Linux 系统（启动 OpenSSH 服务器）。
- 在 Windows 环境下使用 putty 登录远程 Linux 系统。

putty 是一个绿色软件，支持 telnet、ssh、rlogin 等多种连接方式。

（2）Linux 图形化用户界面

图形化用户界面以其直观、形象的界面和生动友好的操作方式，给用户使用和管理计算机系统带来了很多便利。我们熟知的 Microsoft Windows 系列正是凭借出色的图形操作界面赢得了广大计算机用户的喜爱，在 RedHat Linux 操作系统中也提供了图形化用户界面。

1）登录。

使用 RedHat Linux 系统的第一个步骤是登录。登录又称验证（Authentication）。如果输入了错误的用户名或口令，则此用户不被允许进入系统。

与某些操作系统不同，RedHat Linux 系统使用账号来管理特权、维护安全等。不是所有的账号都“生”来平等的，某些账号所拥有的文件访问权限和服务要比其他账号多。

- 图形化登录。

当系统被引导时，显示如图 43 所示的登录界面。在安装系统时若没有设置用户自己的主机名，此时默认主机名是 localhost。

图 43　图形化登录界面

在图形化登录界面以根用户登录，在登录提示后输入 root，按〈Enter〉键，在口令提示后输入在创建 root 账户时选择的口令，然后按〈Enter〉键。要以普通用户登录，在登录提示后输入用户名，按〈Enter〉键，在口令提示后输入在创建用户账号时选择的口令，然后按〈Enter〉键。从图形化登录界面登录会自动启动图形化桌面。

- 虚拟控制台登录。在安装过程中，如果没有选择工作站或个人桌面安装，而选择要使用文本登录类型，在系统被引导后，会出现以下相仿的登录提示：

```
Red Hat Linux release 9
Kernel 2.4.18-14 on an i686
localhost login:
```

在控制台上以根用户登录，在登录提示后输入 root，按〈Enter〉键，在口令提示后输入安装时设置的根口令，然后按〈Enter〉键。要以普通用户登录，在登录提示后输入用户名，按〈Enter〉键，在口令提示后输入口令，然后按〈Enter〉键。

登录后，输入 startx 来启动图形化桌面。

2）注销。

- 图形化桌面注销。要注销图形化桌面会话，选择“主菜单”→“注销”命令，弹出如图 44 所示的确认对话框，单击“确定”按钮。如果要保存桌面的配置以及还在运行的程序，则选中“保存当前设置”复选框。
- 虚拟控制台注销。如果在控制台上登录了图形化界面系统，输入命令 exit 或按〈Ctrl+D〉来注销。

图 44　确认注销对话框界面

3）关机。

- 图形化界面关闭：选择“关闭计算机”选项，然后单击“确定”按钮退出系统。
- 虚拟控制台关闭：在 Shell 提示下关闭计算机，需输入命令 halt。有的计算机会在关闭 RedHat Linux 后自动切断电源。有的计算机则不会自动切断电源，可在看到“System halted”这条消息后，手动切断计算机电源。

3. 使用图形化界面

安装 RedHat Linux 系统时会要求选择安装一个图形化环境，一旦启动了 X 窗口系统，会看到一个称为“桌面”的图形化界面，如图 45 所示。

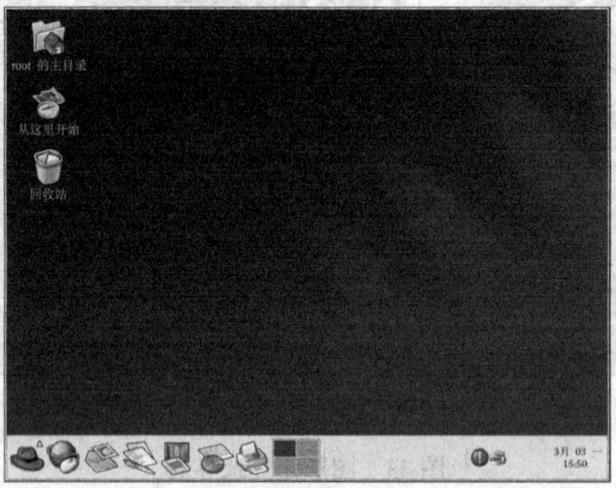

图 45　桌面环境

（1）使用桌面

图形化桌面环境会使用户轻松地进入计算机上的应用程序和系统设置。有 3 种工具：面板图标、桌面图标以及菜单系统。

横贯桌面底部的长条叫作面板（Panel）。面板上包含应用程序启动器、用于通知警告图标的通知区域以及叫作小程序（Applet）的小型应用程序。它们允许用户控制音量、切换工作区、并显示系统状态。

桌面上其他地方的图标可以是文件夹、应用程序启动器或光盘、软盘之类的可移设备（在它们被挂载后出现）的快捷途径。要打开一个文件夹或启动一个应用程序，双击相应的图标即可。

菜单系统可以通过单击“主菜单”按钮来进入。用户还可以选择桌面上的“从这里开始”“应用程序”命令来进入。

桌面的工作方式和其他操作系统类似。可以把文件或程序的图标拖放到容易存取的地方；可以为文件和程序在桌面、面板和文件管理器中添加新图标；可以改变多数工具和应用程序的外观；还可以使用提供的配置工具来改变系统设置等。

（2）使用面板

桌面面板是横贯屏幕底部的长条，如图 46 所示，它包含了便于使用系统的图标和小型程序。面板最左侧的是“主菜单”，其中包含到所有应用程序的菜单项目的快捷途径。嵌入在面板中的小程序在不妨碍用户工作的同时，允许运行指定任务、监控系统或者服务。通知区域中放置的是通知警告图标，如 Red Hat 网络的图标。

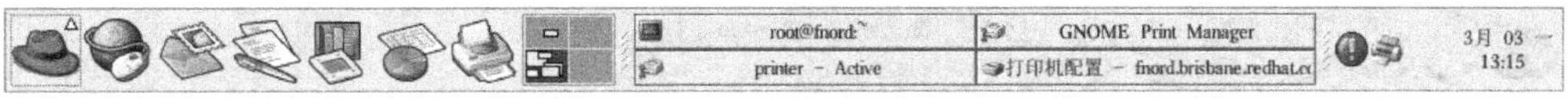

图 46　桌面面板

1）使用“主菜单”。

单击面板上的“主菜单”按钮把它扩展成一个大型菜单集合，在这里可以启动在 RedHat Linux 中大部分的应用程序。注意，除了推荐的应用程序以外，还可以启动每个子菜单中的附加程序，这些子菜单能够打开系统上大量的应用程序。从“主菜单”中还可以注销、从命令行运行应用程序、寻找文件或锁住屏幕（这会运行有口令保护的屏幕保护程序）。

2）使用小程序。

小程序是运行在面板上的小型应用程序。小程序通常会监控系统中的各类情况并显示出来。

3）工作区切换器。

图形化桌面提供了使用多个工作区的能力。因此，用户不必把所有运行的应用程序都堆积在一个可视桌面区域。工作区切换器把每个工作区（或桌面）都显示为一个小方块，然后在上面显示运行着的应用程序。可以单击任何一个小方块来切换，还可以使用键盘快捷方式〈Ctrl+Alt+向上箭头〉、〈Ctrl+Alt+向下箭头〉、〈Ctrl+Alt+向右箭头〉或〈Ctrl+Alt+向左箭头〉来在桌面间切换，如图 47 所示。

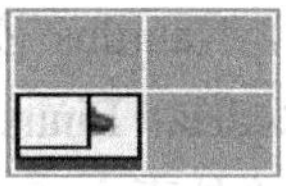

图 47　工作区切换器

4）任务条。

工作区切换器旁边的小程序是任务条。任务条可以显示任意虚拟桌面上运行的应用程序。应用程序在最小化时候，可以单击它在任务条上的名称来令其重现在桌面上，如图 48。

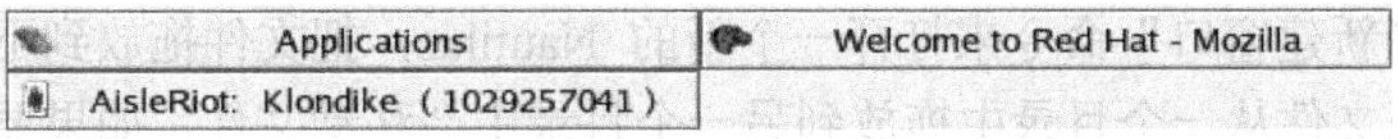

图 48　任务条

5）使用通知区域。

RedHat 网络更新通知工具。

RedHat 网络更新通知工具是通知区域的一部分。它提供了一种简捷的系统更新方式，确保系统时刻使用 RedHat 的最新勘误和错误修正来更新。该小程序向我们显示不同的图像来表明系统处于最新状态还是需要升级。如果单击了该图标，一个可用更新列表就会被显示。要更新现有系统，单击该按钮来启动 RedHat 更新代理。如果此时没有在 RedHat 网络注册，它会启动注册程序。右击小程序图标会显示一个可从中选择的选项列表。

- 验证图标。通知区域有时会显示一个钥匙图标。这是一个安全通知，当用户取得系统的根权限验证时，它就会发出警告；当验证超时后，它就会消失。
- 打印机通知警告图标。打印机通知警告图标允许用户管理自己的打印作业。单击这个图标来查看正在运行的打印作业，右击作业并选择“取消”选项来取消这个作业。
- 在面板上添加图标和小程序。要使面板适合个人需要，可以在上面添加更多小程序和启动器图标。右击面板上的未用区域，选择“添加到面板”，然后从“附件”菜单中选择。选定了小程序后，它就会出现在面板上。在如图 49 所示中，显示当前本地天气和气温的“气象报告”小程序被添加到面板上。

图 49 面板上的气象报告小程序

要在面板上添加一个启动器的话，右击面板上的空白区域，从弹出的快捷菜单中选择“添加到面板”→“启动器”命令，弹出一个对话框。在该对话框中输入应用程序的名称、位置和启动它的命令（如 /usr/bin/foo），甚至为这个应用程序选择一个图标。单击“确定”按钮，这个新启动器图标就会出现在面板上。

6）配置桌面面板。

用户可以自动或手动地隐藏面板，把它放置在桌面上的任一边上，改变它的大小和颜色，或者改变它的行为方式。要改变默认的面板设置，右击面板上的空白区域，从弹出的快捷菜单中选择“属性”命令。可以设置面板的大小，它在桌面上的位置以及是否想在不使用面板时自动隐藏它（“自动隐藏”）。如果选择了要自动隐藏面板，除非把指针移到面板上（叫作徘徊，hovering），否则它是不会出现在桌面上的。

（3）使用 Nautilus

图形化桌面包括了一个 Nautilus 文件管理器。它提供了系统和个人文件的图形化显示。然而，Nautilus 不仅仅是文件的可视列表，它还允许从一个综合界面来配置桌面，配置个人的 RedHat Linux 系统、浏览影集、访问网络资源等。一言以蔽之，Nautilus 已成为整个桌面的“外壳”（Shell）。

要作为文件管理器来启动 Nautilus，双击主目录图标。Nautilus 出现后，可以在主目录中或文件系统的其他部分漫游。若回到主目录，单击“主目录”按钮即可。

浏览器窗口中包含文件夹和文件。我们可以使用鼠标来把它们拖放或复制到新位置。选择“文件”→“新建窗口”命令来打开一个新的 Nautilus，把文件拖放到不同的目录中。按照默认设置，把文件从一个目录中拖放到另一个目录中会移动文件，如果要把文件复制到另一个目录中，需要在拖放时按住〈Ctrl〉键。

（4）从这里开始

从最常使用的应用程序到系统和配置文件，“从这里开始”容纳了所有使用系统所需的工具和应用程序，它提供了一个使用和定制系统的中心点。

“从这里开始”屏幕中包括了许多图标，这些图标可以编辑桌面首选项、进入「主菜单」项目、使用服务器配置工具、以及编辑系统设置。

例：改变桌面背景。

要改变图形化桌面的外观，须使用背景首选项工具来改变桌面的背景。可以从/usr/share/backgrounds/ 目录内包括在RedHat Linux 中的背景图像中选择，也可以使用自己的图像。

启动背景首选项工具，右击桌面，从弹出的快捷菜单中选择“改变桌面背景”命令。或者可以双击“从这里开始”图标，选择“首选项”→“背景”命令，如图50所示。

图50　更改桌面背景

在设置个性桌面时，“居中”选项把所选的图像放置在桌面正中，并使用默认的背景颜色来填充剩余的桌面空间。要想不平铺图像而使它填满桌面，可以使用“缩放”或“拉伸”选项，如图51所示。

图51　背景图片的位置

实验二 进程创建

实验目的

1）掌握进程的概念，明确进程的含义。

2）熟悉在C语言源程序中使用Linux提供的系统调用界面的方法。

3）使用系统调用wait()和exit()，实现父子进程同步。

实验内容

1）父进程创建子进程。实现父进程创建一个子进程，返回后父子进程都分别循环输出字符串“I am parent.”或“I am child.”5次，每输出一次后使用sleep(1)延时1s，然后再进入下一次循环，如下所示。将该源程序编译连接后执行，观察并分析运行结果。

2）父子进程同步。修改上述程序，使用 exit()和 wait()实现父子进程同步，其同步方式为父进程等待子进程的同步，即：子进程先循环输出5次，然后父进程再循环输出5次。观察是否有不同的结果出现。

实验指导

1. 进程的基本概念

当运行任何一个Linux命令时，Shell至少会建立一个进程来运行这个命令，所以可以把任何在Linux系统中运行的程序叫作进程；但是进程并不是程序，进程是动态的，而程序是静态的，并且多个进程可以并发地调用同一个程序。

系统中每一个进程都包含一个 task_struct 数据结构，所有指向这些数据结构的指针组成一个进程向量数组，系统默认的进程向量数据大小是512，表示系统中可同时容纳512个进程。进程的task_struct数据结构包括了进程的状态、调度信息、进程标识符等信息。

由于Linux系统是一个多进程的操作系统，所以每一个进程都是独立的，都有自己的权限及任务，所以当某一进程失败时并不会导致其他进程失败。系统通过进程标识符来区分不同的进程，进程标识符是一个非负整数，它在任何时刻都是唯一的，当某个进程结束时，他的进程标识符可以分配给另外一个新进程。系统将标识符 0分配给调度进程，标识符1分配给初始化进程。

进程在运行期间，会用到很多资源，包括最宝贵的 CPU 资源，当某一个进程占用 CPU 资源时，其他的进程必须等待正在运行的进程空闲 CPU 后才能运行，由于存在很多进程在等待，所以内核通过调度算法来决定将CPU分配给哪个进程。

系统在刚刚启动时，运行于内核方式，这时只有一个初始化进程在运行，他首先做系统的初始化，然后执行初始化程序（一般是/sbin/init）。初始化进程是系统的第一个进程，以后所有的进程都是初始化进程的子进程。

Linux 中的进程共有 5 种状态。

1）运行状态：进程正在运行或在运行队列中等待运行。

2）可中断等待状态：进程正在等待某个事件完成（如等待数据到达）。等待过程中可以被信号或定时器唤醒。

3）不可中断等待状态：进程正在等待某个事件完成并且等待中不可以被信号或定时器唤醒，必须一直等待到事件发生。

4）僵死状态：进程已终止，但进程描述符依然存在，直到父进程调用 wait()函数后释放。

5）停止状态：进程因为收到 SINSTOP，SIGSTP，SIGTIN，SGIOU 信号后停止运行或者该进程正在被跟踪。

实例说明：

在 include/linux/sched.h 中可以看到 Linxu 中进程状态的具体实现：

```
#define TASK_RUNNING            0
#define TASK_INTERRUPTIBLE      1
#define TASK_UNINTERRUPTIBLE    2
#define TASK_ZOMBIE             4
#define TASK_STOPPED            8
```

其中：

- TASK_RUNNING 是就绪态，进程当前只等待 CPU 资源。
- TASK_INTERRUPTIBLE 和 TASK_UNINTERRUPTIBLE 都是阻塞态，进程当前正在等待除 CPU 外的其他系统资源；前者可以被信号唤醒，后者不可以。
- TASK_ZOMBIE 是僵尸态，进程已经结束运行，但是进程控制块尚未注销。
- TASK_STOPPED 是挂起状态，主要用于调试目的。进程接收到 SIGSTOP 信号后会进入该状态，在接收到 SIGCONT 后又会恢复运行。

2. 进程内存映像

Linux 中程序转化成进程分为 4 个阶段，预编译、编译、汇编、链接。编译器 GCC 经过预编译，编译，汇编 3 个步骤将源程序文件转换为目标文件。

当程序执行时，操作系统将可执行程序复制到内存中。程序转化为进程通常需要经过以下步骤。

1）内核将程序读入内存，为程序分配内存空间。

2）内核为该进程分配进程标识符（PID）和其他资源。

3）内核为该进程保存 PID 及相应的状态信息，把进程放到运行队列中等待执行。程序转化为进程后就可以被操作系统的调度程序执行了。

进程的内存映像是指内核在内存中如何存放可执行程序文件。在将程序转化为进程的过程中，操作系统将可执行程序由硬盘复制到内存中。

Linux 中程序映像的一般布局如下。

1）代码段：代码段是只读的，可被多个进程共享。

2）数据段：存储已被初始化的变量，包括全局变量和已被初始化的静态变量。

3）未初始化数据段：存储未被初始化的静态变量，它也被称为 bss 段。

4）堆：用于存放程序运行中动态分配的变量。

5）栈：用户函数调用，保存函数的返回地址、函数的参数、函数内部定义的局部变量。

3. 查看进程

在终端中通过命令 ps 或 pstree 查看当前系统中的进程。

用 ps 命令可以查看进程的当前状态：运行状态为 R，可中断等待状态为 S，不可中断等待状态为 D，僵死状态为 Z，停止状态为 T。

【例 2. 1】 通过 ps 命令查看 PID 和 STAT。

```
root@localhost root# ps -eo pid,stat
PID        STAT
1          S
722        S
726        S
1088       Z
1091       Z
1163       R
1165       S
```

4. 进程所涉及的系统调用

（1）进程创建

```
fork()
```

创建一个新进程。

系统调用格式：

```
pid=fork()
```

参数定义：

```
int fork()
```

fork()返回值意义如下：

- 为 0，　　表示在子进程中，pid 变量保存的 fork()返回值为 0，表示当前进程是子进程。
- 为>0，　　表示在父进程中，pid 变量保存的 fork()返回值为子进程的 id 值。
- 为-1，　　表示创建失败。

调用 fork 函数后，当前进程分裂为两个进程，一个是原来的父进程，另一个是刚创建的子进程。父进程调用 fork()后返回值是子进程的 ID，子进程中返回值是 0，若进程创建失败，只返回-1。失败原因一般是父进程拥有的子进程个数超过了规定限制（返回 EAGAIN）或者内存不足（返回 ENOMEM）。可以依据返回值判断进程，一般情况下调用 fork 函数后父子进程谁先执行是未定的，取决于内核所使用的调度算法。一般情况下 OS 让所有进程享有同等执行权，除非某些进程优先级高。若有一个孤儿进程，即父进程先于子进程死去，子进程将会由 init 进程收养。

【例 2.2】 通过 fork()函数创建一个进程。

```
#include<sys/types.h>
#include<unistd.h>
#include<stdio.h>
main()
{   pid_t pid;
    printf("PID before fork() :%d\n",(int)getpid());
    pid = fork();
    if(pid < 0)
          printf("error in fork!\n");
    else if(0 == pid)
        printf("I'm the child process, CurpPID is %d,ParentPid is %d \n",pid,(int)getppid());
    else
      printf("I'm the parent process,child PID is %d,ParentPID is %d\n",pid,(int)getpid());
}
```

程序经过调试后结果如下：

```
root@localhost root#/work/process_thread/fork$ ./fork
PID before fork() :4566
I'm the parent process,child PID is 4567,ParentPID is 4566
I'm the child process, CurpPID is 0,ParentPid is 4566
```

从程序执行结果可以看出：调用 fork()函数后返回两个值，子进程返回值为 0，而父进程的返回值为创建的子进程的进程 ID。

（2）父子进程之间的基本同步

子进程终止时执行 exit()向父进程发终止信号，父进程使用 wait()等待子进程的终止。利用 exit()和 wait()实现父进程等待子进程的同步的最简单的方法是：在子进程结束处使用系统调用 exit()，使子进程自我终止，并向该父进程发终止信号；在父进程中需要等待子进程结束处使用系统调用 wait(0)。

（3）深入理解 fork()

fork()创建子进程需要将父进程的每种资源都复制一个副本，系统开销很大，不过这些开销并不是所有的情况都是必需的。例如，一个进程调用 fork()函数创建一个子进程后，子进程接下来调用 exec()执行另一个可执行文件，调用 fork()中对于虚存空间的复制将是多余的。Linux 中采用 copy-on-write 技术，fork()函数复制数据段和堆栈段，是“逻辑”的，而非“物理”的。即实际执行 fork()时，物理空间上两个进程的数据段和堆栈段都还是共享的，一旦有一个进程写入了某个数据后，系统才会将有区别的“页面”从物理上真正分离。因此，系统在空间上的开销就可以达到最小。

参考程序源代码

实验内容 1 源代码：

```
main()
{   int p1,i;
```

```
        while ((p1=fork())==-1)
        if (p1>0)
          for (i=0;i<5;i++)
          { printf("I am parent.\n");
           sleep(1);
          }
        else
          for (i=0;i<5;i++)
          {  printf("I am child.\n");
             sleep(1);
          }
    }
```

实验内容 2 源代码：

```
    main()
    {   int p1,i;
        while ((p1=fork())==-1)
        if (p1>0)
        {  wait(0);
           for (i=0;i<5;i++)
           {  printf("I am parent.\n");
                sleep(1);
           }
        }
        else
        {   for (i=0;i<5;i++)
           {  printf("I am child.\n");
              sleep(1);
           }
           exit(0);
        }
    }
```

实验三 进程控制

实验目的

1）掌握 fork()以外的进程创建方法。

2）熟悉进程的睡眠、同步、撤销等进程控制方法。

实验内容

1）用 fork()创建一个进程，再调用 exec()用新的程序替换该子进程的内容。

2）利用 wait()来控制进程执行顺序。

实验指导

1. 实验设计的系统调用

在 Linux 操作系统中，fork()是一个非常有用的系统调用，但有时希望子进程能独立运行另外一个新的进程且 pid 不会发生改变，那么就需要用到下面介绍的 exec()系统调用。

2. exec()

实际上在 Linux 中，并不存在一个 exec()的函数形式，exec 指的是一组函数，一共有 6 个，分别是：

```
#include <unistd.h>
int execl(const char *path, const char *arg, ...);
int execlp(const char *file, const char *arg, ...);
int execle(const char *path, const char *arg, ..., char *const envp[]);
int execv(const char *path, char *const argv[]);
int execvp(const char *file, char *const argv[]);
int execve(const char *path, char *const argv[], char *const envp[]);
```

其中只有 execve 是真正意义上的系统调用，其他都是在此基础上经过包装的库函数。

exec 函数族的作用是根据指定的文件名找到可执行文件，并用它来取代调用进程的内容，换句话说，就是在调用进程内部执行一个可执行文件。这里的可执行文件既可以是二进制文件，也可以是任何 Linux 下可执行的脚本文件。

与一般情况不同，exec 函数族的函数执行成功后不会返回，因为调用进程的实体，包括代码段、数据段和堆栈等都已经被新的内容取代，只留下进程 ID 等一些表面上的信息仍保持原样，颇有些神似“三十六计”中的“金蝉脱壳”。看上去还是旧的躯壳，却已经注入了新的灵魂。只有调用失败了，它们才会返回一个-1，从原程序的调用点接着往下执行。

在 Linux 中，当有进程认为自己不能为系统和用户做出任何贡献了，它就可以发挥最后一点余热，调用任何一个 exec()，让自己以新的面貌重生；或者更普遍的情况是，如果一个进程想执行另一个程序，它就可以 fork()出一个新进程，然后调用任何一个 exec()，这样看起来就好像通过执行应用程序而产生了一个新进程一样。

【例 3. 1】 exec 函数族调用示例。

```
#include <unistd.h>
main()
{
        char *envp[]={"PATH=/tmp","USER=lei","STATUS=testing",NULL};
        char *argv_execv[]={"echo", "excuted by execv", NULL};
        char *argv_execvp[]={"echo", "executed by execvp", NULL};
        char *argv_execve[]={"env", NULL};
        if(fork()==0)
            if(execl("/bin/echo", "echo", "executed by execl", NULL)<0)
                perror("Err on execl");
        if(fork()==0)
            if(execlp("echo", "echo", "executed by execlp", NULL)<0)
                perror("Err on execlp");
        if(fork()==0)
            if(execle("/usr/bin/env", "env", NULL, envp)<0)
                perror("Err on execle");
        if(fork()==0)
            if(execv("/bin/echo", argv_execv)<0)
                perror("Err on execv");
        if(fork()==0)
            if(execvp("echo", argv_execvp)<0)
                perror("Err on execvp");
        if(fork()==0)
            if(execve("/usr/bin/env", argv_execve, envp)<0)
                perror("Err on execve");
}
```

程序里调用了两个 Linux 常用的系统命令，echo 和 env。echo 会把后面跟的命令行参数原封不动地打印出来，env 用来列出所有环境变量。由于各个子进程执行的顺序无法控制，所以有可能出现一个比较混乱的输出——各子进程打印的结果交杂在一起，而不是严格按照程序中列出的次序。

运行的结果如下：

```
# ./exec
executed by execl
PATH=/tmp
USER=lei
```

```
STATUS=testing
executed by execlp
excuted by execv
executed by execvp
PATH=/tmp
USER=lei
STATUS=testing
```

3. exec()和 fork()联合使用

系统调用 exec()和 fork()联合使用能为程序开发提供有力支持。用 fork()建立子进程，然后再子进程中使用 exec()，这样就实现了父进程与一个跟它完全不同的子进程的并发执行。

一般，wait()、exec()联合使用的格式为：

```
int status;
if (fork()==  0)
{
execl(…);
}
wait(&status);
```

4. vfork()函数

vfork()函数不同于 fork()函数，vfork()函数创建的子进程共享地址空间，即子进程完全运行在父进程的地址空间上，子进程对虚拟地址空间任何数据的修改同样为父进程所见，但是用 vfork()函数创建子进程后，父进程会被阻塞，直到子进程执行 exec()或 exit()。

5. wait()

进程一旦调用了 wait()，就立即阻塞自己，由 wait()自动分析是否当前进程的某个子进程已经退出，如果让它找到了这样一个已经变成僵尸的子进程，wait()就会收集这个子进程的信息，并把它彻底销毁后返回；如果没有找到这样一个子进程，wait()就会一直阻塞在这里，直到有一个出现为止。

系统调用格式：

```
int wait（status）
int * status;
```

其中，status 是用户空间的地址。它的低 8 位反映子进程状态，为 0 表示子进程正常结束，非 0 则表示出现了各种各样的问题；高 8 位则带回了 exit()返回值，exit()返回值由系统给出。

【例 3.2】 利用函数 wait()阻塞子进程。

```
#include <sys/types.h>
#include <sys/wait.h>
#include <unistd.h>
#include <stdlib.h>
```

```
main()
{   pid_t pc,pr;
    pc=fork();
    if(pc<0)                    /* 如果出错 */
    printf("error ocurred!\n");
    else if(pc==0)              /* 如果是子进程 */
    {   printf("This is child process with pid of %d\n",getpid());
        sleep(10);              /* 睡眠 10 秒钟 */
    }
    else                        /* 如果是父进程 */
    {   pr=wait(NULL);          /* 在这里等待 */
        printf("I catched a child process with pid of %d\n"),pr);
    }
exit(0);
}
```

运行结果如下：

```
# ./wait1
   This is child process with pid of 1508
   I catched a child process with pid of 1508
```

可以明显注意到，在第 2 行结果打印出来前有 10 秒钟的等待时间，这就是设定的让子进程睡眠的时间，只有子进程从睡眠中苏醒过来，它才能正常退出，也就才能被父进程捕捉到。其实这里不管设定子进程睡眠的时间有多长，父进程都会一直等待下去，读者如果有兴趣的话，可以试着自己修改一下这个数值，看看会出现怎样的结果。

6. exit()

终止进程的执行。

系统调用格式：

```
void exit（status）
int status;
```

其中，status 是返回给父进程的一个整数，以备查考。

不像 fork()那么难理解，从 exit()的名字就能看出，这个系统调用是用来终止一个进程的。无论在程序中的什么位置，只要执行到 exit 系统调用，进程就会停止剩下的所有操作，清除包括 PCB 在内的各种数据结构，并终止本进程的运行。

【例 3.3】 下面是利用 exit()终止进程的一个简单例子。

```
#include<stdlib.h>
main()
{   printf("this process will exit!\n");
    exit(0);
    printf("never be displayed!\n");
}
```

编译并运行结果如下：

```
#gcc exit_test1.c -o exit_test1
#./exit_test1
this process will exit!
```

通过运行结果我们可以看到，程序并没有打印后面的"never be displayed!"，因为在此之前，执行到 exit(0)时，进程就已经终止了。exit()系统调用带有一个整数类型的参数 status，我们可以利用这个参数传递进程结束时的状态，比如说，该进程是正常结束的，还是出现某种意外而结束的，一般来说，0 表示没有意外的正常结束；其他的数值表示出现了错误，进程非正常结束。在实际编程时，可以用 wait 系统调用接收子进程的返回值，从而针对不同的情况进行不同的处理。

参考程序源代码

```
#include <stdio.h>
#include <unistd.h>
main()
{  int pid;
   switch(进程 pid)
   {     case -1:                                   /* 创建失败 */
                 printf ( “fork fail! \n” );
                 exit(1);
         case 0:                                    /* 子进程 */
                 execl()创建;
                 printf ( “exec fail! \n” );
                 exit(1);
         default:                                   /* 父进程 */
                 等待;                              /* 同步 */
                 printf ( “ls completed ! \n” );
                 exit(0);
   }
}
```

实验四　进 程 互 斥

实验目的

进一步认识并发执行的实质，学习解决进程互斥的方法。

实验内容

用 lockf()给每个进程加锁实现进程之间的互斥。

实验指导

本实验中涉及的系统调用如下：

```
lockf（files，function，size）
```

lockf()用于锁定文件的某些段或整个文件。
函数的头文件为：

```
# include “unistd.h”
```

参数定义：

```
int lockf (files,function,size)
int files,function;
long size;
```

其中，files 是文件描述符。function 是锁定和解锁：1 表示锁定，0 表示解锁。size 是锁定或解锁的字节数，为 0 表示从文件的当前位置到文件尾。

参考程序源代码

```
# include <stdio.h>
# include <unistd.h>
main()
{    int p1,p2,i;
     while((p1=fork())== -1）                /*创建子进程 p1 */
     if (p1 == 0)
     { 加锁;                                  /* 第一个参数为 stdout（标准输出设备的描述符）*/
       for(i=0;i<10;i++)
       printf( “daughter %d\n”,i);
       解锁;
```

```
        }
        else
        {while((p2=fork())== -1)              /*创建子进程 p2 */
                if (p2== 0)
                {  加锁;
                   for(i=0;i<10;i++)
                   printf( "son %d\n" ,i);
                   解锁;
                }
                else
                {  加锁;
                   for(i=0;i<10;i++)
                   printf( "parent %d\n" ,i);
                   解锁;
                }
        }
    }
```

从输出结果来看，大致与未上锁的输出结果相同，也是随着执行时间不同，输出结果的顺序有所不同。究其原因，主要在于上述程序执行时，不同进程之间不存在共享临界资源问题，所有加锁与不加锁效果相同。

实验五　进 程 同 步

Linux 系统上运行有多个进程，其中许多都是独立运行。然而，有些进程必须相互合作以达成预期目的，因此彼此间需要通信和同步机制。

实验目的

1）掌握操作系统的进程同步原理。

2）熟悉 Linux 的进程同步原语。

实验内容

编写程序，运用同步原语来实现进程间的同步。

实验指导

1. P、V 操作的基本概念

P、V 操作与信号量的处理相关，P 表示通过的意思，V 表示释放的意思。

P、V 操作是典型的同步机制之一，用一个信号量与一个消息联系起来，当信号量的值为 0 时，表示期望的消息尚未产生；当信号量的值非 0 时，表示期望的消息已经存在。用 P、V 操作实现进程同步时，调用 P 操作测试消息是否到达，调用 V 操作发送消息。对一个信号量变量可以进行两种原语操作：P 操作和 V 操作。对于具体的实现，方法非常多，可以用硬件实现，也可以用软件实现。采用如下的定义：

```
procedure p(var s:samephore);
{   s.value=s.value-1;
    if (s.value<0) asleep(s.queue);
}
procedure v(var s:samephore);
{   s.value=s.value+1;
    if (s.value<=0) wakeup(s.queue);
}
```

其中用到两个标准过程：

asleep(s.queue)，执行此操作的进程控制块进入 s.queue 尾部，进程变成等待状态。

wakeup(s.queue)，将 s.queue 头进程唤醒插入就绪队列。

对于这个过程，s.value 初值为 1 时，用来实现进程的互斥。

2. Linux 的进程同步原语

（1）wait()

阻塞父进程、子进程执行。

（2）#include <sys/types.h>

include <sys/ipc.h>

key_t ftok (char * pathname,char proj);

（3）int semget(key_t key,int nsems,int semflg)

返回值：如果成功，则返回信号量集的 IPC 标识符。如果失败，则返回-1：

其中，errno=EACCESS（没有权限）

EEXIST（信号量集已经存在，无法创建）

EIDRM（信号量集已经删除）

ENOENT（信号量集不存在，同时没有使用 IPC_CREAT）

ENOMEM（没有足够的内存创建新的信号量集）

ENOSPC（超出限制）

系统调用 semget()的第一个参数是关键字值（一般是由系统调用 ftok()的返回值）。系统内核将此值和系统中存在的其他信号量集的关键字值进行比较。打开和存取操作与参数 semflg 中的内容相关。IPC_CREAT 如果信号量集在系统内核中不存在，则创建信号量集。当 IPC_EXCL 和 IPC_CREAT 一同使用时，如果信号量集已经存在，则调用失败。如果单独使用 IPC_CREAT，则 semget()要么返回新创建的信号量集的标识符，要么返回系统中已经存在的同样的关键字值的信号量的标识符。如果 IPC_EXCL 和 IPC_CREAT 一同使用，则要么返回新创建的信号量集的标识符，要么返回-1。IPC_EXCL 单独使用没有意义。参数 nsems 指出了一个新的信号量集中应该创建的信号量的个数。信号量集中最多的信号量的个数是在 linux/sem.h 中定义的：

```
#defineSEMMSL32/*<=512maxnumofsemaphoresperid*/
```

下面是一个打开和创建信号量集的程序：

```
intopen_semaphore_set(key_t keyval,int numsems)
{  intsid;
    if(!numsems)
    return(-1);
    if((sid=semget(mykey,numsems,IPC_CREAT|0660))==-1)
    {  return(-1);
    }
    return(sid);
};
```

（4）semop()

```
int semop(int semid,struct sembuf*sops,unsign ednsops)
```

返回值：0，成功。-1，失败：

EACCESS（权限不够）

errno=E2BIG（nsops 大于最大的 ops 数目）

EAGAIN（使用了 IPC_NOWAIT，但操作不能继续进行）
EFAULT（sops 指向的地址无效）
EIDRM（信号量集已经删除）
EINTR（当睡眠时接收到其他信号）
EINVAL（信号量集不存在，或者 semid 无效）
ENOMEM（使用了 SEM_UNDO，但无足够的内存创建所需的数据结构）
ERANGE（信号量值超出范围）

第一个参数是关键字值。第二个参数是指向将要操作的数组的指针。第三个参数是数组中操作的个数。参数 sops 指向由 sembuf 组成的数组。此数组是在 linux/sem.h 中定义的：

```
/*semop systemcall takes an array of these*/
structsembuf
{   ushortsem_num;/*semaphore index in array*/
    shortsem_op;/*semaphore operation*/
    shortsem_flg;/*operation flags*/
    sem_num/*将要处理的信号量的个数*/
    sem_op/*要执行的操作*/
    sem_flg/*操作标志*/
}
```

如果 sem_op 是负数，那么信号量将减去它的值。这和信号量控制的资源有关。如果没有使用 IPC_NOWAIT，那么调用进程将进入睡眠状态，直到信号量控制的资源可以使用为止。如果 sem_op 是正数，则信号量加上它的值。这也就是进程释放信号量控制的资源。最后，如果 sem_op 是 0，那么调用进程将调用 sleep()，直到信号量的值为 0。这在一个进程等待完全空闲的资源时使用。

（5）semctl()

```
int semctl(int semid,int semnum,int cmd,union semunarg)
```

返回值：如果成功，则为一个正数。
如果失败，则为-1：
errno=EACCESS（权限不够）
EFAULT（arg 指向的地址无效）
EIDRM（信号量集已经删除）
EINVAL（信号量集不存在，或者 semid 无效）
EPERM（EUID 没有 cmd 的权利）
ERANGE（信号量值超出范围）

系统调用 semctl()用来执行在信号量集上的控制操作。这和在消息队列中的系统调用 msgctl()是十分相似的。但这两个系统调用的参数略有不同。因为信号量一般是作为一个信号量集使用的，而不是一个单独信号量。所以在信号量集的操作中，不但要知道 IPC 关键字值，也要知道信号量集中具体的信号量。这两个系统调用都使用了参数 cmd，它用来指出要操作的具体命令。两个系统调用中的最后一个参数也不一样。在系统调用 msgctl()中，最后一个参数是指向内核中使用的数据结构的指针。使用此数据结构来取得有关消息队列的一些信息，以及设置或者改变队列的存取权限和使用者。但在信号量中支持额外的可选的命令，这样就要求有一个更为复杂的数据结构。

系统调用 semctl()的第一个参数是关键字值，第二个参数是信号量数目。

参数 cmd 中可以使用的命令如下：

- IPC_STAT 读取一个信号量集的数据结构 semid_ds，并将其存储在 semun 中的 buf 参数中。
- IPC_SET 设置信号量集的数据结构 semid_ds 中的元素 ipc_perm，其值取自 semun 中的 buf 参数。
- IPC_RMID 将信号量集从内存中删除。
- GETALL 用于读取信号量集中的所有信号量的值。
- GETNCNT 返回正在等待资源的进程数目。
- GETPID 返回最后一个执行 semop 操作的进程的 PID。
- GETVAL 返回信号量集中的一个单个的信号量的值。
- GETZCNT 返回这在等待完全空闲的资源的进程数目。
- SETALL 设置信号量集中的所有的信号量的值。
- SETVAL 设置信号量集中的一个单独的信号量的值。

参考程序源代码

```
#include <sys/types.h>
#include <sys/ipc.h>
#include <sys/sem.h>
#include <errno.h>
#include <stdlib.h>
#include <stdio.h>
#include<fcntl.h>
#include<unistd.h>

#define KEY1 1492
#define KEY2 1493
#define KEY3 1494
#define IFLAGS (IPC_CREAT|IPC_EXCL)
#define N 1

#define SEMKEY1 (key_t)0x2000
#define SEMKEY2 (key_t)0x2001
#define SEMKEY3 (key_t)0x2002

union semun
{    int val;
     struct semid_ds *buf;
     unsigned short * ary;
```

```
}
int ctr_sem(key_t key,int inival)
{     union semun argument;
      int id;
      if ((id=semget(key,1,IPC_CREAT))<0)
      {    printf("semget error\n");
      }
      argument.val=inival;
      if (semctl(id,0,SETVAL,argument)<0)
      { printf("semctrl error\n");
      }
      return id;
}

int sem_init(key_t key, int inival)
{     int semid;
      union semun arg;
      semid=semget(key,1,0660|IFLAGS);
      arg.val=inival;
      semctl(semid, 0, SETVAL, arg);
      return semid;
}

void P(int semid)
{     struct sembuf sb;
            sb.sem_num=0;
            sb.sem_op=-1;
            sb.sem_flg=0;
      semop(semid,&sb,1);
}

void V(int semid)
{     struct sembuf sb;
            sb.sem_num=0;
            sb.sem_op=1;
            sb.sem_flg=0;
      semop(semid,&sb,1);
}

int productItem()
{     static int i=1;
      printf("Produce a product %d\n",i);
      return i++;
}
```

```
void consumeItem(int item)
{   printf("Consume a product %d\n",item);
}

int main(void)
{     int nshm=shmget(ftok("/root",'a'),1024,IPC_CREAT);
      int *buffer=(int *)shmat(nshm,0,0);
      int products=sem_init(SEMKEY1,0);
      int space=sem_init(SEMKEY2,N);
      int mutex=sem_init(SEMKEY3,1);
      int i=0, j=0;
      if(fork()==0)
     {     int item;
           while(1)
           {     P(space);
                 P(mutex);
                 item=productItem();
                       *(buffer + sizeof(int)*i)=item;
                        i=(i+1)%N;
                 V(mutex);
                 V(products);
           }
      }
      else
      {     int item;
            while(1)
            {  P(products);
               P(mutex);
                        item=*(buffer + sizeof(int)*j);
                        j=(j+1)%N;
               consumeItem(item);
               V(mutex);
               V(space);
            }
      }
      return 0;
}
```

实验六　进 程 通 信

实验目的

1）了解信号、管道、消息、共享内存的概念。

2）熟悉 Linux 系统中进程之间通信的几种基本原理。

实验内容

1）用 fork()创建两个子进程，再调用 signal()让父进程捕捉中断信号；捕捉到中断信号后，父进程调用系统调用 kill()向两个子进程发出信号，父进程等待两个子进程终止后再输出。

2）通过创建管道实现父进程和子进程之间的通信。

3）编写程序，实现父进程从 stdin 读取字符串并保存到共享内存中，子进程从共享内存中读出数据并输出到 stdout。

实验指导

1. 信号

（1）信号的基本概念

信号（signal）机制是 UNIX 系统中最为古老的进程之间的能信机制。它用于在一个或多个进程之间传递异步信号，很多条件可以产生一个信号。Linux 下的进程通信手段基本上是从 UNIX 平台上的进程通信手段继承而来的，在早期的 Linux 版本中又把信号称为软中断。

1）当用户按某些终端键时，产生信号。在终端上按〈Delete〉键通常产生中断信号（SIGINT）。这是停止一个已失去控制程序的方法。

2）硬件异常产生信号：除数为 0、无效的存储访问等。这些条件通常由硬件检测到，并将其通知内核。然后内核为该条件发生时正在运行的进程产生适当的信号。例如，对于执行一个无效存储访问的进程产生一个 SIGSEGV。

3）进程用 kill（2）函数可将信号发送给另一个进程或进程组。当然有些限制：接收信号进程和发送信号进程的所有者都必须相同，或发送信号进程的所有者必须是超级用户。

4）用户可用 Kill（ID 值）命令将信号发送给其他进程。此程序是 Kill 函数的界面。常用此命令终止一个失控的后台进程。

5）当检测到某种软件条件已经发生，并将其通知有关进程时也产生信号。这里并不是指硬件产生条件（如被 0 除），而是软件条件。例如 SIGURG（在网络链接上传来非规定波特率的数据）、SIGPIPE（在管道的读进程已终止后一个进程写此管道），以及 SIGALRM（进程所设置的闹钟时间已经超时）。

内核为进程生产信号，来响应不同的事件，这些事件就是信号源。主要信号源如下：

- 异常：进程运行过程中出现异常。
- 其他进程：一个进程可以向另一个或一组进程发送信号。
- 终端中断：Ctrl+C，Ctrl+\等。
- 作业控制：前台、后台进程的管理。
- 分配额：CPU 超时或文件大小突破限制。
- 通知：通知进程某事件发生，如 I/O 就绪等。
- 报警：计时器到期。

常用的信号：

- SIGHUP：从终端上发出的结束信号。
- SIGINT：来自键盘的中断信号〈Ctrl+C〉。
- SIGQUIT：来自键盘的退出信号。
- SIGFPE：浮点异常信号（例如浮点运算溢出）。
- SIGKILL：该信号结束接收信号的进程。
- SIGALRM：进程的定时器到期时，发送该信号。
- SIGTERM：kill 命令生出的信号。
- SIGCHLD：标识子进程停止或结束的信号。
- SIGSTOP：来自键盘（Ctrl+Z）或调试程序的停止扫行信号。

（2）信号的发送

信号的发送与捕捉 kill()和 raise()。kill()不仅可以中止进程，也可以向进程发送其他信号。

与 kill()函数不同的是，raise()函数运行向进程自身发送信号。

```
#include<sys/types.h>
#include<signal.h>
int kill(pid_t pid,int signo);
int raise(int signo);
```

函数返回：若成功则为 0，若出错则为-1。

（3）信号的处理

当系统捕捉到某个信号时，可以忽略该信号或是使用指定的处理函数来处理该信号，或者使用系统默认的方式。例如使用简单的 signal()函数。

```
signal()
#include<signal.h>
void (*signal (int signo,void (*func)(int)))(int)
```

返回：成功则为以前的信号处理配置，若出错则为 SIG_ERR。

func 的值是：a 常数 SIGIGN，或 b 常数 SIGDFL，或 c 当接到此信号后要调用的函数的地址。如果指定 SIGIGN，则向内核表示忽略此信号（有两个信号 SIGKILL 和 SIGSTOP 不能忽略）。如果指定 SIGDFL，则表示接到此信号后的动作是系统默认动作。当指定函数地址时，称此为捕捉此信号。称此函数为信号处理程序（Signal Handler）或信号捕捉函数

（Signal-Catching Funcgion）。

（4）部分源程序代码

```
#include <stdio.h>
#include <signal.h>
#include <unistd.h>

int wait_flag;
void stop( );
main( )
{    int pid1, pid2;                              // 定义两个进程号变量
     signal(3, stop);                             // 或者 signal(14,stop);
     while ((pid1 = fork( )) == -1);              // 若创建子进程 1 不成功,则空循环
     if (pid1 > 0)                                // 子进程创建成功,pid1 为进程号
     {    while ((pid2 = fork( )) == -1);         // 创建子进程 2
              if (pid2 > 0)
              {   wait_flag = 1;
                  sleep((5);                      // 父进程等待 5s
                  kill(pid1, 1 6);                // 杀死进程 1
                  kill(pid2,1 7);                 // 杀死进程 2
                        wait(0);                  // 等待第 1 个子进程 1 结束的信号
                        wait(0);                  // 等待第 2 个子进程 2 结束的信号
                  printf("\n Parent process is killed !!\n");
                        exit(0);                  // 父进程结束
              }
              else
              {   wait_flag = 1;
                          signal(17, stop);       // 等待进程 2 被杀死的中断号 17
                      printf("\n Child process 2 is killed by parent !!\n");
                      exit(0);
              }
     }
     else
     {   wait_flag = 1;
         signal(16, stop);                        // 等待进程 1 被杀死的中断号 16
              printf("\n Child process 1 is killed by parent !!\n");
         exit(0);
     }
     void stop( )
     wait_flag = 0;
}
```

2. 管道

管道是进程间通信中最古老的方式，包括无名管道和有名管道两种，前者用于父进程和子进程间的通信，后者用于运行于同一台机器上的任意两个进程间的通信。

1）无名管道由 pipe()函数创建。

```
#include <unistd.h>
int pipe(int filedis[2]);
```

参数 filedis 返回两个文件描述符：filedes[0]为读而打开，filedes[1]为写而打开。filedes[1]的输出是 filedes[0]的输入。创建无名管道实现通信的源程序代码如下。

```
#define INPUT 0
#define OUTPUT 1

void main()
{   int file_descriptors[2];                    /*定义子进程号 */
    pid_t pid;
    char buf[256];
    int returned_count;                        /*创建无名管道*/
    pipe(file_descriptors);                     /*创建子进程*/
    if(pid = fork()) == -1)
    {   printf("Error in fork/n");
        exit((1);
    }                                           /*执行子进程*/
    if(pid == 0)
    {     printf("in the spawned (child) process.../n"); /*子进程向父进程写数据，关闭管道的读端*/
          close(file_descriptors[INPUT]);
          write(file_descriptors[OUTPUT], "test data", strlen("test data"));
          exit(0);
     }
     else                                       /*执行父进程*/
     { printf("in the spawning (parent) process.../n"); /*父进程从管道读取子进程写的数据，关闭管道的写端*/
       close(file_descriptors[OUTPUT]);
       returned_count = read(file_descriptors[INPUT], buf, sizeof(buf));
       printf("%d bytes of data received from spawned process: %s/n",
       returned_count, buf);
     }
}
```

2）在 Linux 系统下，有名管道可由两种方式创建：命令行方式 mknod 系统调用和函数 mkfifo()。下面的两种途径都在当前目录下生成了一个名为 myfifo 的有名管道：一种是 mkfifo("myfifo","rw")，另一种是 mknod myfifo p。生成了有名管道后，就可以使用一般的文件 I/O 函数如 open、close、read、write 等来对它进行操作。部分源程序代码如下。

```
/* 进程一：读有名管道*/
  #include <stdio.h>
  #include <unistd.h>
  void main()
  {     FILE * in_file;
```

```
            int count = 1;
            char buf[80];
            in_file = fopen("mypipe", "r");
            if (in_file == NULL)
            {   printf("Error in fdopen./n");
                exit((1);
            }
             while ((count = fread(buf, 1, 80, in_file)) > 0)
             printf("received from pipe: %s/n", buf);
             fclose(in_file);
        }
/*  进程二：写有名管道*/
    #include <stdio.h>
    #include <unistd.h>
    void main()
    {    FILE * out_file;
         int count = 1;
         char buf[80];
         out_file = fopen("mypipe", "w");
         if (out_file == NULL)
         {    printf("Error opening pipe.");
              exit((1);
          }
         sprintf(buf,"this is test data for the named pipe example/n");
         fwrite(buf, 1, 80, out_file);
         fclose(out_file);
    }
```

3. 消息队列

消息队列用于运行于同一台机器上的进程间通信，它和管道很相似，是一个在系统内核中用来保存消息的队列，它在系统内核中是以消息链表的形式出现。消息链表中节点的结构用 msg 声明。事实上，消息队列是一种正逐渐被淘汰的通信方式，可以用流管道或者套接口的方式来取代它。

4. 共享内存

共享内存是运行在同一台机器上的进程间通信最快的方式，因为数据不需要在不同的进程间复制。通常由一个进程创建一块共享内存区，其余进程对这块内存区进行读写。得到共享内存有两种方式：映射/dev/mem 设备和内存映像文件。前一种方式不给系统带来额外的开销，但在现实中并不常用，因为它控制存取的将是实际的物理内存，在 Linux 系统下，这只有通过限制 Linux 系统存取的内存才可以做到，这当然不太实际。常用的方式是通过 shmXXX 函数族来实现利用共享内存进行存储的。

首先要用的函数是 shmget()，它获得一个共享存储标识符：

```
#include <sys/types.h>
#include <sys/ipc.h>
```

```
#include <sys/shm.h>

int shmget(key_t key, int size, int flag);
```

这个函数有点类似 malloc()函数，系统按照请求分配 size 大小的内存用作共享内存。当共享内存创建后，其余进程可以调用 shmat()将其链接到自身的地址空间中。

```
void *shmat(int shmid, void *addr, int flag);
```

shmid 为 shmget()函数返回的共享存储标识符，addr 和 flag 参数决定了以什么方式来确定连接的地址，函数的返回值即是该进程数据段所链接的实际地址，进程可以对此进程进行读写操作。

使用共享存储来实现进程间通信的注意点是对数据存取的同步，必须确保当一个进程读取数据时，它所想要的数据已经写好了。通常，信号量用来实现对共享存储数据存取的同步，另外，可以通过使用 shmctl()函数设置共享存储内存的某些标志位如 SHM_LOCK、SHM_UNLOCK 等来实现。

参考程序源代码

```
#include <stdio.h>
#include <stdlib.h>
#include <string.h>
#include <sys/types.h>
#include <sys/ipc.h>
#include <sys/shm.h>

#define BUFFER_SIZE 2048

int main()
{    pid_t pid;
     int shmid;
     char *shm_addr;
     char flag[]="Parent";
          char buff[BUFFER_SIZE];                    // 创建当前进程的私有共享内存
     if ((shmid=shmget(IPC_PRIVATE,BUFFER_SIZE,0666）)<0)
     {    perror("shmget");
          exit(（1）;
      }
     else
     printf("Create shared memory: %d.\n",shmid);
     printf("Created shared memory status:\n");
     system("ipcs -m");
          // ipcs 命令往标准输出写入一些关于活动进程间通信设施的信息
          // -m 表示共享内存
     if((pid=fork())<0)
```

```
{     perror("fork");
      exit((1);
 }
else
if (pid==0)
    // 自动分配共享内存映射地址，为可读可写，映射地址返回给 shm_addr
{        if ((shm_addr=shmat(shmid,0,0))==(void*)-1)
         {     perror("Child:shmat");
               exit((1);
         }
         else
               printf("Child: Attach shared-memory: %p.\n",shm_addr);
         printf("Child Attach shared memory status:\n");
         system("ipcs -m");     // 比较 shm_addr,flag 的长度为 strlen(flag)的字符
         // 当其内容相同时，返回 0；否则返回（str1[n]-str2[n]）
         while (strncmp(shm_addr,flag,strlen(flag)))
         {        printf("Child: Waiting for data...\n");
                  sleep((10);
          }
          strcpy(buff,shm_addr+strlen(flag));
          printf("Child: Shared-memory: %s\n",buff);   // 删除子进程的共享内存映射地址
          if (shmdt(shm_addr)<0)
          {        perror("Child:shmdt");
                   exit((1);
           }
           else
           printf("Child: Deattach shared-memory.\n");
           printf("Child Deattach shared memory status:\n");
           system("ipcs -m");
}
else
{      sleep((1);
   // 自动分配共享内存映射地址，为可读可写，映射地址返回给 shm_addr
          if ((shm_addr=shmat(shmid,0,0))==(void*)-1）
          {     perror("Parent:shmat");
                exit((1);
           }
          else
          printf("Parent: Attach shared-memory: %p.\n",shm_addr);
          printf("Parent Attach shared memory status:\n");
          system("ipcs -m");                                // shm_addr 为 flag+stdin
          sleep((1);
          printf("\nInput string:\n");
          fgets(buff,BUFFER_SIZE-strlen(flag),stdin);
          strncpy(shm_addr+strlen(flag),buff,strlen(buff));
                  strncpy(shm_addr,flag,strlen(flag));          // 删除父进程的共享内
```

```
                                                    //存映射地址
            if (shmdt(shm_addr)<0)
            {    perror("Parent:shmdt");
                 exit((1);
            }
           else
           printf("Parent: Deattach shared-memory.\n");
           printf("Parent Deattach shared memory status:\n");
           system("ipcs -m");
            // 保证父进程在删除共享内存前，子进程能读到共享内存的内容
                   waitpid(pid,NULL,0);                    // 删除共享内存
                        if (shmctl(shmid,IPC_RMID,NULL)==-1)
           {    perror("shmct:IPC_RMID");
                exit((1);
            }
           else
           printf("Delete shared-memory.\n");
           printf("Child Delete shared memory status:\n");
           system("ipcs -m");
           printf("Finished!\n");
       }
   exit(0);
   }
```

实验七 存储管理

实验目的

通过模拟实现请求页式存储管理的几种基本页面置换算法，了解虚拟存储技术的特点，掌握虚拟存储请求页式存储管理中几种基本页面置换算法的基本思想和实现过程，并比较它们的效率。

实验内容

设计一个虚拟存储区和内存工作区，并使用下述算法计算访问命中率。

- 最佳置换算法（OPT）。
- 先进先出的算法（FIFO）。
- 最近最久未使用算法（LRU）。
- 最不经常使用算法（LFU）。
- 最近未使用算法（NUR）。

命中率＝1－页面失效次数 / 页地址流长度

实验准备

本实验的程序设计基本上按照实验内容进行。即首先用 srand()和 rand()函数定义和产生指令序列，然后将指令序列变换成相应的页地址流，并针对不同的算法计算出相应的命中率。

1）通过随机数产生一个指令序列，共 320 条指令。指令的地址按下述原则生成：

A：50%的指令是顺序执行的。

B：25%的指令是均匀分布在前地址部分。

C：25%的指令是均匀分布在后地址部分。

具体的实施方法是：

A：在[0，319]的指令地址之间随机选取一起点 m。

B：顺序执行一条指令，即执行地址为 m+1 的指令。

C：在前地址[0,m+1]中随机选取一条指令并执行，该指令的地址为 m′。

D：顺序执行一条指令，其地址为 m′+1。

E：在后地址[m′+2，319]中随机选取一条指令并执行。

F：重复步骤 A—E，直到 320 次指令。

2）将指令序列变换为页地址流。设：页面大小为 1KB；用户内存容量 4～32 页；用户虚存容量为 32KB。

在用户虚存中，按每K存放10条指令排列虚存地址，即320条指令在虚存中的存放方式为：

第 0～9 条指令为第0页（对应虚存地址为[0，9]）。

第10～19条指令为第1页（对应虚存地址为[10，19]）。

⋮

第310～319条指令为第31页（对应虚存地址为[310，319]）。

按以上方式，用户指令可组成32页。

实验指导

1. 虚拟存储系统

在 UNIX 中，为了提高内存利用率，提供了内外存进程对换机制；内存空间的分配和回收均以页为单位进行；一个进程只需将其一部分（段或页）调入内存便可运行；还支持请求调页的存储管理方式。

当进程在运行中需要访问某部分程序和数据时，发现其所在页面不在内存，就立即提出请求（向CPU发出缺页中断），由系统将其所需页面调入内存。这种页面调入方式叫请求调页。

为实现请求调页，核心配置了 6 种数据结构：页表、页框号、访问位、修改位、有效位、保护位等。

2. 页面置换算法

当 CPU 接收到缺页中断信号后，中断处理程序先保存现场，分析中断原因，转入缺页中断处理程序。该程序通过查找页表，得到该页所在外存的物理块号。如果此时内存未满，能容纳新页，则启动磁盘 I/O 将所缺页调入内存，然后修改页表。如果内存已满，则须按某种置换算法从内存中选出一页准备换出，是否重新写盘由页表的修改位决定，然后将缺页调入，修改页表。利用修改后的页表，形成要访问数据的物理地址，再去访问内存数据。整个页面的调入过程对用户是透明的。

常用的页面置换算法有最佳置换算法（Optimal）、先进先出算法（FIFO）、最近最久未使用算法（Least Recently Used，LRU）、最不经常使用算法（Least Frequently Used，LFU）、最近未使用算法（No Used Recently，NUR）。

参考程序源代码

```
#include <stdio.h>
#include <stdlib.h>
#include <string.h>
#ifndef _UNISTD_H
#define _UNISTD_H
#include <IO.H>
#include <PROCESS.H>
#endif
#define TRUE 1
#define FALSE 0
#define INVALID -1
#define NULL   0
```

```
#define   total_instruction   320             /*指令流长*/
#define   total_vp   32                       /*虚页长*/
#define   clear_period   50                   /*清 0 周期*/

typedef struct                                /*页面结构*/
{      int pn,pfn,counter,time;
       pl_type;
       pl_type pl[total_vp];                  /*页面结构数组*/
}
struct pfc_struct                             /*页面控制结构*/
{   int pn,pfn;
    struct pfc_struct *next;
};

typedef struct pfc_struct pfc_type;

pfc_type pfc[total_vp],*freepf_head,*busypf_head,*busypf_tail;

int diseffect,   a[total_instruction];
int page[total_instruction],   offset[total_instruction];

int   initialize(int);
int   FIFO(int);
int   LRU(int);
int   LFU(int);
int   NUR(int);
int   OPT(int);

int main( )
{   int s,i,j;
    srand(10*getpid());        /*由于每次运行时进程号不同，故可用来作为初始化随机数队列的“种子”*/
    s=(float)319*rand( )/32767/32767/2+1;
    for(i=0;i<total_instruction;i+=4)                    /*产生指令队列*/
    {    if(s<0||s>319)
         {    printf("When i==%d,Error,s==%d\n",i,s);
              exit(0);
         }
       a[i]=s;                                           /*任选一指令访问点 m*/
       a[i+1]=a[i]+1;                                    /*顺序执行一条指令*/
       a[i+2]=(float)a[i]*rand( )/32767/32767/2;         /*执行前地址指令 m' */
       a[i+3]=a[i+2]+1;                                  /*顺序执行一条指令*/
       s=(float)(318-a[i+2])*rand( )/32767/32767/2+a[i+2]+2;
       if((a[i+2]>318)||(s>319))
       printf("a[%d+2],a number which is :%d and s==%d\n",i,a[i+2],s);
    }
```

```
    for (i=0;i<total_instruction;i++)                    /*将指令序列变换成页地址流*/
    {   page[i]=a[i]/10;
        offset[i]=a[i]%10;
    }
    for(i=4;i<=32;i++)                                   /*用户内存工作区从 4 个页面到 32 个页面*/
    {   printf("---%2d page frames---\n",i);
        FIFO(i);
        LRU(i);
        LFU(i);
        NUR(i);
        OPT(i);
    }
return 0;
}

int initialize(total_pf)                                 /*初始化相关数据结构*/
int total_pf;                                            /*用户进程的内存页面数*/
{   int i;
    diseffect=0;
    for(i=0;i<total_vp;i++)
      {   pl[i].pn=i;
          pl[i].pfn=INVALID;                             /*置页面控制结构中的页号，页面为空*/
          pl[i].counter=0;
          pl[i].time=-1;                                 /*页面控制结构中的访问次数为 0，时间为-1*/
      }
      for(i=0;i<total_pf-1;i++)
      { pfc[i].next=&pfc[i+1];
        pfc[i].pfn=i;
      }                                                  /*建立 pfc[i-1]和 pfc[i]之间的链接*/
      pfc[total_pf-1].next=NULL;
      pfc[total_pf-1].pfn=total_pf-1;
      freepf_head=&pfc[0];                               /*空页面队列的头指针为 pfc[0]*/
      return 0;
}

int FIFO(total_pf)                                       /*先进先出算法*/
int total_pf;                                            /*用户进程的内存页面数*/
{       int i,j;
        pfc_type *p;
        initialize(total_pf);                            /*初始化相关页面控制用数据结构*/
        busypf_head=busypf_tail=NULL;                    /*忙页面队列头，队列尾链接*/
          for(i=0;i<total_instruction;i++)
           {  if(pl[page[i]].pfn==INVALID)               /*页面失效*/
              {   diseffect+=1;                          /*失效次数*/
                  if(freepf_head==NULL)                  /*无空闲页面*/
                  {    p=busypf_head->next;
```

```
                    pl[busypf_head->pn].pfn=INVALID;
                    freepf_head=busypf_head;                    /*释放忙页面队列的第一个页面*/
                    freepf_head->next=NULL;
                    busypf_head=p;
                }
                p=freepf_head->next;                            /*按 FIFO 方式调新页面入内存页面*/
                freepf_head->next=NULL;
                freepf_head->pn=page[i];
                pl[page[i]].pfn=freepf_head->pfn;

                if(busypf_tail==NULL)
                busypf_head=busypf_tail=freepf_head;
                else
                {   busypf_tail->next=freepf_head;          /*free 页面减少一个*/
                    busypf_tail=freepf_head;
                }
                freepf_head=p;
            }
        }
    printf("FIFO:%6.4f\n",1-(float)diseffect/320);
    return 0;
}

int LRU (total_pf)                                              /*最近最久未使用算法*/
int total_pf;
{   int min,minj,i,j,present_time;
    initialize(total_pf);
    present_time=0;
    for(i=0;i<total_instruction;i++)
     {  if(pl[page[i]].pfn==INVALID)                            /*页面失效*/
        {   diseffect++;
            if(freepf_head==NULL)                           /*无空闲页面*/
            {   min=32767;
                for(j=0;j<total_vp;j++)                         /*找出 time 的最小值*/
                    if(min>pl[j].time&&pl[j].pfn!=INVALID)
                    {   min=pl[j].time;
                        minj=j;
                    }
                freepf_head=&pfc[pl[minj].pfn];                 /*腾出一个单元*/
                pl[minj].pfn=INVALID;
                pl[minj].time=-1;
                freepf_head->next=NULL;
            }
          pl[page[i]].pfn=freepf_head->pfn;                         //有空闲页面,改为有效
          pl[page[i]].time=present_time;
          freepf_head=freepf_head->next;                            //减少一个 free 页面
```

```
                }
            else
            pl[page[i]].time=present_time;                          //命中则增加该单元的访问次数
            present_time++;
          }
    printf("LRU:%6.4f\n",1-(float)diseffect/320);
    return 0;
}

int NUR(total_pf)                                                /*最近未使用算法*/
int   total_pf;
{   int i,j,dp,cont_flag,old_dp;
    pfc_type *t;
    initialize(total_pf);
    dp=0;
    for(i=0;i<total_instruction;i++)
      {   if (pl[page[i]].pfn==INVALID)                          /*页面失效*/
          {   diseffect++;
              if(freepf_head==NULL)                              /*无空闲页面*/
              { cont_flag=TRUE;
                    old_dp=dp;
                    while(cont_flag)
                        if(pl[dp].counter==0&&pl[dp].pfn!=INVALID)
                            cont_flag=FALSE;
                        else
                        {     dp++;
                              if(dp==total_vp)
                                  dp=0;
                              if(dp==old_dp)
                                  for(j=0;j<total_vp;j++)
                                      pl[j].counter=0;
                        }
                    freepf_head=&pfc[pl[dp].pfn];
                    pl[dp].pfn=INVALID;
                    freepf_head->next=NULL;
                    }
                pl[page[i]].pfn=freepf_head->pfn;
                freepf_head=freepf_head->next;
              }
          else
              pl[page[i]].counter=1;
              if(i%clear_period==0)
                  for(j=0;j<total_vp;j++)
                  pl[j].counter=0;
          }
    printf("NUR:%6.4f\n",1-(float)diseffect/320);
```

```
    return 0;
}

int OPT(total_pf)                                          /*最佳置换算法*/
int total_pf;
{   int i,j, max,maxpage,d,dist[total_vp];
    pfc_type *t;
    initialize(total_pf);
    for(i=0;i<total_instruction;i++)
     {
      if(pl[page[i]].pfn==INVALID)                         /*页面失效*/
      {   diseffect++;
          if(freepf_head==NULL)                     /*无空闲页面*/
        {   for(j=0;j<total_vp;j++)
                if(pl[j].pfn!=INVALID) dist[j]=32767;           /* 最大"距离" */
                else dist[j]=0;
                d=1;
                  for(j=i+1;j<total_instruction;j++)
                  {     if(pl[page[j]].pfn!=INVALID)
                          dist[page[j]]=d;
                          d++;
                   }
                  max=-1;
                  for(j=0;j<total_vp;j++)
                  if(max<dist[j])
                  {   max=dist[j];
                      maxpage=j;
                  }
                 freepf_head=&pfc[pl[maxpage].pfn];
                 freepf_head->next=NULL;
                 pl[maxpage].pfn=INVALID;
             }
           pl[page[i]].pfn=freepf_head->pfn;
          freepf_head=freepf_head->next;
      }
    }
  printf("OPT:%6.4f\n",1-(float)diseffect/320);
  return 0;
}

int LFU(total_pf)                                          /*最不经常使用算法*/
int total_pf;
{   int i,j,min,minpage;
    pfc_type *t;
    initialize(total_pf);
    for(i=0;i<total_instruction;i++)
```

```
{   if(pl[page[i]].pfn==INVALID)                          /*页面失效*/
    { diseffect++;
      if(freepf_head==NULL)                               /*无空闲页面*/
      { min=32767;
          for(j=0;j<total_vp;j++)
          { if(min>pl[j].counter&&pl[j].pfn!=INVALID)
          {    min=pl[j].counter;
                   minpage=j;
              }
            pl[j].counter=0;
          }
          freepf_head=&pfc[pl[minpage].pfn];
          pl[minpage].pfn=INVALID;
          freepf_head->next=NULL;
      }
        pl[page[i]].pfn=freepf_head->pfn;                 //有空闲页面,改为有效
        pl[page[i]].counter++;
        freepf_head=freepf_head->next;                    //减少一个 free 页面
    }
  else
  pl[page[i]].counter++;
 }
printf("LFU:%6.4f\n",1-(float)diseffect/320);
return 0;
}
```

运行结果及分析

```
4 page frams
FIFO: 0.7312
LRU: 0.7094
LFU: 0.5531
NUR: 0.7688
OPT: 0.9750
5 page frams
   …………
```

从几种算法的命中率看，OPT 最高，其次为 NUR 相对较高，而 FIFO 与 LRU 相差无几，最低的是 LFU，但每个页面执行结果会有所不同。OPT 算法在执行过程中可能会发生错误。请读者进一步思考：为什么 OPT 在执行时会有错误产生？

实验八　文 件 管 理

实验目的

模拟实现多用户多目录的文件系统，加深理解文件系统的内部功能和内部实现。

实验内容

在 Linux 下设计一个二级（或者树型）结构文件系统，要求至少实现以下功能：login 用户登录、dir 列出文件目录、create 创建文件、del 删除文件、open 打开文件、close 关闭文件、read 读文件、write 写文件、cd 进入其他目录、rd 删除目录等。

实验准备

实验用到的主要操作函数：

```
int create(char *name);
int open(char *name);
int close(char *name);
int write(int fd,char *buf,int len);
int read(int fd,char *buf);
int del(char *name);
int mkdir(char *name);
int rmdir(char *name);
void dir();
int cd(char *name);
void print();
void show();
```

- creat 创建文件：创建一个新文件时，系统首先要为新文件申请必要的外存空间，并在 FAT 中为文件分配一个目录项。目录项中应记录新建文件的文件名、文件总容量、当前已经使用的容量、文件属性、文件在磁盘中的起始位置。
- open 打开文件：只有处于打开状态的文件才能被读取、写入、重复关闭但不能被删除。
- close 关闭文件：只有处于关闭状态的文件才能被删除，但不能被重复关闭。
- write 写文件：用户可以把相关数据写入到用户自定义的文件中（磁盘上）；待写文件必须处于打开状态，且不能是其他用户共享的文件。
- read 读文件：用户可以把文件中存储的数据读取出来；待读文件必须处于打开状态；用户既可以读取自己建立的文件，也可以读取其他用户共享的文件。
- del 删除文件：当不再需要某文件时，可将它从文件系统中删除。在删除时，首先在 FAT 的文件链表中找到与该文件对应的文件节点，然后确认文件是否处于关闭状态，若以上条件都满足，则系统就可以把节点从文件链表中删除，然后回收该节点对应的磁盘空间。

- mkdir 建子目录：输入目录名，若存在于该文件名相同的目录，这创建失败；若无，则查找空闲的磁盘，将该磁盘置为分配状态，填写目录项，分配地址后，子目录创建成功。
- rd 删除目录：输入名字，查找是否存在该文件或目录，若为文件，则不能删除；若存在该目录，找到起始盘块号，并将其释放，修改目录项，删除成功。
- dir 列文件目录：用户只能获取自己建立的文件或其他用户共享的文件的列表，并可以查看用户所建立的文件列表。

实验指导

1. 设计思想

模拟实现多用户多目录的文件系统，在系统出现登录后，输入用户与口令，在用户登录系统后，可建立文件卷，将用户输入的文件保存在指定的文件中。用 C++编程来完成所有上述命令的具体操作。该系统可以模拟完成用户的登录和验证，列出文件和目录，新建目录，改变目录，创立和编写文件，删除文件和退出系统等功能。

2. 数据结构

```
struct fatitem    /* size 8*/
{   int item;   /*存放文件下一个磁盘的指针*/
    char em_disk; /*磁盘块是否空闲标志位 0  空闲*/
};

struct direct
{  /*-----文件控制快信息-----*/
    struct FCB
    {        char name[9];    /*文件/目录名 8 位*/
             char property;   /*属性 1 位目录 0 位普通文件*/
             int size;      /*文件/目录字节数、盘块数)*/
             int firstdisk;    /*文件/目录起始盘块号*/
             int next;       /*子目录起始盘块号*/
             int sign;       /*1 是根目录 0 不是根目录*/

    }directitem[MSD+2];

};

struct opentable
{ struct openttableitem
{     char name[9]; /*文件名*/
      int firstdisk; /*起始盘块号*/
      int size;    /*文件的大小*/
    }openitem[MOFN];
```

```
    int cur_size;   /*当前打文件的数目*/
};
```

参考程序源代码

```
#include<stdio.h>
#include<string.h>
#include<stdlib.h>

#define MEM_D_SIZE 1024*1024                                    //总磁盘空间为M
#define DISKSIZE 1024                                           //磁盘块的大小K
#define DISK_NUM 1024                                           //磁盘块数目K
#define FATSIZE    DISK_NUM*sizeof(struct fatitem)              //FAT 表大小
#define ROOT_DISK_NO FATSIZE/DISKSIZE+1                         //根目录起始盘块号
#define ROOT_DISK_SIZE sizeof(struct direct)                    //根目录大小
#define DIR_MAXSIZE    1024                                     //路径最大长度为KB
#define MSD     5                                               //最大子目录数
#define MOFN    5                                               //最大文件深度为
#define MAX_WRITE 1024*128                                      //最大写入文字长度KB

struct fatitem                          //size 8
{    int item;                          //存放文件下一个磁盘的指针
     char em_disk;                      //磁盘块是否空闲标志位 0 空闲
};

struct direct
{    //-----文件控制块信息-----
      struct FCB
      {       char name[9];             //文件/目录名 8 位
              char property;            //属性 1 位目录 0 位普通文件
              int size;                 //文件/目录字节数、盘块数
              int firstdisk;            //文件/目录起始盘块号
              int next;                 //子目录起始盘块号
              int sign;                 //1 是根目录，0 不是根目录
      }
    directitem[MSD+2];
};

struct opentable
{      struct openttableitem
       {     char name[9];              //文件名
             int firstdisk;             //起始盘块号
             int size;                  //文件的大小
       }
       openitem[MOFN];
       int cur_size;                    //当前打文件的数目
};
```

```
struct fatitem *fat;                    //FAT 表
struct direct *root;                    //根目录
struct direct *cur_dir;                 //当前目录
struct opentable u_opentable;           //文件打开表
int   fd=-1;                            //文件打开表的序号
char *bufferdir;                        //记录当前路径的名称
char *fdisk;                            //虚拟磁盘起始地址

void initfile();
void format();
void enter();
void halt();
int create(char *name);
int open(char *name);
int close(char *name);
int write(int fd,char *buf,int len);
int read(int fd,char *buf);
int del(char *name);
int mkdir(char *name);
int rmdir(char *name);
void dir();
int cd(char *name);
void print();
void show();

void initfile()
{     fdisk = (char *)malloc(MEM_D_SIZE*sizeof(char));  //申请 1M 空间
      format();
}

void format()
{    int i;
   FILE *fp;
   fat = (struct fatitem *)(fdisk+DISKSIZE);   //计算 FAT 表地址，引导区向后偏移 1K)
   //-----初始化 FAT 表------------
   fat[0].item=-1;   //引导块
   fat[0].em_disk='1';
     for(i=1;i<ROOT_DISK_NO-1;i++)   //存放 FAT 表的磁盘块号
          { fat[i].item=i+1;
            fat[i].em_disk='1';
          }

      fat[ROOT_DISK_NO].item=-1;   /*存放根目录的磁盘块号*/
      fat[ROOT_DISK_NO].em_disk='1';
      for(i=ROOT_DISK_NO+1;i<DISK_NUM;i++)
      {     fat[i].item = -1;
            fat[i].em_disk = '0';
```

```
    }
    /*---------------------------------------------*/
    root = (struct direct *)(fdisk+DISKSIZE+FATSIZE); /*根目录的地址*/
    /*初始化目录*/
    /*---------指向当前目录的目录项---------*/
  root->directitem[0].sign = 1;
  root->directitem[0].firstdisk = ROOT_DISK_NO;
  strcpy(root->directitem[0].name,".");
  root->directitem[0].next = root->directitem[0].firstdisk;
  root->directitem[0].property = '1';
  root->directitem[0].size = ROOT_DISK_SIZE;
  /*-------指向上一级目录的目录项---------*/
  root->directitem[1].sign = 1;
  root->directitem[1].firstdisk = ROOT_DISK_NO;
  strcpy(root->directitem[1].name,"..");
  root->directitem[1].next = root->directitem[0].firstdisk;
  root->directitem[1].property = '1';
  root->directitem[1].size = ROOT_DISK_SIZE;
  if((fp = fopen("disk.dat","wb"))==NULL)
  { printf("Error:\n Cannot open file \n");
    return;
  }
  for(i=2;i<MSD+2;i++) /*-子目录初始化为空-*/
  {   root->directitem[i].sign = 0;
      root->directitem[i].firstdisk = -1;
      strcpy(root->directitem[i].name,"");
      root->directitem[i].next = -1;
      root->directitem[i].property = '0';
      root->directitem[i].size = 0;
  }
  if((fp = fopen("disk.dat","wb"))==NULL)
  {     printf("Error:\n Cannot open file \n");
        return;
   }
  if(fwrite(fdisk,MEM_D_SIZE,1,fp)!=(1) /*把虚拟磁盘空间保存到磁盘文件中*/
  {     printf("Error:\n File write error! \n");
  }
  fclose(fp);
}
void enter()
{   FILE *fp;
  int i;
  fdisk = (char *)malloc(MEM_D_SIZE*sizeof(char)); /*申请 1M 空间*/
  if((fp=fopen("disk.dat","rb"))==NULL)
  {   printf("Error:\nCannot open file\n");
      return;
  }
  if(!fread(fdisk,MEM_D_SIZE,1,fp))    /*把磁盘文件 disk.dat 读入虚拟磁盘空间（内存）*/
```

```
    {   printf("Error:\nCannot read file\n");
        exit(0);
    }
    fat = (struct fatitem *)(fdisk+DISKSIZE);    /*找到 FAT 表地址*/
    root = (struct direct *)(fdisk+DISKSIZE+FATSIZE);/*找到根目录地址*/
    fclose(fp);
    /*--------------初始化用户打开表------------------*/
    for(i=0;i<MOFN;i++)
    {   strcpy(u_opentable.openitem[i].name,"");
        u_opentable.openitem[i].firstdisk = -1;
        u_opentable.openitem[i].size = 0;
    }
    u_opentable.cur_size = 0;
    cur_dir = root; /*当前目录为根目录*/
    bufferdir = (char *)malloc(DIR_MAXSIZE*sizeof(char));
    strcpy(bufferdir,"Root:");
}

void halt()
{     FILE *fp;
      int i;

      if((fp=fopen("disk.dat","wb"))==NULL)
      {     printf("Error:\nCannot open file\n");
            return;
      }
      if(!fwrite(fdisk,MEM_D_SIZE,1,fp)) /*把虚拟磁盘空间（内存）内容读入磁盘文件 disk.dat */
      {     printf("Error:\nFile write error!\n");
      }
      fclose(fp);
      free(fdisk);
      free(bufferdir);
      return;
}

int create(char *name)
{     int i,j;
      if(strlen(name)>(8) /*文件名大于 8 位*/
      return(-1);
      for(j=2;j<MSD+2;j++) /*检查创建文件是否与已存在的文件重名*/
      {   if(!strcmp(cur_dir->directitem[j].name,name))
            break;
      }
       if(j<MSD+2)          /*文件已经存在*/
        return(-4);
       for(i=2;i<MSD+2;i++) /*找到第一个空闲子目录*/
       {   if(cur_dir->directitem[i].firstdisk==-(1))
           break;
```

```
    }
    if(i>=MSD+2) /*无空目录项*/
     return(-2);
    if(u_opentable.cur_size>=MOFN) /*打开文件太多*/
     return(-3);
    for(j=ROOT_DISK_NO+1;j<DISK_NUM;j++) /*找到空闲盘块 j 后退出*/
    {   if(fat[j].em_disk=='0')
        break;
    }
    if(j>=DISK_NUM)
     return(-5);
    fat[j].em_disk = '1';    /*将空闲块置为已经分配*/
    /*-----------填写目录项-----------------*/
    strcpy(cur_dir->directitem[i].name,name);
    cur_dir->directitem[i].firstdisk = j;
    cur_dir->directitem[i].size = 0;
    cur_dir->directitem[i].next = j;
    cur_dir->directitem[i].property = '0';
    /*---------------------------------*/
    fd = open(name);
    return 0;
}

int open(char *name)
{   int i, j;
    for(i=2;i<MSD+2;i++) /*文件是否存在*/
    { if(!strcmp(cur_dir->directitem[i].name,name))
        break;
    }
    if(i>=MSD+2)
     return(-1);
     /*--------是文件还是目录-----------------------*/
     if(cur_dir->directitem[i].property=='1')
     return(-4);
     /*--------文件是否打开-----------------------*/
     for(j=0;j<MOFN;j++)
     {   if(!strcmp(u_opentable.openitem[j].name,name))
         break;
     }
     if(j<MOFN)   /*文件已经打开*/
     return(-2);
      if(u_opentable.cur_size>=MOFN) /*文件打开太多*/
     return(-3);
    /*--------查找一个空闲用户打开表项-----------------------*/
     for(j=0;j<MOFN;j++)
     {   if(u_opentable.openitem[j].firstdisk==-1)
         break;
     }
```

```
        /*--------------填写表项的相关信息------------------------*/
        u_opentable.openitem[j].firstdisk = cur_dir->directitem[i].firstdisk;
        strcpy(u_opentable.openitem[j].name,name);
        u_opentable.openitem[j].size = cur_dir->directitem[i].size;
        u_opentable.cur_size++;
        /*----------返回用户打开表表项的序号------------------------*/
        return(j);
}

int close(char *name)
{   int i;
    for(i=0;i<MOFN;i++)
    {   if(!strcmp(u_opentable.openitem[i].name,name))
            break;
    }
    if(i>=MOFN)
        return(-1);
    /*-----------清空该文件的用户打开表项的内容--------------------*/
    strcpy(u_opentable.openitem[i].name,"");
    u_opentable.openitem[i].firstdisk = -1;
    u_opentable.openitem[i].size = 0;
    u_opentable.cur_size--;
    return 0;
}

int write(int fd, char *buf, int len)
{   char *first;
    int item, i, j, k;
    int ilen1, ilen2, modlen, temp;
    /*----------用$ 字符作为空格# 字符作为换行符----------------------*/
    char Space = 32;
    char Endter= '\n';
    for(i=0;i<len;i++)
    {   if(buf[i] == '$')
        buf[i] = Space;
        else if(buf[i] == '#')
        buf[i] = Endter;
    }
   /*----------读取用户打开表对应表项第一个盘块号----------------------*/

    item = u_opentable.openitem[fd].firstdisk;
    /*-------------找到当前目录所对应表项的序号-------------------------*/
    for(i=2;i<MSD+2;i++)
    {   if(cur_dir->directitem[i].firstdisk==item)
        break;
    }
    temp = i; /*-存放当前目录项的下标-*/
    /*------找到的 item 是该文件的最后一块磁盘块-------------------*/
```

```
while(fat[item].item!=-1)
{    item =fat[item].item; /*-查找该文件的下一盘块--*/
}
/*-----计算出该文件的最末地址-------*/
first = fdisk+item*DISKSIZE+u_opentable.openitem[fd].size%DISKSIZE;
/*-----如果最后磁盘块剩余的大小大于要写入的文件的大小-------*/
if(DISKSIZE-u_opentable.openitem[fd].size%DISKSIZE>len)
{    strcpy(first,buf);
     u_opentable.openitem[fd].size = u_opentable.openitem[fd].size+len;
     cur_dir->directitem[temp].size = cur_dir->directitem[temp].size+len;
}
else
{   for(i=0;i<(DISKSIZE-u_opentable.openitem[fd].size%DISKSIZE);i++)
    /*写一部分内容到最后一块磁盘块的剩余空间（字节）*/
    first[i] = buf [i];
}
/*-----计算分配完最后一块磁盘的剩余空间（字节）还剩下多少字节未存储-------*/
ilen1 = len-(DISKSIZE-u_opentable.openitem[fd].size%DISKSIZE);
ilen2 = ilen1/DISKSIZE;
modlen = ilen1%DISKSIZE;
if(modlen>0)
   ilen2 = ilen2+1; /*--还需要多少块磁盘块-*/

for(j=0;j<ilen2;j++)
{ for(i=ROOT_DISK_NO+1;i<DISK_NUM;i++)/*寻找空闲磁盘块*/
       { if(fat[i].em_disk=='0')
         break;
       }
   if(i>=DISK_NUM) /*--如果磁盘块已经分配完了-*/
   return(-1);
   first = fdisk+i*DISKSIZE; /*--找到的那块空闲磁盘块的起始地址-*/
   if(j==ilen2-1) /*--如果是最后要分配的一块-*/
   { for(k=0;k<len-(DISKSIZE-u_opentable.openitem[fd].size%DISKSIZE)-j*DISKSIZE;k++)
            first[k] = buf[k];
   }
                  else/*-如果不是要最后分配的一块--*/
                   {   for(k=0;k<DISKSIZE;k++)
                         first[k] =buf[k];
                   }
          fat[item].item = i;   /*--找到一块后将它的序号存放在上一块的指针中-*/
          fat[i].em_disk = '1'; /*--置找到的磁盘快的空闲标志位为已分配-*/
          fat[i].item = -1;   /*--它的指针为-1（即没有下一块）-*/
        }
/*--修改长度-*/
u_opentable.openitem[fd].size = u_opentable.openitem[fd].size+len;
cur_dir->directitem[temp].size = cur_dir->directitem[temp].size+len;
}
return 0;
```

```
}

int read(int fd, char *buf)
{ int len = u_opentable.openitem[fd].size;
  char *first;
  int i, j, item;
  int ilen1, modlen;
  item = u_opentable.openitem[fd].firstdisk;
  ilen1 = len/DISKSIZE;
  modlen = len%DISKSIZE;
  if(modlen!=0)
     ilen1 = ilen1+1; /*--计算文件所占磁盘的块数-*/
  first = fdisk+item*DISKSIZE; /*--计算文件的起始位置-*/
  for(i=0;i<ilen1;i++)
  {  if(i==ilen1-1) /*--如果在最后一个磁盘块-*/
     { for(j=0;j<len-i*DISKSIZE;j++)
        buf[i*DISKSIZE+j] = first[j];
     }
     else /*--不在最后一块磁盘块-*/
     { for(j=0;j<len-i*DISKSIZE;j++)
           buf[i*DISKSIZE+j] = first[j];
       item = fat[item].item; /*-查找下一盘块-*/
       first = fdisk+item*DISKSIZE;
     }
  }
  return 0;
}

int del(char *name)
{  int i,cur_item,item,temp;
   for(i=2;i<MSD+2;i++) /*--查找要删除文件是否在当前目录中-*/
   {  if(!strcmp(cur_dir->directitem[i].name,name))
         break;
   }
   cur_item = i; /*--用来保存目录项的序号，供释放目录中-*/
   if(i>=MSD+2)/*--如果不在当前目录中-*/
   return(-1);
   if(cur_dir->directitem[cur_item].property!='0') /*--如果删除的（不）是目录-*/
     return(-3);
   for(i=0;i<MOFN;i++) /*--如果文件打开，则不能删除，退出-*/
   {  if(!strcmp(u_opentable.openitem[i].name,name))
         return(-2);
   }
   item = cur_dir->directitem[cur_item].firstdisk;/*--该文件的起始盘块号-*/
   while(item!=-1) /*--释放空间，将 FAT 表对应项进行修改-*/
   {  temp = fat[item].item;
      fat[item].item = -1;
      fat[item].em_disk = '0';
```

```
        item = temp;
    }
    /*----------------释放目录项---------------------*/
    cur_dir->directitem[cur_item].sign = 0;
    cur_dir->directitem[cur_item].firstdisk = -1;
    strcpy(u_opentable.openitem[cur_item].name,"");
    cur_dir->directitem[cur_item].next = -1;
    cur_dir->directitem[cur_item].property = '0';
    cur_dir->directitem[cur_item].size = 0;
    return 0;
}

int mkdir(char *name)
{   int i,j;
     struct direct *cur_mkdir;
    if(!strcmp(name,"."))
        return(-4);
    if(!strcmp(name,".."))
        return(-4);
    if(strlen(name)>(8)   /*-如果目录名长度大于 8 位-*/
        return(-1);
    for(i=2;i<MSD+2;i++) /*-如果有空闲目录项退出-*/
    {   if(cur_dir->directitem[i].firstdisk==-1)
            break;
    }
    if(i>=MSD+2) /*-目录/文件已满-*/
       return(-2);
    for(j=2;j<MSD+2;j++) /*-判断是否有重名-*/
    {   if(!strcmp(cur_dir->directitem[j].name,name))
            break;
    }
    if(j<MSD+2)    /*-如果有重名-*/
       return(-3);
    for(j=ROOT_DISK_NO+1;j<DISK_NUM;j++) /*-找到空闲磁盘块 j  后退出-*/
    {   if(fat[j].em_disk=='0')
            break;
    }
    if(j>=DISK_NUM)
       return(-5);
    fat[j].em_disk='1'; /*-将该空闲块设置为已分配-*/
    /*------------填写目录项----------*/
    s trcpy(cur_dir->directitem[i].name,name);
    cur_dir->directitem[i].firstdisk=j;
    cur_dir->directitem[i].size=ROOT_DISK_SIZE;
    cur_dir->directitem[i].next=j;
    cur_dir->directitem[i].property='1';
    /*-所创目录在虚拟磁盘上的地址(内存物理地址)-*/
    cur_mkdir=(struct direct *)(fdisk+cur_dir->directitem[i].firstdisk*DISKSIZE);
```

```
    /*-初始化目录-*/
    /*-指向当前目录的目录项-*/
    cur_mkdir->directitem[0].sign=0;
    cur_mkdir->directitem[0].firstdisk=cur_dir->directitem[i].firstdisk;
    strcpy(cur_mkdir->directitem[0].name,".");
    cur_mkdir->directitem[0].next=cur_mkdir->directitem[0].firstdisk;
    cur_mkdir->directitem[0].property='1';
    cur_mkdir->directitem[0].size=ROOT_DISK_SIZE;
    /*-指向上一级目录的目录项-*/
    cur_mkdir->directitem[1].sign=cur_dir->directitem[0].sign;
    cur_mkdir->directitem[1].firstdisk=cur_dir->directitem[0].firstdisk;
    strcpy(cur_mkdir->directitem[1].name,"..");
    cur_mkdir->directitem[1].next=cur_mkdir->directitem[1].firstdisk;
    cur_mkdir->directitem[1].property='1';
    cur_mkdir->directitem[1].size=ROOT_DISK_SIZE;
    for(i=2;i<MSD+2;i++) /*-子目录都初始化为空-*/
    {   cur_mkdir->directitem[i].sign=0;
        cur_mkdir->directitem[i].firstdisk=-1;
        strcpy(cur_mkdir->directitem[i].name,"");
        cur_mkdir->directitem[i].next=-1;
        cur_mkdir->directitem[i].property='0';
        cur_mkdir->directitem[i].size=0;
    }
    return 0;
}

int rmdir(char *name)
{   int i,j,item;
    struct direct *temp_dir;
    /*-检查当前目录项中有无该目录-*/
    for(i=2;i<MSD+2;i++)
    {   if(!strcmp(cur_dir->directitem[i].name,name))
            break;
    }
    if(i>=MSD+2) /*-没有这个文件或目录-*/
      return(-1);
    if(cur_dir->directitem[i].property!='1')/*-删除的不是目录-*/
      return(-3);
    /*-判断要删除的目录有无子目录-*/
    temp_dir=(struct direct *)(fdisk+cur_dir->directitem[i].next*DISKSIZE);
    for(j=2;j<MSD+2;j++)
    {   if(temp_dir->directitem[j].next!=-1)
            break;
    }
    if(j<MSD+2)   /*-有子目录或文件-*/
      return(-2);
    /*------------找到起始盘块号，并将其释放----------------*/
    item=cur_dir->directitem[i].firstdisk;
```

```
    fat[item].em_disk='0';
    /*-修改目录项-*/
    cur_dir->directitem[i].sign=0;
    cur_dir->directitem[i].firstdisk=-1;
    strcpy(cur_dir->directitem[i].name,"");
    cur_dir->directitem[i].next=-1;
    cur_dir->directitem[i].property='0';
    cur_dir->directitem[i].size=0;
    return 0;
}

void dir()
{   int i;
    for(i=2;i<MSD+2;i++)
    {   if(cur_dir->directitem[i].firstdisk!=-1) /*-如果存在子目录-*/
        {   printf("%s\t",cur_dir->directitem[i].name);
            if(cur_dir->directitem[i].property=='0') /*-文件-*/
              printf("%d\t\t\n",cur_dir->directitem[i].size);
            else
                printf("\t<目录>\t\n");
        }
    }
}

int cd(char *name)
{   int i,j,item;
    char *str;
    char *temp,*point,*point1;
    struct direct *temp_dir;
    temp_dir=cur_dir;
    str=name;
    if(!strcmp("\\",name))
    {   cur_dir = root;
        strcpy(bufferdir,"Root:");
        return 0;
    }
    temp = (char *)malloc(DIR_MAXSIZE*sizeof(char));/*-最长路径名字分配空间-*/
    for(i=0;i<(int)strlen(str);i++)
      temp[i]=str[i];
    temp[i]='\0';
    for(j=0;j<MSD+2;j++) /*-查找该子目录是否在当前目录中-*/
    {   if(!strcmp(temp_dir->directitem[j].name,temp))
            break;
    }
    free(temp);/*释放申请的临时空间*/
    //if(temp_dir->directitem[j].property!='1') /*-打开的不是目录-*/
    //return(-2);
    if(j>=MSD+2)    /*-不在当前目录-*/
```

```
        return(-1);
    item=temp_dir->directitem[j].firstdisk;
    /*-当前目录在磁盘中位置-*/
    temp_dir=(struct direct *)(fdisk+item*DISKSIZE);
    if(!strcmp("..",name))
    {   if(cur_dir->directitem[j-1].sign!=1) /*-如果上级目录不是根目录-*/
        {   point=strchr(bufferdir,'\\');   //查找字符串 bufferdir 中首次出现字符\ 的位置
            while(point!=NULL)
            {   point1=point+1; /*-减去'\'所占的空间，记录下次查找的起始地址-*/
                point=strchr(point1,'\\');
            }
           *(point1-1)='\0'; /*-将上一级目录删除-*/
        }
    }
    else
    { //if(name[0] !='\\')
      bufferdir = strcat(bufferdir,"\\"); /*-修改当前目录-*/
      bufferdir = strcat(bufferdir,name);
    }
    cur_dir=temp_dir;    /*-将当前目录确定下来-*/
    return 0;
}

void show()
{   printf("%s>",bufferdir);
}

void print()
{ printf("*********************************************************\n");
  printf("*********************文件系统设计***********************\n");
  printf("*\t 命令格式          说明                 *\n");
  printf("*\tcd  目录名       更改当前目录            *\n");
  printf("*\tmkdir  目录名         创建子目录              *\n");
  printf("*\trmdir  目录名         删除子目录              *\n");
  printf("*\tdir                显示当前目录的子目录       *\n");
  printf("*\tcreate  文件名         创建文件            *\n");
  printf("*\tdel  文件名            删除文件            *\n");
  printf("*\topen  文件名           打开文件            *\n");
  printf("*\tclose  文件名          关闭文件            *\n");
  printf("*\tread                读文件                *\n");
  printf("*\twrite               写文件                *\n");
  printf("*\texit                退出系统          *\n");
  printf("*********************************************************\n");
}

void main()
{ FILE *fp;
   char ch;
```

```
    char a[100];
    char code[11][10];
    char name[10];
    int i,flag,r_size;
    char *contect;

    contect = (char *)malloc(MAX_WRITE*sizeof(char));
    if((fp=fopen("disk.dat","rb"))==NULL)
    { printf("You have not format,Do you want format?(y/n)");
      scanf("%c",&ch);
      if(ch=='y')
      { initfile();
        printf("Successfully format! \n");
      }
     else
      return;
    }
}
enter();
print();
show();

strcpy(code[0],"exit");
strcpy(code[1],"create");
strcpy(code[2],"open");
strcpy(code[3],"close");
strcpy(code[4],"write");
strcpy(code[5],"read");
strcpy(code[6],"del");
strcpy(code[7],"mkdir");
strcpy(code[8],"rmdir");
strcpy(code[9],"dir");
strcpy(code[10],"cd");

while(1)
{   scanf("%s",a);
    for(i=0;i<11;i++)
    { if(!strcmp(code[i],a))
          break;
    }
    switch(i)
    {     case 0: //退出文件系统
            free(contect);
            halt();
            return;
            case 1: //创建文件
            scanf("%s",name);
            flag = create(name);
```

```
if(flag==-1)
{   printf("Error: \n The length is too long !\n");
}
else if(flag==-2)
{   printf("Error: \n The direct item is already full !\n");
}
else if(flag==-3)
{   printf("Error: \n The number of openfile is too much !\n");
}
else if(flag==-4)
{   printf("Error: \n The name is already in the direct !\n");
}
else if(flag==-5)
{   printf("Error: \n The disk space is full!\n");
}
else
{ printf("Successfully create a file! \n");
}
show();
break;
case 2://打开文件
scanf("%s",name);
fd = open(name);
if(fd == -1)
{   printf("Error: \n The open file not exit! \n");
}
else if(fd == -2)
{   printf("Error: \n The file have already opened! \n");
}
else if(fd == -3)
{   printf("Error: \n The number of open file is too much! \n");
}
else if(fd == -4)
{   printf("Error: \n It is a direct,can not open for read or write! \n");
}
 else
  { printf("Successfully opened! \n");
  }
 show();
 break;
 case 3://关闭文件
 scanf("%s",name);
 flag = close(name);
 if(flag == -1)
 {   printf("Error:\n The file is not opened ! \n");
 }
 else
 {   printf("Successfully closed! \n");
```

```
    }
    show();
    break;
    case 4://写文件
    if(fd ==-1)
    {   printf("Error:\n The file is not opened ! \n");
    }
    else
    {   printf("Please input the file contect:");
            scanf("%s",contect);
            flag=write(fd,contect,strlen(contect));
            if(flag == 0)
            {   printf("Successfully write! \n");
            }
            else
            {   printf("Error:\n The disk size is not enough! \n");
            }
        }
     show();
     break;
   case 5://读文件
   if(fd ==-1)
   {   printf("Error:\n The file is not opened ! \n");
   }
  else
  {   flag = read(fd,contect);
      if(flag == 0)
      {   for(i=0;i<u_opentable.openitem[fd].size;i++)
          { printf("%c",contect[i]);
          }
          printf("\t\n");
      }
   }
   show();
   break;
   case 6://删除文件
   scanf("%s",name);
   flag = del(name);
   if(flag == -1)
   { printf("Error:\n The file not exit! \n");
   }
   else if(flag == -2)
   { printf("Error:\n The file is opened,please first close it ! \n");
   }
   else if(flag == -3)
   { printf("Error:\n The delete is not file ! \n");
   }
   else
```

```
  { printf("Successfully delete! \n");
  }
 show();
 break;
 case 7://创建子目录
 scanf("%s",name);
 flag = mkdir(name);
 if(flag == -1)
 {   printf("Error:\n The length of name is to long! \n");
}
else if(flag == -2)
{ printf("Error:\n The direct item is already full ! \n");
}
else if(flag == -3)
{ printf("Error:\n The name is already in the direct ! \n");
}
else if(flag == -4)
{   printf("Error: \n '..' or '.' can not as the name of the direct!\n");
}
else if(flag == -5)
{ printf("Error: \n The disk space is full!\n");
}
else if(flag == 0)
{ printf("Successfully make dircet! \n");
}
show();
break;
case 8://删除子目录
scanf("%s",name);
flag = rmdir(name);
if(flag == -1)
{   printf("Error:\n The direct is not exist! \n");
}
else if(flag == -2)
{   printf("Error:\nThe direct has son direct ,please first remove the son dircct!\n");
}
else if(flag == -3)
{   printf("Error:\n The remove is not direct ! \n");
}
else if(flag == 0)
{   printf("Successfully remove dircet! \n");
}
show();
break;
case 9://显示当前子目录
dir();
show();
break;
```

```
        case 10://更改当前目录
          scanf("%s",name);
          flag = cd(name);
          if(flag == -1)
          {   printf("Error:\n The path no correct!\n");
          }
          else if(flag == -2)
          {   printf("Error:\nThe opened is not direct!\n");
          }
          show();
          break;
        default:
          printf("\n Error!\n The command is wrong! \n");
          show();
      }
    }
  }
```

运行结果

（1）login 用户登录

```
You have not format,Do you want format?(y/n)y
```

```
You have not format,Do you want format?(y/n)y
Successfully format!
****************************************************************
********************文件系统设计********************************
*        命令格式                  说明                         *
*        cd 目录名                 更改当前目录                 *
*        mkdir 目录名              创建子目录                   *
*        rmdir 目录名              删除子目录                   *
*        dir                       显示当前目录的子目录         *
*        create 文件名             创建文件                     *
*        del 文件名                删除文件                     *
*        open 文件名               打开文件                     *
*        close 文件名              关闭文件                     *
*        read                      读文件                       *
*        write                     写文件                       *
*        exit                      退出系统                     *
****************************************************************
Root:>
```

（2）mkdir 创建子目录

```
Root:>mkdir m
Successfully make dircet!
Root:>_
```

（3）cd 更改当前目录

```
Root:>cd m
Root:\m>
```

（4）create 创建文件

```
Root:\m>create 1
Successfully create a file!
Root:\m>_
```

（5）close 关闭文件

```
Root:\m>close 1
Successfully closed!
Root:\m>
```

（6）open 打开文件

```
Root:\m>open 1
Successfully opened!
Root:\m>_
```

（7）write 写文件

```
Root:\m>write
Please input the file contect:Hello!
Successfully write!
Root:\m>
```

（8）read 读文件

```
Root:\m>read
Hello!
Root:\m>
```

（9）dir 显示当前目录的子目录

```
Root:>dir
d1              <目录>
d2              <目录>
d3              <目录>
d4              <目录>
d5              <目录>
Root:>_
```

（10）del 删除文件

```
Root:>cd m
Root:\m>del 1
Error:
 The file is opened,please first close it !
Root:\m>close 1
Successfully closed!
Root:\m>del 1
Successfully delete!
Root:\m>_
```

（11）rmdir 删除子目录

```
Root:\m>cd ..
Root:>rmdir m
Successfully remove dircet!
Root:>
```

用户登录系统后，界面将显示文件或目录的基本操作，然后根据相应操作，完成系统的基本要求。

实验九　设备驱动程序安装

实验目的

认识 Linux 的设备的种类和设备工作方式， 理解设备驱动程序的工作原理，掌握设备驱动程序的编写规范，能编写并安装简单的设备驱动程序。

实验内容

在 Linux 系统中，编写一个简单的字符型设备驱动程序模块，要求设备具有独占特性，可执行读和写操作。同时编写一个测试程序。

系统调用 open、close、read、write。open 和 close 分别相当于请求和释放设备，read 和 write 内容保存在设备模块内的缓冲区中。设备模块可动态注册和卸载，并建立与之对应的特殊文件/dev/mydev。

实验准备

1）具有相同主设备号和类型的设备文件都是由 device_struct 数据结构来描述的，该结构定义如下，其中 name 是某类设备的名称，fops 是指向文件操作表的指针。

```
struct device_struct
{       const char *name;
        struct file_operations *fops;
}
```

文件操作表提供一个设备驱动程序的入口点，其数据结构定义如下：

```
#include <linux/fs.h>
   Struct file_operatins
   { int *_open(struct inode *inode,struct file *file);
   void * _release(struct inode *inode,struct file *file);
   int*_read(struct inode *inode ,struct file *file,char *buffer, int count);
   int*_write(struct inode *inode ,struct file *file,char *buffer, int count);
   int*_readdir(struct inode *inode ,struct file *file,struct dirent *dirent, int count);
   int*_select(struct inode *inode ,struct file *file,int sel_type,select_table *wait);
   int *_lseek(struct inode *inode,struct file *file,off_t off,int pos);
   int *_open(struct inode *inode,struct file *file,unsigned int cmd, unsigned int arg);
   int *_fsync(struct inode *inode,struct file *file);
   int *_mmap(void);
};
```

其中定义的数据项都是指针，在初始化时需要将各个函数接口指定到自己编写的设备驱动对应函数的接口上。

2）字符设备初始化函数为 chr_dev_init()，包含在/linux/drivers/char/mem.c 中，它的主要功能之一是在内核中登记设备驱动程序。具体调用通过 register_chrdev()函数进行的。register_chrdev()函数定义如下。

```
#include <linux/fs.h>
#include <linux/errno.h>
int register_chrdev(unsigned int major,const char *name,struct file_operation *fops);
```

其中，major 是设备驱动程序向系统申请的主设备号，如果为 0，则系统为此驱动程序动态地分配一个主设备号。name 是设备名。fops 是前面定义的 file_operatins 结构指针。在登记成功的情况下，如果指定了 major，则 register_chrdev()函数的返回值为 0；如果 major 数值为 0，则返回内核分配的主设备号，并且若 register_chrdev()函数操作成功，设备名就会出现在/proc/devices 文件里；在登记失败的情况下，register_chrdev()函数返回值为负。对应的卸载函数为

```
int unregister_chrdev(unsigned int major,const char *name);
```

成功卸载返回值为 0，否则返回值为负值。

3）编写程序时，必须提供两个函数，一个是 int init_module(void)，insmod 在加载该模块时会自动调用 int init_module(void)，以进行设备驱动程序的初始化工作。init_module 返回 0 表示初始化成功，返回负值表示失败。另一个函数时 void cleanup_module(void)，在卸载模块时调用，以进行设备驱动程序的清除工作，卸载命令为 rm mod dev-name。

在成功地向系统注册了设备驱动程序（即调用 register_chrdev()成功）后，就可以用 mknod 命令把设备映射为一个特别文件，其他程序在使用这个设备时，只要对此特别文件进行操作即可。

4）由于内核空间和用户空间不同，用户在通过内核与设备交换数据时，需要几个特殊的函数，从核心空间到用户空间复制函数为

```
unsigned long copy_to_user(void * to,void * from,unsigned long len);
```

从用户空间到核心空间的复制函数为

```
unsigned long copy_from_user(void * to,void * from,unsigned long len);
```

编写程序时注意指针以及数组的使用，在内核部分如果出现内存泄漏或者溢出的情况，后果是极其严重的，初编驱动程序时尤其要注意这一点。

5）编程时需要调用内核代码的头文件，这些文件在/usr/src 目录下，一般以“linux”开头，在实验之前要对这些文件是否已经被安装，以及内核代码与当前内核版本是否一致进行确认。

参考程序源代码

1. 设备模块程序 mydev.c

```
#ifndef __KERNEL__
```

```
#define __KERNEL__
#endif

#ifndef MODULE
#define MODULE
#endif

#define __NO_VERSION__

#include <linux/kernel.h>
#include <linux/module.h>
#include <linux/version.h>
#include <linux/config.h>

#if CONFIG_MODVERSIONS == 1

#define MODVERSIONS
#include <linux/modversions.h>
#endif

#include <linux/fs.h>
#include <linux/wrapper.h>
#include <linux/types.h>
#include <asm/segment.h>

#ifndef KERNEL_VERSION
#define KERNEL_VERSION(a,b,c) ((a)*65536+(b)*256+(c))
#endif

/* Conditional compilation. LINUX_VERSION_CODE is the code (as per KERNEL_VERSION) of this
   version.*/
#if LINUX_VERSION_CODE > KERNEL_VERSION(2,2,0)
#include <asm/uaccess.h> /* for put_user */
#endif

#define SUCCESS 0

#define DEVICE_NAME "kueng_char_dev"
#define BUF_LEN 50
static int Device_Open =0;
static char Message[BUF_LEN];
static int Major;

static int mydev_open(struct inode *inode,struct file *file)
{   if(Device_Open)
    return -EBUSY;
```

```
    Device_Open=1;
    MOD_INC_USE_COUNT; /*模块使用者数加 1 ，非 0 不能卸载*/
    return 0;
}
static int mydev_release(struct inode *inode,struct file *file)
{   Device_Open=0;
    MOD_DEC_USE_COUNT; /*模块使用者数减 1 */
    return 0;
}
static ssize_t mydev_read(struct file *file,char *buffer, size_t length ,loff_t *f_pos)
{       int bytes_read=0;
        /*确认访问用户内存空间合法性*/
        if(verify_area(VERIFY_WRITE,buffer,length)==-EFAULT)
        return -EFAULT;
        /*由用户空间到系统空间复制*/
        bytes_read=copy_to_user(buffer,Message,length);
        return bytes_read;
}
static ssize_t mydev_write(struct file *file, const char *buffer,size_t length,loff_t *f_pos)
{       int len = BUF_LEN<length?BUF_LEN:length;
        /*确认访问用户内存空间合法性*/
        if(verify_area(VERIFY_READ,buffer,length)==-EFAULT)
        return –EFAULT;
        /*由用户空间到系统空间复制*/
        copy_from_user(Message,buffer,len);
        return length;
}
struct file_operations Fops =
{       release: mydev_release,
        open: mydev_open,
        read: mydev_read,
        write: mydev_write
};
int init_module(void)
{   /*设备注册*/
    Major = register_chrdev(0,DEVICE_NAME,&Fops);
    if(Major<0)
{   printk("Registering character device failed with %d\n",Major); return Major;
    }
    printk("Registration success with Major device number %d\n",Major);
    return 0;
}

void cleanup_module(void)
{       int ret;
/*设备注销*/
```

```
    ret = unregister_chrdev(Major,DEVICE_NAME);
    if(ret<0)
    printk("Error in unregister_chrdev: %d\n",ret);
}
MODULE_LICENSE("GPL");
MODULE_AUTHOR("KUENG");
```

2. 测试程序 test.c

```
#include <stdio.h>
#include <sys/types.h>
#include <sys/stat.h>
#include <fcntl.h>
#include <string.h>

main()
{     int testdev;
      int i ;
      char buf[50]= "pear to dev!";
      printf("program test is running!\n");
      testdev = open("/dev/mydev",O_RDWR);
      if(testdev==-1)
      {   printf("can't open file \n");
             exit(0);
      }
      /*向设备写入"pear to dev!" */
      write(testdev,buf,50);
      printf("write \"%s\"\n",buf,50);
      /*更改 buf 内容为"apple to dev!" */
      strcpy(buf,"apple to dev!");
      printf("buffer is changed to \"%s\"\n",buf,50);
      /*由设备读出内容，比较与 buf 不同*/
      read(testdev,buf,50);
      printf("read from dev is \"%s\"\n",buf);
      /*释放设备*/
      close(testdev);
}
```

运行结果

首先加载模块，系统提示加载模块可能会污染内核：

```
[root@localhost root]# insmod –f mydev.o
Warning:loading test.o will taint the kernel:forced load
See http://www.tux.org/lkml/#export-tainted for information about tainted modules
Module test loaded,with warnings
```

如果加载设备通过，系统在/proc/devices 中添加设备名称以及设备号。模块加载后，可以通过查看/proc/devices 文件，得知加载的主设备名称以及主设备号：

```
vi//proc/devices
```

然后根据主设备号创建设备文件：

```
[root@localhost root]#mknod/dev/mydev c 254 0
```

其中，c 表示字符设备，254 是主设备号，因为该主设备号只有一个设备，从设备号为 0。运行测试程序：

```
[root@localhost root]#./test.out
program test is running!
write "pear to dev! "
the buffer is changed to "apple to dev! "
read from dev is "pear to dev! "
```

设备模块不用时，可以利用 rm mod 命令将其卸载：

```
[root@localhost root]# rm mod mydev:
```

再次运行测试程序，显示不能打开设备文件：

```
[root@localhost root]#./test.out
program test is ruuning!!
can not open file
```

实验十　课程设计及设计提示

课程设计一　进程互斥/同步问题

1. 设计目的

了解信号量机制，熟悉并掌握进程同步和互斥机制，熟悉信号量的操作函数，利用信号量实现对共享资源的控制。

2. 设计题目

（1）睡眠理发师问题

1）设计要求：编程解决睡眠理发师问题。

2）问题描述：这是一种经典的 IPC 问题，理发店有一位理发师，一把理发椅和 n 把用来等候理发的椅子。如果没有顾客，则理发师在理发椅上睡觉。顾客来理发时，如理发师闲则理发，如无空闲理发师且有空椅则坐等，无空闲理发师且没有空椅则离开。编写程序实现理发师和顾客程序，实现进程控制，要求不能出现竞争。

题中问题修改为有两位理发师，设计程序实现同步控制。

3）设计提示：可以用一个变量 waitting 来记录等候理发的顾客数；另使用 3 个信号量：记录等候理发的顾客数 customers，记录理发师是否空闲的信号量 barbers；一个用于互斥访问 waitting 变量的 mutex.。

（2）生产者-消费者问题

1）设计要求：编程解决生产者-消费者问题。

2）问题描述：设计一程序，由一个进程创建 3 个子进程，3 个子进程一个是生产者进程，两个是消费者进程，父子进程都使用父进程创建的共享存储区进行通信，由生产者进程将一个数组中的 10 个数值发送到由 5 个缓冲区组成的共享内存中，两个消费者进程轮流接收并输出这 10 个数值，同时将两个消费者进程读出的数值进行累加求各和。

3）设计提示：参考本书第 3 章“生产者-消费者问题”和实验三“进程创建”知识加以实现。

（3）交通信号灯模拟

1）设计要求：编程模拟交通信号灯的控制。

2）问题描述：一个十字路口，共有 4 组红绿灯，每个路口的车辆都遵循“红灯停，　绿灯行”的原则，假设将每一台汽车都作为一个进程，请设计良好的机制，展示出合理的“十字路口交通管理”情况。

车辆通行设定：路口宽度不限，对一个路口而言，只有当一辆车通过路口（越过对面路口的交通灯后），其后续车辆才能继续通过交通灯，车辆通过路口的时间可以固定，也可以自行计算。

3）设计提示：

进程的互斥：交通灯进程实际上是互斥的，即不能同时为红或者同时为绿。

进程的消息通信或其通信方式：对车辆进程而言，每一个车辆在通过路口前，必须确认前面的车辆已经通过了路口。

进程的调度：停留在一个路口的车辆，决定其前进或等候的因素是交通灯和前面车辆的状态，需要设计一个良好的进程调度机制来控制所有车辆的通行。

课程设计二　进程调度问题

1. 设计目的

进程调度是处理机管理的核心内容，通过编写和调试一个多级反馈进程调度程序，加深理解有关进程控制块、进程队列的概念，并了解先来先服务和时间片轮转调度算法的具体实施办法。

2. 设计提示

1）设计进程控制块 PCB 表结构，分别适用于优先数调度算法和循环轮转调度算法。PCB 结构通常包括以下信息：进程名、进程优先数、进程所占用的 CPU 时间、进程的状态等。根据调度算法的不同，PCB 结构的内容可以作适当的增删。

2）编制两种进程调度算法：先来先服务调度；循环轮转调度。

3）建立进程就绪队列。对两种不同算法编制子程序。

4）用两种算法对几个进程进行调度。为了便于处理，输入各进程的优先数初始都为 0（最高），进程需要运行的时间片数的初值由用户给出，各优先级队列时间片固定，具体设置如下：

优先级 0 的队列，时间片设为 8，如果进程在该时间片内未完成，优先级降为 1，进入优先级 1 队列。

优先级 1 的队列，时间片设为 16，如果进程在该时间片内未完成，优先级降 2，进入优先级 2 队列。

优先级 2 的队列，采用先来先服务算法，直至进程结束。

课程设计三　死锁问题

1. 设计目的

通过本次设计，使学生进一步理解死锁的原因，加深了对死锁概念的理解和掌握，掌握银行家算法，深刻领会资源分布图化简的实现过程。

2. 设计题目

1）编程实现本书第 3 章的银行家算法。

2）编程实现本书第 3 章利用资源检测算法检测死锁。

3）编程实现根据资源分配图判断是否产生死锁的功能。

3. 设计提示

在实现根据资源分配图判断是否产生死锁的功能时，对于资源分布图，建立两个文件来保存其信息，“资源分配表”文件名定为 rdata.txt；“进程等待表”文件名定为 pdata.txt。“资源分配表”文件中，每一行包含“资源编号”和“进程编号”两项（均用整数表示，并用空格分隔开），记录资源分配给了哪个进程；“进程等待表”文件中，每一行包含“进程编号”和“资源编号”两项（均用整数表示，并用空格分隔），记录进程正在等待哪个资源。

具体的简化过程如下：

1）先在图中找出一个非孤立定点 p，p 的请求边均能立即满足。

2）若找到这样的边，则删去，转为 1)；否则简化结束。

如果简化后所有的顶点都成孤立点，则表示无进程处于死锁状态；否则非孤立点的进程处于死锁状态。

课程设计四　内存的申请与释放

1. 设计目的

通过本设计，进一步熟悉并掌握操作系统内存分配的算法。

2. 设计要求

定义一个自由存储块链表，按块地址排序，表中记录块的大小。当请求分配内存时，扫描自由存储块链表，直到找到一个足够大的可供分配的内存块，若找到的块大小正好等于所请求的大小时，就把这一块从自由链表中取下来，返回给申请者。若找到的块太大，即对其分割，并从该块的高地址部分往低地址部分分割，取出大小合适的块返回给申请者，余下的低地址部分留在链表中。若找不到足够大的块，就从操作系统中请求另外一块足够大的内存区域，并把它链接到自由块链表中，然后再继续搜索。

释放存储块也要搜索自由链表，目的是找到适当的位置将要释放的块插进去，如果被释放的块的任何一边与链表中的某一块邻接，即对其进行合并操作，直到没有合并的邻接块为止，这样可以防止存储空间变得过于零碎。

空闲区采用分区说明表的方法实现上述功能。

3. 设计提示

可自定义存储块链表地址和大小，结合实验章节的存储分配算法加以实现。

课程设计五　磁盘调度算法

1. 设计目的

磁盘是经常使用的一个外设，对磁盘数据的寻道时间的长短直接影响机器的整体运行速度，编写程序模拟实现磁盘调度的常用算法。以加深对磁盘调度常用算法的理解和实现技巧。

2. 设计要求

编程序实现下述磁盘调度算法：

1）先来先服务算法（FCFS）。

2）最短寻道时间优先算法（SSTF）。

3）扫描算法（SCAN）。

4）循环扫描算法（CSCAN）。

要求：

1）求出每种算法的平均寻道长度。

2）设计主界面可以灵活选择算法。

3. 实验指导

1）用自定或随机数的方式产生待扫描磁道。

2）用链表把待扫描磁道号按顺序连接起来，头节点 head。

3）FCFS：直接输出该链表即可。

4）SSTF：① 指针初始指向第一个数据；② 将指针指向的数据与余下的数据做差的绝对值，将几个值通过冒泡法取出最小的，指针指向对应的数据，同时该数据撤出；③ 指针不为空，继续 b；否则结束。

5）SCAN：以起始数据 f 为界，分别对接下来大于 f 的磁盘数据和小于 f 的磁盘数据排序，升序或降序根据方向判断。

6）CSCAN：以起始数据 f 为界，分别对接下来大于 f 的磁盘数据和小于 f 的磁盘数据进行扫描。

课程设计六　Spooling 输出的模拟程序

1. 设计目的

通过设计一个 Spooling 输出的模拟程序，使学生更好地理解和掌握 Spooling 技术。

2. 设计要求

编程实现 Spooling 系统功能。

3. 设计提示

1）当请求输出的用户进程希望输出一系列信息时，调用输出服务程序，由输出服务程序将该信息送入输入井。待遇到一个输出结束标识时，表示进程该次的输出文件结束。之后，申请一个输出请求块（用来记录请求输出的用户进程的名字、信息在输出井中的位置、要输出信息的长度等），等待 Spooling 进程进行输出。Spooling 输出进程工作时，根据请求块记录各进程要输出的信息，把信息输出到文本框里。

2）进程调度采用随机算法，这与进程输出信息的随机性相一致，两个请求输出的用户进程的调度概率各为 45%，Spooling 输出进程为 10%，这由随机数发生器产生的随机数模拟决定。

3）为两个请求输出的用户进程设计一个输出井，即 buffer[100]。当用户进程将其所有文件输出完时，终止运行。

4）用户进程执行时，用户可输入任何字符串，以“#”束，否则可继续输出。将打印数据输出到输出井申请的空闲盘块中，将打印内容利用 pcb[i].name 登记后排到打印队列。

5）Spooling 进程执行时，若输出井空，则进行输出，Spooling 进程输出一个信息块后，应立即释放该信息块所占的输出井空间。

参 考 文 献

[1] 张尧学，宋虹，张高．计算机操作系统教程[M]．北京：清华大学出版社，2013．

[2] 左万历，周长林，彭涛．计算机操作系统教程[M]．北京：高等教育出版社，2010．

[3] 王万森．计算机操作系统原理[M]．北京：高等教育出版社，2008．

[4] 庞丽萍，阳富民．计算机操作系统[M]．北京：人民邮电出版社，2014．

[5] 宗大华，宗涛，陈吉人．计算机操作系统[M]．北京：人民邮电出版社，2011．

[6] Andrew S Tanenbaum．现代操作系统[M]．陈向群，马洪兵，等译．北京：机械工业出版社，2011．

[7] 杨震伦，熊茂华．嵌入式操作系统及编程[M]．北京：清华大学出版社，2009．

[8] 陈忠文，周志敏．Linux 操作系统实训教程[M]．2 版．北京：中国电力出版社，2009．

[9] 庞丽萍．操作系统实验与课程设计[M]．武汉：华中理工大学出版社，2000．

[10] 秦明，李波．计算机操作系统实验与实践—基于 Windows 与 Linux[M]．北京：清华大学出版社，2010．